The Fabric of Civilization
How Textiles Made the World

Virginia Postrel

織物の文明史

ヴァージニア・ポストレル
ワゴナー理恵子 訳

青土社

織物の文明史　目次

*本文内［　］は訳者による註を表す。

織物の文明史

両親、サムとスー・インマンそしてスティーブンに捧げる

序文　文明を織りなすもの

数多くの発明された科学技術のなかで、いつしか目に映らなくなってしまうものこそ最も深遠なる発明である。それらは日常生活のなかで文明を構成するもののなかに織り込まれてしまい、あたかも最初からあったかのように不可視の存在となってしまうのだ。

マーク・ワイザー、「二一世紀のコンピューター」
サイエンティフィック・アメリカン誌、一九九一年九月

一九九〇年のこと、イギリスの考古学者アーサー・エヴァンズは、歴史上極めて価値ある発見の一つを成し遂げた。クレタ島のクノッソスで地下に埋もれていた宮殿構造を発掘したのだ。この発見を理由に、彼は後日勲爵士《ナイト》の称号を与えられることになる。完成度の高い宮殿建築と精彩を放つフレスコ壁画を含むこの発掘は、ヨーロッパ青銅器時代に遡る高度な文明の存在を明らかにした。ギリシャ本土に残っているどの遺跡よりもさらに古い時代のものだ。科学者でありながらギリシャ古典文学や哲学に精通し、また詩をも嗜むエヴァンズは、今は消滅してしまったこの文明の担い手を、ミノア人と名付けた。ギリシャ神話に出てくるミノス王に基づいての命名だ。ミノスはクレタの最初の王で、［ギリシャ本土の］アテネ人に九年ごとに七人の少年と七人の少女たちをミノタウロスという怪物への生贄としてよこすよう要求した。

エヴァンズは新聞にこの発見について寄稿している。「まさにここが、［ミノスの工人である］ダイダ

ロスによって作られた迷宮《ラビリンス》だ。ミノタウロスが住んでいた巣窟であり、またダイダロスが翼――おそらく帆船の帆のことだろうが――を造り出して、イカロスとともにエーゲ海上を飛び回ったとされる、その発生地だ」と。また生贄としてクノッソスに送られたアテネの英雄であるテーセウスは迷宮の中の通路に糸玉の糸をたらし、半獣半人の怪物を殺した後、糸を辿って自由へと逃れ出す。

トロイがそうであったように、この伝説の都市も実在していたのだ。発掘を経て、文字を使い組織的に築かれた文明が、バビロンやエジプトと同じくらい古い時代に存在していたことが明らかになる。芸術品や土器や祭礼に使われたと思われる器物とともに、エヴァンズは何千という文字が記された粘土板を掘り出した。その文字は彼が以前に目にした工芸品などに書かれていたものと同一で、もとより彼は未だに解読されていないミノア文字の解明のためクレタ島へやってきたのだ。エヴァンズはまず文字のなかに二種類のグループがあることに気づいた［後に線文字Aと線文字Bに区分される］。それに加えて記されているヒエログリフのなかに現れる決まった形として、彼は雄牛の頭を示しているものや、注ぎ口のついた壺、そして彼が宮殿あるいは塔だと考えたシンボルなどがあった。その塔のようなものは、長方形で右上の角から左下の角に斜線が入り、上辺には四本の釘状の線が付いていた。このように、いくつか解釈をあたえることのできるシンボルがあったが、粘土板に記されている内容は謎のままだった。

その後何十年にもわたりエヴァンズは粘土板の研究に力を注いだが、結局これらの内容を解読するには至らずに亡くなってしまう。彼の死後一一年ほど経った一九五二年になって初めて、ひとつの文字群［線文字B］が古代ギリシア語を表しているということが確認される。もうひとつの文字群は未だに解読されていない。しかし、現在ではエヴァンズが〈塔〉だと思った印は実は上下逆さまで、意味も間違っているということが判明している。このヒエログリフは凹凸型の胸壁を備えた〈砦〉ではなく、フリンジのついた布地、もしくは縦糸の張ってある織り機を表しているのだ。つまり〈宮殿〉ではなく、〈布地〉を意味しているということになる。

命を救った糸の話を生み出したミノア文化は、大規模に行われていた羊毛と亜麻《リネン》の生産に関する詳細な記録を残している。事実、クノッソスで発掘された粘土板のうち、半分以上が布地生産についての記録であることが判明する。「繊維植物の栽培、子羊の誕生数、各々の羊から収穫が予想される羊毛の量、繊維を買い集める者たちの仕事内容、羊毛を加工する職人に課された仕事の内容、生産された布地の領収記録、布地を必要としている者たちへの生地もしくは衣類の配分、宮殿の倉庫に蓄えられた布地の記録」などが歴史学者たちによって解明された。一シーズンでおよそ七万から八万頭の羊の羊毛が集められ、糸となり、なんと六〇トンものウール地が織り出されていたのである。

エヴァンズは、ミノスの富の礎とその主産業が何であったかを把握していなかった。だが、クノッソスは当時、織物産業のスーパーパワーだったのだ。エヴァンズ以前、そして彼以後の考古学者たちも大半がそうであったように、彼は技術史や通商史、そして文明そのものにおいて果たしていた織布の中心的な役割を見過ごしていたのである。[*1]

「無毛の猿」である私たち人類は、布とともに成長すると言ってもいいかもしれない。赤ん坊が生まれ落ちて即座にタオルに包まれてから、私たちの生活はテキスタイルに囲まれている。身体を覆い、寝床を覆い、床を敷き詰める。車のシートベルト、ソファのクッション、テントやタオル、医療マスクにガムテープ。織布は私たちの生活のありとあらゆるところに存在する。

かの有名なSF作家、アーサー・C・クラークの最も有名な金言「十分に進化したテクノロジーは魔術と見分けがつかない」を裏返して言ってみれば、慣れきってしまったテクノロジーはテクノロジーとは思えなくなると言えるだろう。[*2] それは人間の本性そのものというか、自明の現象というか、あまりにも私たちの生活のなかに織り込まれているために、当たり前のことと思われてしまう。布のない世界など、日が照らないとか雨が降らない世界と同じくらい想像できないものなのだ。

英語のheirloom（譲り受けた道具）という言葉は「先祖代々の家宝」という比喩的表現だが、その「家宝的な［つまり昔から譲り受けたという意味合いの］」表現をいくつか見てみよう。「やきもきする」はon tenterhooks［つづり織用の張り枠の針］、「髪がくしゃくしゃの頭」はtowheaded［towは麻くず、粗麻］、また「くたくたになる」はfrazzled［布がぼろぼろになること］など、人々はそれらの表現が布地や繊維に発していることをまったく意識せずに使っている。ほかにもまだある。(made out of) whole cloth（織り出された一枚の布からできている）は「全くのでっちあげ、または同じ穴の狢」、hanging by a thread（糸一本で吊り下げられている）は「かろうじてつながっている」、dyed in the wool（ウール地を染める）は「（考え方などを）しっかり染み込ませる」など。もっと手近なものでは、catch airline shuttles「シャトル機にのる［シャトルは織物で使う左右に横糸を通す道具］」、weave through traffic「車線を左右に変えながら他の車を追い越す［「織る」は車線を出たり入ったりすることを示唆する］」、follow comment threads「［フェイスブックなどで］コメントのスレッドをたどる［スレッドは糸］」。一生涯はlife span［紡がれた人生］、副産物はspin-off［余分に紡がれたもの］などなど。それでいて、繊維を繰《たぐ》り取り、糸に撚《よ》って巻き上げるという行為が言語のなかでこのように大きく〈影響をあたえている〉ことをちっとも不思議だと、誰も考えない［loomには名詞の「織り機」と動詞の「影響を及ぼす」の二つの意味がある］。生活のどこをとっても、そこには織り製品があるということ、そしてその一片一片に込められている人間の知識と努力というものに、私たちは全く気づいてもいないのだ。

しかし、織りは紛れもなく人間の発明力の表象といえる。農作業は、食糧生産と同時に繊維を生産することを目的として発展している。肉体労働を軽減する工具や機械は、産業革命のなかで発明されたものも含めて、〈糸〉を作る必要性から生まれた。化学の起源は布を染色し織物を仕上げる工程から発達した。二進法——および数学の様々な着眼点——の始まりは、布を織るという発想に起源を持つ。

商人たちはスパイスや黄金を求めて旅したが、同じように彼らは布地や染料を求めて大陸を横断し、船乗りたちは見知らぬ海へ漕ぎ出でた。古代から現在に至るまで、織物は遠隔交易を促進させてきた。ミノア人たちはウール地を輸出したが、その中でも希少な紫色に染められた布はエジプトへ送られている。古代ローマ人は中国製の絹でつくられた衣服をまとった。絹地は同じの重さの黄金で買われたという。織布産業はイタリアのルネッサンスの資金源となり、またムガル帝国を支える財源となった。おかげで、現代の私たちはミケランジェロのダビデを鑑賞し、タージ・マハルの美しさを堪能できるのだ。織布産業は、文字を広め、複式簿記を普及させ金融組織を作り出し、また同時に奴隷貿易を維持補強もした。そのエネルギーは、美しいものも醜いものも造り出していった。気づきもしないようなところで、あるいは明白な事実として、私たちの世界を構築していったのだ。

世界中いたるところで織物の発展の物語は、文明というものの本質を描き出す。そう述べることで、

［織布活動が］道徳的に優れているとか進歩過程において不可避な形態であるなどと暗示しているのではない。単に次に掲げられる［文明の］定義に一致するものとしての客観的立場から言っているだけのことだ。「［文明とは］人間と自然との間に存在する蓄積された知識、技能、道具、芸術、文学、律法、宗教、哲学であり、人間を破壊する可能性をもつ敵対勢力から身を守るための防塁として機能するものである」[*3]。この定義は二つの重要な局面で他の似たような概念、例えば「文化」など、からは区別される。

まず最初に、文明は〈蓄積されるもの〉であり、時間という次元を内包している。今日の文明はそれ以前に築かれたものの上に重ねられている。その継続性が崩れてしまうと、文明は消滅してしまう。ミノア文明は消えてしまった。逆に文明は部分を形成している各々の文化が滅亡したり変形してしまったりする中、維持され進化していくこともある。一九八〇年の西欧は一四八〇年のキリスト教世界とは、社会観念、宗教生活、物質文化、政治的構造、テクノロジー資源や科学的知識などにおいてまったく異なる世界であるが、それでも同じ西洋文明の拠点だと認識される。

織物の進化史はこの蓄積性を明らかに示す。実質的なテクニックと科学理論とがそれぞれ進歩し、また交差した過程をたどることができる。植物や動物を交配し、技術的発明や計量基準を普及させ一般化させた。布地のパターンを記録し復元し、化学物質の扱い方や試行錯誤の後、成功例が蓄えられていく。ある知識がどこかで生まれ、違うところへ波及する軌跡をたどることができる。それが書き記されて伝播する場合もあるが、大半は人々の交流や物資の交換を通して知識の伝達は行われる。このようにして文明は重なり合い、繋がり合っていくのだ。

第二の面は、文明が〈サバイバルの技術〉であるということだ。危険に瀕する人間と自然の脅威との間には対応するための多くの手段や道具などが存在し、それらはこの世界に［後世の私たちが解釈を加えられるような］意味づけをする。それが意図的なものか、ただ自然にそうなったものか、またはっきりと認知できるものであるか、実体のないものか、ものによって様々である。護身や装飾目的で作られた織物はそのような手段／用具のひとつである。いや、布地そのものだけではない。布を作り出すために費やされた努力、つまりより良質のタネや織物のパターンといった新たに作り出された情報記録のための技術なども一切含めてのことである。

文明は自然が無作為に起こす災禍や雑多な煩わしさだけでなく、他集団がもたらす危険からも人間を守ってくれる。もちろん理想としては、文明のおかげで人類がすべて協和のなかに生きることができれば、それが一番なのだが。一八世紀の思想家たちは文明 civilization という言葉を、知的また芸術的に洗練され、市民が活発に協調し社会的に交流しあう商業都市という意味で使った。[*4] しかし、組織的暴力を内包しない文明というのは実に稀である。文明はたしかに協調を促し、人間の暴力的衝動を抑えようとするものだ。だが同時にその衝動に突かれ、他を占領し強奪し奴隷化することも往々にして起こる。織布の歴史はその両面を示すものである。

同じく織布史が描くことは、テクノロジーという概念は電子機器や機械に限られたものではないということだ。古代ギリシャ人は女神アテナを創作 *techne* の女神として崇拝した。工芸、製産の知識、つまり文明の有益な道具を司る神だ。彼女はオリーブの木を人々に与え、またそれを保護した。それに船と織物も。ギリシア人は当時の最も貴重なテクノロジーの二つであった「織機」と「船のマスト」とを同じ言葉、*histós* と呼んだ。同じ語源から生じた「船の帆」は *histia* で、それは文字通り「織機から作られたもの」という意味であった。[*5]

織るということは、工夫するということ、そして創出するということ、最も単純な要素から機能と美とを生み出すということだ。『オデュッセイア』のなかで、アテナとオデュッセウスはとある企みを「織り上げる」。「布」fabric と「作り上げる／でっちあげる」fabricate はラテン語の同じ語源 *fabrica*（巧みに製産されたもの）からきている。またテキストとテキスタイルも似たように語源 *texere*（織る）から派生している——前述の *techne* も同じだ——が、その元々は印欧語の *teks*（織る）から生じている。「順、整列、秩序」という意味の order はラテン語で、経糸を張るという意味の *ordior* から来ているし、フランス語でコンピューターは *ordinateur* だが、それもこの言葉から来ている。もう一つフランス語で、*métier* は工芸や交易を意味するが、もともとは織り機という意味だ。

このような言葉の意味の関連はなにもヨーロッパ言語に限られたことではない。マヤ語族に属するキチェ語で、織物のデザインという意味のことばと象形文字という言葉はどちらも同じ語源である *-tz'iba-* を使う。サンスクリット語の *sutra* は「格言」とか「お経」という意味だが、もともとは「紙面を綴じる」糸を指していた。またヒンドゥー教や仏教の教えで言われる「密教」を指す *tantra* はサンスクリット語の *tantrum* から派生したが、その意味は「経糸」や「織り機」である。中国語で *zuzhi* は「組織」や「手配」といった意味だが、同じく「織る」という意味でもある。また *chengji*「業績、結果」ということばのもともとの意味は「繊維を撚る」だった。[*6]

布を織ることは、どういう造形であれ創造的な行為であることは共通している。技術を習得し洗練させなければいけない。哲学者デイヴィッド・ヒュームは一七四二年に「糸紡ぎ車や織り機の使い方を知らない人々に政府をうまく建造することを期待できようか」と書いている。[*7] 織布の知識は、地球のほぼ全域にわたっている。糸を撚ったり布を織ったりしない文化集団は非常に稀であり、織布交易に関わらない共同体というのも非常に稀だ。

織物の歴史は、著名な科学者と名もしれない農民たちの歴史だ。そして漸進的な改良と突然起こる飛躍的な進歩、繰り返される実験と千載一遇の発見、人間の求知心と実用性と寛容さと貪欲さに駆られた行為の軌跡。芸術と科学、女と男、偶然の幸運と緻密な計画性、協調的な交易と残虐な戦闘、それらが入り混じった物語。つまり、古今東西にわたる様々な時代と世界中の国々や町々を織り込んだ、人間性を語る歴史ドラマなのだ。

西アフリカの事細かにデザインされた細幅木綿布（ケンテ布）のように、この著『織物の文明史』も各々の独立した一章一章がそれぞれの経糸《たて》と緯糸《よこ》を交差させながら全体を形成している。[*8] 各章の経糸部は、テキスタイルの辿ってきた旅路の段階を追う。まずは繊維に始まり、糸、布、染料の生産を辿る。そして布がそうしたように、商人たちへ、また消費者へと移る。最後に現代の新たな繊維開発に目を向ける。二〇世紀において繊維を刷新した発明家たち、さらに現代布地で世界を一新させようと試みている先駆者たちの業績に注目する。いずれの章でも、おおよそ時間の流れにそって語られている。経糸部はつまり、章の内容が「何」であるかと考えていただきたい。

緯糸部は「なぜ」に当たる。例えば、布地の材料なり生産者なり市場なりの大きな変化が、文明の進化や特性に及ぼした影響などだ。〈天然〉繊維にまつわる技術を考察し、なぜ糸撚り機が経済改革を促進することになったか検討する。織布と数学との深い関係を探求し、また織布生産に関する染料の発達からどういう化学知識が得られるようになったか注目する。交易を可能としたいわゆる〈社会テクノロジー〉の基本的役割に焦点を当て、織物への欲望が地域関係に亀裂を生じさせたり紛争を起こしたりした様子を追い、また織物に関する研究が純粋科学の研究者たちの興味をそそった理由を探る。緯糸部は各章の歴史軸に幅を加え、それぞれに背景を与える。

一つ一つの章は、独自のものとして読んでも意味をなすであろう。一片のケンテ布がそれだけでマフラーとなるように。だがすべての章を通して見れば、織布の歴史の全体像が見えてくる。それは、先史時代から近い未来まで、文明の物語を織った、そして今も織りつつある人々の物語である。

第一章　繊維

主は私を導く羊飼いであられる。私に必要なものを全て与えてくださる

詩篇二三

スパンデックス混紡や高級マイクロファイバー製品の溢れる中で、リーバイスは今でも綿一〇〇パーセントのジーンズを製造している。生地の表面に目を近づけて、その構造を観察していただきたい。細いながらも糸の一本一本が見えるはずだ。それぞれが生地の幅と長さいっぱいにきっちりと平行に並んでいる。縦の糸は軸が白くて表面が青、横の糸はファッションデザインとして入れられたダメージジーンズの破れ目を見れば、すべて白糸であることが見てとれる。着古された部分、または内側を見ると、デニムのあの頑丈さと生来の伸張性を生み出す綾《あや》織の斜め模様がはっきりと浮き出ている。

木綿はポリエステルやナイロンが化繊と呼ばれるのに反して、「天然繊維」という仰々しい名前で呼ばれる。だが、実のところこの名称は的確ではない。糸、染料、布、原料を生み出す植物や動物そのものでさえも、すべてが大なり小なり何千年という人間の創意工夫や改良改革を経てきた産物なのである。自然のみではなく人間の行為も含めて、今の木綿は作り上げられているのだ。

木綿、ウール、リネン、絹、その他それほど知られていない数多くの繊維は確かに動植物が原材料

だ。だが、これらのいわゆる〈天然繊維〉の諸々はあまりにも古代から慣れ親しまれている人為的産物であるがゆえに、私たちはそれが人の手を加えて作られたものであることをすっかり忘れてしまっている。布を織り上げようという努力は、まず糸を作り出すのに適した繊維を、植物や動物がおのずから産出する以上に豊富に作り出すよう、植物や動物を変えていく努力から始まる。品種改良のための交配、つまり遺伝子組み替え作用で生じた生命体は、産業革命と名付けられ褒め称えられる製造機械の発明と等しく独創的な技術上の業績である。そして、その結果は産業革命と同等に多大なる経済的、政治的、文化的影響を及ぼすことに相成るのだ。

通常、〈石器時代〉と呼ばれている時代は〈紐時代〉と呼んでも間違いはない。この先史時代の技術品——石器と紐——は、文字通り結び付けられていた。つまりこの時代の原始人たちは石を研いで作った刃を木の柄に紐で括り付け、斧や槍を作ったのだ。石の刃は考古学者たちによって掘り出されるまで何千何万年もの間残存した。それを括り付けていた紐は腐って消えてしまった。その痕跡も肉眼ではわからない。学者たちは先史時代を、幾層かにわたって発掘される、徐々に洗練されていく石器にもとづいて、旧石器時代、中石器時代、新石器時代というぐあいに名付けた。誰もそこに存在しない紐について考えた者はいなかった。しかし、時の流れに耐えうる固形の道具のみを文化遺産と見なすことは、先史時代の人々の暮らしのイメージを不完全なものにし、彼らの独創力を十分に理解しないことになる。幸い、今日の研究者たちは柔らかい素材の痕跡をも実見することができるようになった。

　オハイオ州ケニヨン大学の先史代人類学者ブルース・ハーディーは、残滓分析という分野の専門家だ。彼は原始時代の石器具の表面をみて、その刃が切り離したものの微量の残留物をみつけ、それが何かを鑑定する。比較参照のためのサンプルを集める目的で、彼は複製の石器で先史時代の人々の周りにあったと推定される植物や動物を切り刻み、刃の表面を顕微鏡で調査する。顕微鏡下に現れる独自の特徴をたどって、植物の塊茎の細胞やきのこの胞子、魚のうろこや鳥の羽の断片などを確認する。調査物のリストには繊維も入っている。

　二〇一八年、ハーディーはパリの先史代人類学者マリー＝エレン・モンセルの研究室で、彼女が南フランスのアブリデュマラというところで発掘した道具の数々を調査していた。およそ四、五万年前、突き出た岩盤を屋根にしたネアンデルタール人の集落があったところだ。現在の地表から約三メートルほど掘ったところに、灰や骨、そして石器を含む層があった。以前もハーディーはそこから出土した石器具から、明らかに手で撚られた痕跡がある植物繊維を発見していた。ネアンデルタール人が紐状のものを作り出していた可能性を示唆する意味深な物質である。だが、繊維一本では紐にならない。

　しかし、今回は五センチメートルの石器の上に豆粒ほどの大きさのクリーム色のものを見つけた。砂色の石の表面で、簡単に見落としかねないものだったが、ハーディーの経験を積んだ目にはまるで「ここ！　ここ！」と叫ぶネオンサインであるかのように際立って見えた。「それを見た途端に、これだと思いましたね」と、ハーディーは語る。「やった！　これこそが証拠だと思いました」その石の表面にはまぎれもなく、撚られた繊維の一片が付着していた。ハーディーと研究チームの仲間は精度の高い顕微鏡を使ってサンプルを調べた。顕微鏡の精度が高まるにつれて、驚くべき事象が次々に明らかになっていく。それぞれ独自に同じ方向に撚られている三本の異なる繊維の束が、まとめていっしょに反対方向に撚られている。つまり三本撚の縄を成しているわけだ［この二度撚りは糸や縄の頑強な一体性のための必要な構造である］。常緑樹の内皮の繊維を使って、ネアンデルタール人は紐縄を綯《な》ったのだった。

蒸気機関や半導体のように、紐は限りなく応用の効く〈多様技術〉である。紐を使って、原始の人々は魚釣りの釣り糸や網を作ったり、狩猟用の弓も火をおこすための道具も、小動物を捕まえる罠や荷物を運ぶための用具も作り出した。食料を干すために吊り下げたり、赤ん坊を身体に結わえつけたり、ベルトやネックレスを作り出したり、獣の皮を縫い合わせたりもした。紐、縄、糸の類は人間が手でものを作る能力を広げるのみに止まらず、人間の意識の範囲を拡張した。ハーディーらが書いたものによると、「［紐の］構造がより複雑になり、何本もの紐が撚り集められて縄となり、縄が編まれて結び目をつくった。このことは、「有限な手段が無限の応用」を可能とすることを示しており、つまり言語が必須とするような知的多元性を呈する」ともあれ、罠を作ろうが荷物を括ろうが、紐のおかげで食料を捉えたり運んだり蓄えたりすることがより便利になった。初期の狩猟採集民たちが自分たちの環境に何らかの統制力を持つことを促したという点で、この発明は文明への根本的な第一歩だったのである。

「何ということのないただの紐は、その実、一見武器とは見えない秘密兵器で、世界を人間の意志と才能のもとにひざまづかせ、この地球は人類に占領されるに至ったのだと思う」と、織物史研究者のエリザベス・ウェイランド・バーバーは言う。[*1] 私たちの太古の祖先は未開で原始的な生活を送っていただろうが、明らかに賢く発明の才に富んでいた。洞窟壁画、小彫刻、骨でできた笛や針、ビーズ、複合器具——刃の取り替えができる槍や銛——など、目を見張るような芸術作品や歴史の流れを変える技術を残した。紐はこの長い年月を経てほんの微量しか残らなかったが、間違いなくそれらと同じく賞賛に値する数多の発明の部類に属するものだ。

最も古い繊維の原料は「靭皮繊維《じんぴ》」と呼ばれ、木の樹皮のすぐ内側の部分や、もしくは亜麻、麻、苧麻《ちょま》［麻の一種］、イラクサやジュートなどの茎皮から取られる。樹皮の繊維はキメが荒く、また抽出するのにも手間がかかる。加えて、ハーディーが書いているように「亜麻を栽培する方が木を育てるより、ずっと早くてすむ」野生の亜麻から繊維を刈り取る方法を習得したことは大いなる進展であった。一体どのようにしてそうするようになったかは、それほど想像に難くはない。植物の茎が枯れて地面に倒れ、雨露に打たれ表層が朽ちてその中の繊維が表面にあらわれ、長くて糸状の筋がむき出しになったのだろう。人々はそれを見て筋を剥がし取り、指の間で、またはふとももに押し付けて捩ってつないだにちがいない。

育つのに時間のかかる木であれ、一季で成長を終える草であれ、靭皮繊維だけではつぎつぎに紐を作り出すことはできない。靭皮繊維を上腿に押し付けて転がすことで紐を作るとすると、輪状の袋を作るのに必要量の紐を撚るためには、現代の感覚で言えば二人の大人が六〇—八〇時間かけて作業しなくてはいけないということが、パプアニューギニアの伝統的な手作業から判明している。それをさらに袋として仕上げるには、一〇〇時間から一六〇時間を付け加えなければいけない。ほぼ一ヶ月の作業時間という計算になる。[*2]

紐は輝かしき技術だったと言えるだろう。しかしそれはまだ布ではない。布を織り出すのに必要な糸を生産するためには、さらに大量で、常時安定した原料の供給が不可欠だ。広々とした亜麻の栽培地、多くの羊の群れ、そしてその膨大な原料を何千、何万ヤードもの糸に変えるための時間も必要だ。つまり、〈農業〉が打ち立てられることになったわけだ。農耕という技術が食料から繊維へと素早く拡張された。これがいわゆる新石器革命の到来である。およそ一二〇〇〇年前、人類は定住生活を始め、農耕を行い、家畜を養うようになった。狩猟や採集をやめたわけではないが、自分のまわりの環境で見つけたものだけに依存する生活様式は、ここで放棄される。次世代の再生を管理する知識を得ることで、人々は農作物や家畜を少しずつ自分の目的に合わせるように努力し始めた。新たな食料源を確保すると同時に、彼らは〈天然〉の繊維をも発明することになる。

一一〇〇〇年前、中近東のどこかで最初期の家畜として羊が犬とともに村落で飼育されるようになる。これら、新石器時代の羊は、クリスマスの馬小屋シーンやマットレスの宣伝やオーストラリアの牧場にいるような白いふわふわした動物とは似ても似つかぬ逞しいものだ。

毛は茶色できめが荒く、常時伸び続けるのではなく春が訪れるたびに塊になって脱毛する。そのころの羊飼いたちは、ほとんどの雄羊、また雌羊の多くも若いうちに屠殺し食用とした。最も望ましい特徴を備えたものだけが屠殺を免れた。そのうちに——ずいぶんと時を経てのことだが——人の好みが次第に羊の性向を変え始める。だんだんと丈が低くなり、角が短くなる。羊毛はよりふかふかして

左：原始形態のソアイ羊［スコットランド西のキルダ諸島に生息する］。人間による交配種以前の羊に一番近いと考えられている。毛の塊が抜け落ちつつある。右：現代のメリノ改良種（*iStockphoto*）。

きた。古代の羊飼いたちは刈るかわりに引き抜いて毛を収集したものだが、人間の保護のもとに何世代も過ごした羊たちは最終的に毛が抜け替わらなくなってしまう。

ほぼ二〇〇〇世代、つまり約五〇〇〇年もしくは現代に辿り着くまでの半分ほどの時点で、品種改良の努力は原始の羊をメソポタミアやエジプトの芸術作品に描かれているような羊毛生産専用の生き物へと変形させてしまった。豊かな外被毛は茶色だけでなく白も加えていろいろな色合いのものを含むようになり、その分厚い毛皮を支えるために骨も太く変形した。時が経つにつれ、羊毛を形成している繊維は次第にきめ細かくなり、均質になってきた。発掘される羊骨も、群れの構成の変遷を示している。より古い時代の発掘地では食用に屠殺された若い羊の骨が大多数を占めるが、後の時代になると成長した羊、しかも雄羊（おそらく去勢されていただろうが）の骨も発見されるようになる。人々が羊毛を収穫しはじめたことの証拠である。[*3]

似たような過程が亜麻と呼ばれていた野草にも起きた。自然の中で亜麻の種が入っているさやは熟するとパッとはじけてその小さな種を地面にまき散らす。そうなると種を集めることはほぼ不可能である。太古の農夫たちは熟しても閉じたままでいる珍しいタイプの亜麻のさやを採集し始めた。この種類のさやは劣性遺伝形質だが、その遺伝子をもつ亜麻の種から育つ亜麻もやはりさやが閉じたままで熟する。そのようにして収穫された種の大半は食用か、圧搾して油を絞り出すために使われる。しかし、なかでも一番大きなさやのものは次の季節の植え付けのために取っておかれた。何世代も経つうちに、栽培された亜麻のさやは野生のものよりもどんどん大きくなり、人間に有益な油や栄養をより多く供給するようになる。[*4] 実験的な試みに挑む農夫たちはまた別の種類の亜麻も作り上げた。より丈が高く枝分かれが少なく、それゆえにさやの数も少ないものを選び始めた。この品種だと、植物のエネルギーは茎へと回されより多くの繊維が取れるわけだ。畑いっぱいの亜麻からリネン布を織る糸が作られた。[*5]

亜麻を栽培すれば、それで即織物用の糸ができるというわけではない。収穫に始まり、驚くほど手のかかる過程を経て繊維を糸に加工しなければいけない。それは今日でも同じことだ。まず最初に、亜麻の一本一本は繊維が切れないように茎の全長を保持したまま根こそぎ抜き取られる。次にその茎は天干しされる。それから水つけ retting というプロセスで、茎を水に浸してその内部にある繊維をつなぎとめている糊のようなペクチンをバクテリアによって分解させるのだが、これは実に耐え難い悪臭を発する過程だ。小川のような流れでやればまだいいが、そうでなければその悪臭は天まで届きそうなくらいだ。ret が rot（腐る）と一字しか違わないのは偶然のことではない。

茎を水から取り出すタイミングを計ることは、かなり際どい技である。早すぎると繊維を引き剥がすのが難しいし、遅すぎると繊維はばらばらに崩れてしまう。いったん水から出すと、また再び完全に乾燥させなければいけない。茎から繊維を剥がすために叩き伸ばしたり引き剥がしたりする過程を、麻打ち scutching という。そして最後に麻梳き hackling を行う。繊維を梳き櫛でさばいて長いものと短い麻クズに選別し、長い方を使ってようやく亜麻糸を撚る段階にはいるわけだ。

　これだけ手間暇かかる作業を要するのだから、人々がリネンを貴重品と考えたのは無理もない。亜麻が油の収穫よりも布地の原料として栽培されるようになったのがいつのことかはっきりとわかっていないが、農耕作業の始まった頃にはすでに行われていたことが知られている。一九八三年に死海の近くイスラエルのユダヤ砂漠にある考古学発掘場ナハル・ヘマー岩窟で調査をしていた考古学者たちは、頭にかぶるものと思われる衣料品の破片を含むテキスタイルのサンプルを発掘する。そこには亜麻糸や亜麻の布地の端切れがあった。放射性炭素年代測定によると、約九〇〇〇年前のものであることが判明する。つまり土器や織り機すらも存在していなかった時代である。布地は織られたのではなく、糸を捩ったり結ったり輪状にしたりして作られている。ちょうど、籠あみやマクラメやかぎ針編みのテクニックと同じだ。

1673年ごろ出版されたオランダの印刷物にある無記名の挿絵。とある女性が亜麻加工の重労働から解放されて、奇想天外な夢を見ているところが描かれている（アムステルダム国立美術館蔵）。

　これらの発掘されたテキスタイルは未発達な実験的なものではなく、明らかにしっかりと技術を身につけた職人によるものだった。端切れを見ただけでも、作った者がその技術を身につけるのに相当な時間をかけたであろうことは一目瞭然であった。調査にあたった考古学者によると、「小さな切れ端でしかないが、そこには一貫して精巧な技術、繊細さ、隅々まで行き届いた細心の注意、それに美しさを追求するデザイン性が込められていることが明らかだ。極めつけはボタンの穴かがりである」それは、いわゆる「ストローク綴り」と呼ばれる刺繍のステッチのひとつで、同じ間隔をあけて同じ長さの糸目がきれいに平行して並んでいる。糸は頑丈でなめらかに紡がれており、ただ単にそこらに生えている草の茎を取ってきて繊維を剥ぎ取り指で巻いたものではない。端切れの一部には二本の糸が補強のために一緒に撚られているところもある。[*6] 言い換えれば、九〇〇〇年前の新石器時代の農夫は、繊維を収穫するために亜麻を改良し育成することを知っていただけではなく、その繊維を高級な糸に紡いで、その糸を美しくデザインされた布地に変える方法をも知っていたということだ。テキスタイルは定住生活、農耕生活の最初から存在していたのである。

羊や亜麻を安定した供給の維持できる原料にするためには、人々の注意深い観察力や工夫や忍耐力を要したことは間違いない。しかしながら、真に驚嘆すべきは、「こういう繊維がほしいと願った」人間の想像力だ。木綿を地上で最も普及していて歴史上最も影響力の大きい〈天然〉繊維と成したその想像力――それとちょっとした遺伝上の変異という運――の果たした役目と比べたら、品種改良に注がれた努力など足元にも及ばない。

頭上三〇センチほどの枝から垂れ下がっているのは、一見繭のように見える、黒っぽい芯を含んだふわふわした綿毛の塊だ。七―八センチぐらいの長さの花梗から、ふわりと白い蜘蛛のように垂れている。手を伸ばして引き抜いてみる。その糸は柔らかくて軽く捩れていて、ちょっと粘りのある蚕の絹糸とは感触が異なる。黒っぽい芯の部分は、実は硬いタネである。これは今日商業用に栽培されている品種とは異なる、ユカタン半島で自生する野生の木綿の木だ。ラテン名は *Gossypium hirsutum*。先史時代の人々がその細くて生来捩れて垂れ下がっている繊維を見て、その綿毛が何か役に立ちそうだと思っただろうことに納得せざるをえなかった。

「この形が最初に採集者の関心を引いたんです。それも四つの全く異なる時代の、四つの全く別個の文化で。それぞれ少なくとも五〇〇〇年かそれ以上も昔のことですが」と、進化生物学者のジョナサン・ウェンデルは語る。「木綿の木は、タネを潰して油を取ったり、そのカスを家畜の餌にしたり、繊維は灯明の芯やまくらの中身にしたり、薄く広げて外傷を守るカバーとして使ったりなど、非常に多くの使用法があって、少しずつですが確実に人間の生活のなかに取り入れられていったのです」

私たちはアイオワステート大学構内の、ある建物の上に備わった温室の中にいた。アメリカの、いやむしろ世界のとうもろこし栽培の中心地と言えるアイオワ州は、木綿の遺伝子研究の最先端を行く世界でも著名な学者が研究する場でもあり、また世界有数の希少植物標本のコレクションと栽培でも有名だ。この温室だけでも二〇〇本ほどの木綿の植木があり、世界中の木綿のうち二〇種を育てている。その中にはゴシピウム *Gossypium*（木綿）の近い親戚にあたるハワイ産のコキア *Kokia* やマダガスカル産のゴシピオイデス *Gossypioides* も含まれる。「これらの植物にはみんなそれぞれおもしろい逸話があるんです」と、マラソンで引き締まった体格のウェンデルは、木綿の特異な発達の過程について情熱をこめて話し始める。

世界には五〇種ほどの木綿があるが、そのほとんどは糸を作り出すのに向いていない。タネはむき出しで桃の産毛ほどの毛すらもない。だが、約一〇〇万年ほど前に、あるアフリカ産のゴシピウムが〔そのタネの表面に〕少しばかり長めの綿毛を出すようになる。その繊維はそれぞれ一個の捩れた細胞から成っていた。「これはアフリカの木綿の木だけに起きた、たった一度の変異だったんです」と、ウェンデルは説明する。

彼は研究室で、そのアフリカ木綿に最も近い子孫で現在まで生き残っているゴシピウムハーバセウム *Gossypium herbaceum*――現代の木綿繊維の源となった種だが――その丸いさやの入ったビニール袋を取り出すと私に手渡した。そのさやはほとんどがタネで占められ、ほんの少しばかり綿毛に囲まれている。「人類が現れるずっと以前に、自然はこの資源をもたらしたのです」と、ウェンデルは言う。なぜ綿毛の繊維がそのように進化したのか、学者たちはまだ解明していない。綿毛が鳥を寄せ付けるわけでもないし、万一鳥が寄って来たとしても、木綿のタネを蒔き広げるというのは考えにくい。綿毛にある程度の水分が含まれると微生物が生じて、それがタネの硬い外殻をやわらげ発芽を助けるのかもしれない。確証はできないが。理由はともかく、繊維を生み出す木綿のゲノムは〔その染色体の中に〕保持されるに至る。生物学者たちはそれをAゲノムと呼ぶ。

Aゲノム変異は、未来のデニム愛好者たちにとって最初の幸運な出来事だった。だが、ほどなくして、さらに驚くべき出来事が起こる。アフリカ木綿のタネがどういうわけか、海を越えてメキシコへ達したのだ。そしてメキシコで根を下ろし現地種の木綿と交配することになる。現地種の木綿は独自のDゲノムを持っていた。世界各地の様々な木綿と同じく、Dゲノム木綿も繊維を産出しない。ところが、アフリカ木綿とメキシコ木綿が混じり合ってできた新たなハイブリッドは繊維を生み出した。

実際、アフリカの親世代の木綿よりもさらに産出量の高い変種を開発できる可能性を有した。なぜなら、通常は親［雌しべと雄しべ］からそれぞれ一組ずつ染色体を譲り受けて一三ペアの染色体をもつ（二倍数性）のだが、植物の場合両親のもつ一三ペアの染色体を全て譲り受けて二六ペアの染色体構造を持つ（多倍数性）ことが比較的頻繁に起こる［ゆえに、特定のゲノムのもつ素質が強められる可能性が高くなるというわけだ］。遺伝学者はこの新大陸ハイブリッドをＡＤ型と呼んだ。

アフリカで起きた元々の変異と同じく、大洋を越えたＡＤハイブリットもたったの一度しか起きなかった。ウェンデルが八〇年代に木綿を研究し始めた当時、ＡとＤのゲノムがどのように合体したのかについて二つの相反する説があった。最初の説はＡＤの混合は少なくとも六五〇〇万年前、南アメリカ大陸とアフリカ大陸がまだ繋がっていたころ、つまり地球の地殻構造プレートの変動で二つの大陸が離れてしまう前に起きたとする考えだ。もう一つの説は「その対極と言うか、いわゆる「コンティキ主義」の考えです」と、彼は説明する。人間が船でタネを持ってきたに違いないとう主張であり、「多倍数性の木綿はおそらく五〇〇〇年か一〇〇〇〇年には存在していた」と言う（コンティキとは、ノルウェーの冒険家トール・ヘイエルダールが一九四七年にペルーからフランス領ポリネシアへ船を漕いで到着することに成功した際に使われた、バルサ材で組み立てられた筏船の名前。この冒険は、古代人が長距離の航海旅行を成し遂げたという仮説を証明するための実験だった）。

実はどちらの説も間違いである。生体のＤＮＡ塩基配列決定を通して、関連種と基本的構成ペアがどのくらい異なっているかを比べることで、遺伝学者はその種の年齢［古さ］を想定することができるようになった。共通の先祖から二つの種に分かれた時を示す化石の標本を見て測定することで、かなり信頼性の高い精度で変異が生じた経緯をたどることができる。植物界では、変異の起こる割合はものによってまちまちだ。木は一年草よりも時間がかかるし、またすべての草木の化石があるわけでもない。故に推定がいつも正確だとはかぎらないが、だいたいは見当がつく。「間違いが、まあ、二―四倍ということはあっても、一〇倍、一〇〇倍、一〇〇〇倍ということはありません」と、ウェンデルは言う。

この不思議な木綿のハイブリッドの件に関する限りは、これで十分だ。親であるAとDのゲノムとADはあまりにも似通っていて、ADのハイブリッドが起きた時をつきとめるのに恐竜時代まで遡る必要はない。何よりAとDとが分かれたこと自体が、ほんの五〇〇―一〇〇〇万年前のことだ。また同時に、人間が運んだ結果と考えるには間が空きすぎている。「コンティキ説は、地獄に降る雪くらいありえない話」とウェンデルは言う。また「多倍数性綿は、人間がこの地上を歩き始めるよりもずっと前に誕生していたことは確かです」とも。

もちろん、どうやって木綿のタネが海を越えたのか、いやそれだけでなく大西洋を西へ旅したのか、太平洋を東へ旅したのかということも、皆目分からない。火山放出物のかけらに乗って流れついたか、ハリケーンに巻き上げられて吹き飛ばされたか。どのような手段であったにしても、ほとんどありえないような状況が重なって奇跡的な出来事が起きたわけだ。「まったく稀有な事態によって起きた進化上の大革新なのです」とウェンデルは強調する［ただし、現在では大気流にのって植物が分布する現象はそれほど珍しいことではないという見方が強い］。

けれども、この木綿の奇跡は生物の進化上の事象に終わらず、［社会的に］商業面でも文化面でも想像をはるかに超える大変化をもたらすことになる。いったん人類が地上に現れると、［その人為的努力を通して］何はともかくAゲノムという余分な遺伝子を組みいれることで生じたアメリカ綿の変種は、

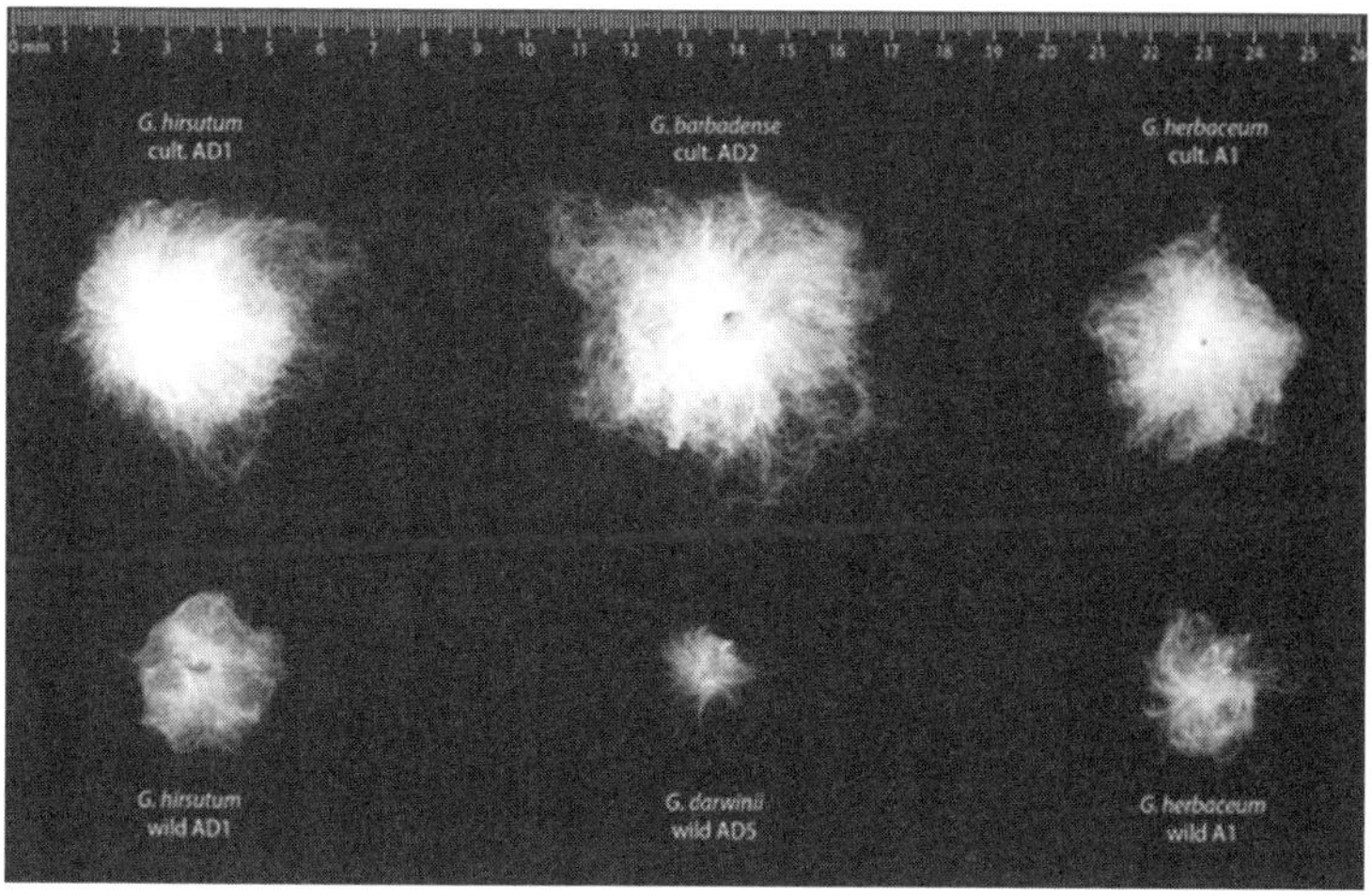

人為的に栽培された綿は野生のものよりもより長く白く多量の繊維を産する。（ジョナサン・ウェンデル）

さらに幅広い可能性を包容することになる。ウェンデルによると、「その結果、〔新大陸の〕人々は旧世界で収穫されたAゲノムの木綿よりずっと長く、頑丈で、きめ細かな繊維を作り出す新たな変種を作り出す快挙を成しとげたのです」このADゲノム木綿は産業革命を支え、また現代の地上をブルージーンズで埋め尽くした木綿種の先祖なのだが、その発祥は全く信じがたいような幸運の巡り合わせに負うものだったのである。

木綿は、どんなに実り豊かな木であっても、自然の環境ではすぐに糸を撚れるような状態ではない。ましてや布地を織りだすなど夢物語だ。大西洋の両岸で、野生の木綿は数少なく、貧弱な低木だ。丸さやは小さくてほぼタネだけで占められ、その外殻はあまりに硬いため発芽すること自体が稀だ。遺伝子組み換え生物GMOということばが考えつかれるよりもずっと前に、人々はこの貧相な植物をウェンデルのいう「実りの機械」に変えてしまった。今木綿の花と言うと即頭の中に思い浮かぶ、あの綿毛の詰まった白くてふわふわのさやを実現させたのだ。

南アフリカ、インダス川流域、ユカタン半島、ペルーの海岸沿い、その各地で農民たちは長くて豊かな繊維を持つ綿のタネを残して次の植え付けに回した。発芽を助長させるためにタネの硬い外殻に傷をつけたり、外殻がそれほど硬くないタネをさがしもとめるようになった。大半の綿は茶色っぽいのだが、農民たちはより白い繊維を好んだ。また成長のはやいもの、そして同時期にいっせいに成熟する種類のものを努めて育てた。こうした選別の過程を経て、四つの木綿栽培種が定着することになる。二種は旧世界のもの、*Gossypium arboretum*（アジア綿）と *Gossypium herbaceum*（アフリカ―アラビア綿）。もう二種は新世界のもの、*Gossypium hirsutum*（アメリカアップランド綿）と *Gossypium barbadense*（エジプト綿、アメリカシーアイランド綿）だ。

木綿栽培化についての論文でウェンデルと彼の共著者たちは次のように語っている。「木綿はもともと無節操に枝分かれする潅木《かんぼく》で、キメの荒い、毛とは認識しがたいような種髪《しゅはつ》におおわれている、水を通しにくいタネから育つものだったのが、次第に変化を遂げて最終的にこれら四種に落ち着く。この一年草植物の大きなタネは大量の長くて白い繊維に覆われ、すぐに発芽してくれるし、高さも人の背丈ほどで、枝も扱いやすい大きさに収まっている」[*7]

と、ここまでは成功譚である。しかし実は何千年もの間、現代の木綿生産の中心地である地域の多くが、この四種類の木綿の栽培を試みようとはしなかった。ミシシッピデルタで、テキサスの高原で、新疆で、ウズベキスタンで、木綿を育てることはできなかったのだ。なぜなら、木綿は霜が降りない地帯でしか収穫できないからだ。木綿の開花は日照時間の長さで決まる。開花するとタネができる。そしてそのタネを包む繊維が産出される。だが、それは日が短くなってからしか起こらない（変種によっては低温期が必要なものもあるが）。原生地である熱帯では木綿は一二月か一月まで開花せず、さやができるのは春先ということになる。このパターンでは、冬に霜の降りるところでは木綿はタネを生み出すまで生存できないというわけだ。

ゆえに、マック・マーストンが顕微鏡下の標本をみて自分の目を疑ってしまったのは不思議ではない。同じカリフォルニア大学ロサンゼルス校大学院の考古学部に属するエリザベス・ブライトが、ウズベキスタン北西部、アラル海近くの前イスラム文化居住地、カラ・テペから採集されたタネを確認してほしいと持って来た。四―五世紀のいつだかに火事で焼け落ちた家の遺跡がみつかり、家のなかのものがすべて炭化したまま保存されていたのだ。そこには、おそらくゆくゆくは植え付けに使うつもりだったのであろう大量のタネも貯蔵されていたというわけだ。ブライトはまず、バケツに水を張りタネを入れて土などの不純物を洗い落とした。その標本を小さいガラスの薬びんに入れてマーストンに渡したのだ。彼の任務はそれが何のタネなのかを突き止めることだった。

「顕微鏡の下に最初の標本をおいてレンズを覗き込んだ時は驚きました。なぜなら、それは間違いなく木綿のタネでしたから」と、現在はボストン大学に勤務するマーストンは回想する。「木綿であるはずがない。自分の見間違いに違いない。何か似たものだろう。木綿のようだけど、他のものに違いない。だって、木綿がそんなところにあるはずがないんだから」彼はそう思いを巡らした。これほど原産地から北上した地域で木綿が見つかると想像した者はいなかった。しかも紀元五〇〇年よりも前に栄えていた場所でだ。しかし標本は申し分ないもので、タネは明らかに木綿のタネだった。しかもたまたま出くわしたゴミだと考えるには、量が多過ぎた。カラ・テペの人々は木綿を栽培していたのだ。

霜の問題はさておき、［環境的に見て］カラ・テペでの木綿栽培は十分可能だ。木綿栽培には長時間の陽光と高い気温が必要だが、雨はそれほど重要ではない。このあたりの高温乾燥の気候には適応できる。土壌には塩分が含まれ、川は春から初夏にかけて増水し灌水のための水を供給する。木綿の生長過程はこの地の食料生産農業とうまくかみあっていた。加えて、カラ・テペの人々はタネを手に入れることが可能だったはずだ。

「ここは明らかにインドと交易していた地域です」と、マーストンは語る。「これがとうもろこしだったとしたら、それはありえない話だけれど」なぜならとうもろこしは世界の反対側でしか栽培されていなかったからだ。しかし、何ゆえインドの農民がカラ・テペで植えられて育つことのできる特性を探し出し、そのような品種の木綿を作り出す努力をするだろうか。霜の降りないところに住んでいる人々が、なぜ日照時間をいとわない品種を作り出そうと心がけたりするだろうか。

もしかすると、この努力は経済的な動機によってもたらされたのかもしれない。インダス川流域で木綿を栽培している者を想像してみよう。ヘロドトスの記述からこの地域は紀元前五世紀には木綿布の産地として知られていたことがわかっている。もし木綿の木が——実際その時点では木だった——近隣地域よりも早く開花すれば、それだけ早く製品を市場に送り出すことができ、早く収益をあげることができる。需要の高さによって値段をつり上げることも可能だ。木綿の収穫が早いほど、農夫の利益も高くなるというわけだ。

時を経て、日照時間をさほど問題としない開花期の早い変種が、より高い収益のために好まれるようになったとしても不思議はない。農民たちはその変種のタネを植えるようになり、または近隣の農民たちに売ったかもしれない。少しでも早く収穫しようと競うことで開花期がだんだんはやくなり、その結果、以前は冬まで待たなくてはいけなかった収穫が、初秋か夏の終わりにもできるようになったとしよう。その季節なら日照時間は十分あるため、日の長さを心配をする必要がなくなっただろう。収穫期の早いものをみつけるよう心掛けておけばよくて、その種のタネだけを代々残していくことで、図らずもカラ・テペのようなところでも栽培できる木綿を作り上げたと、考えられないことはない。カラ・テペのような北方地帯ではもちろん霜が降りる。だが、それは［この変種の場合だと］収穫の終わった後になるわけだ。春になって、新たな植え付けが行われる。つまり果樹園で育てられるもののように毎年実を成す木ではなく、寒冷地では綿は一年生作物となったのだ。*8

この最後の段階［早期開花種の木綿のタネがカラ・テペまでたどり着いたこと］以外、実際に何がどのように起こったのかを解明する手がかりはない。だが、ウズベキスタンの北部で木綿が栽培されていたという事実は明らかである。どういう手段であったにしても、人間の手で木綿本来の性質が変えられたのである。「人々はただタネを北国へ持ってきて植え、育て始めるなんてことはしません。生物学上、遺伝子上の変化がすでに起きてしまっていない限りは」と、マーストンは言う。「とは言うものの、この新たに遺伝子変換された作物は、これが初めてというわけじゃないでしょう」ナハル・ヘマー岩窟で見つけられた亜麻布の一片のように、カラ・テペの木綿のタネはその時すでに広く行われていた刷新事業の一事例なのだ。

続く年月の流れのなかで、刷新のための活動はさらに磨きがかかる。それはイスラム教のカリフが、言ってみればその信仰とともに早期開花種の木綿の栽培を広めたおかげだ。イスラム教では、信仰心の厚い者は現世では絹を身にしてはならぬが天国では絹を纏うことになると説いた。そのため、木綿を身にまとうことは信仰の証となり、改宗者が増えるにつれ木綿の需要も増えるという事態が生じる。

「無地の白い木綿（エジプトの場合は麻地）は敬虔なイスラム信仰を示すようになり、木綿地をまとう者は広がりつつあるアラブの勢力の正当性を尊重する者であるという印になった」と、歴史学者リチャード・ブリエーは書いている。

イスラム勢力の拡張が始まろうとする時点で、木綿栽培とその交易が「イスラム教国のなかでもっとも生産力が高く文化的にも活発な地域として」イラン高原の台頭を引き起こしたと、ブリエーは論じている。紀元九世紀に始まりムスリムの新興商人たち――おそらくイエメンのアラブ移民たちであろう――は、例えばイランのコム地域のような乾燥地帯に新たな居住地を開き始めた。「死んでいる土地」を耕作に使う者はその土地の所有者になるというイスラムの律法に従って、彼らは土地の所有権を主張した。土地を灌漑するために「カナット」とよばれる地下の水道を敷いた。周辺の山々から水を引くカナットを構築するのは巨額の費用がかかり労力を費やす事業であったが、木綿栽培には必要だった。加えて、木綿は必需食料の穀物よりも市場価値が高かった。「通常冬の収穫物として栽培される小麦や大麦とは違って、木綿は長く暑い夏と一定した給水とが必要で、カナットはそれを可能とした」と、ブリエーは記述している。

木綿の大半はイラクへ輸出されたが、それとともにイスラム教も広がって行った。経済的報酬が約束されることで、新しくできた集落に仕事を求めて人々が集まって来ると、彼らは新しい宗教に群がった。改宗することで、以前のゾロアスター教徒の地主たちがそれまで小作人たちに対して振るっていた力が弱まっていく。そして地主に縛られていた、生まれ故郷の村へ戻る必要性も薄れていく。「このようにして、木綿産業はアラブの行政や主だった防衛の基点の近辺の農村地域に、イスラム教が急速に広まっていくことに深く寄与した」と、ブリエーは見ている。一〇〇年たたずして、これらの集落は繁栄する都市となる。ムスリムの新興商人たちの多くは実は宗教学者であったが、彼らは巨大な富を築くに至った。

イランで起きたこうした経済的発展は、ムスリムの世界のあちこちで繰り返された。イスラム教は木綿の需要を高め、ムスリムの農民たちはその収穫を増やし続けた。「一〇世紀までには、メソポタミア、シリアから小アジアまで、エジプト、マグレブからスペインまで、ムスリム世界のほぼ全域において木綿が栽培されていた」と、ブライトとマーストンは書いている。[*9] スペイン人がアメリカで木綿に出くわした時、それが何であるか彼らは十分理解していたのだ。

メキシコ南部からエクアドルにかけて、木綿は新大陸に存在していた貴重な資源の一つだった。原住民たちは献上品や、儀式祭礼の祭具として、また交易などのためにきめ細かに織られた木綿布を用いた。木綿で作られた帆布のおかげで、数多くのバルサ材で組み立てられた帆船がラテンアメリカの太平洋岸沿いを回航したし、アステカやインカの兵士たちは、綿入れで補強された布製か革製の防具を身にまとっていた。縄の結び目の配列で記録を残すインカの結縄文字は、もちろん木綿製の縄紐を使っている。インカの軍隊が初めてスペイン兵と戦闘を交えた時、インカ側の天幕は五・六キロメートルにわたって広がり「テントが延々と続いていて、ほんとうに恐ろしかった。インディアンがこんなにふんだんにテントだの資力だのを所有しているなどとは夢にも思わなかった」と、スペイン軍属の記録者は書き残している。[*10]

しかしながら、アメリカ合衆国について言えば、木綿栽培は一九世紀初頭まで熱帯地域に限られていた。繊維の長い高級なシーアイランド綿 *G. barbadense* は合衆国南部の海岸沿いにある何ヶ所かの特に暖かい場所では栽培できたが、それ以外のところでは霜のために徒労が続いた。冬が来る前に開花するタイプの二種は病気に弱く、またそのさやは小さくて硬く収穫に手のかかるものだった。合衆国初期に開拓地された南西部、つまりミシシッピ川下流域の肥沃な開拓地でうんと収穫をあげてくれるような種の木綿を、農民たちは待ち望んでやまなかった[*11]［ミシシッピ川下流域一帯を含むフランスからのルイジアナ買収は一八〇三年に起こる。現在では南部と見なされているルイジアナ、ミシシッピ、テキサスなどは、その当時は南西部、もしくは西部と考えられていた］。

一八〇六年、ウォルター・バーリングはまさに人々が待ち望んでいた木綿種をメキシコシティーで見出す。

バーリングは、一八世紀末アメリカ社会の初期の投資家といわれる人々に汚名を着せるのに格好な例と言ってもいいような、無節操な投機師だった。まだ二〇代前半だった一七八六年、年若い甥の父親――つまり姉の夫なのだが、姉の結婚が正当なものであったかどうかは定かではなかった――を決闘で殺してしまう。その六日後、人身売買の儲けにひかれて現在のハイチでの奴隷交易業に手を染める。一七七一年にハイチの奴隷反乱が起こりそれが革命へと発展する中で、バーリングは足を撃たれてボストンへ舞い戻る。一七九八年、［ペリー総督に先立つこと五五年］アメリカ初の極東むけの商船に便乗し、バーリングは日本へ到着する。二年後、日本の工芸品とジャバのコーヒー豆とを船に山ほど詰めて帰国する。

ボストンで結婚した後、西をめざし一八〇三年ごろにはミシシッピ州のナチェズというところに落ち着く。数年のうちにジェームズ・ウィルキンソン大将なる無法者の片腕となった。ウィルキンソンはルイジアナ［ミシシッピの西ぞいの領土。当時はまだ州ではなくテリトリー、つまり準州と呼ばれていた］の知事で、その頃［トーマス・ジェファーソンの副大統領を務めた］アーロン・バーと組んでアメリカ南西部に独立国を打ち立てる陰謀を企て、また同時にバーには秘密でスペインのスパイを務めてもいた。バーリングはウィルキンソンから極秘の任務を与えられ［当時スペインの領地であった］メキシコへ送られる。それはバーのメキシコを侵略しようという企てを阻止するために一二万二〇〇〇ドルを支払ってほしいという手紙をメキシコにいるスペイン総督に手渡すことだった。同時に、メキシコを侵略するならばどのルートが最適かを調査するという使命も与えられていた。ウィルキンソンは、自分に益となることならどちら側にも協力する、そういう人間だった。

結局バーリングはその金を手に入れるには至らなかった。スペイン側がすでにウィルキンソンには十分支払っていると思っていたからだ。しかし、どういう運の巡り合わせか、彼はその地でミシシッピでも栽培できそうな木綿種に出くわした。早速そのタネをアメリカへ密輸入する。明らかにでっち上げられた逸話ではあるが、長い間ミシシッピの子どもたちが学校で教わった通説では、次のように語られている。バーリングはタネを持ち帰ってもいいかと総督の許可を求めたが、それは違法だと言われる。ただし「ミスター・バーリングは好きなだけ人形を持ち帰って構わなかった。木綿のタネがぎっしり詰められている人形であるということは、言わずもがなのことだった」と。[*12] バーリングは一八一〇年に亡くなった。遺書はなく、ただ山のような借金だけが残されていた。しかし彼のこの発見が歴史を大きく変えたことはまちがいない。

この変種の木綿は実際ミシシッピ開拓地に最適なものであることが明らかとなる。成熟が早く、霜を避けることができる。蒴果《さくか》（綿の実）はほぼいっせいに現れてくれるため、収穫時の効率が高まる。また蒴果が大きめであること、またそれがはじけて開く時の開口部がとくに広い点でも収穫しやすかった。農業史専門家のジョン・ヘブロン・モーアによると「このような特質のおかげで、メキシコ綿はそれまで最も一般に栽培されていたジョージアグリーンシード綿と比べて、一日あたり三倍から四倍量の木綿を収穫することができた」。タネひとつの繊維量の割合もずっと高く、綿繰り機にかけた後での生産高もそれまでの約一・三倍以上あった。加えて、メキシコ綿は、開拓地一帯の木綿栽培をほぼ一掃してしまいそうな勢いで広がっていたロットという病気に十分対抗できた。一八二〇年代までに、ミシシッピ下流域の農民たちは皆この新種綿を植え付けるようになった。

それだけではない。彼らは持ち込まれたメキシコ種に改良を加え始めた。それは偶然に起こったものも、意図的に加えられたものもあった。最初のケースは不注意にもジョージアグリーンシードと自然交配してしまった結果の変種で、メキシコ綿の長点のほとんどが維持され、かつ一番の欠点であった熟成した途端に蒴果が落ちてしまうため急いで収穫しなくてはいけない難点がなくなるという運のいいものであった。育種業者たちはこのメキシコ綿の変種をさらに改良すべく努力を続けた。一八三〇年代の初め頃にはメキシコ綿を基としたハイブリットのプティットガルフと呼ばれる種がミシシッピ川下流域を席巻し、より東側の赤茶けた粘土層でも栽培できるようになって、隆盛をきわめた。

バーリングの発見について「アメリカの木綿生産に与えたその貢献は限りないもので、イーライ・ホイットニーの綿繰り機とともにアメリカ旧南部記念館の歴史展示に含まれるべきだ」と、モーアは説く。一七九四年に特許を取ったホイットニーの発明はローラーとブラシを回してタネと繊維とを選別する機械で、それ以前は手作業であったため途轍もなく時間と労力のかかる工程だったのが、機械化のおかげで木綿の原料を劇的に増産する体制が整った。*13 ——この数年後、ホジン・ホームズによって鋸刃式機械が作られ、ホイットニーのものよりも効果的だったが知名度は低かった。

［一八世紀末の］生産性の高いタネと綿を繰る新しい機械技術とイギリス北部の紡績工場からの拡大しつつある需要のおかげで〈木綿フィーバー〉はいよいよその熱を増し、バーリングのようなパイオニアたちを次々に開拓地の前線に引き寄せた。「一八六〇年に至るまで、アメリカでの木綿の需要は最低でも毎年五パーセントずつ成長を続ける。そして灌漑事業が推し進められる以前の段階では［今でいう］南部一帯は木綿の理想的な栽培地と相なった」と、経済史家は論じている。「アメリカアップランド綿は［プティットガルフ綿の］長くてスムーズな繊維が作り出す頑丈さにとても太刀打ちできないと言われた」とも。この新たな木綿栽培地には巨大な利益をあげる基盤ができつつあった。一八一〇年から一八五〇年までの間にミシシッピの人口は四万三五二人から六〇万六五二六人と、ほぼ一

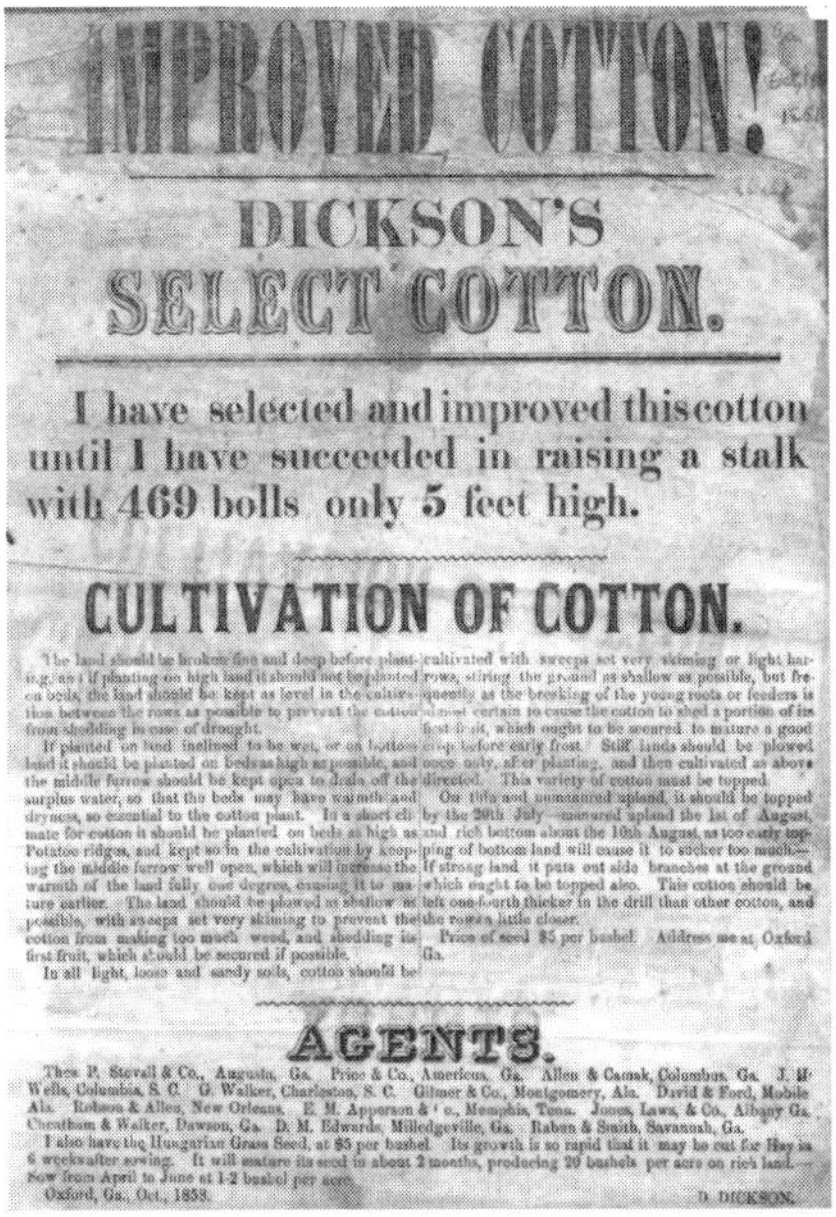

木綿のタネの広告、1858年。このような内容の広告は1850年代数多くの農業関係の印刷物に載った（デューク大学図書館蔵、アメリカにおける広告の台頭：1850-1920コレクション）。

五倍にも増えている。[*14]

ミシシッピ川流域の開拓者たちがみな木綿栽培の富を夢見てやってきた農業移住者だったわけではない。奴隷解放前までの半世紀ほどの間、この地域の人口のほぼ半分である約一〇〇万人は家族や友人や慣れ親しんだ環境から無理やり引き離された奴隷労働者たちであった。この胸の痛む歴史は西アフリカからアメリカへと強制移動させられた黒人たちの体験を、今度はアメリカ国内で再現した二度目の悲劇である。誘拐や強盗の犠牲と等しい出来事もしばしば起きた。以前奴隷だったジェーン・サットンは祖母が「あの子はバージニアでさらわれてミシシッピに連れてこられ、そこでマスター・ベリーに売られたんだ」と話していたと回顧する。[*15] 二〇一三年にオスカーを受賞した映画『それでも夜は明ける』のもととなった回想録を記したソロモン・ノーサップがそうであったように、なかには奴隷売買人によって誘拐された自由黒人もいた。だが、たいていの場合、東部の奴隷所有者が借金を支払うために、または単に南部の労働力需要に乗じて利益をあげるために自分に従属する奴隷を売り払うという理由で、人々が動かされた。奴隷商人たちはこれらの不運な人々を船に詰め込みニューオーリンズへ送るか、もしくは男たちを鎖で数珠つなぎにして何百マイルもの距離を歩かせた。鎖に繋がれた奴隷たちの行進姿は、二ヶ月かかる旅が比較的楽になる夏の終わりから秋にかけて頻繁に見られる光景だった。

夫や妻や子どもたちから引き裂かれて、所有者に連れられて移ってきた奴隷たちもいた。「愛する娘よ。この世でもう一度お前の顔を見ることができればと願っていたけれども、その夢はもはやかき消えた」と、一八三五年ノースカロライナからミシシッピに連れていかれる直前に、フィービー・ブラウンリグは自由黒人である娘のエイミー・ニクソンに書き残している。南へ旅立つ奴隷が家族に宛てて自発的に書いた、非常に稀な手紙のサンプルである。最後には「天国の主の玉座のもとでみな再会しましょう。そこではもう二度と離れ離れになることはない」と、締めくくられている。

開拓期のアメリカは、奴隷なしでも土地を開拓し木綿を栽培することができたはずである。事実、南北戦争と奴隷解放宣言の後の記録をみると、木綿の栽培収穫は主に小規模農場での生産力向上のおかげで［奴隷労働が使われていた］以前のレベルへと素早く回復し、それを追い越している。しかし、開拓当初の危険で不自由な荒地に喜んでやってくるような移植者をみつけるのはそうたやすいことではなかったし、さらに暑くて湿度が高く、慣れない風土病などもあったため、人が移り込んで来るには相当な時間がかかると予測された。奴隷を強制的に連れて来ることで、木綿栽培者は新しい土地を素早く耕作地へと切り替えることができると考えたわけだ。

「農場主と奴隷商人たちは、白人の開拓移住者たちが入植するよりも高い割合で奴隷を移入した」と、歴史家は記している。「一八三五年までに、ミシシッピでは黒人人口の方が白人よりもまさっていた」肥沃な土地と改良の進んだタネとが奴隷制度をさらに拡張し、そして利潤をあげるといった結果をもたらす。当時のアメリカは労働力に欠けている国だった。そこで、木綿栽培のパイオニアたちは［奴隷労働を基盤とすることで］自ら自由に仕事から離れることができない上に事業の必要経費の担保と見なされる労働力を確保したのである。[*16]

一般的に南北戦争前《アンテベラム》の南部は、「ヤンキー発明精神」と対極をなす、科学技術的に遅れた地域と考えられていた。例の綿繰り機ですら、ニューイングランドの発明家［イーライ・ホイットニー］がもたらしたものだ。だが実際のところ、南部には南部独自の科学的・技術的な目標があって、それは製造技術ではなく農業に照準を絞ったものだった。前述のホームズの鋸式綿繰り機は有名なホイットニーのローラー式のものよりも効果的だったのだが、彼は南部ジョージア州サバンナ出身だった。実はそれはサイラス・マコーミックの穀物刈取り機が中西部の膨大に広がる小麦栽培地を席巻してしまうよりも前に、バージニア州のプランテーションで最初に組み立てられている。しかも、ジョー・アンダーソンという名の奴隷の助力をもってなされたものだ。[*17] 奴隷制度は非人道的だ。しかし、だからと言って刷新の精神と両立しないというわけではない。

アンテベラム時の南部が技術的に劣っているというイメージは、「テクノロジー」という概念を工業機械のみに結びつけ、他の技術、例えばタネの品種改良などの技術、を包含しそこなった結果と言えよう。北部の起業家と違って、南部の農場主たちは労力を節減する工夫ということにあまり興味がなかった〔奴隷という安価な労働力があったためであろう〕。彼らの関心は耕作地の収穫率をより高め、奴隷の労働力の効率をあげるような革新に集中していたのだ。より収穫率の高い種のタネを作り出す開発者たちは十二分に労われた。

「明らかにこの過去二、三〇年ほどの間に木綿種の目覚ましい改良が行われている。それは純粋に種の選択によってなされた」と、マーティン・W・フィリップスなる生物学に興味をもつ農場主が一八四七年に書き記している。[*18] 品種改良のおかげで、南部州における一日一人当たりの木綿の収穫高は一八〇〇年から一八六〇年の間に、二五ポンドから一〇〇ポンドへと四倍にもはねあがった（最も効率が良い者はさらに多くの量を生産した）。

より良質な木綿種の需要は、ミシシッピ川に沿った新しい州で特に高かった。ということは革新の必要性も同じだ。「新たな技術的革新はほとんどがミシシッピ川下流域で達成されている」と、経済史学者であるアラン・オルムステッドとポール・ロードの二人は書いている。彼らは新種の木綿の及ぼした影響を調べるために、何百というプランテーションの収穫記録を分析している。「そして、その新種はジョージアや南北のカロライナなどよりもこの地域特有の地理気候条件に最も適しているものであり、当然インドやアフリカとはまったく異なる環境に適するものである」と。木綿栽培地の収穫率が高まるにつれて、南部の木綿耕作は次第に西へ広まって行った。*19

木綿の品種改良の努力は、社会的、歴史的に見てかくも多大なる結果を引き起こすこととなった。改良種は人々の移動を西へ西へと推し進めた。それは奴隷交易による強制移民をも含む。木綿産業は南部の奴隷制度を堅固なものとし、自由州の北部と奴隷州の南部の対立を深め、そしてゆくゆくは南北戦争へとつながって行く。その前に南部綿はイギリスと［アメリカ北部の］ニューイングランドへ持ち込まれ、テキスタイル産業の発展をさらに支え、産業社会での生活水準をそれまで考えられもしなかったレベルへと押し上げるのに貢献する。アメリカの木綿業者は、インドや西インド諸島、その他の木綿生産地との競争で優位を保つことになった。

木綿の育種者は、自分たちの品種改良の努力がこのような世界規模の影響を引き起こすかもしれないなどとは考えもしなかった。木綿栽培が成功して南部が文化の発信地になり、そのおかげでブルースやジャズが生まれ、ウィリアム・フォークナーやトニ・モリスンが現れたり、ブルージーンズやTシャツが二〇世紀の若者たちの若さと自由のシンボルになるだろうなどと、夢にも思っていなかった。ただ、より多くの、より生産力の高い木綿を作ろうと、それだけを考えていたのである。しかし布は決して人間の生活から切り離されたものではない。善かれ悪しかれ、布は自身を文明の組成のなかに織り込むのである。

養蚕業、つまり蚕を育て絹を収穫する作業は古代から営まれている工業である。絹を組織するタンパク質は、八五〇〇年前の中国の墓跡にあった遺体の下の土壌から見いだされている。これは、そこに埋められていた者がおそらく蚕の繭（野生のものだろう）からつくられた布状のものに覆われていたのではないかということを示唆している。時を経て、中国の養蚕家たちは野生の毛虫を集めて飼育し始める。桑蚕《くわご》 *Bombyx mori* と呼ばれるもので、その繭の糸を収穫するようになったのだ。こうして生産された絹地で、今まで発見された中でもっとも古いものは約五五〇〇年前のもので、奇しくも蚕の幼虫のような形をした棺桶に入れられた死体を覆うために使われていた。商朝（殷：紀元前一六〇〇―一〇五〇）の時代には、養蚕は「甲骨文字などで」占いや宗教上の供物に関する題材として比較的頻繁に言及されており、生産業の一環としてすでに十分確立されていたようである[*20]。

何千年もが経つうちに、桑蚕は人間の使用目的のために繁殖改良され続ける。そして虫は人間の保護なしでは生きられなくなってしまう。成虫である蛾は飛ぶことができない。捕獲しておくのに便利だ。自然界で生き延びる助けになる保護色も失ってしまった。絹を作り出すために、養蚕家は室内で枠のある大きな板に蚕を飼って、桑の葉を餌として与える。成長が進むと、虫が寄りかかって繭を作り始められるように棚板のなかに枝の切れ端を刺していく。そして虫たちがその繭の中で活動を停止する過程を注意深く観察する。宋代のとある旅人に、桑の葉を集めている老女が説明するには「箱のなかに蚕の卵を入れたその日から、あたかも生まれたばかりの赤子であるかのように丹念に面倒を見

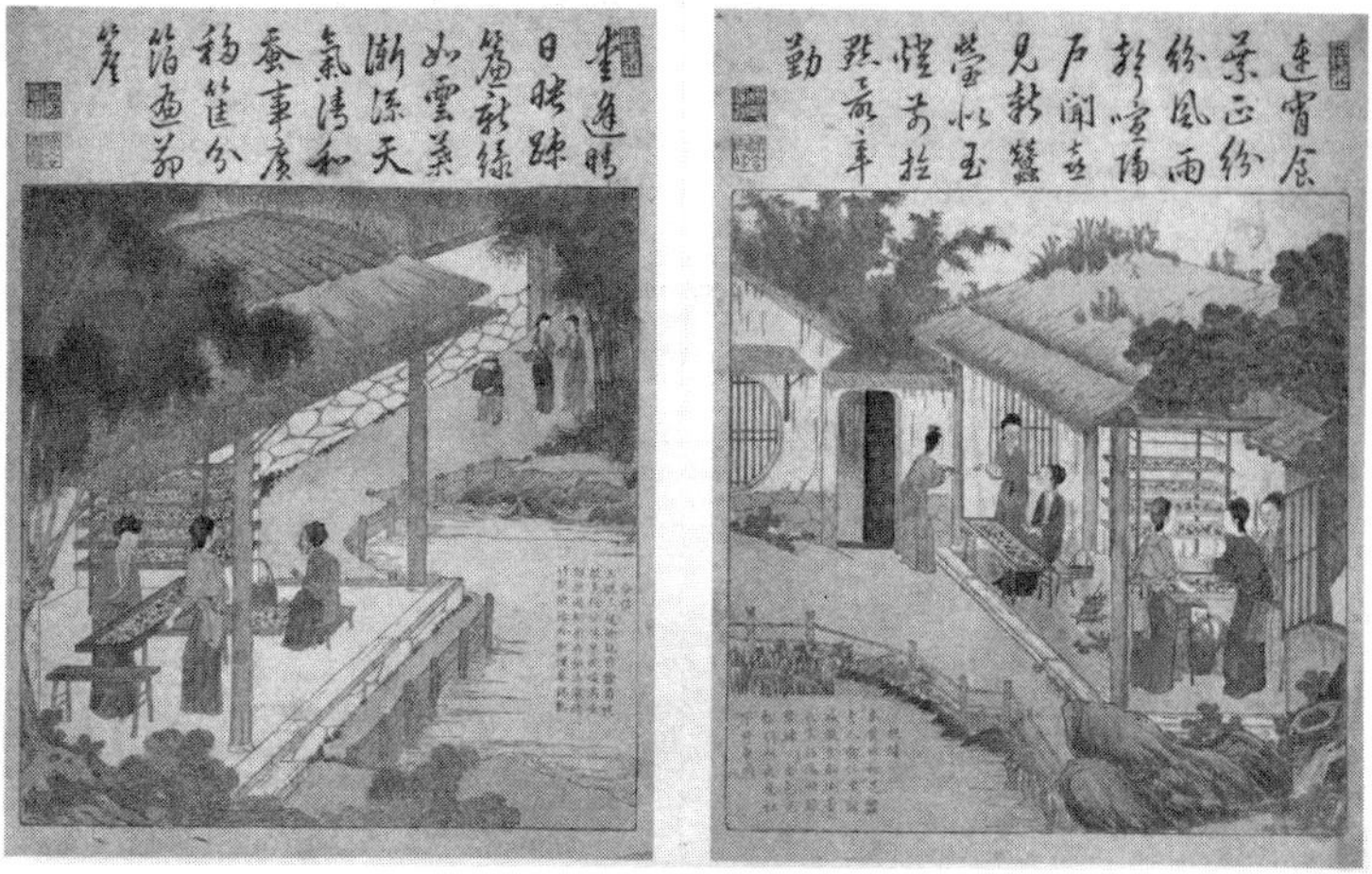

蚕の世話：耕織図（耕作と織物の図）。1696年出版（チャイニーズレアブックコレクション、アメリカ議会図書館蔵）。

て毎日を過ごすのだ」と。[*21]

蛾が繭から這い出す直前に、その至れり尽くせりの世話もおしまいとなる。養蚕家は繭を集めて熱することで中の虫を殺してしまう。蛾が繭を破って出て来ることで糸を断ち切ることがないようにするのだ。いくつかの繭だけは残しておいて、次の世代を生み出す役を担う。養蚕の過程のどの段階も、丹精な取り扱いと常時細かい観察が不可欠である。蚕の幼虫と桑の葉の比率、部屋を適温に保つこと、あらゆることのタイミングなど。毎年少しずつでも改良することで、結果的に大きな利益へと導く可能性が内在しているのだ。

宋代（九六〇―一二七九）には絹の需要が増大した。近隣諸国との和平を保つための貢物として送ったり、拡張しつつある軍隊の兵服をまかなわなければいけなかったり、宮廷の威厳を保つための消費などが理由だったが、その需要を賄うために宋は絹糸および絹布の両方に税を課した。にもかかわらず都市の織工たちは、台頭しつつある官吏階級の消費者層に向けの贅沢な織物を生産すべく、絹糸を次々に買い求めた。アメリカ南部の木綿栽培者たちがそうであったように、中国の農民たちも限られた土地と労力の制限のなかでより多くの絹を生産する手段を講じようと苦心する。その目的を達成するために、彼らは「新しい生産技術を生み出す。それは後世から顧みれば非常に単純なことであるが、実際意表をつくもので、時間を節約しまた生産量を増加した」と、テキスタイル専門家のアンジェラ・ユユン・シェングは書いている。

まず、養蚕業者は二つの異なる地方に生育する桑の木を切り接ぎすることを思いついた。つまり特に葉の多い「魯《ル》」とよばれる桑を、「荊《ジング》」と呼ばれる幹の太い種類の桑に接ぎ木するのだ。その上、葉の発生を促す新たな剪定方法を考案した。この二つの技術のおかげで、養蚕業は一年を通して蚕のための食料を十分に確保することができるようになる。その結果、蚕の繭収穫のサイクルを一年に数回か繰り返すことができるようになった。一年に何度も生死のサイクルを繰り返す虫を**多化性昆虫**と言い、一年に二度か三度が普通なのだが、ある種の蚕は一年に八世代も生み出すことができ、大変重宝がられた。

木綿がそうであったように、蚕の場合も個々の虫の成長過程がほぼ同じ進度で進み、処理するための歩調を合わせてくれることが理想で、養蚕家たちは収穫を調整するために技術的工夫をこらすようになる。例えば、蚕の卵が孵る時点を調整すべく、温度に手を加える。まず、厚い紙の上に卵を広げ、その紙を一〇枚かそこら重ねて土器に入れ、その土器を水に浸す「そのことでまわりの温度を下げるわけだ」。時折、土器から紙を取り出して陽にさらして卵を温めると、また土器にもどして水につける。こうやって孵化を遅らせると同時に、この過程はダーウィン効果「自然淘汰」も及ぼす。つまり「寒さや風に晒されることで、弱い卵は死んでしまい強い卵だけが残るという、当初は意図されなかった効果も付け加わった」と、シェングは想定する。

卵が孵化して幼虫が出て来ると、養蚕家たちは桑の葉を十二分にあてがって育てる。絹の収穫を早めるためには虫たちをできるだけ早く成長させなければならず、そのためには環境を暖かく保たなければならない。当時の暖房技術にはいろいろと問題があった。というのは木を燃やせばその煙は蚕にとって害となり、家畜の糞を燃やせば煙害はないが温度が低すぎる。

ひとつの解決法は、持ち運びのできる炉を使って、まず外で薪を燃やして温度を高め、それを灰か糞で覆って蚕部屋に持ち込む、というものだ。もうひとつの方法は大規模経営の養蚕業者に好まれたものだが、蚕部屋の真ん中に穴を掘りそこに乾いた薪や糞を敷いて、幼虫の孵る一週間ほど前から火を焚いておくというものだ。火は孵化の一日前ぐらいまでずっと燃やし続け、孵化直前に入り口を開けて煙を屋外に出してしまってからまた戸を閉めて、孵化した幼虫のために室内を暖かく保つ仕組みだ。この二つの方法で「宋時代の養蚕農民たちは幼虫の第二次成長期――繭を紡ぎはじめるまでに何度か脱皮をくりかえす期間――を三四―五日から二九―三〇日、時には二五日へまでも短縮させることができた」と、シェングは書いている。

養蚕家たちはまた、収穫しても大丈夫になった時点で繭に塩をまくと、収穫を一週間ほど遅らせることができるということを発見した。繭から糸を引き出すのは時間をかけて注意深く行わなくてはいけない作業なのだが、この一週間の延長期間があたえられたおかげで、同じ人数でより多くの絹糸を生産できるようになった。それだけではない。どういうわけか塩をふることで絹の質も向上した。

これらの技術上の革新の一つ一つは、それだけを取るならばたいしたものではない。が、その全てを総合することで農民たちは同じ面積の土地の、同じ労働力の限られた範囲内で、相当量の生産増加を可能とした。そのおかげで農民はより高い課税の負担に耐えうる力を得て、同時に、新たに対等しつつある絹市場でより大きな収益をあげることになる。農民たちの中には自給農業をすっかり投げ出して、織物生産に専念する者もいた。[*22] 米国旧南部の木綿の歴史と同様に、宋代の絹生産の発展の話も、技術的革新の展開は機械の発明とは限らないことを明らかに示している。

自然界には人間が繊維を集めることのできる動物や植物ばかりでなく、それらの資源を破壊するやもしれぬ外敵も共存している。その敵は、木綿王国である南部の悪名高き害虫サヤゾウムシのようにいつもすぐさま見分けられるものとは限らない。伝染病の仕組みを解明し何百万という人々の命を救うことになる微生物学の研究は、実は養蚕業を救うための努力として始まったのだった。

ちょうどウォルター・バーリングがメキシコ綿のタネを非合法にミシシッピへ持ち込んだ頃、遠く離れたイタリアでなぜ蚕が次々と死に絶えるのかを突き止めようと研究を始めた者がいた。農家の息子であるアゴスティーノ・バッシーだ。彼は弁護士となるべく教育を受け、ミラノの南二〇マイルほどのところにあるローディという町であれこれ管理職についていた。だが、彼が真に興味をもっていたのは科学であり医学であった。実家が営んでいた農場を自分の実験室として、バッシーは羊の飼育だのジャガイモ栽培だのチーズの熟成だのワイン醸造といったいろいろな実験を試み、またその結果を出版したりもした。そして彼のもっとも重要で、生涯をかけた研究というのが、養蚕についてだったのである。

一八〇七年の終わり頃、三四歳のバッシーは最終的に三〇年の年月を費やすことになる研究に取り掛かった。マルデルセニョ〔硬化病または微生子病〕、もしくは病死した毛虫の体を覆う白い粉をさしてカルコ、カルチノ、カルチナッチョなどとよばれる病気の原因を突き止め、駆除するという目的だった。罹患した蚕虫は食べるのをやめ、動かなくなり、そして死に至った。その死骸は固くなり、白く変色し、さわるとポロポロくずれた。養蚕家たちは、蚕の環境の何かがこの死をもたらしているに違いないと考えた。バッシーはそれが何であるか、探し出そうと決意したのだ。

最初の八年間の研究はただただ骨折り損のくたびれ儲け、何の手がかりも見つけられなかった。彼は手紙に次のように記している。

私はいろいろな実験を試みた。虫たちにずいぶんと残酷な扱いをしたものだ。鉱物性、植物性、動物性、思いつくかぎりの様々な有毒物をあてがった。単体、複合体、どちらの化学物質も試みた。皮膚を荒らすもの、爛れされるもの、腐食させるもの、酸性のもの、アルカリ性のもの、汚物、金属、固体、液体、気体、とにかく、生体にとってもっとも致死的であろうと考えられる要素のすべてを試みた。だが、この蚕を死に至らしめる病気を再現できる化学物質なり何らかの悪疫を一つも発見することができなかった。

一八一六年の時点で、バッシーは諦めの境地にあった。それまでに多大な努力のみならず相当の財力をも費やしていたが、全ては徒労に終わっていた。しかも、その頃には彼は視力を失いつつあった。「虚脱感に襲われて」彼はこの研究を放り出してしまう。が、一年後になんとか気力を回復し「不運に打ち負かされることなく、確固たる決意をもって、この疑問に自然が誠意をこめて応えるまで、自然界の不思議なる現象を調べ解読することを、私は決して諦めはしない」と誓っている。

とある養蚕場での観察が、解決の糸口となった。ある部屋の蚕たちがいっせいに死に始めたのに、同じ状況で同じ餌をあたえられていたとなりの部屋に飼われていた蚕たちはまったく大丈夫だったのだ。片方は全滅し、もう片方ではほとんどか、全く影響がない。彼は「一つの部屋にはカルチノ菌が皆無かほとんどゼロかの状態で、別の部屋にはそれが膨大な量存在していた」という違いのせいではないかと疑い始めたのだ。つまり「マルデルセニョは［環境内で］いっせいに生じるものではない」皆が最初に決めてかかっていた何らかの毒素に反応した中毒死ではなかったのだ。

バッシーはこの考えに沿って実験を続けた。生きている蚕は他の虫に病気を移さないということに気がつく。しかし、死んだ虫の体の表面に現れる白い膜の粉状の物質を生きている虫に与えると、幼虫であろうが蛹であろうが成虫であろうが、その粉は虫の体内で増加し虫の体を食い荒らして、最後には宿主を殺してしまう。その時点で初めて、次の栄養源を探して広がる。「それは、自らを発展成長させ、生殖を可能にするために寄生できる生命体が必要だが、自身で果実を結んだりタネを産出したりしないし、すくなくとも成熟したりまたは受精したりはしない。寄生して栄養を与えた生命体の命が絶えてしまうまでその寄生過程が続き、宿主の死骸のみが他の虫にこの病を広めることができる」と、バッシーは書いている。そして、この侵略者はなんらかのカビで白い粉はその胞子だと、彼は結論づけた。

虫の死骸を暖かくて湿度の高い環境に置くことで、彼はカビを増やし茎状のものを肉眼で見定められるところまで育成する。単一レンズの顕微鏡を通してその形状を観察し、死体を覆う白い粉が「八年間無意味に探し求めていた」直線で構成される結晶［無機物］ではなく、湾曲した構成部分をもつ生命体［有機物］であると確信した。その後一八二四年にジョバンニ・バッティスタ・アミーチによって発明された強力な複式顕微鏡が手に入ると、バッシーは「微細な枝の数々や、おそらく再生のための一連の器官さえも」見わけることができると書いている。

いったん蚕の病死の原因が突き止められると、バッシーは次に蚕を傷つけることなくカビを除去する方法をいろいろと試し始め、効果的な殺菌手段を考案する。カビに触れることを食い止める衛生手段として、蚕の卵を殺菌液につける、道具を熱湯で洗浄する、蚕だなやテーブルや作業者の衣服などもすべて消毒する、作業者は必ず消毒液で手を洗ってから蚕の仕事にあたる、などだ。これらの方法は今では病院レベルの病原菌防除では常識だが、バッシーの発見は養蚕業を大きく越えてより広い社会全体へ影響を及ぼす科学的な躍進であった。彼の研究は後日、ルイ・パスツールやロベルト・コッホらのより知られ

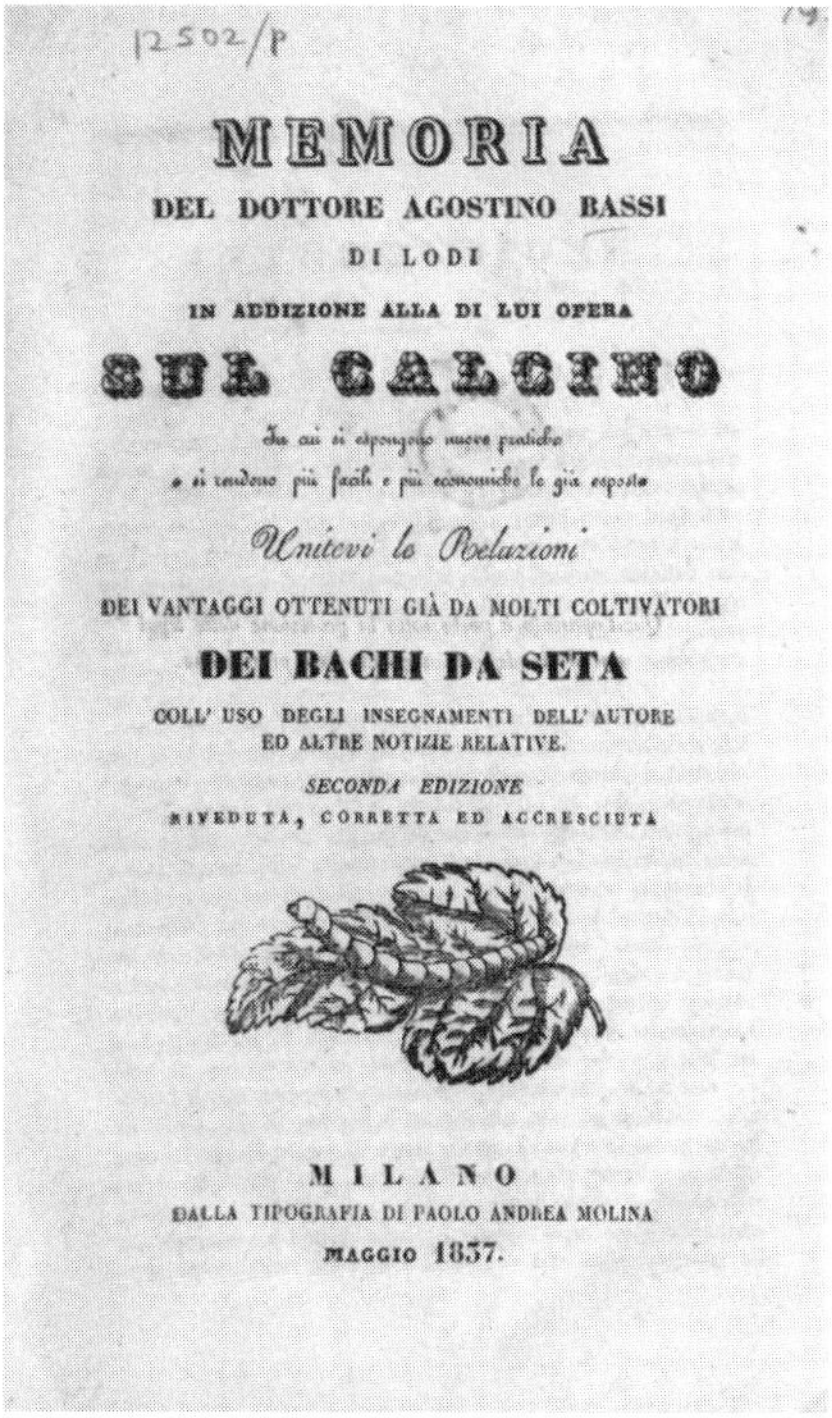
12502/P

MEMORIA
DEL DOTTORE AGOSTINO BASSI
DI LODI
IN ADDIZIONE ALLA DI LUI OPERA
SUL CALCINO
In cui si espongono nuove pratiche
e si rendono più facili e più economiche le già esposte
Unitevi le Relazioni
DEI VANTAGGI OTTENUTI GIÀ DA MOLTI COLTIVATORI
DEI BACHI DA SETA
COLL' USO DEGLI INSEGNAMENTI DELL' AUTORE
ED ALTRE NOTIZIE RELATIVE.
SECONDA EDIZIONE
RIVEDUTA, CORRETTA ED ACCRESCIUTA

MILANO
DALLA TIPOGRAFIA DI PAOLO ANDREA MOLINA
MAGGIO 1837.

病気の病原菌説はアゴスティーノ・バッシーの蚕を死に至らしめる不可思議なカルチノ病の研究から始まった（ウェルカムコレクション）。

た病原菌論の展開の上で、その先駆的役目を果たしたと言えるだろう。この地方弁護士は実は時代の先を行く科学者だったのだ。

バッシー生誕二〇〇年を記念する雑誌の記事はバッシーについて「史上初めて病気の寄生理論を打ち立てた人物だ」と謳っている。そして業界の指導書である『殺菌、消毒、保存』では、彼の実験は「動物の生体における疾病が微生物によって起こされることを初めて明らかに証明したもの」と見なしている。バッシーはこの発見から「化膿した傷や壊疽、コレラ、梅毒、伝染病、チフス、などの疾病に見られる生きている寄生体（病原菌）から広まる接触感染という理論を発展させた。そして、アルコールや酸、アルカリ（原文ママ）、塩素、硫黄などの殺菌剤の使用を薦めている」[*23]バッシーが亡くなって九年後の一八五六年、このイタリア人の先駆者よりもはるかに潤沢な資金に恵まれ、また宣伝活動にも長けていたパスツールは、似たような科学実験を始める。フランス政府の肝いりで、やはり蚕産業に壊滅的な打撃を与えているペブリン［微粒子病］という新たなそしてより壊滅的な疫病についての研究に取りかかったのだ。仕事を始めた時、パスツールは蚕ばかりでなく動物の病気については全く研究経験がなかった。彼のそれまでの研究は発酵とイースト菌についてのみだった。しかし、彼は自分の能力に自信があったし、飲み込みが早い人物だった。手元の資料の中にはバッシーの研究論文のフランス語訳があった。

五年ほど研究を続けたあとで、パスツールは感染している蚕の卵とそうでない卵を見極める方法を開発し、ペブリンにかからない健康な毛虫の生産が可能になった。同時に、ペブリンと時折重なって発生するフラチェリーと呼ばれる別の病気を判別することにも成功し、その感染を防ぐ手段も考案する。この蚕の研究はパスツールの科学者としての方向を変え、動物生理学者へと転換させた。「アレス［フランスの地名］の毛虫はパスツールを微生物学者から動物学者へ、そして医学者へと導いた」と、パスツールの伝記を記したパトリス・デブレは言っている。デブレ自身、免疫学者だった。パスツールの炭疽熱や狂犬病などのワクチン、そして人々の寿命を劇的に引き延ばすに至った公衆衛生上の勝利とも言えるこの努力は、絹の生産業から始まったのである。[*24]

パスツールはペブリンの治療法を発見したわけではない。単にその病源を見つけ出し感染している卵を破棄することで、疫病の広がりを防いだだけである。疫病を消滅させることに一歩も近づいたわけではなかった。一八六〇年代の初め頃までには、フランスの養蚕業の生産量はその一〇年前のなんと五分の一にまで落ち、イタリアでもほぼ半減していた。感染していない蚕卵を確保しようと、ヨーロッパの養蚕業者はこぞってアジア、特に新たに開国した日本に目を向けた。ヨーロッパの市場で、日本から輸入された蚕卵は以前ヨーロッパ市場で売買されたフランス産のものの一〇倍の値段で取引された。一八六四年、外交上の進物として徳川幕府はフランスのナポレオン三世に一五〇〇〇枚の蚕卵紙［何百という蚕卵が産みつけられた紙］を贈呈している。中国は生糸の最大輸出国であったが、ヨーロッパにとって日本は蚕卵の産出において最も重要な資源国となった。[*25]

ヨーロッパと同様、日本の養蚕業ももともと中国から渡ってきたものだが、一七世紀になって大きく発展する。江戸幕府が［金銀銅の流出を抑えようと］中国からの絹輸入を規制して国内の市場を活性化した流れをうけて、養蚕業者たちは蚕卵業か蚕虫の生育かのどちらかに専念するようになる。いろいろな改良のための実験や綿密な観察を通して、彼らは養蚕技術を高め生産高を上げていった。例えば、蚕のえさとして中国の習慣に従い桑の葉を細切りして与えたが、単に切っただけではなく切られた葉をいくつかの目の異なるふるいにかけた。大きめの葉は大きめの虫、一番細かい葉は一番若い虫、というように振り分けることで、無駄を最小限におさえた。歴史学者のテッサ・モーリス＝スズキによると、「蚕が生存、成長するための最適な状況を維持すべく、養蚕過程の全てにわたって同じようなきめ細かい入念な配慮が施された。蚕だなは暑さや寒さが集中しないよう頻繁に場所を移され、また気温に応じて与えられるえさの量も変えられた。蚕が飼われている棚板や道具は定期的に洗って日に干され、養蚕業に従事する者たちの衛生維持に関しては厳しいルールがしかれていた」

一九世紀の初め頃、養蚕農を営む中村善右衛門なる人物は、オランダから輸入された温度計に基づいて自家製の温度計〔蚕当計〕を試作し、実験観察に用いる。蚕の成長の過程である段階、例えば排卵時、は多少暖かくないといけないが、ほかの段階ではいくらか低い温度でなければいけない、など。一八四九年に中村は日本全国の養蚕業者のために挿絵付きの手引書〔『蚕当計秘訣』〕を出版する。

日本の蚕も、ペブリンやマルデルセニョや他の病気にかからないというわけではなかった（パスツールはナポレオン三世に寄贈された日本産の蚕卵のなかにペブリン菌をもつ卵を見つけている）。だが、念入りな衛生管理は疫病が広まることを防ぐのに大きく寄与した。養蚕業者は健康な桑の木の葉だけをえさに使ったり、蚕だなの蚕の数を限定するなど配慮し、また感染しているように見える虫は極力抜き去った。作業する者たちは四六時中、手を洗い服を着替えた。バッシーが見たら、さぞかし褒めちぎったことだろう。

また、蚕の質を高く維持するために、日本の養蚕業者たちは自分が育てた蚕の卵を集めるのではなく、専門の蚕卵生産者から卵を購入している。卵の交配業者はいろいろと異なる目的に適した特徴の異なる蚕を生み出すべく、品種改良を進めていった。この品種改良と蚕飼育技術の両領域での絶え間ない努力の結果は、生産高の劇的な向上となって実を結ぶ。一九世紀のはじめには孵化から繭の段階まで要する期間が、その一〇〇年ほど前よりも一〇日ほど短縮し四〇日が普通だった。繭一個からとれる生糸の長さは三分の一以上増えた。一九世紀の半ばまでにはそれがさらに四〇パーセント伸びた。一八四〇年代までに日本の養蚕業はヨーロッパの注目を集めるようになり、一八四八年には挿絵入りの養蚕手引書がフランス語に翻訳されている。モーリス＝スズキはこの本が「日本の西洋への最初の技術輸出であると同時に、日本の文化的産物で西欧の言語に訳された初めての作品である」と讃えている。

マシュー・ペリー海軍総督が一八五四年、かの有名な「黒船」で江戸湾に現れ、米国が、そして最終的には他の西洋諸国が交易のために国を開国するよう日本に要求した時、日本の養蚕業者がグローバルマーケットに打って出る体制は十分取れていた。それまでの二世紀の間に、日本の養蚕業は着実に成長し続け、輸出できるレベルの貴重な産物を生み出していた。生糸と蚕卵は、日本がその時必要としていた鉄道や工場などへの投資金をもたらすこととなったのだ。

同時に見落としてはならない事実は、養蚕業者の経験は海外から入ってきた知識を最大限に活用し、またそれを改善するという文化的姿勢の下地を築いたことにある。「[養蚕業の発展過程で起きたことの]何が大切かというと、単に徳川時代に絹の生産が増加したとか絹の質が向上したとかではなくて、多くの養蚕農民たちが実験や技術的適応や、例えば温度計などのような西洋の技術を生産過程に組み入れることは必要なのだと認識し受け入れる[職業的な]態度を持つようになったということだ」と、モーリス＝スズキは書いている。*26

一八六八年の明治維新を機に、日本は「世界中の知識を求めるべし」という誓いを立てて近代化に取りかかる。日本の派遣団はイタリア北部にある養蚕研究所で一ヶ月研修し、当時最先端の技術であった顕微鏡や湿度計などのいろいろな器具を携えて帰国した。一八七二年には政府の資金で、フランスから輸入された機械を備えた糸紡ぎ（紡績）工場が築かれる。間もなく私営の企業がそれに続く。一八九〇年代半ばには人の手で手繰られた生糸は、全体量の半分以下に落ちた。

江戸時代には、絹の地方別の特有性というものが重宝された。布地の特徴は色合いのぼかしだの、生地の触感だのが、その高級度などを区別する基準となった。だが、明治になって工場での生産が進むと、そのバリエーションはむしろ問題となる。紡績工場では「様々な異なるタイプの繭から手繰られるために、その生糸が均一の質を保てないことが一番の問題点であった」と、経済史学者は論じている。しかし、この問題は一九一〇年代になって消滅した。日本の科学者たちが蚕の品種改良とメンデルの遺伝子交配の理論とを組み合わせ、新たに高性能な品種を生み出す。その繭は、特に機械で手繰るのに、それまでのどの種よりも優れており、この種の蚕はあっという間に国中に広まった。これを基準とする意図はなかったのだが、産物の大半がこのタイプであったためにこの種の生糸がその実「日本の生糸」という基準となってしまう。また、工場での厳格な温度管理も、生糸の質の向上に貢献した。

日本の生糸はアメリカの絹紡織工場へ優れた原料を供給するようになる。アトランティック中部州のニュージャージー（その中にあるパターソン市はシルクシティーという名前で知られるようになる）、ニューヨーク、ペンシルベニア州は主にイギリス系移民らによって確立されたが、アメリカの絹生産はヨーロッパとは多少異なっていた。旧大陸の伝統に比べると、アメリカではスピードの速いパワー織機を使い、規格化された比較的安い布地を大量に生産する、つまり新しい大陸市場のために贅沢を一般化しようという方針だった。フランスやイタリアの手織り機職人たちが築き上げた伝統というものが存在しないアメリカの新しい産業界で、機械化された織り機で使うには中国の生糸は品質が今ひとつ不揃いだった。新たに市場に現れた日本の均質な生糸はまさに願ったり叶ったりの素材だった。日本の生糸産業とアメリカの絹織布産業とは手に手をとって、お互いに依存しながら成長する。そして、二〇世紀の初めにはこの二者は世界の絹市場を支配するに至ったのだった。[*27]

二〇〇九年、バッシーがイタリアの蚕を壊滅させている原因の探求を始めた時からほぼ二〇〇年後、サンフランシスコベイエリアで三人の若手科学者たちが新たな会社を興した。彼らは微生物と絹との関係を逆転させ、その過程において従来の〈繊維〉という観念に、それまで人々が思いもつかなかったような人為操作を加えて繊維を作り出そうという野心をもっていた。バッシーたちが試みたように蚕を小さな侵入者（微生物）の害から守るのではなく、ボルトスレッズ社は微生物を使って絹糸を生産するというアイデアを実現したのだ。シリコンバレーの主要な投資会社に資金投資を受け、科学者たちはイースト（酵母）菌にバイオテクノロジーの操作を加えて、アルコールを作り出すかわりに絹のタンパクを排出させることに成功する。パスツールが学者としての生涯を始めた最初の発酵の研究が、一九世紀の科学者には誰一人想像だにできなかったであろう形で、今また絹に戻ってきたというわけだ。
ボルトスレッズ社の科学主任であるデイヴィッド・ブレスラウアーは、ラボのキャビネットの棚から一ポンドサイズの瓶をとりだし、そのなかの白っぽいタンパクの粉を掬って出した。それはまるでスムージーに混ぜ入れるプロテインパウダーにそっくりだ。でもこれは健康食品ではない。蜘蛛の巣の一番頑強である部分［一番外側の輪と輻、および上下の垂れ糸。英語では蜘蛛の糸もシルクという］の牽引糸を形成するタンパク質と同じ物質でできている。ここ何十年ぶりかに初めて［人為的に］創作された繊維である。営業主任であるスー・レヴィンが説明する。「この一瓶には一度に一ヶ所で生産された絹タンパクのパウダーの最大生産量が入っているんです」このパウダーを布地に変えるには、まず適切な溶剤で溶かして蜂蜜のようなどろっとした液状にし、それを装置に入れ、ちょうどシャワーの水がシャワーヘッドを通して細い水流となって出てくるようにタンパク液を細い筋状に押し出し、それが乾いてつややかな糸となった時点で手繰りとって、布地を編んだり織ったりする材料にする。[*28]
ボルトスレッズ社はその企業内容を有機物を基とした素材を生産する会社だと定義している。きのこの細胞を形成している菌糸体から作られたマイロと呼ばれる偽皮も製造している。前述のマイクロシルクと呼ばれる布地を制作する技術をもととして、蜘蛛の糸の模造よりも広範に応用の利く製品を想定している。一九三五年に化学製品メーカーのデュポン社のウォーレス・カロザースがナイロンを作り出しポリマー革命を起こして以来、何十年ぶりに初めて遂げられた新世代繊維の到来だ。ボルトではこのテキスタイル産物を「タンパクポリマーマイクロファイバー」と呼んでいる。
実のところ、タンパク繊維はまるきり新規のアイデアではない。再生された木材の切れくずから作られたレーヨンが製品として成功したことから、一九三〇年代の科学者たちはこぞってタンパク質に関心を向けた。ヘンリー・フォードは車の内装につかうウール地の代用になるものを期待して、大豆を原料とする繊維開発の研究に資金を投じた。イギリスのインペリアル・ケミカル・インダストリーズはピーナッツからアーディルと命名された物質を作り出す。他の例は卵の白身やトウモロコシから取れるゼインタンパク、鳥の羽などだ。

最も有望なタンパク繊維はラニタルだった。スキムミルクから作られたイタリアの発明品だ。イタリア国粋主義政府による国内産業の自給自足を奨励する政策に助成され、イタリアのレーヨンの最大生産元であるＳＮＩＡヴィスコサは一九三七年、一億ポンド（二・二トン）ものラニタルを生産した。

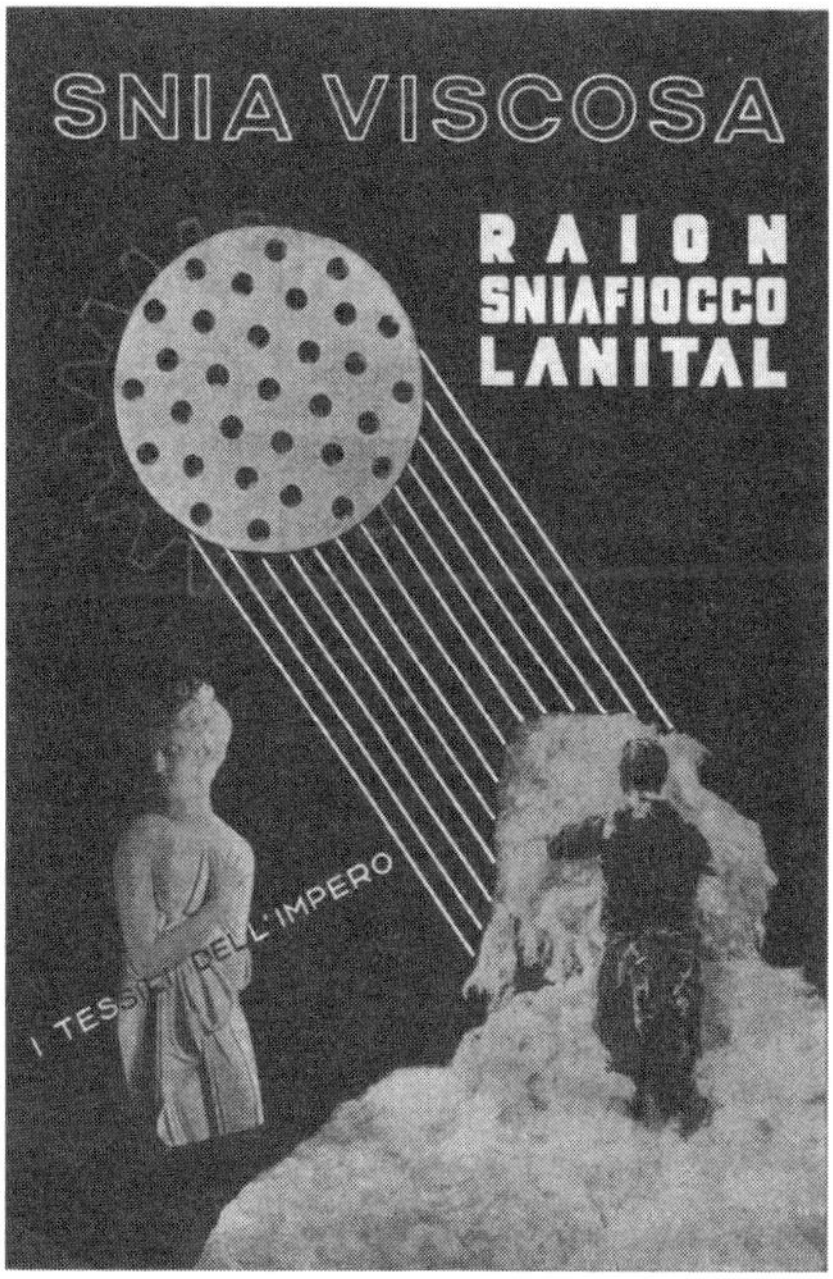

1930年代にはウールの輸入を減らす目的で、レーヨンや、イタリアのファシスト政府の資金援助を受けスキムミルクから作られたラニタルなどの画期的な繊維製品がつくられた（スナフィオッコはレーヨンの主要成分）（筆者の資料コレクションより）。

アメリカでも同じたぐいのものが作られ、その製産者は「ウール、モヘア、アルパカ、ラクダ毛や毛皮などの天然タンパク繊維に劣ることのない人工繊維を作り出すことについに成功した」と、自信満々に謳った。柔らかく、暖かく、収縮率も低く、ミルクをもとにつくられたこの織材はウールの代用品として魅力的だった。ただ惜しいことにひとつ致命的な欠陥を有していた。濡れるとチーズか腐ったミルクのような匂いがする、と人々が感じたことだ。加えて、布として目がつまった生地に織ることが難しく、あるイタリアの婦人服デザイナーは、自分の姉が「布地にアイロンをかけると織り糸がチーズの繊維のように浮き出てくるので、ラニタルのことをモッツァレラ生地と呼んだ」と回想している。結局、戦争が終わると人々はウールやポリエステル、ナイロン、アクリルなどのその他の化繊に舞い戻った。[*29]

これらの石油ベースのポリマー繊維に取って代わるものを創作することこそが、ボルト社の目的である。CEOであるダン・ウィドメイアーは語る。化繊はたったの一〇〇種かそこらの［化学物質の］結合可能性の範囲内で世界を変えた。タンパクベースのポリマーはそれよりもずっと多くの可能性を有している。「この地上のすべての有機生体のありとあらゆる機能はタンパクポリマーに基づいています」この分子生物学者はどのようにしてDNAの連鎖が組織となるかを把握しているがゆえに、「もし蜘蛛の牽引糸を作り出す方法を解明し、その方法で蜘蛛の糸を大量生産できたとしたら、多分どんな構造タンパク質であっても作ることができるでしょう。ちょっと頭で計算しただけでも、それは一〇の一〇六乗のポリマーということになります」と、彼は語る。

適切なアミノ酸の連鎖を選ぶことで、ボルトは繊維に特定の性質を組み入れることができる。必要性に応じてその可能性はほぼ限りない。伸縮性、堅固さ、しなやかさ、UVカットのレベル、通気性、耐水性、なんでもござれだ。通気性に富み、臭いをよせつけない運動着や、赤ワインをこぼしてもはじいてしまう白いソファのクッション。伝染性の微生物を殺菌してくれる病院のシーツ、あまりにも伸張性に富む布地であるためにまるで自分の皮膚であるかのように感じるような服、カシミアのように柔らかいが、毛の表面が微細なうろこ状になっていないために皮膚が過敏な人もチクチク感じずに着られるセーター（おかげで、モンゴル草原を砂漠に変えつつある食欲旺盛なヤギの群れを激減させることができるだろう）等々。これらは全て環境に無害な原料から生産され、また、廃棄されたあかつきには自然に元素分解する素材である。

この試みが成功したあかつきには、絹は虫から生産される必要がなくなる。ビール醸造のように巨大な発酵タンクのなかで作ることができるようになるのだ。その技術は絹の生産にとどまらない。羊毛もまたタンパクポリマーだ。カシミアも然り。そのほか、想像を超える繊維もごまんとある。石油化学ポリマーと同様にタンパクも固形ばかりでなくジェル状を形成することができる。ボルトは一〇〇パーセント絹でできた服が可能であることを証明するために、絹でできた固形のボタンを実験的に作り出しもした。

まるで夢物語のようで、取り憑かれてしまいそうな展望ではないか。だが、当座のところマイクロシルクの製品は、唯一デモンストレーションのための試作品のみである。実は二〇一七年にシルクのネクタイとシルクウール混紡のキャップを少しばかり、市場に出した。ヴィーガンシルクのもつ市場価値に目をつけて、デザイナーのステラ・マッカートニーはファッションショー用の衣装や、またニューヨーク現代美術館の展示のためのきらめく黄色いドレスをボルトの布地を使って作成している。二年後、彼女はまたマイクロシルクと木材繊維から作られたテンセルをブレンドした布地を使って、［ウィンブルドンのテニスマッチの会場で］展示するためのテニスウェアを作った。イギリスのストラムペット＆ピンクのランジェリーデザイナーたちは著名なロードアイランドデザイン学院での展示ショーのために、マイクロシルクの糸で透けて見えるようなニットのニッカーズ（下着）を創作する。ボルトのデザイナーたちも腕をこまねいて見ているだけではない。彼らは絹タンパクの固体形からメ

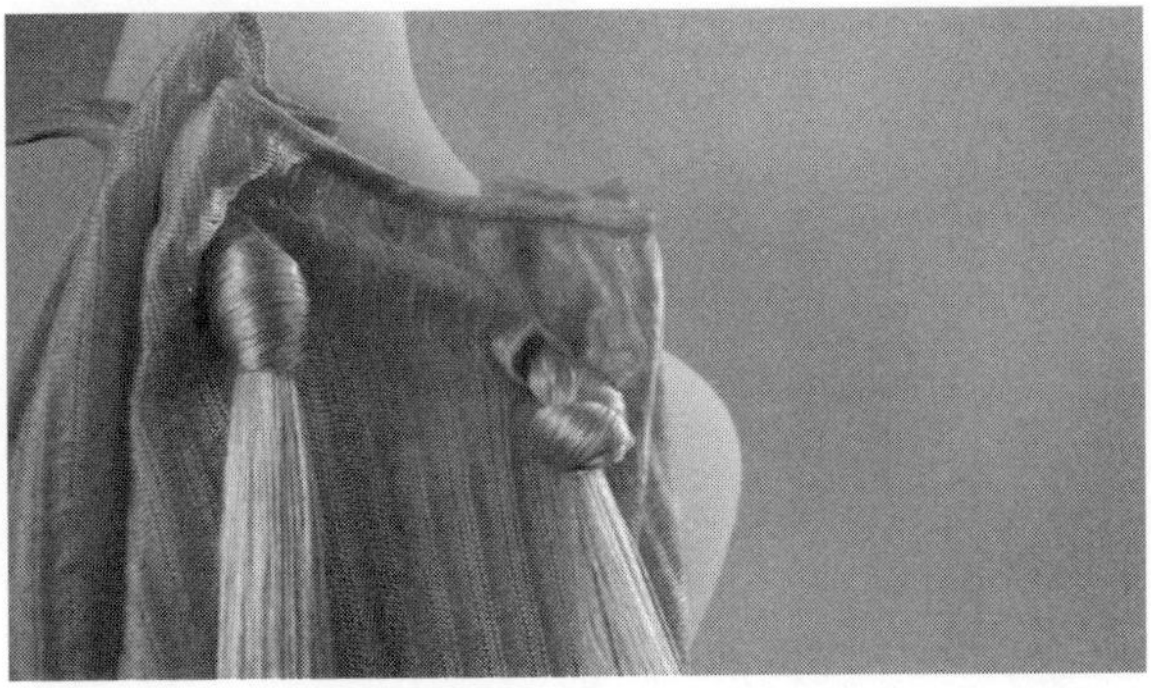

ボルトスレッドのバイオテクノロジーで作られたマイクロシルクの布地を使って制作されたステラ・マッカートニーのデザインによるドレスの詳細。ニューヨーク近代美術館の展覧会のメインの展示物となった（ボルトスレッド提供）。

ガネのフレームをデザインし、それにマイクロシルクのストラップをつけ、マイロで作ったケースをそえて、バイオ製造学会で展示した。ウィドメイアーは「最新のバイオ原料を組み合わせてどんなことができるかというちょっとしたスマートなアイデアだった」と語る。

しかし、展開はそこでストップしてしまった。斬新なアイデアは華々しく実証されたが、デザイナーたちが消費者を対象に製品を量産するだけの布地は現れて来なかった。マイクロシルクは店にはなく、近い将来に生産されそうにもない。私がボルトを訪れてから四年が経った二〇一九年に、ボルト社は供給チェーンを確保して大量生産の下地ができたと広報した。しかし、生産は始められていない。そのかわりに人工皮のマイロに専念している。タンパク繊維よりも人工皮の方に市場の関心が高いということらしい。売り上げ額の傾向を見れば、「皮や人工皮でつくられたアクセサリー品の分野にたどり着く」と、ウィドメイアーは言う。ボルトは企業であって、慈善事業ではない。皮製品はテキスタイルよりもずっと狭い市場かもしれないが、より高い利益マージンがあるし、また競争もそれほど激しくない。

新しい繊維のアイデアが出てくるたびに、私たちはテキスタイルが内臓する根本的な現実を顧みることになる。太古の昔から、世界中のどこにでも存在したテキスタイルは、何世代にもわたる人々の実験また実験を重ねた歴史をありありと見せてくれる。人類は何千年ものあいだ、繊維を改良し続けてきた。化繊ですらも、すでに八〇年にわたって絶え間ない改善の努力を続けている。最上の質の布地だけが、競争に勝ち残ることができるのだ。多くの素材——リュウゼツランやイラクサからラニタルやアーディルなど——は消え去ってしまった。以前は主流であった素材、ウールや麻などは今日では特定な需要に応じる特別な素材と見なされるようになった。

最近になるまで簡単に使うことのできないような技術やあまり知られていなかった科学的知識を応用して、ボルトはチャンスを掴むことができるはずだと考えた。彼らは今という時点の二つの社会的なトレンドを当てにしている。一つは環境破壊を抑えようという動き、もう一つはこの技術のもつ機能的な可能性だ。タンパク質を細かく操作することで、ボルトの科学者たちは何千年をもかけて行われてきた繊維の品種改良を数日間で完了することができる。「過去の経験から、案を練ってモデルを作り出すのは実際に［商品として］現物を作り出すことよりもずっと簡単にできるということを、我々は重々承知している」と、ウィドメイアーは言う。つまり、大事なことは最大限の商業的成功率を秘める法則を見つけ出すことだ。天然でもなく人工でもないバイオテクノロジーで作られたタンパクベースポリマーの繊維は、品質改良で始まった人々の努力の過程の新段階と言えるのかもしれない。[*30]

第二章　糸

アダムが耕しイヴが紡いだその昔、一体だれが貴族だったただろう？
イギリスの［一三八一年のジョン・ボールによる］警句

アムステルダム国立美術館の三階にはレンブラントやフェルメールの作品が展示されていて人目を集めている。だが二階下つまり一階の展示フロアには［それほど有名でないにしても］オランダの美術界が大きく飛躍することを可能とした資金源を思い起こさせる二枚の絵画が飾られている。一五二九年にマールテン・ファン・ヘームスケルクによって描かれたその一対の絵は、若い夫婦、ピエテル・ビッカーとアナ・コッデであると考えられており、［宗教的人物や王侯貴族ではなく、その後肖像画の主流となった］オランダ一般市民を描く初期の作品群に属するものである。昔風の横顔のみの描写法の代わりに当時流行りの正面斜め前から描かれているモデルは、職業や階層のタイプを代表的に表す人物ではなく明らかに特定の個人だ。アナは額に微かな陰りを浮かべた面持ちで、彼女の薄い金髪とどことなく夢をみているような目つきは、夫の黒髪、きつい眼差し、それに骨ばった頬の鋭い印象と好対照をなしている。

アナとピエテル、歴史上実在した夫婦である。しかし、自分の仕事道具を手にしてポーズを取っていることで、彼らはある意味で特定なタイプの代表例だとも解釈できるだろう。アナは糸紡ぎ車《スピニングウィール》［ま

夫婦の肖像。アナ・コッデとピエテル・ゲリッツ・ビッカーと想定される。マールテン・ファン・ヘームスケルク画、1529年（アムステルダム国立美術館蔵）。

たは糸巻き車」の横に座って、左手は繊維の塊から糸を手繰っている。ピエテルは左手に帳簿台帳を持ち、右手で貨幣を数えている。彼らの姿は呼応しているように見える。アナは右手で糸紡ぎ車の取っ手を、ピエテルは貨幣を握っている。アナの左手は親指と次の三本指で糸を引いている。ピエテルも同じように親指と次の三本指で台帳の表紙をつまんでいる。これこそがオランダの繁栄のもととなった経済活動の象徴と言えよう。つまり、これは〈産業〉と〈商業〉とが人物として象徴されている絵画なのだ。[*1]

今日私たちは産業ということばを聞くとすぐさま工場の立ち並ぶ煙突を思い浮かべるだろう。だがそのイメージは一九世紀になってからのものだ。その前までは、産業という概念の典型的なイメージはルネッサンス以来女性が糸を紡いでいる姿だった。間断なき努力、生産性、そして［紡績の］圧倒的な必要性に支えられて。

現代の評論家たちは、当時の糸を紡ぐ女たちに家事を全うしているとか従属性を示しているとか、そういったイメージを被せがちだ。「ピエテル・ビッカーは直裁で巧妙な実業家として描かれている。その妻は糸を紡いでいるところが描かれており、それは妻としての美徳を象徴している」と、ある美術史家は解釈している。[*2] この見方は、自立していて外の世界に出て行く男性の商人に対して、糸を紡ぐ女性を受動的で経済的に依存している、かつ文化的に劣っている存在だと見なすものである。会計事務所は〈本物〉で重要なビジネスだが、糸紡ぎは単に貞淑な主婦を象徴するイメージに過ぎないというわけだ。ちょうど、「鍵」が［アトリビュートとして］聖ペテロを意味するように。

実のところ、ヘームスケルクの糸紡ぎ車は、簿記の記録が経済活動には不可欠であるのとまったく同様に、当時の社会にとって有益で必須の道具であった。一九七七年に刊行された『紡ぎ車、紡ぐ者、紡ぐこと』というパトリシア・ベインズの著作はその分野で最も権威ある書と見なされているが、その中で彼女は［アナ・コッデの肖像画について］「長い繊維を片手で巻き取る作業をこれほど［視覚的に］見事に表現している例は他にない」と記している。「繊維の塊の中から人差し指と親指の二本で少量を引き抜き、それがピンと張るように中指で加減する」そして［車を回すことで］糸は糸穴を通って糸車に備え付けられたボビン（糸巻き棒）に巻き取られる。「［彼女の指先を見るとわかるように］親指が人差し指にこすりつけられふわふわの繊維を細く均一に伸ばしていく。手首が軽く速やかに左右して次の塊が引き出される。その連鎖した動作がふつふつと目に浮かぶように描かれている」[*3] アナはただそこにモデルとしてじっと座っているわけではなかった。明らかに習熟した技量を具現しているのだ。

糸紡ぎを生産的活動ではなく従属的な家庭内作業の象徴と軽くあしらうことは、紡績がなぜ女性の美徳だと古代の昔から敬われてきたか、その根源となる理由そのものを見落としてしまうことだ。さらに加えて言うなら、なぜ産業革命が紡績機から始まったかを考えていないことでもある。この二〇〇年かそこらの間に、需要に応じるのに十分な糸が供給される状態に達したがゆえに、糸の生産は精魂込めた労働の結果ではない［つまり、なにか趣味か楽しみでなされたものだった］かのように思われるようになったのかもしれない。人類の歴史のほとんどの時代を通して、布地を作り出すために必要な糸を生産することはあまりにも手間暇のかかる作業であったため、この必需品は常に不足していたというのが事実である。糸の生産を増加させるための努力は、歴史上もっとも画期的な技術上の発明を促し、ついには世界中の生活水準を高めた〈偉大なる経済成長〉を遂げるに至る。糸の物語は最初の段階では確かに混乱や誤算を生じた。だが、全体を顧みれば［紡糸のための］労働を軽減させるテクノロジーが、いかに生産を向上させ、人々の生活に経済的により価値が高く、また個人的に満足感をもたらすような余剰時間を与えるようになったかを描く軌跡なのである。

紡錘車《スピンドル》［はずみ車とも呼ばれる］という道具は何の変哲もないものだ。石や粘土や木などの硬い材料でできた小さな円錐形か円盤形か球形のもので、真ん中に穴が開けてある。たいていの博物館には何千とコレクションがあるが、普段はほんのわずかしか展示されていない。稀に展示されているものは変わった色合いだとか彫り込みのおかげで選ばれて飾ってあるのだろうが、それでももっと目を惹くような水差しや椀や立像などの影で見過ごされてしまいがちだ。「スピンドルは考古学者が発掘したもののなかで、最も目を輝かすような出土品というわけではありません」と、研究者も認める。[*4]だ

紡錘車（左上から右回りに）：シュメール、陶器製（2900-2600BCE）；ミノア、瑪瑙（2450-2200BCE）；キプロス、テラコッタ製（1900-1725BCE）；ローマ、ガラス製（1-2 世紀）；ペルー北部海岸地帯と思われる、陶器製彩色（1-500CE）；メキシコ、陶器（10 世紀から 16 世紀初期）（メトロポリタン美術館所蔵）。

が、これは、単純ながら、少量の紐を綯うことから布地を織るのに必要な大量の糸を作り出すことまでを可能とした道具で、農業そのもののように、人類が作り出した最も古く、そして最も重要な技術の一例なのである。

「スピンドルは、最初の輪《ウィール》でした。車を動かすためのものではないけど、しっかり〈回す〉という原理に基づいていました」手でくるくると回転の動きを示しながらエリザベス・バーバーは話した。彼女は言語学［及び考古学、テキスタイル、民族舞踊］の専門家で、また趣味で機織りも嗜む。彼女は一九七〇年代に書かれた考古学の研究文献のあちこちにテキスタイルについて脚注が挿入されていることに気づきはじめ、それまでに分かっていることを収集するのに九ヶ月ほど研究期間を投じようと計画した。そのプロジェクトは最終的に何十年にもわたる探求の旅となり、テキスタイル考古学を独立した分野として確立させせるのに大きく貢献することになった。彼女によると、布の生産は「土器や冶金よりも古く、おそらく農業や畜産よりもさらに古い可能性が高い」[*5] 布が生産に至るかどうかはひとえに繊維を糸に変える技術に依っていた。絹についてはまた後述するが、最も効率的な植物や動物の資源であってもそれらの繊維はそのままでは短く、ひ弱で束になっていない。亜麻の繊維は三〇センチから六〇センチにまで成長するが、羊毛はせいぜい一五センチほどだ。木綿は短いものは三ミリくらい［通常で一―三センチ］、最も贅沢な品種であっても六センチちょっとが精一杯だ。総称してステープルと呼ばれるこれらの短い繊維を捻《ひね》りながら取り出して撚り合わせる作業が、すなわち糸を紡ぐこと［または紡績］である。一本一本の繊維が［捻られて］螺旋状に巻き合わさることで、お互いによじり合いこすれあって強い糸ができるのだ。「長さに沿って引っ張る力が強いほど、［束が引き伸ばされて］繊維の束の断面にかかる求心力も強まるというわけです」と、生体力学《バイオメカニックス》の学者は説明する。[*6] 繊維を少しずつ引き出して繋いでいくことで、もともとは短いステープル繊維を必要に応じて何キロもの長さに引き伸ばしていくことができる――ミシン糸や毛糸などは、たいてい驚くほどの長さだ。

スピンドルは中国からマリ、アンデスからエーゲ海沿岸まで様々な民族によって様々なところで作られ、多少の違いはあるがしっかり固定された二つの機能部分、つまり穴のあいた円盤状のものと棒の二つの部分から成る。棒は円盤の穴に通されて、通常円盤が棒の端の部分に来るよう固定される。糸を紡ぐのに、まずウール、麻や木綿などの繊維のかたまりに混ざっているゴミくずなどを取り除いてきれいにし、その一塊を引き伸ばしてブラシでけずり、繊維の向きを一定にする。繊維を撚りながら一摘み引き出してスピンドル棒の先に括り付け、繊維を摘んだままスピンドルを宙につるし［このためドロップスピンドルとも呼ばれる］、棒の先を指で回転させる。下部の円盤の重みでスピンドルは輪をかいて回り始める。重みで繊維は次第に引き伸ばされ、その間に新たな繊維が少しずつ付け加えられる。糸が長くなってスピンドルが床に届くほどになると、その糸は棒の部分に巻き付けられる。この三段階の作業——摘み出し《ドラフティング》、撚り《トゥイスティング》、巻き取り《ワインディング》——が糸紡ぎの過程である。

きちんと処理された繊維を使っての糸紡ぎは、経験を積んだスピナー（紡ぎ人）の手にかかるとまったく労力を要さない作業のように見える。糸はまるでおのずからスルスル紡ぎ出されるかのようだ。だが糸紡ぎはそうそう簡単なものではない。細くて均一の太さの糸を紡ぐため、新たに引き出される繊維の細い束に一貫して均等な張りをかけつづけなければいけないが、張りが強すぎると切れてしまう。その上その間スピンドルをずっと回し続けていなければいけない。私は六時間の初心者レベルのスピニング教室に参加したが、生徒の一人一人に丹念に気を配ってくれる教師の手助けがあるにもかかわらず、二本撚りの不揃いな毛糸を約一〇メートル紡いで終わりだった。一〇メートルの毛糸を毛玉に巻くと、ほぼ二・五センチメートル幅にしかならない。何かをくくるには役立つかもしれない

［スピンドルを使って糸を紡ぐ者を描いた］ギリシャの壺、紀元前460年（イェール大学アートギャラリー蔵）。

が、布を織るなどは考えられもしない量だ。
　しかし、いったん慣れてしまえば糸紡ぎは体が覚えてくれる。趣味で糸紡ぎをする人たちは、ストレス解消に最適だと言う。スピナーであるシーラ・ボズワースは「始めたばかりのころは、これが心を落ち着かせてリラックスさせてくれるなんて思いもよらなかったけれど、だんだん上達して考えずにできるようになってくると、そのリズムが何とも瞑想の世界のようで」と、評価する。彼女はどこに行くにもスピンドルを持ち歩き、列に並んでいる時もレストランで料理を待っている時も車に乗っている時も、糸紡ぎを楽しむのだそうだ。[*7]
　スピンドルほど持ち運びに便利ではないが、糸紡ぎ車は天気さえよければ外へ持ち出せるくらい軽いものもある。ルネッサンス時代のフィレンツェでは、公衆の場にあるベンチを一般の人々が座れるよう確保するために、スピナーが座ることを禁止したほどだ。一七世紀の終わり頃、イギリスのサフォークとノーフォーク地域を旅行した女性紀行家のセリア・ファインズは、町なかで「通りや横道の路上で糸紡ぎ車を回しながら作業をしている」女たちを見たと記録している。北ヨーロッパではスピナーたちが自分の道具を持って誰かの家に集まり、暖炉と光と時には大はしゃぎのにぎわいをみなで分かち合いながら、長い冬の夜を過ごした。一七三四年にそのような集まりに対して地元の長が禁止令をしいた時、「一人で糸紡ぎをしたって、それじゃろうそく代すら稼げないではないか」と、あるドイツ人農婦は抗弁した。そういった集まりが醸し出す仲間意識が彼女らにとって魅力だったと想像するのは、的外れだろうか。そして、その魅力は紡いでいる女たちばかりではなかった。彼女らをお目当てに立ち寄る若い男たちにも同様だったに違いない。[*8]
　織布過程のほかの段階とは異なり、糸紡ぎはほぼ完全に女性のみによって行われた。「いかなる時でも（糸紡ぎ車）で仕事する女性こそが望ましい女性である」とインドの歴史家で詩人でもあるアブドゥル・マリク・イサミは一三五〇年に書いている。[*9] 英語のdistaffという言葉は「糸巻棒」という意味と、女性に関係する形容詞で「母方の」とか「妻方の」といった意味をなしている。spinsterは糸を紡ぐ者という意味だけでなく、〔年のいった〕独身女性という意味もある。

古代ギリシャの土器には糸紡ぎの図がよくみられるが、それは良妻の重要な作業として、また同時に娼婦が客待ちの間に行う作業として描かれている。「娼婦はセックスを商売としていたが、同様に布の生産にも従事していた」と、ある美術史家は書いている。[*10] 似たような例が一六―一七世紀のヨーロッパ美術にも見られる。アナ・コッデの肖像画のような高尚な絵画では、紡績は家内産業と女性の美徳を象徴しているといえよう。だが、大衆向けの版画では、糸紡ぎには往々にして性的な意味合いがほのめかされていた。一六二四年オランダで作られた版画はある若い女性が糸でふくらんだ糸巻棒――それはあきらかに男性器の形をしている――を右腕のしたにはさんでいる様子を描いている。そのふくれあがった糸巻棒は異様に彼女の顔近くに接していて、彼女の左手はその糸の繊維を撫でている。繊維を引き出すかわりに、今にもキスしそうな面持ちだ。そこには説明書きが付随しており、紡績の図を性的アレゴリーとしている。

私は長く、白く引き伸ばされている――ご覧のとおりだ。そして今にもひきちぎれそう。一番先は頭で、少し大きい。彼女は私がペースを保つように望んでいる。たいていは私を膝の上に乗せるが、時には横に寝かすこともある。何度も両手で私を掴む。――そう、毎日と言ってもいいだろう。彼女は膝をあげる。そしてその際どいところに、私の先端を突っ込む。それからまた引っ張り出す。ああ、そしてまた突っ込む。[*11]

男性が女性に望むもの、もしくは女性が自分で憧れるものが、美徳であれ性的アピールであれ、糸紡ぎはそれを表現する媒介と言えるかもしれない。そういったニュアンスが意図的であったか単に興をそそる目的であったかは別として、大事なのはこの頻繁に取り入れられた絵画のモチーフは当時の現実を反映していたということだ。産業革命以前の女性たちは、その人生を糸紡ぎに費やしていたという現実があった。機織りや染色や羊の飼育とは異なり、糸を紡ぐ作業はそれほど専門的な仕事ではなかった。かと言って、料理や掃除のような一般の家事とも異なる。貧しい女性は賃金を稼ぐために糸を紡いだかもしれない。ちょうどよその家のメイドとして雇われて生活費を得たように。ただメイドには資格が必要ではないが、糸紡ぎの場合は子どものころから紡いだ経験がなければ、その職務は与えられなかっただろう。そして、糸づくりはいつも需要があった。いつでも、必ず。

場所は変わって、たった四歳の頃からアステカの少女たちは糸紡ぎの練習を始める。六歳になるまでにはそのわざを習得して実際に糸を作り始めるのが普通だった。まじめに練習しなかったり紡ぎ方が下手だったりすると、母親は娘の手首に野草の棘をさしたり、棒で叩いたり、熱した唐辛子の煙霧を吸い込ませたりして［!］お仕置きをする。罰の厳しさは、この技能を習得することがこの社会でいかに大切であったかを示していると言えるだろう。

家族で使う分には靭皮の繊維を紡いだが、それ以外にアステカの女性たちは帝国の支配者が要求する貢物として、膨大な量の木綿糸をも生産しなくてはいけなかった。例えば、アステカに征服されたジコアック地方にある五つの町は、半年おきに赤、青、緑と黄色の模様で縁取りされた白いマントを一六〇〇〇枚、及びそれと同じくらい驚くべき量の肌着、大型の白無地上着と女性用衣料を、税として差し出さなければならなかった。「これだけの衣料を生産するのは、三世代（かそれ以上）の家族全員が一日中糸を紡いでいなければ、できることではない」と、テキスタイル史学者は推測している。[*12]

アステカの母親たちも、フィレンツェのオスペダレ・デッリ尼僧院［絹物商組合の基金によってたてられた孤児養育院］に住む孤児たちも、南インドの未亡人女性たちも、またはジョージ王時代のイギリスの田園地帯に住む主婦たちも、何世紀もの間女性たちは糸を紡いでその生涯を過ごした。とくに水車の導入のおかげで製粉作業に費やす時間がぐっと短縮されてからは、糸紡ぎが生活の主作業となった。[*13] 産業革命以前の女性たちが朝から晩まで糸を紡ぎ続けなくてはいけなかったのは、それが税のためであれ、収入のためであれ、家庭内使用のためであれ、布を生産するには膨大な量の糸が必要だからだ。現在の私たちの毎日の生活の中では、誰一人思い巡らしもしないことになってしまったが。

ジーンズについて考えてみよう。アステカ帝国への貢物として木綿糸を紡ぎ続けた女性たちの子孫であるメキシコ人の若者は、一人平均七本のジーンズを所有している。アメリカ人は六本、中国人とインド人はそれぞれ三本ずつだ。ジーンズ一本に要するデニム地は、約一〇キロメートルの長さの木綿糸を必要とする。[*14] 伝統的なインドのチャルカを使って一日八時間働いたとすると、一二日半かかる計算だ。それも繊維を洗ったりブラシをかけたりする時間は計算に入れずにのことである。もし糸づくりがすべて手仕事であったとしたら、それが最低賃金の作業だったとしてもジーンズは贅沢品ということになる。[*15] しかしながら、この例はその昔どれほど紡績作業が生活時間を占めていたかという説明を十分に果たしていない。まず第一に、ジーンズはそれほど糸を必要としない衣料だ。織はせいぜい一インチに一〇〇本くらいの密度の粗い素地だし、ズボンそのものがそれほど生地を要しない。

ほかの日常必需品で、もっと糸を必要とするものはたくさんある。例えばスレッドカウント［一インチ四方を織りなす縦横を合わせた糸の本数。数値が高いほど布地が密となる］が二五〇のツインサイズのシーツで考えてみよう。このシーツを織るには、四六・七キロメートルの糸が必要だ。つまり、サンフランシスコの中心部からスタンフォード大学キャンパスまで、または京都から大阪までの距離だ。クイーンサイズだと五九・五キロメートル、ワシントンモニュメントからボルティモアまで、またはエッフェル塔からフォンテインブルーまでの距離である。[*16]

次の点はチャルカだ。これは大きな輪を使って、一回りさせるだけでスピンドルを何回もまわすことができる道具だ。手で紡ぐ方式では一番と言っていいほど効率がいい。

西アフリカのスピナーがエウェ族の女性の伝統的な衣服を織るために必要な木綿糸（だいたいジーンズ一本と同じ量だが）を紡ぐにはほぼ一七日かかる。イギリス産業革命が起こる直前の一八世紀、ヨークシャーのウールスピナーが最新モデルの足踏み式の糸紡ぎ車を使ってウール糸を紡いだとしても、同じ量を紡ぐのに一四日はかかっただろう。もちろん、ウールは木綿よりずっと紡ぎ易いのだが。[*17]

アンデスのスピナーたちはウールとアルパカの繊維を使ってドロップスピンドルで糸を紡いでいた。一時間に約八六メートルのスピードだった。ということは、一平方ヤード（〇・九平方メートル）の布を織るのに約一週間ほどかかる（これは前述の私が参加したドロップスピニングクラスを教えていたペルー人教師がその場ではじきだしたおおまかな見積もりだ）。[*18] このペースで紡ぎ続ければ、数週間後にはズボン一本分の布地ができる。昨今のアンデス人たちが手作りの糸を特別なもののためにとっておいて、日常のズボンは工場で作られたものを買うというのは、当然のことであろう。

このように時間のかかる作業も、古代の技法と比べれば随分と進歩している。繊維のスムーズさに

糸の必要量 / 紡ぎ方 / 糸のタイプ	ジーンズズボン	シーツ（ツイン）	シーツ（クイーン）	トーガ	船の帆
	10km	47km	60km	40km	154km
チャルカ 木綿 100m／h*	100 時間＝13 日	470 時間＝59 日	600 時間＝75 日	400 時間＝50 日	1540 時間＝193 日
糸巻車 ウール（中） 91m／h	110 時間＝14 日	516 時間＝65 日	659 時間＝82 日	440 時間＝55 日	1692 時間＝211 日
アンデス ウール 90m／h	111 時間＝14 日	522 時間＝65 日	667 時間＝83 日	444 時間＝56 日	1711 時間＝214 日
ヴァイキング ウール（粗） 50m／h	200 時間＝25 日	940 時間＝117 日	1200 時間＝150 日	800 時間＝100 日	3088 時間＝385 日
ローマ ウール 44m／h	227 時間＝28 日	1068 時間＝134 日	1364 時間＝171 日	909 時間＝114 日	3500 時間＝438 日
エウェ** 木綿 37m／h	270 時間＝34 日	1270 時間＝159 日	1621 時間＝203 日	1081 時間＝135 日	3621 時間＝453 日
青銅器時代 ウール（細） 34m／h	294 時間＝37 日	1382 時間＝206 日	1765 時間＝221 日	1176 時間＝147 日	4529 時間＝566 日

注：この表は特定の紡ぎ方に応じて必要な長さの糸を紡ぐのにかかる時間を比較したものである。だいたいの見積もりを出す目的のもので、正確な数値とは限らない。またそれぞれの製品に使われる糸の量も想定の域を超えない。通常、木綿はウールよりも紡ぎにくい。1 日 8 時間労働を基にして計算されている。

*m/h は一時間に何メートル織れるかという数値。

** エウェは主に西アフリカ海岸ぞいのガーナ、トーゴ、ベナンなどの国々に住む部族。

よるが、経験を積んだスピナーなら青銅器時代のドロップスピンドルを使って、一時間で三四―五〇メートルほどのウール糸を紡ぐことができる（糸が細いほど、小さいスピンドルを使うのでその分さらに時間がかかる）。だいたいにおいてズボン一本分の生地を織るための糸を作り出すには早くて二〇〇時間、ほぼ一ヶ月分の労働時間が必要ということだ。[*19] それには、繊維を洗って乾かし梳《くしけず》る過程は入っておらず、もちろん糸を布に織り、染色し、裁縫する過程も入っていない。

こうした包括的な視野から見れば、ローマ時代のトーガのようなシンプルな衣装であってもなぜステータスシンボルとしての価値を有していたかが掴めてくる。もちろん、現代の［アメリカの大学生がよくやる］トーガパーティーではベッドシーツをまとって仮装するが、実際ローマ時代のトーガはベッドシーツどころかベッドルームサイズ（二〇平方メートル）にちかい布地を要した。一センチメートルに二〇本の糸を使ったとして、歴史学者であるメアリー・ハーロウが計算したところでは、一枚のトーガは約四〇キロメートルのウール糸を要する。ニューヨーク のセントラルパークからコネチカット州のグリニッチまでの距離［東京から立川までと同距離］だ。それだけの糸を紡ぐにはおよそ九〇〇時間の労働が必要で、一日八時間、週六日働いて四ヶ月以上かかる。

織布という要素を勘定に入れないと、古代史の学者たちは社会が直面した重要な経済的、政治的、組織的な障壁の数々を見過ごしてしまうことになる、とハーロウは警告する。布は、単に布ではないのだ。「次第に複雑化していく社会では、布の需要が次々に増加していった」と、彼女は説明する。

例えば、ローマの軍隊は桁外れに布地を消費した……海軍を形成するためには、まず帆を織り上げるのに必要な膨大な原料の確保と、その時間の見積もりが出発点となった。原料は糸として紡がれる以前に、まずタネを確保することに始まり、耕作され、育てられ、収穫され、加工されなければならない。布地の生産は日常消費のためのものであれその範囲以上のものであれ、時間と綿密な計画とを要した。[*20]

この描写は、ヴァイキングの有名な船についても当てはまる。ヴァイキング船の帆布は一〇〇平方メートルの生地で、一五四キロメートルの糸を要した。一日八時間、重めのスピンドルを使って粗い糸を紡いだとして、一人のスピナーが帆布に必要な量の糸を作るのに三八五日かかった。羊毛を刈り取り、紡ぐために洗ったり梳ったりするといった準備期間をいれると、さらに六〇〇日が加わった。最初から最後までを数えると、船の帆をつくることは船そのものを建てるよりもずっと時間がかかったのである。帆のサイズは船によって様々だったが、布の大きさ——そしてそれを織るのに必要な糸の量——というのは、実に想像を絶する。一一世紀の初め、クヌート大王が治めた北海帝国では、一〇〇万平方メートルの帆布を有する艦隊を維持していた。紡績だけを考えても、それだけの布地というのは［スピナー一人が紡いだとすると］一万年強の労働時間を意味する。[*21]

生活のゆとりに恵まれた私たち現代人は、糸巻き棒を持つ女性や紡ぎ車で作業する女性の肖像画をみて、それが単に家事や従属性の象徴だとあなどるかもしれない。しかし、私たちの先祖にとって彼女らの姿は必然に応じた生活の現実を示していた。彼女たちの絶え間ない労働なしには、布地は存在しなかったのである。

世界中の至る所で、古代の人々はスピンドルを使って糸を作り出す方法を工夫してきた。単純な構造でありながら、技術的にみて実に卓越した道具だ。持ち運びに簡単で、そのへんにある素材ですぐに作れる。熟練した者の手にかかると、驚くほど細くて頑丈で均質な糸が作り出される。インカ時代の「コンピ」と呼ばれる上着は、最上級のエリート層だけが着衣を許されていて、経糸だけで一センチメートルに八〇本の糸が使われているという贅沢な代物だ。もちろんそれだけ高級なものを作るのには時間がかかる。コンピ一枚を作るのに必要な糸を紡ぐだけで四〇〇〇時間を要した。[*22] ゆえに世界各地のスピナーたちが何とか糸紡ぎの効率を高めようとあれこれ手段を講じたにちがいないと、誰もが想像するところだが、実はその努力は唯一絹の原産地である中国でのみ実を結ぶ。中国のどこでだか、名を知られることもなく、誰か真に知恵の回る者がいて、その者がベルトと車輪を結びつけるという名案を思いついたのだ。

絹は短めのステープル繊維と異なり、フィラメントと呼ばれる何百メートルにも達する繭糸［八〇〇―一二〇〇メートル］の形で収穫される、唯一の天然繊維である（化繊のポリエステルやナイロンもフィラメント糸の部類に入れられている）。木綿や羊毛などのもっと短くて弱い繊維だと撚りがかかるように紡がれなければいけないのだが、一個の繭から引き出されるフィラメント糸は撚りあわせる必要がない。それなのに、紡績過程に初の機械的工程が導入されたのが絹糸だったというのは、なんともお門違いな話ではないか。

繭を織物に使える糸に仕立てる第一歩は、湯に浸すことから始まる。そうすることで、繊維を糊着させている物質を溶かしてしまうのだ。次に作業者、ほとんどの場合が女性であるが、彼女は筆や箸や指先を注意深く慎重に動かして二、三個の繭の表面を擦《なす》る。そうやってほぐし出された二、三本の繊維を一本の糸に撚りまとめる。――繊維は自然にひとまとまりとなる。――彼女はその糸の先端を四側面をもつリール（糸巻き枠）に巻きつけ、お湯のなかにぷかぷか浮いている繭玉の糸を撚り合わせながら少しずつ引き出して行く。そのスピードに合わせて、助手がそのリールをゆるゆるまわして糸を巻き取っていく。フィラメント糸の太さが均一であればあるほど、絹糸自体の質がよくなる。繭の糸をすっかり使い切ってしまうと、作業者は次の繭の糸先をほぐし出し、撚り合わせて一本の糸にして巻き続ける。

イタリアの絹生産地であるピエモンテ地方にあるゴヴォーネ城にて使われるものとして作られた18世紀の中国製壁紙。生糸生産の様子を描いている。この情景は伝統的な絹糸生産の様子を描いているが、人々の特徴は使用者［イタリア人］向けにいくぶん西欧風に描かれている（著者撮影）。

　四角いリールは一回転するごとに、濡れて多少粘着性がある生糸が重なり合うことなく、何百メートルもの糸を巻き取ることができるほどの大きさでなければいけない。リールに手繰る作業が終わると、しばらく乾燥させてから次にボビンに巻き取る。必要に応じては、さらに頑丈で色艶のある糸にするために英語で「スローイング throwing（二本撚り）」と呼ばれる二番目の撚りの過程が加えられることもある。

この方法は、ルネッサンス時代のヴェネツィアで「真絹」と呼ばれた貴重な生糸を生産するために理想とされていた工程とほぼ同様である。だが、絹糸のすべてが細くて途切れないとは限らない。繭のなかには蛹が成虫してしまって殻を破ってでてきたものもあったし、外側が毛羽立ってしまっているものもあったし、お湯のなかに浸かりっぱなしになってしまったものもあった。そういった傷物の絹は一六世紀のヴェネツィア本土では全体量の四分の一をも占めるほど大量にあり、とはいえ傷物であっても貴重品だったため投げ捨てるわけにはいかなかった。それで木綿やウールなどのステープル繊維と同じようにブラシにかけられ、捻りながら紡がれたのだ。[*23]

ここで、糸紡ぎに機械が初めて導入されたのが中国の絹糸産地においてであったという、一見逆説的な謎が解けてくる。絹はフィラメントであり、また同時にステープルでもあったという事実だ。中国の生糸生産者たちは、長い繊維の糸は巻き取りリールで巻き取り、傷物のステープル絹繊維は〔スピンドルで〕紡いで糸とした。この生産過程の作業経験を通して一五世紀以前に「時間と労働を節約するための初のそして唯一の紡績機械が開発された」と、歴史学者ディエテル・クーンは述べる。糸紡ぎ機の誕生で、糸紡ぎの最初の二段階、つまり①繊維を引き出すこと、②撚りをかけること、を機械で行うようにしたというわけだ（その次の段階で糸はボビンに移されなければならないが、後世、一五世紀のヨーロッパの発明であるフライヤーは糸をボビンに巻き取る作業をも機械化し、生産作業全体が一貫した工程となった）。

話を中国に戻そう。糸紡ぎ機の発明者はおそらく上海と北京の中間あたりにある絹生産の中心地である、山東地方の女工だったのではないだろうか。重力で作動させるドロップスピンドル〔縦軸の道具。71ページ図版参照〕の工程とは異なって、彼女は横軸の工具であるリールを使って糸を巻くことに長い間慣れ親しんでいた。［83ページ図版参照］同じ原理をスピンドルに応用しただけのことである。スピンドルの棒軸を横向きにして支え、その棒を回せるように棒の先に車（プーリー）をつけて側面に立たせた。そして、ベルトを導入する。おそらく最初はただの紐のようなものだっただろう。それを車輪の外周に掛ける。もっと大きな輪の車を用意して、二つの車の輪を一本の紐で繋ぐ。絹糸がリールに巻かれることから思いついたのだろう。この二つの輪（そしてその中心軸）をベルトドライブで繋ぐ設計は、後に続いて発明される様々な機械装置の基本的構造を成した。大きい方の車を一回転させることで、小さい方の車［ここでは糸を巻き取る軸の輪］は何度も回転することになる。

実際に糸紡ぎ機が糸の生産のために使われるようになったのがいつなのかをはっきりと証明するものはない。だが、クーンはこの技術的刷新が紀元前五―四世紀ごろ起きたようだと考えている。インドで糸巻き車（チャルカ）が初めて現れるなんと一〇〇〇年も前である。チャルカはその後中世のヨーロッパへ伝わった。クーンはこの驚くほど早い時期に糸紡ぎ機が使われたという仮説の証拠として、まず周（紀元前一〇四六―二五六）と漢（紀元前二〇六―紀元後二二〇）時代の遺跡発掘地から見つけられるスピンドルの数がそれより前の時代と比べ極端に減少しており、紡績技術の変化を示唆していることを挙げている。次に、今ひとつ断定しがたいのだが、クーンは漢時代に作られたある浮き彫りのイメージが傷物の絹を糸に撚っている糸紡ぎ車を描いていると解釈している。さらに、発掘された当時の絹の布地に、それまでのものと比べより撚りがかかっていたり、二重に撚られている糸を使ったものが非常に増えているということを挙げている。[*24] この紡績技術は他の目的のためにも使うことのできる応用性の高い技術だ。繊維から糸を巻き取るだけではなく、発掘された絹片に見られるように糸を二重に撚ることもできるし、リールに巻き取られた生糸をボビンに巻きなおす（クィリング quilling

と呼ばれる工程）こともできる。実際、クィリング作業については紀元前一世紀の書物に記録が残っている。また、この機械は傷物の絹も含めてステープル繊維を紡ぐことができる。

糸紡ぎ機が糸紡ぎに使われるようになったのは漢が滅びるよりも前であるという説の四つ目の証拠として、クーンは需要の増加をあげている。それまでに中国の織工は、足踏み式の織り機を使って一日に三メートルほどの麻布を織っていた［織り幅にもよるが、これは現代の手織りの感覚では驚くほどの生産ペースだ］。これはそれ以前［の織り機］に比べてずっと速く、より複雑な仕組みの技術だったが、それを支えるだけの十分な原料（糸）の供給がなければ不可能なことだ。ドロップスピンドル方式で糸を紡いだとすると、二〇人から三〇人のスピナーが常時紡ぎ続けていなければ追いつかない量が必要だが、糸紡ぎ機を使うと糸の生産のスピードは約三倍に増し、同じ量の糸を生産するのに七人から一〇人のスピナーで間に合った。生糸を撚ったりボビンを巻き取ったりするために一〇の機械工具を導入していた中国の織物職人たちは、［これほど太古の時代から］機械化の便利さを十分に実感していたに違いない。

もともとの目的が何であったにしても、糸紡ぎ機は技術上、画期的な進展だったと言えるだろう。まず、他の様々な用途に応用されることになるベルトドライブを導入した。加えて、機械化することで、製糸過程に要する時間が劇的に短縮され、当時の織布産業のボトルネックを打開する結果をもたらした。何世紀も後になって、この技術の向上をめざす熱意は世界を一変させる機械となって再び登場する。その物語もまた、絹で始まるのだ。

二つの塔と洒落た手すりに囲まれた屋上をみると、フィラトイオ・ロッソは宮殿と思われても不思議はない。しかし一六八七年に開かれたこの堂々たる建物はヨーロッパでもかなり古い方の工場建築に属する。一九三〇年に閉鎖されるまでの約二五〇年間、ここで働いた職人たちは水力を用いた機械を使って絹糸を生産した。現在ではピエモンテシルクミュージアムとなり、地元の絹糸生産の歴史を物語るモニュメントとなっている［普通名詞としてのピエモンテには「山の麓」という意味がある］。イタリア北西部、トリノとニースの中間にあたる小さな町カラーリオに位置しており、近代の産業社会を育てる基盤となったこの忘れ去られた発明装置を精巧に再現して展示している。

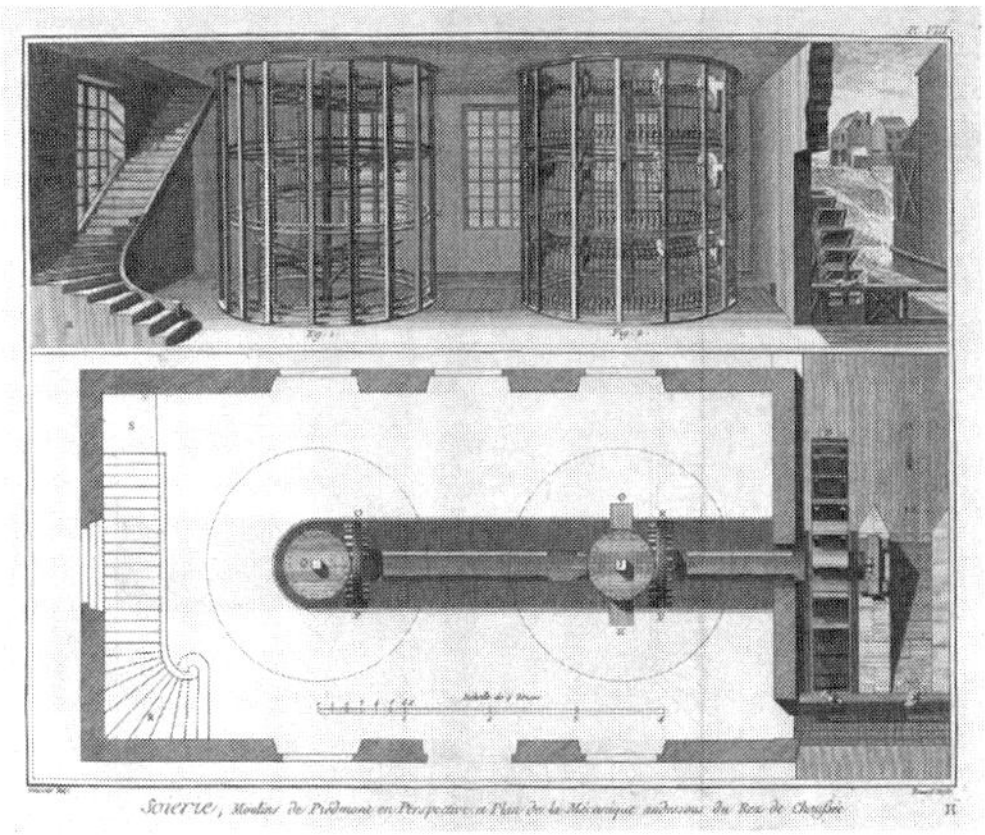

18 世紀の百科事典に載っているピエモンテ撚糸機械（ウェルカムコレクション）。

博物館で一番の目玉である展示物は、二機の巨大な円筒形の撚糸機だ。この機械が回転しながら作動する様は、コペルニクスの宇宙観を思い浮かべさせる。一階から二階の天井までが吹き抜けになった空間にそびえ立つ撚糸《ねんし》機《き》はほとんど全ての部分が木でできており、等間隔で水平に置かれた直径約五メートル余りの輪がいくつも、やはり等間隔で縦に並ぶ軸木に支えられている。輪を回すのは中心にある巨大な心軸で、心軸そのものは地下室まで延びており［建物の外に備えてある］水車の車軸によって回される。各々の輪の枠には支棒が何百と備えつけてあって、そこに一つ一つ差し込まれたボビンが一分に一〇〇〇回の速さで回転する。一七世紀、このピエモンテ地方の田舎の農民の目には、まるで別世界の光景のように映っただろう。

一番目の機械では、ほぼ目に見えないくらい細い生糸が右巻きに撚られて、すぐ内側の輪の枠に水平に立って並んでいるスプールに下から上に向かって巻き取られていく。二番目の機械では、すでに

イタリア、アバディーア・ラリアーナにある市立モンティシルクミュージアムにある1818年に作られた絹の撚糸機の写真（著者撮影）。

右巻きに撚られた糸を二本とって、左巻きに撚り合わせながら巻き取る。この二重撚りの結果、糸がさらに頑丈でまた艶を増すことは前述のとおりである。また、機械のすぐ内側の輪の側面には、ボビンの代わりに縦横の幅が約五〇センチメートルのX型のリールが備えてあり、生糸をスケイン〔枷状の糸束〕のかたちに束ねる。これは経糸用の糸で、イタリア語でオルガンジーノ *organzino*、フランス語や英語でオルガンジンと呼ばれるものだが、糸を二重にすることは必須である。というのは経糸は頑丈でなければいけないからだ。織る際に経糸は常に張りがかけられる。その張力のせいで、時にはまだ織られていない部分の経糸に無理な力がかかって切れる可能性がある。緯糸は経糸をくぐりながら左から右に水平に横たわる部分なので、それほど強くなくても大丈夫だ。

二一世紀の目から見ても感嘆に値するこのテクノロジーは、当時まさに驚くべきものであった。一四八一年にボローニャのヒューマニスト（人文学研究者）ベネデット・モランディは自分の故郷ボローニャの産業的な先進性に誇りを感じ、糸撚り工場について「絹糸を監視すること以外は全く人の手を借りることなく操業している」と褒め讃えている。人一人が手で糸撚り作業をしたら、一日一二時間働いてスピンドル一本分の絹糸を処理するところを、水力で動く機械でだと、車軸に油をさしたり切れた糸の始末をするための二人か三人の作業者を要するだけで、一日に一〇〇〇本のスピンドルを巻き上げることができる。「これは驚くべき生産力の向上でした」と、フィラトイオ・ロッソの復元を担当したフラヴィオ・クリッパは語る。撚糸機は「革新的な構造上の変化をもたらした女神のような存在でありながら、ほとんどその価値を気づかれもしないまま見過ごされてしまったのです」と、彼は述べる。

クリッパはもともと物理学を専攻し、その後現代の絹産業に使われる機械の研究開発でキャリアを積んだ。彼の名をもつ特許も数多くある。この二〇年ほどは深い経験と知識とを駆使して、過去の忘れ去られたテクノロジーを再発見し復元することに力を注いでいる。フィラトイオ・ロッソはイタリア国内に多数ある彼の尽力を証明する博物館の一つだ。建物は第二次世界大戦中にかなりの損害を受けたのだが、クリッパは残存していた図面を研究し、機械の位置や高さなどを割り出すことに成功する。「間違いがあったとしたら、最大二―三センチメートルほどでしょう」とのこと。現代の最新機器を使って装置を復元するのに二年かかった、と彼は苦笑する。――ちょうど最初に建設された時と同じだけの時間がかかったわけだ。

ボローニャが発祥地ではあったが、水圧式の撚糸工場は主に［アルプス山麓にそって水の豊かな］イタリア北部に広まった。ピエモンテ、ロンバルディア、そしてヴェネツィア共和国など、水と生糸に十分恵まれた地域だ。オルガンジーノの供給は常時不足していた。一七世紀の終わりにかけて、裕福なイタリアの絹糸商人とフランスの絹布生産者たちは、アルプスの麓のあちこちに一二五ヶ所にも及ぶ撚糸工場を建設すべく巨額の投資をした。そこで生産された絹糸は、ヨーロッパの絹の首都と言われたフランスのリヨンの紡織工場の果てしない織り機の列に投入されたのである。

最新技術を使った機械装置の導入だけでなく、「ボローニャ風」工場は新たな組織上の変革をもたらした。つまり生産のすべての工程、繭の準備から糸を枷にかけるまで、をひとつの屋根の下で行うという組織構成だ。「カラグリオ工場は絹糸生産場のなかで最も完璧な絹糸工場となりました」と、クリッパは言う。「フィラトイオ、つまり撚糸工場と呼ばれていましたが、実際はセティフィシオ、すなわち絹工場でした。なぜなら、工場の機能は糸を撚ることだけでなく、繭から糸を作ることに始まり撚糸に加工するところまでの工程をすべてこの工場で行っていたからです」[*25]これはフィラトイオだけではなかった。他の工場も皆このモデルを模倣したのである。

一つの工場で、セティフィシオは何百人もの作業員を雇うことができた。リールに生糸を巻き取る者たちは、その卓越した技能に対する敬意を評してマエストレ［マエストロの女性複数形］と呼ばれた。リールに巻き取られた生糸をボビンに移す作業は若年労働者、つまり子どもたちが行った。撚糸機を操作監督する者たち、機械を修繕する大工や鍛冶屋などの職人たち、それにフィラトイオ・ロッソには女子修道院も付随していた。修道女たちは遠くから仕事のためにやってきた女子工員たちの寄宿舎を管理し、食事の世話をする役を担っていた。

個々に分散していた以前の家内工業は、労働工程を一括する新しい生産様式に取ってかわられる。糸紡ぎにおいては一軒の仕事場で作業が行われたり、農家の主婦がリールに巻かれた糸をうちへ持ち帰ってボビンに移す作業を細々と行ったりするということがなくなってしまう。そのかわりに、監視の目が光る中で厳しい審査基準に合格するような製品を作らなければいけない環境ができて初めて、水力発動の撚糸機の絶え間ない張力に耐えられ、途中で切れたりしない強い糸を生産することができるようになった。

ピエモンテ地方の工場は、リールのサイズを統一し、ボビンも同じ大きさの金属製のものを使うようにし、機械が製造できる最大のサイズやその最大限のスピードなどを割り出して、仕事量を一定化させる。また「ヴァエヴィエネ *va e viene*（往来）」と呼ばれる仕組みを開発し、リールに糸が均等に巻き取られるように工夫をこらした。さらに、テストサンプルを手早く測ることのできる機械を導入している。糸の太さを一定の長さと重さの比率で計るようになったのもこの時からだ（この概念は現在にまで続いている［日本の場合、極細、並太などの種類があるが、基準としては一キログラム／一キロメートルの割が一番手となり太さ細さのサイズを表す」)。このような技術的革新、基準の設定、そして作業のより綿密な監視という改革の導入により、絹の撚糸工場は「イギリスの産業革命下の木綿工場よりも二世紀も早く、工場というシステムを打ち立てた」と、経済史学者は説く。[*26]

これらのピエモンテ工場の製品はやがてヨーロッパでのオルガンジンの規範となり、最高の値段で売れ、またその需要は増すばかりで、次々に施設の拡張を促した。フィラトイオ・ロッソの経営者は絹糸を売って巨万の富をなし、それゆえにサヴォイア王はその家長を世襲制の伯爵とした。建物の一階を歩きながら、クリッパはガラス板の床を通して見える地階を指差した。そこにはリール巻き作業が一六七八年当初の一〇基から一七二〇年の二〇基に増えた跡が示されている。各々に、〔繭をつけておく〕水の温度を暖かく保つために木炭をつめた鉢が水槽の下に備えられている。女性が二人、たいていの場合母娘のペアで、その仕事についたらしい。経験の少ない娘がリールを回す役で、ベテランの母親が繭から糸を引き出す役だ。

近隣にある工場に比べると、三階建てのフィラトイオ・ロッソはむしろ規模が小さいほうだ。車で北東に約一時間ほど行ったところにあるラッコニージには、フィラトイオ・ロッソが始業する一年まえにフランスの商人が六階建ての工場を建てて、一五〇人の作業員を雇った。四年後には二つ目の施設が増設された。それは一一階建てで、三〇〇人が雇われた。一七〇八年までに、田舎町だったラッコニージには一九の絹糸工場ができ、総計二三七五人の人々が働いていた。

しかし、経営様式、計量法、機械技術だけで全体像は描けない。この新しいハイテクな絹糸産業の成功に、マエストレの貢献は機械の発展と同じく不可欠であった。彼女たちは繊維のサイズの微妙な違いを感知でき、最終的にできるだけ均一になるように各々自然に異なる細さのフィラメント糸を組み合わせて、一貫した強い生糸に巻き上げるよう精魂こめてさばきつづけた。またピエモンテのマエストレたちは、二つの異なる水槽から二本のフィラメント糸を撚り合わせるという独特な手段を講じた。そうすることで、水分をより絞り出し糸に丸みをつけ耐久性を加えることができた。他の地方のマエストレたちとは違って、ピエモンテでは一度に二本のフィラメント糸のみを撚りあわせ、市場で最も細い絹糸を生産した。その質の高い仕事ぶりに酬いる目的で、彼女たちは生産量ではなく仕事の時間量で報酬を受けた。

実際、この職業は集中力と十分な経験をもつ労働者、および常時改善をめざすことを必要とするものだった。マエストレの地位につくまでに、リールを回す役の若い娘たちは何年も母親たちがどのように繊細な絹のフィラメント糸を取り扱うか、言葉では説明できない知識を吸収しながら過ごした。「作業上の取り決め、手振り身振りのコミュニケーションや身体で覚える自然な動きなどの糸紡ぎ作業の知識を組み立てている全ての要素は、紡ぐ者から巻く者へと長い期間を通しての徒弟［実際は徒妹］制度のなかで受け継がれて行った」と、テキスタイル史の専門家は書いている。この技能は簡単に学べるものではなく、マエストレの需要は極めて高かったため、彼女たちの給料は男性労働者たちよりもずっと高額であった。例えば一七七六年スペインの起業家がマーシアという町に絹工場を建設した時、テレサ・ペロナというピエモンテ出身のマエストラが雇われた。採用条件には夫のための仕事も含まれていた。今で言うところの「付随配偶者」というわけだ。彼女の仕事の方が夫よりもずっときつく、夫が週六日勤務だったのに比べて彼女は休みなしの週七日シフトだったが、給料は夫の一・五倍だった。

基本的には農業社会であったその当時、マエストレは産業上の貴族だったと言ってもいい。一八世紀の半ば、ハプスブルグ帝国はいまのイタリアとスロヴェニアの国境に近いゴリツィアーノという町に巨大な工場施設を建設した。ちょうどフィラトイオ・ロッソのように自立自給の施設で、作業者のための宿舎やチャペルも含まれていた。給料はよかったし、それにそれまで誰もが聞いたこともなかった「特典」［給料以外に与えられる利点］までもが付け足されて、遠近を問わずあちこちから人々が集まった。マエストレは目をむくほどの高給取りだったので、地元の人々の敵愾心を掻き立て、彼女らが絹のスカーフを被って町を歩いていたりすると、羨ましがった町の住民が石を投げてその筋の治安担当者が呼ばれたりもしたとのことだ。

経済史学者のクローディオ・ザニエルの説では、水流を原動力としたイタリア北部の絹糸産業は「その後急上昇することになる産業労働力のニーズに応えるのに、ちょうど適切に訓練を受けた女性労働者を大挙して育てるに至った。同じような現象は日本の絹産業においても見られる」と言う。絹の撚糸工場が集中していた地方は、一九世紀になってイタリアの新たな製造産業の中心地となった。その経済上の指導的立場は今日まで続いている。「このような工場設備を建設したことは、もちろん専門化された職人集団の他にも、膨大な数の職業訓練を受けた労働力を生み出したということも意味しています。彼らの職は週七日、立て続けのシフトで、高級品を生産するために必要な極度の集中力を要する仕事をこなす能力を持っていなければ務まりませんでした」と、ザニエルは述べる。「これらの労働能力は、現代の製造過程においてその効率性を保つために必要な前提条項だったのです」[*27] しかしながら、このように技術的また組織的な刷新を遂げたイタリアの、水力を用いた絹糸産業は、どのようにして西洋が富を成したかを記録した文献の中でほとんど言及もされない。「一七五〇年までに北イタリアのアルプスの麓の地域を通して約四〇〇の水力発動の工場が操業していました。これは一八〇〇年のイギリス、ランカスター〔産業革命の中心地〕よりも多い数です。これがなぜ産業革命と見なされなかったか？　その理由は絹です。絹は贅沢品だったからです」[*28]と、歴史学者ジョン・スタイルスは語る。

船の帆を絹で織ることはない。穀物を入れる袋を絹で作ることもない。傷を絹の包帯で包むことも、農家の家の窓に絹のカーテンをかけることも、労働者に絹の衣服を着せることもしない（軍隊の兵士たちには絹の兵服を与えた中国でも、一般市民は麻の服を着ていた）。技術的発明が少数のエリートのための衣料にのみ関与するものだったということは、それがいかに感嘆すべき、また利潤の高いものであったとしても、社会において、そして歴史においての経済的重要性は限られてしまう。一般消費者むけのステープル繊維、ウール、リネン、そして需要の高まりつつある木綿を紡ぐ作業は、相変わらず骨が折れる仕事であった。だが、糸の生産を機械化し、家内工業から工場生産へ移すことによって、〔ステープル繊維の〕撚糸工場は産業革命の布石となったのである。

一七六八年のイギリスでのことだ。リバプールとマンチェスターの中間にあたるウォーリントンという町は、七年戦争〔一七五六―六三〕の終わりにかけての経済的打撃からやっとなんとか回復したところだった。町の主要産業である船の帆布の需要は戦争中ほど高くはなかったが、三〇〇人ほどいた織工〔布地を織る者〕たちを維持するだけの商いをするまでに立ち戻っていた。それに加えて一五〇人の織工が荷袋のための粗布を織る仕事に従事していた。織工は、もちろん織物工場で働く人々のほんの一部分でしかない。一人の織工が仕事をするためには二〇人のスピナー（紡績工）が必要である。チェシャー地方のあちこちの町や村では九〇〇〇人からなるスピナーが織布産業を支えていた。「紡ぎ手は仕事がなくて手持ち無沙汰になるということはない。いつでも好きなだけ仕事ができる。だが、織り手は糸がない時はぶらぶらして待っていなければいけない」と、当時の農業経済学者で紀行文筆家でもあるアーサー・ヤングは記述した。彼はイギリス北部を半年ほど訪ねて回り、ウォーリングトンにも立ち寄っている。

旅の終わりがけヤングは穴ぼこだらけの街道をくたくたになって辿り、ようやくマンチェスターに到着する。そこで彼はテキスタイル産業が賑わっているさまを目の当たりにした。国内用と北アメリカおよび西インド諸島向けの輸出用製品の生産で、町は活気に満ちていた。どこにでも就職口があった。「仕事を望む輩はだれしも職をみつけることができる」と、ヤングは記録している。布地、帽子や関連した小物、例えば飾りや衣料テープなどを生産している業者に加えて、「マンチェスターの内外で雇われているスピナーの数は膨大である」とも。実に、マンチェスター市内だけで三万人、市外にはさらに五万人が糸を紡いでいたと記録されている。ヤングの時代には、イギリスで最大の業種別工業労働人口のトップは紡績業で、二位を大きく引き離していた。経済史学者の推定では「ウール、リネン、麻の紡績をひっくるめると、一七七〇年までには一五〇万人ほどの既婚女性が、スピナーとして雇われていた可能性がある」と言っている（この計算は既婚女性の方が独身女性より紡ぐ量が少ないと想定してのものである）。

スピナーの賃金は、実は微々たるものだった。ウォーリントンの女性や少女たちは船の帆の製造のために麻糸を紡いだが、連日一日中働いて週にたったの一シリングしか稼げなかった。それに比べて男性の織工だと一週間で九シリング、女性の織工だと五シリングの収入を得られた。マンチェスター地域では待遇が多少よくて、大人の木綿紡ぎ人は週に二シリングから五シリングほど稼いだが、子どもだと一シリングか、一・五シリングだった。織工は布地のタイプによって異なるが三—一〇シリングほど稼いだ。[*29]

というわけで、糸紡ぎはどうも割の悪い仕事に見える。「当時のイギリスの経済的展開において不可欠な役割を果たしたにも関わらず、女性のスピナーはその労働に対して雀の涙ほどの報酬しか受けなかった」と、歴史学者のデボラ・ヴァレンズは書いている。彼女はその理由をセクシズムにあると見ている。「〔紡績は〕女性の仕事という烙印を押されて、スピナーは糸の需要に見合うだけの労働賃金を与えられることがなかった」[*30]だが、この数字の差を単に「差別的待遇を受ける女性労働者」という道徳的問題として扱うとしたら、それは布を織り出すという何段階にもわたる工程が生む、避けることのできない累積性を見過ごしてしまうことになる。糸は織布に欠かせない材料だ。しかし布地そのものが十分な値段で売れないのなら、糸紡ぎの時給がほんのはした金にしかならないのは当然の結果となる。イタリアのマエストレたちは高給取りだった。多くの男たちよりも高いレートで報酬を受けていた。それは彼女たちが作り出していた布地が高級な絹地だったからだ。ヴァレンズはその因果関係を反転させる。〔木綿の〕糸紡ぎは、女性の仕事だったから低賃金だったのではなく、実際使うに十分なだけの糸を生産するのにあまりにも長い時間がかかったから、時給として低くならざるを得なかったと言うのだ。一時間紡いでも、その生産量では換金価値がたいしてなかったのである。女たちは男にくらべて職業の選択肢が限られているために、この低賃金労働に従事するしかなかった。つまり、差別的待遇は糸紡ぎの賃金にあるのではなく、女性に他の職業を選ぶ余地がなかったことにあるという見方だ。

ところが経営者側から見れば、この雀の涙のような賃金であっても、紡績にかかる経費は安くはなかった。それどころか布生産過程の各段階と比べ、紡績段階が実は一番高くついたというのが事実である。一七七一年のイギリス議会の記録に、三五シリングで売られる平均的なウーステッドウールの布地を生産するのに必要な経費のリストが載っている。一番経費がかかるのは羊毛そのもので一二シリング。スピナーの賃金が二番目でほぼ同額の一一シリングと一一・五ペンス（一シリングは一二ペンス）。織工の賃金はその半額で六シリングのみ。経営者の取り分が一番低く、二シリング五ペンスという具合だ。この割合は特異なケースではない。厚手の幅広ウール地の場合でも糸紡ぎ代は織り代の二倍が普通だった。一七六九年の記録では、うまくいけば二五ヤード（二二・五メートル）の布地を織るのに必要な糸を紡ぐには一七シリング一一ペンスかかり、織るためにかかる費用八シリング九ペンスの二倍以上した。五年後に厚手のウールの値段が下がった時には、その割合はさらに増した。スピナーは一五シリング九ペンスを支払われ、織工は七シリングだけだった。[*31]

低賃金と高い紡績経費は、産業革命以前の織布産業の根本的な経済的環境［需要―供給のバランス］を反映していた。つまり、布は膨大な量の糸を必要とし、それを紡ぐには膨大な時間がかかる。きめが細かくきっちりと撚られた均等な糸は、さらに時間を要した。高級贅沢品でもなければ、消費者が必要とするような布地を生産するためには、賃金を安くするしかない。そうでなければ、布の値段が誰も買えないような値になってしまう。紡績こそは織布産業のボトルネックだった。そのため、糸紡ぎの効率化は解決されるべき問題であった。一七世紀の終わり頃から、発明家たちはより速く、より楽に糸を紡ぐ方法を求め始める。今日の私たちにとって安くて汚染を生じないエネルギー源が望ましいように、彼らは明らかに効率のよい紡績機械を待ち望んでいたのだ。実際、一七六〇年にイギリスの芸術・製造・商業振興会は「作業者一人の監視のもとにウール、リネン、木綿、または絹を一度に六本ずつ紡ぐ機械の開発」に賞金を掲げる。

その時は受賞者は出なかった。だが、数年のちにジェームス・ハーグリーヴスがジェニー紡績機を世に送り出すことになる。その横長の機具は「作業者が片手で［車輪を］回しもう一方の手を引くことで、一六本かそれ以上の糸を同時に紡ぎ、引き出し、撚ることができる」と宣伝された。経済史学者のベヴァリー・レミアーは「一人のスピナーの力でいくつものスピンドルに巻き付いた糸を立て続けに生産できるという史上初の本格的な機械」と、断言する。この紡績機は子どもでも使うことができ、家庭内での糸の生産に向いていた。この紡績機の導入のおかげで、紡績にかかる所要時間はぐんと短縮され、糸の均一性も増し、糸の供給は急増した。その結果、織布と靴下の生産量が増加の一途を辿ることになる。[*32]

しかし、イギリスのテキスタイル産業経営者たちが直面する問題は木綿糸の供給量だけではなかった。木綿は前述のとおり、繊維が短いため紡ぐのが難しい。新しい紡績機を使うにしても旧式の糸巻き車を使うにしても、イギリスのスピナーたちにとって織り機の絶え間ない張力に耐えうるような硬く撚られた経糸を作り出すことは、たやすいことではなかった。ドロップスピニングで短繊維の素材からそのような糸を紡ごうとすると、あまりにも時間がかかっておそらく誰にも手が届かないほど高い値段がつくことになる。そのため、イギリスで「木綿」と呼ばれていた布地は実はファスチアンという織物で、経糸にリネン、緯糸に緩めの木綿糸を使った厚手の布地のことだった。

当時の消費者が求めていたのは、インドから来る一〇〇パーセントコットンの華やかな柄物生地

インドのチャルカ糸巻き車。1860年ごろ。ケハル・スィン（クリーブランド美術館）。

だった。インドの木綿紡績技術は世界でも最高級であった。しかしながら、政治力を持つウール業界の干渉によってイギリス議会はインドからの輸入を禁止し、イギリス人製造業者が生産したキャラコと呼ばれる純木綿の柄物地ですらも許さなかった。が、それは一七七四年までのことだ。イギリス東インド会社は北アメリカ植民地にインドの布地を輸出していたが、その量は年々増えるばかりで、ファスチアン生地よりもずっと高い人気を博していた。イギリス本土の紡織産業は植民地市場に食い込むことを切望していたが、そのためには単により上等な木綿糸があれば目的が果たされるというわけではなかった。スピニングの工程は「単なるボトルネックではなく、［それを近代化することは］絶対必要条件だったのです」と、歴史学者スタイルスは結論づける。

間接的にと言えるだろうか、解決法はつまるところイタリアの撚糸工場からもたらされる。いや実は、その発端は産業スパイ事件に遡る。テキスタイル史において、この類のことは頻繁に起きたのだが。一七〇〇年代の初め頃、イギリス人のトーマス・ロムという名の工場経営者が、機械装置の扱いに堪能な弟のジョンをイタリアに送った。ピエモンテの絹撚糸工場の企業秘密を探り出すというのが、ジョンの使命だった。とある司祭を買収して、ジョンはリヴォルノ絹工場で機械工としての職を得る。日中は機械の構造を自分の記憶に叩き込み、夜はその構造を紙に書き写して、故国へ持ち帰るために生糸の束のなかに隠した。一七一六年に、彼は数人のイタリア人——と彼らの職業知識——を携えて帰国する。この海賊版設計図を使って、ロム兄弟はダービーという町に五階建ての絹撚糸工場を建てる。この工場は一七二二年に操業を始めた。ジョンは同じ年に長患いの末、命を落とす。一説にはイタリア人暗殺者に毒をもられたためとも言われている。

不法に獲得されたものであっても、最新の技術をイギリスへもたらした一市民の貢献を報いようと、イギリス政府はトーマスに撚糸操業デザインの特許を与えた。一七三二年にその特許期限が近づいて来た時、トーマスは特許権の延長を願い出る。英国議会は延長を認めるかわりに、工場設計と撚糸機の構図を他の投資家たちが自由に使用できるように一般公開すれば、一四〇〇〇ポンドという桁外れの額の代金を支払うと申し出た。――当時は年収一〇〇ポンドならば十分に中流階級と言えるレベルで、五〇〇ポンドもあれば金持ちと見なされた。[*33]

その後まもなく、亡命フランス人医師の息子で何かと人脈に富んだルイス・ポールという発明家が、この機械の原理を使って紡糸作業のための装置を試し始めた。経験者の持つ体感技能を機械で再現するために、彼のシステムはいくつもの回転棒を使った。回転棒はそれぞれとなりの棒よりも速く周り、ブラシで梳かれた繊維を引き出し、撚り、糸にした。「周りを輪にかこまれた中心軸の様子は、ロムが建てたイタリア式の絹撚り糸工場のデザインにそっくりだった」と、スタイルスは書いている。ポールは当時著名な作家であった友人のサミュエル・ジョンソンを通して知り合った投資家たちに、この発明装置の使用権を認可した。

ポールの発明した装置はイギリス北部の工場に広まる。ノーサンプトンのとある工場は五基を備え、一基がそれぞれ五〇本のスピンドルを有していた。だが、この発明には技術上の問題があり、失敗ではないにしろ大成功とも言えない結果に終わる（彼の工場は経営上の問題も抱えていた）。とはいえ、彼の回転棒式紡績装置は他の発明家たちの意欲を奮い立たせた。「破産しそうになった者もいた」と、そのような発明家のひとりであるリチャード・アークライトは書いている。彼自身はランカシャー地区の床屋で、カツラの製造を営むと同時にパブのオーナーでもあった。一件無関係そうな背景の持ち主だが、アークライトは他人が作り出したものに手を加え、常に解決策を求めて改良するという才能をもつ人物だった。彼のアイデアは、イタリアの絹撚糸工場式の円形枠を使う代わりに、回転棒を上下にならべて組み合わせ、ちょうどスピナーが指先で器用に操るように、上の回転棒に重りをかけて繊維をよりきつく巻くことで、引き出された繊維の撚りがほどけて逆撚りにならないような仕組みを加えるというものだった。この仕組みのおかげで経糸にも十分使える均等な撚りの硬い糸が迅速に作り出されるようになったのである。

一七六八年、アークライトは靴下編み生産の中心地であるノッティンガムへ移り、ビジネスパートナーを何人かみつけて、のちに「ウォーターフレーム（水動枠組）」として知られるようになる水力発動の撚糸機の特許を申請する。彼の最初の紡績工場は一七七二年に開業した。そこで生産された糸は、靴下とアメリカ市場へ輸出される一〇〇パーセント木綿のキャラコ地に織られた。その後、この経営陣は英国議会に働きかけてキャラコ地の国内販売禁止令を撤廃させることに成功し、イギリス国産糸で織られたファッショナブルな布地を合法的に売買できるよう、法令改正を成し遂げた。スタイルスによると水動枠組は「究極的な大規模発明」とみなされる。他のテクノロジーを次々に生み出すひな形となり、紡績という一つの機能を超えて様々な分野へ影響をもたらすに至った。[*34]

数年のうちに、水車の動力を使った紡績機械を備えた工場はイギリス北部の隅々まで広まった。その結果の一つは、以前には想像もできなかったほど大量の安価な木綿糸が流通するようになったことだ。アークライトは水力を使った紡績機械の仕組みを改良しつづけて糸の質を向上させ、また紡績の下準備工程である繊維梳きと練紡（あら撚りともいう。紡ぐための下準備）を一工程に統合する。その後、蒸気の動力も導入した。アークライトの工場で機械の管理や整備のために雇われていた者たちは「製造業のプロの第一世代と言える。高給取りで、テクノロジーを扱う技術者エリートとして尊敬の眼差しで見られた」と、レミアーは書いている。

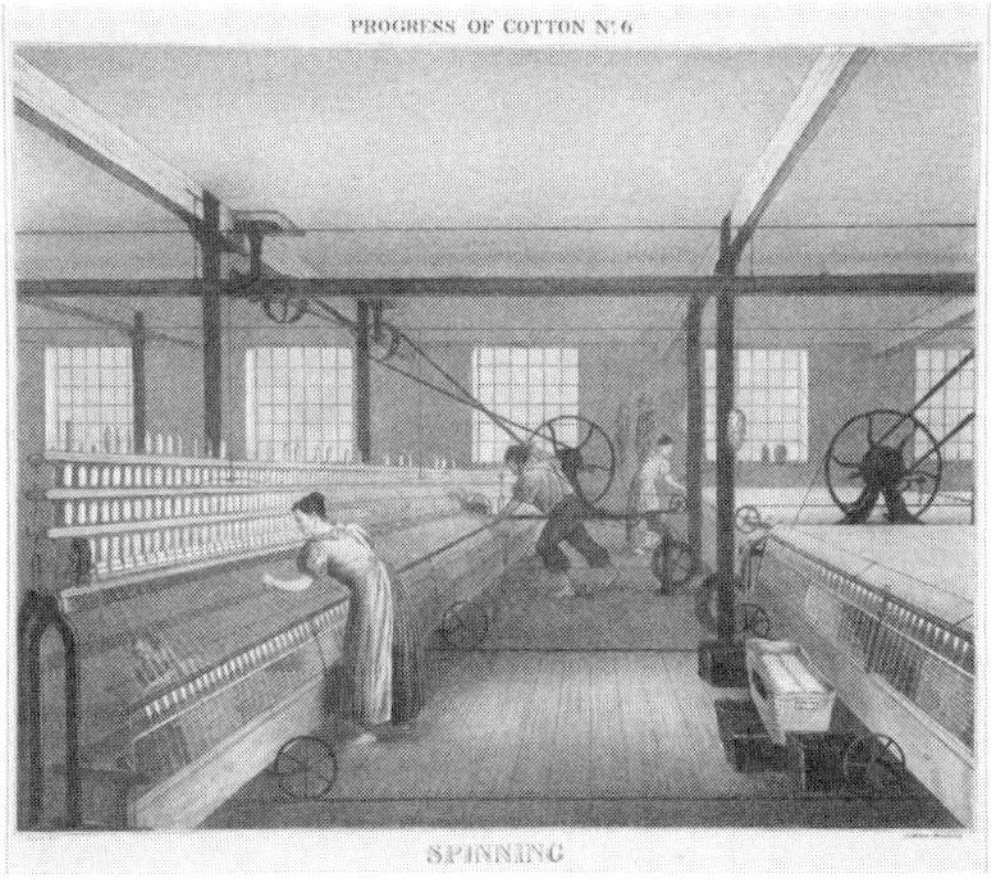

19世紀の紡績工場（イェール大学アートギャラリー）。

この期間、アークライトとそのパートナーたちのみが成功者だったわけではない。一七八八年、サミュエル・クロンプトンは紡績騾馬《スピニングミュール》と呼ばれる機械を開発した。これはアークライトのデザインと手動式の紡績具の複数ボビンのデザインとを合体させたものだ（もちろん騾馬は馬とロバを交配したもので、またメスのロバはジェニーと呼ばれることから、紡績機――これもジェニーと呼ばれる――にかけた語呂合わせだ）。この騾馬をもって初めて、イギリスの製糸業者は手紡ぎのインド木綿糸と同等の均一できめ細かく頑丈な糸の製造が可能になった。糸の生産が急増して、今度は織工の不足が新たなボトルネックとなったほどだった。

レミアーによると、「手動式機織りで賄われていた紡織業界は好景気を迎えた。高い給料でどれだけでも仕事がはいってきた」しかし、その好景気は長続きするものではなかった。世紀末までに機織り機械が開発され、ほぼ寓話とも模されるようになったラッダイト運動が起こり、一昔前の勝者は次の経済的敗者となる。歴史のアイロニーとも言うべきこの出来事は、手作業の織工たちが自分たちの職を脅かす機織り機械を打ち壊したことに始まり、ひいては新しいテクノロジーに抗う動きと同義語となった。しかし、もともとの根源はスピニングミュールに先立って達成された様々な技術的改革［それはつまり手作業を主とした労働価値を破壊するものだった］の中に潜在していたと言える。

実際、アークライトの初期の段階での〈特許機械〉の数々も、それぞれ反テクノロジー攻撃の余波を受けている。労働者たちはデモを組んで工場の機械を叩き潰し、政府の援助を要求した。議会の裁断を待っているあいだ、ウィガンという町では「木綿の毛梳き、あら撚り、紡ぎを目的として、水力や馬力を使う機械や機関の使用」を中断させた。議会への嘆願書では「ここで問題となっている悪行は様々な種類の特許機械やエンジンの導入のことである。このような改変はそれまでの肉体労働者たちから彼らの生活の支えを取り去ってしまうおぞましい状態へ導いた……ゆえに何千という労働者は……家族とともに雇用の欠乏に嘆き苦しむ次第である」と、述べている。

議会は報告書の作成を決定するが、何らかの対応となる行動を取ることは避けた。「本国において特許機械を導入することで極めて価値あるキャラコ布の製造が確立された」と結論づけている。新たなテクノロジーがこのように打撃的影響を及ぼしたことは間違いない。が、同時に新しい職業を生み出し、国全体でみれば大きく益をもたらしつつあった。

次のパンフレットは荒削りではあるが直裁な題をかかげており、現代盛んに議論されている音楽のストリーミング、自動運転車、ドローンによる荷物の配達やその他の「ロボットが人間の仕事を盗んでいる」という類の反対論に対抗する理由づけるものとしても何ら遜色がない。

木綿製造における工業機械の使用に関する考察
――木綿産業に働く労働者および一般困窮者に告げる

職から解雇された者は、新しい職を見つけるか新しい技能を学ぶといい。新たな職場で以前よりも低い賃金しか稼げない者は、もっと収入の高い職をめざすだろう。新たな発明をより早く目指す者は、それだけ早くに不相応な利益を得ることになるだろうが、すぐに競争相手に囲まれ、［競争に応じて］値段を下げ収益をおとさざるをえなくなる……実際木綿産業はほぼ新事業と言ってもいい。布地、その製品の品質は以前とは比べ物にならないほど向上した。どれほどの新しい種類の布地が、驚くほどの量で作られるようになったことか。以前には想像もできなかった状態だ。しかもこのように安価で。これはすべて機械のおかげではないか。[*35]

個々の労働者たちの目前の運命に関してはおそらく楽観的すぎるきらいもあるが、全体像としてはパンフレットの著者の視点は正しい。糸を十分に製造することで、〈特許機械〉は世界を変えた。衣料から帆、寝具、荷袋、様々な生活必需品が急に安くなり、バラエティーに富んで、市場に溢れ出した。女性はスピンドルと糸巻き棒から解放された。これは経済史学者であるディアドラ・マクロスキーが言うところの〈偉大なる経済成長〉の始まりであった。それからほぼ一世紀にかけて経済成長が続き、地上の生活水準がとみに向上する。その昔、一本の紐が人々に原始の環境をコントロールする力をもたらしたように、潤沢な糸の供給は、人々の生活のほぼすべての面にわたって波紋を広げることになったのである。[*36]

米国ジョージア州のジェファーソン市は人口約一万人、州都のアトランタから国道八五号線を車で一時間ほど北東に向かい、郊外の住宅街を離れて森や放牧地が広がる地域にある。ほんの数十年前までは、そうした小さな南部の町のあちこちに存在する工場群が、世界の市場に出回る糸や布地の供給のほとんどを請け負っていた。紡績・紡織工場の収益を紡ぎ出す間断なく回転輪を回し続けて、彼らはイギリス北部の、そしてアメリカニューイングランド地方の紡績産業の後継者として栄えた。だが、今ではそのほとんどの施設が閉鎖され、紡績・紡織産業は中国や東南アジア諸国の安価な労働力に支えられた工業地帯に舞台を移した。ごく少数の企業だけが、未だ製造を続けている。

アトランタで開かれたハイテクテキスタイル見本市を見学した後で、私はジェファーソンで製造を続けている老舗エリート会社、ブーラークオリティー製糸会社を訪れた。宣伝では「国産最高級糸の業界リーダー」となっている。糸はスーピマ綿のみを材料としているとのこと。スーピマ綿とは一般にピマコットンとして知られている長い繊維を生み出す木綿の種、*Gossypium barbadense* のアメリカ産の木綿で、スーピマは特許名だ。この木綿は、世界中でもっとも多く栽培される木綿、アメリカアップランド綿 *Gossypium hirsutum* よりも三〇パーセントほど繊維の量が多い。より長くてよりボリュームのある繊維は、柔らかくツヤがあって薄れにくく毛玉のできにくい布地になる。もちろん、そのような特典にはそれ相当の値段がつく。「特上の品質か、〔事業を〕諦めるかの選択です」とブーラーの営業次長デイヴィッド・サッソは語る。安い商品を求めている客は、必ずどこか他の会社の製品に流れるからだ。

この日、私は八ドルのTシャツを着てブーラーを訪ねた。本来ならばその場がどれほどカジュアルであっても、仕事上の会合では許されないことだ。だが、これはこの会社に対しての賛辞の意であった。このTシャツの長繊維のピマコットンとモダール（高価な半合成セルロース繊維）をブレンドした最高に柔らかい生地は、この工場の産物である可能性が高かった。このシャツを買ったビッグボックスストア〔大型ディスカウントストア〕にブーラーは製品を配給していた。「このTシャツは一般市場で売っているTシャツのカテゴリーの中では、最高のコストパフォーマンスを誇る品質のものです」と、サッソは前の日に自慢げに見せてくれたものは、以前私が同じ値段で買ったこのTシャツと同じだったのだ。「ハンバーガー二個分の値段ですよ。これができるのは、いかに供給チェーンが効率的に組織されているかという証明です。八ドル！　市場で一番高い繊維を使ってですよ」

世界の紡績業界全体から見れば、ブーラーはほんの小さな企業だ。二〇世紀半ばの工業建築デザインの典型である窓のほとんどない平屋建の工場のレンガでできた外壁は、そこかしこに地元の赤粘土の下塗りが晒し出されている。中には三万二〇〇〇本のスピンドルが常時回転しつづけ、総計一二〇人の作業員が〔二四時間〕四交代制で働いている。

工場の中に入る。三〇人の従業員が仕事をしているはずなのだが、すぐには誰一人見当たらない。綿花収納室ではフォークリフトの作業員が一束二二五キログラムのカリフォルニア産の木綿を床に並べていた。前後に二束ずつ三〇個ほど並んでいて、綿二束分の長さの機械のアームが木綿の束の上を一定のスピードで動きながら、一層ずつ薄く繊維を剥がし、頭上に渡してあるダクトまでもちあげると、繊維はそこに吸い込まれていく。そこから洗浄過程に回り、そして荒梳《あらす》きから梳《くしけず》りに送られる。そのあとで何度か撚りがかけられる。これらの工程はほとんどが自動化されている。一人見かけた人影は、デニムのショーツをはいてオレンジ色のTシャツを着た女性だった（木綿は暖かく湿度の高い環境を必要とするため、工場内は常に蒸し暑い）。彼女は向かい合う列の各々に備えられている六〇〇個のスピンドルから、糸が巻き上がったボビンを集めていた。トランシーバーを手にし、オレンジ色の耳栓を首からかけた姿の現場監督が時折通りかかる。やかましすぎるということはないが、工場内は機械音で満ちている。私が着ているTシャツに多少の繊維の切れ端がひっついていたが、大半は吸引システムのおかげで室内の空気から取り除かれる。

スピニングは人類の歴史のはじめからずっと存在していたわけで、その技術はすでに完成に達したと想定しても不思議ではないのだが、事実はそうではない。「今日の紡績工場を見てみれば、そこで働く人々の人数は（この一〇年ほどのあいだに）それほど変わっていません。でも生産量は二倍か三倍に増加しています」と、サッソは語る。彼は「エアジェットスピニング」と呼ばれる新しいシステムを得意げに見せてくれた。木綿繊維を糸に撚り合わせるのではなく、繊維の束にエアジェットを吹き付けて外側の繊維を斜めの角度で巻きつけるという設計だ。この方法だとずっと静かにそしてより速く糸ができる。

「ここでは一二〇人の従業員が糸を製造していて、一年に約三二〇〇トン近くの糸を出荷しています。同じ一二〇人の従業員で、この機械を導入することでその一・三倍近くの糸を製造することができるようになります」と、サッソは言う。彼の計算では、その糸の量は女性用のTシャツ一八〇〇万枚分にあたる（一四〇〇万枚からの増加）。あるいは、昔糸紡ぎに日々を過ごした女性にも理解できるように言えば、現在の機械技術で一人の作業員が一年に六万ポンドの糸を紡いでいるところを、新しい機械をつかえば七万五〇〇〇ポンドにはねあがるということだ。アナ・コッデが紡ぐとしたら、延々三〇〇年間紡ぎ続けなければいけない量である。[*37]

第三章　布

脳が覚醒しはじめると、同時に意識が呼び起こされる……
すばやく、頭のなかの混沌とした世界は魔法の織り機となり、
光を放ちながら何百万という杼《ひ》が
機《はた》の上で次々に溶け去る模様を織りなして疾《はし》る
すべてそれは意味のこもった模様だ
が、どれも長続きはしない

チャールス・シェーリングトン卿、神経生理学者『人間とその本性』、一九四〇年

ジリアン・ヴォゲルサング＝イーストウッドは、目の前に座っている六人の学生たちにそれぞれ二本の竹串と二本の色違いの毛糸、それに上下の横枠に釘がさしてある小さな四角い木枠を渡した。「さあ、皆さんの手もとには織り機を組み立てるのに十分な材料が揃っています。産業革命の始まりです。どうぞ、取り掛かってください」と告げる。この課題は簡単に解けそうで、実は思ったよりずっと難解だ。まずは、毛糸を木枠の釘の一本一本、上から下へ、また上へと引っ掛けて経糸構造を作り、次に竹串を使ってその経糸を一本おきに持ち上げてそこにできた隙間に緯糸を通せばいい。だが、その次に何をすべきか。どうやって二列目の緯糸を通せばいいか、三列目は？　三〇分経った後で、経糸を一本一本指で持ち上げること以外に糸を上下させる仕組みを考えついた者は一人もいな

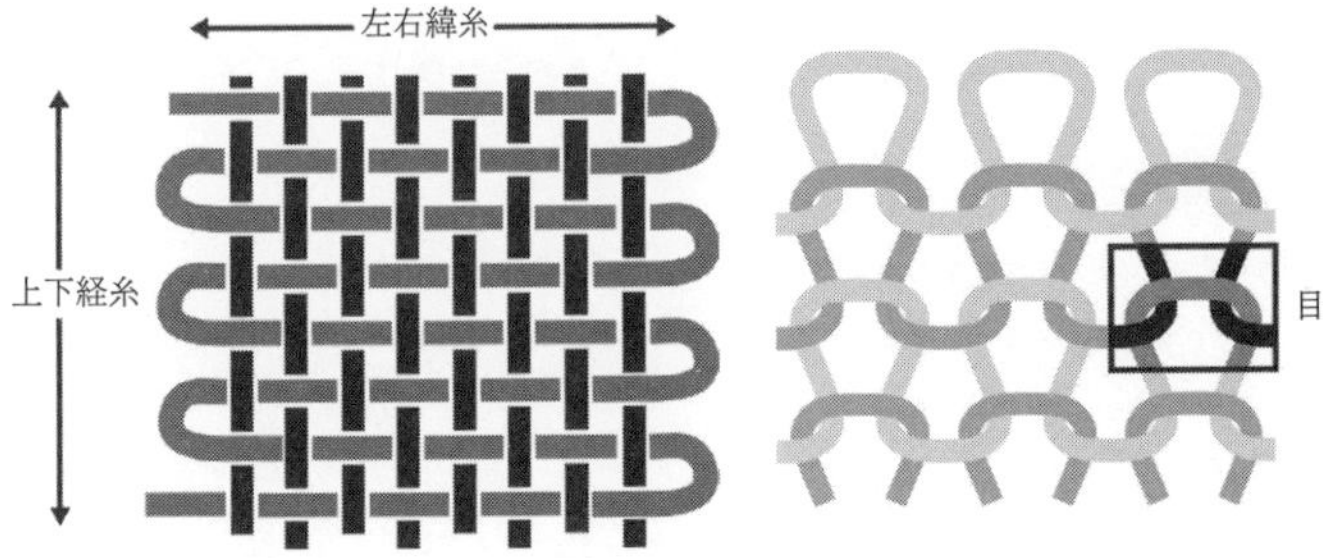

左：織物の基本構造の右：編み物の基本構造の図（オリビエール・バロウ）。

かった。

考古学の分野で数多くの書物を出し、オランダの大学都市ライデンにあるテキスタイル研究センターの創始者であるヴォゲルサング＝イーストウッドは、ここでにこやかに手品の種明かしを披露する。釘に張られた経糸から奇数列にあるものを竹串で拾い出し、毛糸でくくる。次に偶数列にあるものをみな持ち上げて、同じくもう一本の毛糸でくくる。片方の輪を持ち上げて、右から左に緯糸を通す。もう一方の輪を持ち上げて、左から右にその緯糸の続きを通す。はいできあがり！　一次元の産物である糸から二次元の産物である布を作り出すには、三次元の思考過程を必要とするわけだ。

一〇年以上同じコースを教えて、このパズルを解き明かしたのは二人だけだと彼女は言う。一人は機織り経験者でやり方を知っていた。もう一人は工学専攻の学生だった。経糸を毛糸でくくる仕組み、それはつまり織り機の綜絖《そうこう》（ヘドル）というものだが、それを考えついた古代人は真の天才だと、彼女は断言する。私たちのような織物の素人は、ただひたすら頷くばかりだ。[*1]

糸紡ぎは手先を訓練する。だが機織りは頭脳に挑戦する。音楽の世界のように、機織りは深淵なまでに数学的である。織り人は比率という概念を理解しなければいけない。素数の意味を把握しなければいけない。面積や長さの計算をこなさなければいけない。経糸を適宜に上下させることで緯糸は列となり、列はパターンとなり、点が線となって線は面となる。織布は人類のもっとも初期の段階で表現された演算規則《アルゴリズム》である。具現化された暗号情報なのだ。

数学という概念が人々の意識にのぼるずっと前に、機織りは人間の日常生活のなかに〈直角〉と〈並行線〉とを一般化させた。「テキスタイルのパターンはありのままの自然を表しません。左右対称に組まれます。織り人たちは、数えたり割ったり足したり、円の中心や線の真ん中を決めたり、どの色をどのくらい使って、どれだけの染料が必要で、最終的に自分の創作が［デザインを創作するにあたって］どのくらいの材料や時間をかけてどのくらいの価値が達成できるか、そのようなことを判断できて初めて模様を織り出すことができるのです」と、考古学者のカライオピー・サーリは推察する。新石器時代のエーゲ海沿岸から出土する工芸品に描かれている布地のパターンは、「その布を織った者が、計算能力をもち、幾何学的なパターンを概念化し表現することができ、またパターンの大小の順序関係、各々の大きさや幅、比率の見積もりを行う能力を持っていたことを、明らかに示している」[*2]と、彼女は指摘する。

毛糸編みで立体的なデザインを考案するということは、つまり編むこと自体が数学的構造をしているから可能なのである。『位相幾何学で表される連結変形体はすべて編むことができる―証明』という題の学術論文が、2009年に位相幾何学論学者、セラ＝マリー・ベルカストロによって発表された。彼女は写真にあるこれらの数学的構造体を編んだ。クラインの壺、直交する二穴の円環（メビウスの環）、(15, 6) 結び目と絆の円環（© セラ＝マリー・ベルカストロ）。

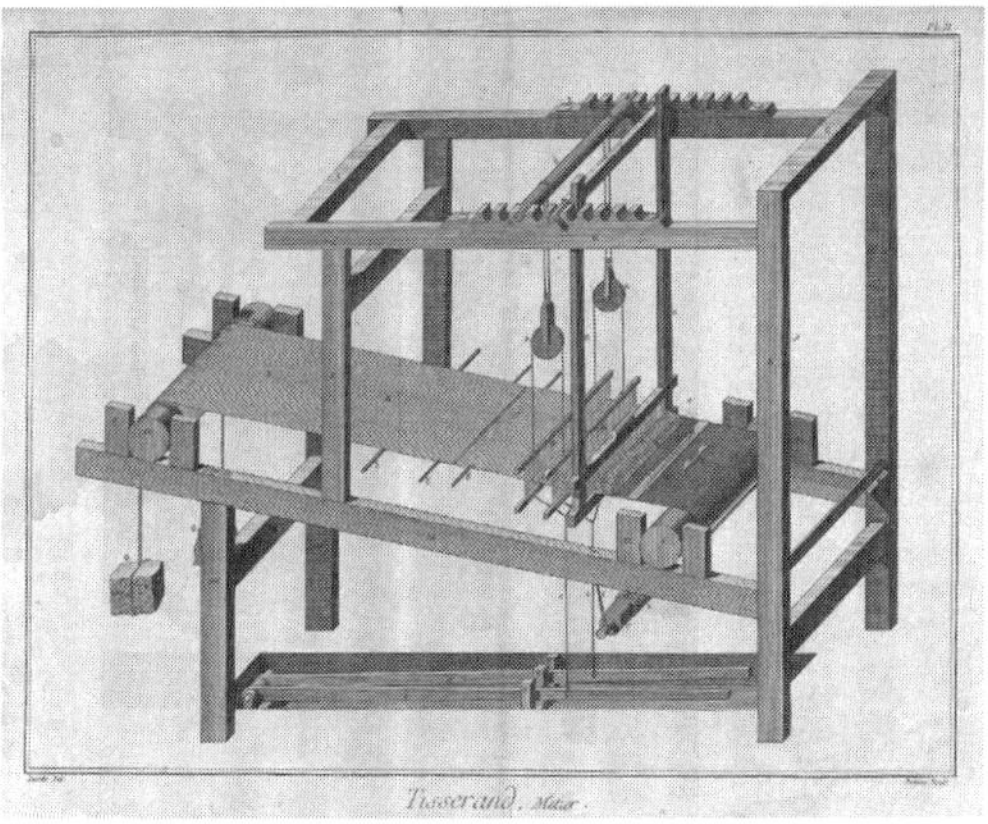

このヨーロッパ式の床式織り機は18世紀に出版されたフランスの百科事典に描かれたもので、その仕組みはまず経糸が水平にわたされた横棒（ビーム）に巻かれ、踏み板（ペダル）で操作される滑車（プーリー）によって綜絖（ヘドル）を支えている枠が上下する。織り人は織り機の前、挿絵上の右の部分に座って織る。

毛糸編みは織物に比べるとずっと歴史が浅いが、特に立体的なものを編みあげることができるという点で、同じように数学的だと言える。前ページの写真がその〈証拠〉である。『位相幾何学で表される連結変形体（曲面）は編むことができる——証明』という題の学術論文がセラ＝マリー・ベルカストロによって二〇〇九年に発表された。「ほとんど全ての編み物には、段を数え目を数える算術だけではなく、構造的な課題が含められており、それは抽象的な数学思考を応用することで最もよく解明される」[*3]と、趣味で編み物を楽しむ二人の数学者は書いている。

「精巧な機械を発明して布を織るか、または頭のなかで複雑な計算を処理するための数学理論を習得して布を織るか［例えば円形や楕円形を織り機上でどのようにして図形化するかなど］、どちらにしても布が存在するということは現実世界で数学理論が実際に使われていることの証拠である」[*4]と、人類学者キャリー・ブレズィンは語る。個人的体験だが、手織りを趣味としている友人たちとのディナーパーティーの際、機織りと数学の関連について尋ねてみた。「最初から最後まで数学よ」と、二人は声をそろえて答えた。

布といっても、最初期の段階ではおそらく紐を輪にして繋いだり結んだりして作った網のようなものだっただろう。しばらくして縫うこと〔つまり針の使用〕が始まり、ナルバインディングのような新しい技法が編み出される。糸を輪にして親指に結びつけ、先が丸い針にその糸の反対側の先を通して親指の輪をすくい取ると同時に次の輪を指に巻きながら進むというものである。結果は編み物のように見えるが、このテクニックは編み物とはかなり違っている。編み物では一本の糸で〔編み棒にからむ〕輪状の編み目をつくり、同じ糸を使いながら次の段に進み、最初の段の編み目に糸をひっかけることで新しい編み目を作るという具合に進む。〔112ページの編み物図参照〕それに比べてナルバインディングの場合、輪をくぐる糸は毎回その全長が通されなければいけない〔編んでいるのではなく縫っているわけだ〕。そのためせいぜい一メートルくらいの短い糸しか使えないので、糸が使い果たされるたびに新しい糸を繋ぎ足しながら進む。だが、糸が短くても事足りるということは糸紡ぎの技能がそれほど高度でなくてもたいして問題ではなく、また一つの編み目が切れてしまったとしてもそこから布地がほどけてしまうという惨事に陥らない。考古学者たちはナルバインディングで作られた布地のサンプルを、イスラエルのナハル・ヘマー岩窟から中国北西部タリム盆地に至る広範囲にわたって発見している。[*5]

織物の場合、経糸と緯糸が直角に交差することでデザインの可能性が無限に広がった。それはある意味で、思考概念のブレイクスルーを象徴すると言えるかもしれない。世界各地での織り機の構造は

ガーナのケンテ布の織り人はココやしの実の殻で作られた踏み板を［足で］操作して、二組の綜絖を交互に使いながらケンテ布特有の交互するブロックデザインを織り出す。このデザインは、各々帯状の布が縫い合わされて幅の広い布地となった時にこのブロックデザインがどのようにマッチするかを予期しながら織ることが必要である（ウェルカムコレクション、フィリッペ・J・クラドルファー）。

驚くほどバラエティーに富んでいるのだが、すべての織り機について共通することは二つの基本的機能である。①経糸を常にピンと張っておくこと［張りをかける仕組みがあること］、そして②数ある経糸の特定数を選んで上げたり下げたりして杼口（緯糸を通す、または打ち込むための隙間）を開ける機能をもつこと。織物こそはバイナリーシステムの原祖だ。それは少なくとも二万四〇〇〇年前に現れた。すなわち、経糸－緯糸、表－裏、上－下、オン－オフ、1－0という二者択一のシステムなのである。[*6]

そして、その可能性は天文学的な値にまで広がる。布を緩やかに織ることもできるだろう。またはきつく織ってもいい。その組み合わせという手もある。経糸と緯糸は同じ比率で表に出るかもしれない。または片方が主で、もう片方は裏に隠れているかもしれない。糸は様々な色を組み合わせてもいいし、撚りの違った糸や異なる繊維の糸を組み合わせることも可能だ。どの綜絖を上げるかで見た目も布の構造も異なってくるし、もちろんデザインも種々様々となる。あるテキスタイルアーティストは、「織とは一生涯続けても決してその終わりに辿り着くことのない旅である」[*7]と語る。

［綜絖はちょっというと針のようなもので、その針の真ん中に穴がありそこに経糸を通す。すべての綜絖は綜絖枠の中にはめられている。さて、ここに一二本の経糸があったとする。この章の最初に出てきた毛糸と竹串の例で試したように］奇数にあたる経糸と偶数にあたる経糸との二グループを上下させる代わりに、たとえば一番目、四番目、七番目、十番目の経糸を枠一の綜絖四本に通し、二、五、八、一一番目の糸を枠二の綜絖四本に通し、三、六、九、一二番目の糸を枠三の綜絖四本に通したとする。上下が交互につづく平織りの代わりに、枠の一、二、三を順に上げ下げすると斜め模様の綾織り（または斜文織）ができる。ペダルの順番を変えることで、斜め模様が右上がりになるか左上がりになるか、もしくはジグザグになったりへリンボーン模様になったり、また菱形模様も織り出すことができる。綜絖枠の数を増やすことで、このバリエーションをさらに倍増させることができる。そこに色を加えてみたら、どれほど可能性が広がることか。

サテン地のなめらかな表面は繻子織（または朱子織）という織り方で、それは数独パズルのような綜絖順の組み合わせによって創り出される。経糸と緯糸が交差する十字点を隠し、また斜め模様にならないよう留意しなければならない。[*8] この三つの基本構造――平織り、綾織り、繻子織――を別々に、あるいは組み合わせて織ることによって、数かぎりないデザインが生み出される。

織り機に座ってさあ織り始めようと最初の緯糸を通すそのずっと前の段階で、織り人は布の構造やデザインのパターンなど決めなければいけない。それが［一番簡単な］平織りであっても、事前に細かく計画を立てることは必須である。綜絖に一本ずつ緯糸を通すか、二本ずつかそれ以上か。縞模様か、市松模様か、格子柄か、色を組み合わせるか、違う素材の糸を組み合わせるか。二重織にするか。経糸と緯糸の両方が同じ割合で表面に現れるか、もしくは片方が大半を占めるデザインにするか。こういった算段をすることで、素材や、綜絖に糸を通す順序のパターンや、筬《おさ》〔綜絖と前ビームのあいだにある経糸を広げて安定させる櫛のような器具〕のサイズ、そして緯糸の密度など、決めておかなければいけないことは山ほどある。綾織りと繻子織になると、選択肢はさらに倍増する。

「織りにおいての美の追求は、ほぼ数学的な行為だと言えます。パターンを把握し、構造を理解するということですが」と、ティエン・チューは言う。彼女は自称「資格返上した数学者」（彼女は数学専攻の大学院を中退した）で、以前はシリコンバレーでプロジェクトマネジャーを務めていたが、現在では織り人としてアーティストのキャリアを歩んでいる。彼女によると、サテン地を織るための綜絖のアレンジメント〔どの枠の綜絖に糸を通していくか〕は、チェスの「エイト・クイーン問題」として知られている課題と同様のチャレンジを呈するのだそうだ。八つのクイーンのコマがあって、八×八のマスからなるチェス盤上でお互いが相手を勝ち取らないように、縦の列も横の列も斜めの列も二つのコマが同時に存在しないように配置するにはどうしたらいいかという、一九世紀以来の数学行列式の問題である。サテンの場合、クイーンは布地を安定させている経糸と緯糸の交差地のことである。織りの構造を視覚化するのは「私にとって抽象代数学を視覚化するのとさして変わりません」[*9]と、チューは言う。

今日の技術者たちは一九世紀初頭にフランスのジョゼフ＝マリー・ジャカードがパンチカードを使って経糸拾いの選択をする機械（ジャカード織り機）を考えつき、それがのちに〔コンピューターの父と呼ばれるイギリス人数学者の〕チャールズ・バベッジの〔コンピューターの前身とも言える〕解析機関の発想のもととなった史実を持ち出すことにやぶさかではない。エイダ・ラヴレース伯爵夫人〔バベッジの発想を研究した数学者〕は「ちょうどジャガード織り機が花や葉の模様を織り込むように、この解析機関は**代数学のパターンを織りなす**というのは、実に的を得ていると言えるだろう」（太字の強調は彼女自身のもの）と、述べている。これはコンピューター関係者のたいてい誰もが知っているわずかばかりのテキスタイル史の一片である。[*10]

とはいっても、ジャカードの貢献は［テキスタイル史の流れからみれば］つい最近のことだ。彼がパンチカードを組み入れてパターンを織り出す機械を発明するまでに、織り人たちは何千年もの間織りの数学的構造を活用しながらオン－オフの組み合わせの複雑なパターンを想像し、記憶し、そして記録してきた。

アンデスの山地では、女性はたいていリクヤと呼ばれる色鮮やかなマントを着ている。リクヤは赤ん坊を背負うのにも使われる。リクヤを織る技術は、いわば女性が成人となるため身につけなければいけない技能である。何年もの間［小さな織り機を使って］幅の狭いベルトを織り続けた後で、赤ん坊を産んで母親となった若い女性はやっと大きな織り機へと昇格する。一九七六年、アメリカ人のエド・フランクモンは、アンデスの伝統的な織物を学び記録する目的で、ペルーの田舎にあるチンチェロという村へ移り住んだ。彼の第一作目のリクヤは、当然のことながらなかなか捗らない。

アンデスのバックストラップ織り機（腰機）で織られる伝統的なパターン。デザインの対称性を十分把握することが必要だ（*iStockphoto*）。

リクヤの布地は通常何らかの意匠の施された縞と無地の縞とが隣り合わせに並ぶ。まずは経糸をデザインに合わせて必要な本数の糸を括ることから始まる。伝統的には「経糸括りパートナー」と呼ばれる経験を積んだ織り人が行う仕事だ。フランクモンのリクヤのために織匠《おりしょう》であるベニタ・グティエレズは「ケスワ」と「ロレイプ」という二つのデザイン用に経糸を括った。しかし、一般のリクヤ織人とは違ってフランクモンはその伝統的なパターンを習得するための何年もの訓練を積んでいない。彼は菱形のなかにS字型のデザインが組み込まれたロレイプのパターンは知っていたが、ジグザグ模様のケスワパターンは織ったことがなかった。

「私がそう言うと、ベニタは目を見開いて私を見つめました。そして、つぎにはあふれんばかりの笑顔になって」と、彼は回想する。「『ロレイプは知っているけど、ケスワは知らないって？』そう言いながら、ベニタはそのへんにいた人たちや通りかかった人たちを呼び止めて、この話をみなに言い聞かせ始めたんです。明らかに何かがおかしかったらしく、すぐに私たちの周りは笑いこける女性たちでいっぱいになり、ベニタがロレイプの中にあるケスワのデザインを宙になぞるのを見て、皆がさらに笑い声をあげました」

結局のところ、ロレイプデザインはケスワを左右対称の一対として織ることで達成される。フランクモンはデザインの出来上がった段階しか見たことがなかった。その基本的なパターン構造を把握しそこなってそこにある対称性に気づかず、デザインの数学的な本質を掴み取っていなかった。数学的な本質を掴み取ることこそが、記憶し、再現し、またそこから自分の独創的なアイデアを発展させるための鍵なのである。フランクモンは後日次のような解説をしている。アンデスの織り人たちにとって「織りを習得するということは、単に織りの技術や過程を学ぶだけではなく、対称性の原理を応用して比較的単純な要素から複雑なパターンを作り上げる力を得るということだ」[*11] 数学者リン・アーサー・スティーンは、一九八八年にその後大きく影響を及ぼすことになった論文で、数学とは幾何学と算術とに根づいた「空間と数の科学」という伝統的な定義からもっと拡張されるべきだと主張した。端的には「数学とはパターン〔様式〕の科学である」と、彼は書いている。

数学者は数字に、空間に、科学に、コンピューターに、そして想像の中に何らかのパターンを探し求める。数理科学の理論はパターンの間の関係を説明するものである。パターンの関数、写像、作用素、型射などが一つのパターンを別のパターンに結びつけ、持続する数学的構造を生み出す。数学の応用とはこういうパターンを使って、そのパターンに当てはまる自然現象を説明し、また予期することだ。パターンは別のパターンの可能性を示唆し、また往々にしてパターンのパターンを生み出す。このように、数学は自らの論理に従い、科学のパターンに始まり、そのパターンから由来した全てのパターンを累積することで自己描写を完成させるのである。[*12]

数学とは、〈パターンの科学的な探求〉と〈パターンそのものの本性〉という二つの意味を指す。アンデスの織物を特徴づける対称性は数学的構造であり、そしてその構造を解明する群論は、もちろん数学思考である。数学において、またアンデスの織物において、両方ともが「パターンのパターン」を内包しつつ「パターンはパターンを示唆する」。ちょっと言うと、モリエールの『町人貴族』の中で〔貴族になりたがっている〕ムッシュー・ジョルダンが自分では気がつかないまま町人口調で話していたように、織り人たちはまったく無意識のまま頭の中でパターンの計算をしているのだ。その反面、惑星の動きがそうであるように、だれか数学的天才が注意を払いその抽象的なパターンをまず発見して説明しなければ、その動きは誰にも気づかれないまま終わってしまうかもしれないのだ。

西ドイツで生まれたエレン・ハーリズヴィアス＝クルックは、子どもの時からテキスタイルや数学、美学、論理学などに強い興味を持って育った。それらの分野を組み合わせて、彼女は教師になる目的で大学で美術と数学を専攻することにした。大学でのクラスのひとつは、幾何学の数学的定義や証明で有名な、数学書の定番であるユークリッドの『原論』の研究だった。学生が本の部分を読んでクラスで発表するという課題を与えられた時に、ハーリズヴィアス＝クルックは一番つまらなさそうな箇所を課された。それは「算術」［全一三巻のうちの七、八、九巻が数論に当てられてる］だった。「ええっ？　幾何学をやらせてください。算数だなんて誰が興味を持つでしょうかって言ったんです」と、彼女は思い起こす。

教授の反応は予想外だった。数論はユークリッドの証明の論理の基盤をなすものだと、彼は説明した。ただ、なぜそれが発展したのか十分に解明されていないために、歴史家たちはその重要性を十分認識していないのだとも（その命題の多くは、紀元前三〇〇年に『原論』を出したユークリッドに先立って進化したものと考えられている）。幾何学は明らかに身の回りの世界に適用することができる。だが、数論は数で何かのゲームをしているかのようにしか見えない。例えば、「もし任意個の奇数が加えられ、その個数が偶数ならば、全体は偶数であろう」とか、「もし奇数がある数に対し素であるならば、その二倍に対しても素であろう」[*13]など。神々しいまでの正確さにもかかわらず、この部分の『原論』は目的がはっきりとは見えない。初期の数学者たちは何が数字を奇数にするのか、偶数にするのか、または素数にするのかなどに、どうしてこんなにも執着したのか。彼らは数字同士が共通の要素〔最大公約数や友愛数など〕を持つか持たないかに、なぜこんなにもこだわったのか。

「それは、数というものがちょうど友だちや親戚みたいなものだからです」と、ハーリズヴィアス＝クルックは説明する。「なぜかというと、数には世代というものがあるからなのです。素数には親類もなければ友だちもいません」。**えっ、それって一体どういうこと？**

プラトンに始まり現代に至るまで数学者たちは、古代ギリシャの算術はそれ自体のもつ論理によって打ち立てられた純粋な科学であると考えた。その分野の外から啓発されたものではない、と。だが、ハーリズヴィアス＝クルックはその考えに疑問を抱いている。彼女の夫も数学者だが、彼も同じ意見だ。「古代、数学者がこのような理論を思いついて、本に書き下ろして、みながああなんて素晴らしいアイデアかと賛同する、なんてことはちょっと考えられません。何か背景に存在していたに違いないと、私たちは確信していました」と、彼女は言った。でもそれが何であるかは見当がつかなかった。

ハーリズヴィアス＝クルックがユークリッド原論のコースを受講してから約二〇年後、一九九〇年代の終わりになって、彼女は趣味で手織りを始めた。そこでピンとくるものがあった。「織る時に、例えば正方形や長方形や丸などの幾何学的なパターンを織り出したいと思ったら、まずそれを数式に表さなくてはいけないことを学んだのです。それは糸を何本ずつ配置するかという〈糸の本数〉という単位で考えなければいけないからです」[*14]織りはすべて奇数と偶数、割合と調和に終始する――ちょうど古代の「算術」論のように。織物は、絵画のようにパターンを好き勝手に描くということをしない。その代わり、一本一本、一段一段、歩を進めることでパターンを作り出す。まるでスクリーンの画像をピクセルの点々で作り上げるかのように。そうするためには、織り人は『原論』にでてくるような数字で表される位置関係を把握しなければいけないのだ。

素数と倍数を理解することは、古代ギリシャの壺に描かれている経糸重し式の織り機で織る人々にとって特別に重要であった。この織り機では、経糸は織り機の上部に水平にわたされた棒などから吊るされ、糸の下端に粘土か石の重しを吊り下げることで張力を加えた。［次ページ右写真参照］水平部は固形の棒ではなく、簡単な縄紐のようなものでもよくて、経糸はその紐に結びつけられるだけでもよかった。だが、古代人たちはさらに感嘆すべき技巧を凝らした。織り機で少数の経糸のみ、例えば一〇センチメートル幅、を使って織り進み、横一〇センチメートル×縦九〇センチメートルの短い帯状の布地を織り上げる。ただし、通常ならば緯糸は布地の左端から右端までの経糸の全てを上下くぐって行ったり来たりして布を完成するさせるわけだが、彼らは左端は経糸をくぐらせ右端は布地の長さだけ、例えば五メートルの長さに緯糸をわたして、その終点でUターンして［つまり輪をかいて］戻った。これを続けて左には細い帯状の布地が織り上がり、その右には緯糸のみが平行線を描いて輪をなす状態ができる。左端の帯状の部分が予定の長さに達したら、それを九〇度回転させて、織り機の上の部分に固定させる。最初緯糸だったものが、今度は今から織られる布の経糸になるというわけだ。

織っている時に緯糸の糸数を数えることは稀である［緯糸はすなわち布の長さとなり、好きなだけ織り進めればいいからだ］。だが、経糸重り式で上記のように織る場合、正しい糸数を確保することは必須である。緯糸を経糸に変えた時の糸の数が素数であったら、どんなパターンであっても均等に横並びに繰り返すことはできない。逆に言えば、帯の部分に均等に並ぶデザインが、例えば八本おきに、繰り返されているとすれば、それはその公約数なり公倍数の共通因子、例えば二、四、八、一六本ごとのパ

左：古代ギリシャの経糸重し式織り機を描いた壺（レキュトスもしくは油壺）紀元前約550-530。
右：復元された経糸重し式織り機。ここではエレン・ハーリズディアス＝クルックによるモチーフ模様を織り込んだタブレット織りによる二重織りのサンプルが掛かっている（メトロポリタン美術館、© エレン・ハーリズディアス＝クルック、2009）。

ターンを作ることができるということなのである。[*15]

古代ギリシャでは、織産は広く社会の隅々に普及していた。単なる基本的工芸というものではなく、社会を構成している人々の意識の中にしっかりと定着している文化的活動であり、祭礼や芸術を通してもその価値を賞賛されるものであった。ギリシャの吟遊詩人ホメロスもその叙事詩のなかで二七箇所にもわたって言及している。なかでも有名なものは、オデュッセウスの妻ペネロペイアが結婚を迫る者たちを避けるためも、義父のラーエルテースの葬儀のための布地を織ってはほどき、織ってはほどくという話だ。ギリシャの詩人たちは織りを詩や歌の創作の比喩としてよく引用した。プラトンの

『国家』――ハーリズヴィアス＝クルックの博士論文の主題である――は、理想の統治者を織り人に例える。果敢なる市民と穏健な市民とを一体化させるのは、ちょうど織り機が強靭な経糸と柔軟な緯糸を繋ぐのにあたると見なしている（加えて、ウール生産の異なる各段階についての解説も含んでいる）。[*16]

古代ギリシアで毎年夏に催されたパナテイア祭りの際、アテナイの女性たちは等身大のアテナ女神の像に新たに織られたサフロン、碧、紫色の裾長の衣装、ペプロスを捧げた。また、パルテノン神殿にある巨大なアテナ像も四年ごとに新しいペプロスが奉じられた。これは男性の織り人たちによって織られた。この衣装は桁外れに大きいもので、普通の大きさの船に帆として掲げられ、船は陸上を車に乗せられて神殿まで引かれてやって来る。そしておそらく女神像の後ろの壁に吊るされたものと考えられている。そのペプロスには、神々と巨人たちとの戦闘のイメージが織り込まれていた。特別に織られたこの布地の図像は、等身大のものであれ、巨大な帆の大きさのものであれ、アテネの都市国家の統一性を象徴するパルテノン神殿の大理石の彫刻［エルギン・マーブル］――一九世紀初頭以来大英博物館に鎮座している――のメインの装飾モチーフと同一である。[*17]

というわけで、あくまで推定にすぎないのだが、古代ギリシャの数学者たちが織物が内含すす論理的構造からインスピレーションを受ける程度の知識があったと想像するのは、それほど無理な話ではない。おそらく土地の測量などをして図形に関するインスピレーションを刺激されるといった出来事に似ているのではないか。織物を通した目で『原論』の数論を見れば見るほど、その関連は深まってくる気がする。

ユークリッドの第七巻から命題の一を見てみよう。「二つの不等な数が定められ、常に大きい数から小さい数が引き去られるとき、もし単位が残されるまで、残された数が自分の前の数を割り切らないならば、最初の2数は互いに素であろう」この命題の意味をもうすこしやさしいことばにすると、小さい方の数を大きい方の数から何度も差し引いていって、最終的に引き算の結果の残りが少ない方の数よりも少なくなってしまったとすると、その時点において大きい方の数は小さい方の数で割り切ることができないことが証明できる、と言っているのである。この逆数減算は「アルゴリズムの祖父」と言われている。[*18] そしてその概念はコンピューターのプログラミングに応用されているのだが、それにしてもなぜ古代ギリシャ人はこんなことを考えついたのだろうか。実は、織物にその答えのヒントがあるかもしれない。

仮に綾織りで一九本ごとに繰り返す菱形のパターンを織ることにする。この布地はほぼ一メートル幅で、一センチメートルに一〇本の経糸の割合で組むと全部で一〇〇〇本の経糸を引くことになる。菱形のパターンは均等に収まるだろうか。収まらなければ、あと何本足さなければいけないか。私たちが使い慣れているインド－アラビア数字（いわゆるアラビア数字）でなら、すぐに計算できるだろう。［一〇〇〇÷一九＝五二余り一二］だが、その時のギリシャ人はそれよりずっと七面倒くさいアルファベットに基づいた表記法で数字を表していた。どのくらい面倒くさいかを実感するため、ローマ数字を思い起こして、MをXIXで割ってみていただきたい。

織り人であれば、この課題を解く簡単な方法は一〇〇〇本垂れ下がっている経糸を織り機の左右両端から一束一九本ずつ順繰りに括っていき、真ん中に一二本残ったところで新たに七本を付け加えて、パターンが均等に構成されるようにする。電卓は言うまでもなく、便利な十進法があるにもかかわらず、現代の手織り織人たちは今でも手を使った〈引き算による割り算〉方式を好む。そうすることで、その手先の体感と視覚的実感が得られるからだ。これは前述の人類学者ブレズィン（114ページ）の言う「知覚しうる世界の中で数学が応用されていることの証拠」のひとつである。とはいえ、このような日常的、実用的な応用法を抽象的な一般論へと転じるには、科学的想像力による思考の飛躍が必要と言えるだろう。

昔も今も、織布のほとんどは平織りである。平織りでももちろん、織り始める前に周到な計画を立てておく必要がある。色を交ぜるデザインであれば、特に事前の準備は大切だ。といっても、これはそれほど頭をしぼるものではない。しかし、パターンを作り出す場合はずっと込み入ったものになる。簡単な斜線のパターン（綾織り）でも、または複雑な錦模様の場合はもちろん、どの枠の綜絖にどういう間隔で糸を通していくか、念入りにデザイン設計を立てていかなければならない。織りが進むにつれ、現れてくるパターンを見て織り人は次に何が起きるか予期し、また前に何が起きたかを記憶に留めておかなければならない。何かほかのことに気を取られたりなぞすると、そこで自分の位置を見失ってしまう。パターンが複雑であればあるほど、織り人の集中力が重要となる——そして、次のステップを思い出すことがより複雑になる。

織りのデザインパターンを記録するために、現代の織り人たちは方眼紙〔意匠紙とも呼ばれる〕を使う。コンピューターのプログラムも市販されているし、工業用の織機はみなコンピューターで作動する。デザインを示すグラフ図はドラフトと呼ばれ、四つの要素を含んでいる。①綜絖を通る糸の配列図、②最終的な織りあがり図（方眼の四角が黒だと経糸が上、白だと緯糸が上）、③タイアップ図（どの足踏みペダルがどの綜絖枠に連結されるかの段取り)、④杼を通すために綜絖枠をあげる(ピックとよばれる)のだが、どの枠をどういう順序であげるかという手順[この四つの要素が定まることで、織りのパターンが組み立てられる]。

一般庶民が気楽に紙を購入できるようになったのは比較的最近のことだが、複雑な織りのパターンは何千年も前から存在している。紙が手軽に手に入るようになる前から、歴史を通して織り人たちはいろいろな記憶術や記録のための工夫を凝らしてきた。たいていどこででも見られる共通した対策は、一単位を成すパターンの構成と織り方のルールを暗記してしまうことだ。ちょうど、フランクモンがペルーで学んだように。そういったアルゴリズムこそ、ブレズィンが「頭の中での複雑な演算を支える知的な枠組み」と呼ぶ要素なのである。アンデスの織り人のもつ、部分的に織られた布をみて、間違いがあればそれをすぐに見つけることができ、また次の段が何であるか直感できる、その潜在化された知識のことである。

ホメロスの時代のギリシャから現代のアフガニスタンにいたるまで、多くの文化圏では歌や詠唱で糸の順序を記録した。『オデュッセイア』のなかの登場人物であるキルケとカリプソが機織りをしながら歌を歌う。オデュッセウスの親友であるポリテースはキルケとカリプソが歌っているのを聴いて、姿を見る前にキルケが機を織っていると察知する。つまりその歌がよく知られている歌だということを意味している。場面は変わって、一九世紀の中央アジアで旅していたヨーロッパ人は、絨毯を織っている者たちが「なんとも奇妙な節回しで、パターンの目の数や色合いを唱えながら手を進めていた」と、記録している。

アフガニスタンでは、アメリカ軍が撒いたプロパガンダ用のパンフレットを基にして、飛行機やワールドトレードセンターの二棟の建物やアメリカの国旗を織り込んだ「戦争カーペット」なるものが織られた。これらの画像をどのように新しい織りのパターンに作り変えたのかと訊かれて、その織り人は「イメージを見て、それが絵だとは思いません。数字だと思って、それを歌にするんです」と答えている。ある考古学者によると、インド・ヨーロッパ文化において「テキスタイルのパターン形成に関する数の数え方と節つけとは、時期的に非常に早い段階でリズミカルなまたは何らかの拍子のパターンにのった語りに影響を与えたと考えられる。あるいは、そういう語り口の根源そのものだったかもしれない」[*19]

もっとも手近な記録法は、もちろん布地そのものである。東部のアジアで未だに使われている伝統的な織り機を調査している研究者たちは、織り人たちがコピーしたいパターンの古布を細かく調べている様子を記録している。中国湖南省の南西部のある織り人は、古い文様のパターンをすっかり暗記しているにもかかわらず、その切れ端を参照として自分の織り機の前に貼り付けているとのことだ。[*20]持ち運びが簡単で交易に望ましい商品であったため、布地はいろいろなところへ旅をした。織り人は「数字に強くて視覚的な訓練を受けた者たちだ。違う地域の織り人と直接会って情報交換する必要もなく、違う織りの伝統的特徴を取り入れることができた。異なる織りのサンプルを見ることさえできれば、その構造が理解できたからだ」と、ある西アフリカの伝統織物を研究しているテキスタイル研究者は言う。彼の研究はケンテ布を生み出した多くの文化交流について触れている。[*21]

経験を積んだ織り人なら、時間をかけさえすれば古代の布地の構造を解き明かすこともできる。考古学者が発掘したテキスタイルをもとにして、ペルーの織り人たちは一五世紀末の衣服の布地を復元している。その衣服は宗教上の生贄として殺されたインカの少女（ワニタのミイラとして知られている）

が着ていた上質な織りでできているものだった。[*22] テキスタイル学者のナンシー・アーサー・ホスキンスは、少年ファラオ、ツタンカーメンの上着の前身頃、ベルトおよび襟にある複雑な幾何学的模様を分析し復元した。その過程で彼女は、古代の織り人たちがその模様を織り出すためにほぼ間違いなく経糸ではなく緯糸を用いるパターンを使ったであろうことを実演して見せた。[*23]

織物に対して、編み物はずっと最近になって確立された技能である。一番古い例はおよそ一〇〇〇年ほど前のイスラム勢力下のエジプトに現れる。[*24] 織物と同じく現代の専門家たちは、発掘された編まれたテキスタイルの構造をより正確に把握すべく、解明し再現する努力をする。例えば、編み物のプロであるアン・デモインは、エレオノーラ・ディ・トレド（コジモ・デ・メディチ一世の妻、一五六二年没）の墓にあった手のこんだ編模様の長靴下の写真を基にして、二〇年後にそのレプリカを完成させた。そのあいだに彼女は複製モデルを四つ五つ試してみたのだが、これだと確信するまでにはそれだけ長い年月がかかったのだ。彼女が徐々に理解したことは、現代の編み物の常識とは異なり、この長靴下を制作した者たちにとって靴下のパターンが対称をなすかどうかは問題ではなかったということだ。加えて「これらの靴下が作業所で作られたということはあきらかで、なぜかというと右と左の靴下は同じじゃないからです」と、彼女は説明する。各々の靴下は九つの部分からできていて裏側で編み綴じられているのだが、その綴じられた箇所は左右で違っているとのことだ。[*25]

この複製プロジェクトに取りかかる前から、デモインもホスキンスもそれぞれ編み物なり織物なりに何十年もの経験を積んでおり、複雑なパターンをリバースエンジニアリング［制作過程を解読して最初から再現すること］するだけの眼力を鍛えてきた。だが、パターンの保存の手段としてサンプルのみに頼ることはなにかと危険である。新たに入門した者には、布地にはめ込まれたパターンのコード

（手順）を手取り足取り解説してくれる師が存在することを前提としてしまうし、パターンを織り出すコードそのものは内輪の機密事項となってしまい、外部の者には見当がつかないものになってしまう。[*26]

だからこそ、マルクス・ザイグラーが行ったことは実に革新的な出来事であった。

彼は南ドイツのオルムという町に住んでいる織匠だった。町には十分に発展した織物産業があるというのに、織布商人たちが地元の需要を補うためにはるばるオランダまで出向いて名産のリネンを買い集めていることに嫌気がさしていた。オルムの織物は、模様入りのテーブルクロスやベッドカバーや窓のカーテンといった一七世紀最新の流行に追いついていない、というのが商人たちの言い訳だった。「この地でそういうものを作ることはどうも不可能だと思われているようだが、これは全く嘆かわしいことである。我々［オルムの織工］は他の地の織り人たちほど知能に恵まれていないとでも思われているのだろうか」そのザイグラー自身は、高級リネンから重厚な敷物までいろいろな布地を織り慣れていたし、また三二枚も連なる綜絖枠を使うような極端に複雑なパターンにも熟練していた。かつ、自分の同僚たちが探究心なり技能なりにおいて自分より劣っているなどとは、さらさら思っていなかった。

ザイグラーが明らかな障壁だと思ったのは、オルムの意欲的な織工たちにとって新しいパターンを創作する方法を学ぶ機会がほとんどないという現実だった。というのは、そのような知識をもつ者たちはそれを教えるどころか極秘に保つことに専念していたからだ。「この技能を知る者たちは、その奥義は一切公開すべきではないと自分本位にしか考えていない」と、ザイグラーは嘆いている。そこで彼はこの職業の伝統的な閉鎖性を断ち切る決意で、自分の知っているパターンコードの手引書を書くことにした。かくして一六七七年、『織物工芸とタイアップの書 *Weber Kunst und Bild Buch*』が、織物パターンの初の教本として出版される。

自分の職業知識を印刷出版するということは、ザイグラーにしてみれば実に一大決心だったと言える。〔教本を〕出版するということは、つまり自分の職業知識をだれもが理解できるような表現するシステムを生み出さなくてはいけない。ちょうど音を表す音符を表現する楽譜のように、織物の決まりごとを分かりやすく図解しなければいけない。ザイグラーは線やグラフ紙を使って、綜絖の糸通しの図表や、特定のパターンを織り出すための綜絖枠〔それは枠ごとに踏み板につなぎ合わせられるので、その組み合わせ方、つまりタイアップも説明されなければいけない〕の上げ下げ順のチャートなどを掲げた。その図表を見ると、経糸緯糸を交錯させるという実技と純粋数学との観念的な重なりという接点を見出すことができる。現在使われる織りのドラフトは彼の図表から発展したものである。

ザイグラーの本は、この時期に台頭しつつあった知的トレンドを示している。つまり、役に立つ知識を社会に広めることは意義があるという信念だ。その考え方は一〇〇年のちにディドロの巨大な『百科全書』に大成されることになる。そこには、カツラの作り方や粘板岩の採掘、いくつかのタイプの織りなどといった工学的技術の詳細な説明や挿絵つきの項目が記載されている。ザイグラーは「すべての分野の知識にわたって、より多くの専門家を生み出すことが可能だと信じる。出版社が十分にある限り」[*27]と記した。当時、科学的理論を推進する者たちと実益に根ざした職人たちとがお互いの専門知識を分かち合い、それぞれの知識が同等に社会に行き渡るように徐々に力を合わせ始めた。[*28] 経済史専門家のジョエル・モキィアが言うところの「産業啓蒙主義」が台頭するなかで、ザイグラーはその一例を果たしたのである。

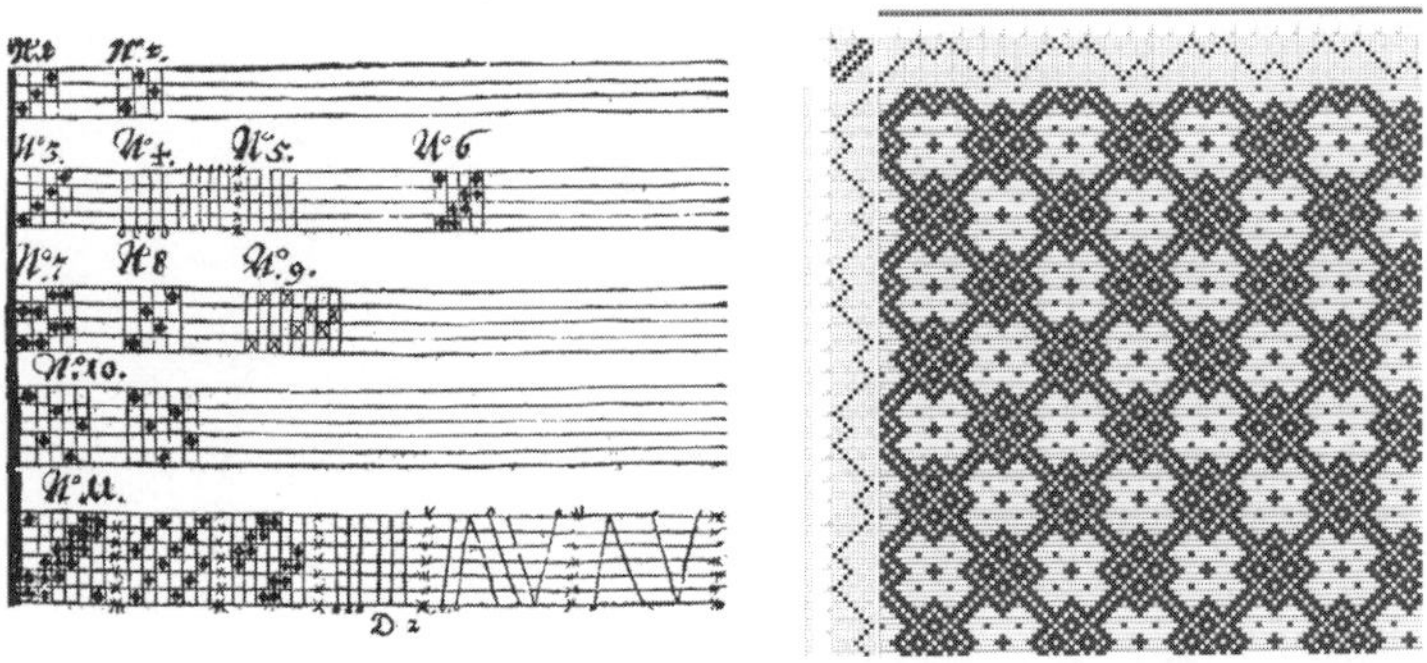

左：マルクス・ザイグラーの織物手引書の 41 ページ、右：現在使われている織物パターン 11 のドラフト（*Handweaving.net*）。

織工たちはそれまでにも長いこと、パターンコードを記録するために個人個人で独自の記号を使っていた。同僚たちの秘密主義を唾棄してザイグラーは「タイアップに関する書物は、空引機《そらひきばた》〔文様を織り出すための特殊な機織り機〕や足踏み機《はた》を使う織り人にとって必須である。それがなければ誰も織り方を学べないし、たいしたものを織り上げることもできない」と、断言した。が、彼の本が出版される以前に織り人たちが使っていた自己流のパターンの図面や記録などは、業界での機密として存在していた。専門知識と織布とのあいだに存在する織構造の表記が公開されて初めて、織物の経験がない者たちでも織物について多少理解できるようになり、それまで織物など全く縁もなかった部外者〔例えば、機械の設計士など〕でも公開された織の技巧を研究するなどして、自分たちの才能をためす機会を得ることに相成ったのである。

　ザイグラーの本や似たような数々の手引き書のおかげで、「織という工芸が一般に解放され、その記号は標準化されて一般に知られるようになった。記号による表記法は、織り機の構造に当てはまるように改良され、そのおかげで織物の経験があまりない者でもパターンドラフトと織り機の構造との関わり合いを理解できるようになった。それが功してエンジニアや発明家たちが織ることという一連の機能に注視し、いじくり回す範囲をひろげ、そしてついには、自動織り機という発明にたどり着くことになるのである」と、ハーリズィアス＝クルックは書いている。[*29]

ブーアカム・フェングミクセイは織り機のペダルを踏んで、経糸の半分を支えている綜絖の枠を上げた。右手で赤い絹の緯糸を巻いた糸棒（ボビン）が収まっている杼（シャトル）を経糸の上下の間にできた開口部（杼口）に投げ入れて通し、左手で受け止める。次に織り機の幅に広がる櫛のような筬（リード）――それは綜絖を通った経糸が右端から左端まで全部水平に固定するよう順に通されているが――を前後にしごくように動かして、今通した緯糸が経糸に対して垂直になるよう押さえこむ。この動作を繰り返せば赤い緯糸、黒い経糸の平織りの布が織り上がるところだが、ブーア（彼女の愛称）が織っているものはずっと色も多く、デザインも白、赤、黒、緑、鮮やかな黄を使った複雑な幾何学模様の凝ったものだ。刺繍のように見えるが、実はブロケード、つまり錦織りと呼ばれるものだ。通常の平織りの上に補足用の緯糸を加えて模様を描いていくものである。赤と黒の平織りは「地」と呼ばれ布の構造上不可欠な部分であるが、模様のための補足緯糸は構造上の役目は一切果たしていない。つまりそれを取り除いても、布地がほつれてしまうとか穴があくといったことはないわけだ。「地」はほとんど補足緯糸で覆われていて見えないほどであるが、錦織りの布地の構造をしっかり保っている。[*30]

この補足緯糸をはめ込むためには経糸を一本一本数えて［どこからどこまで緯糸をかけるか］場所を確認しなければいけないため、錦織りはデザイン、手順の計画立て、その各段階を間違えずに思い出すこと、そして織ることそのものが恐ろしく煩雑だ。何世紀にもわたって、錦織りは最も華麗かつ高価なテキスタイルで、ベルサイユから紫禁城まで宮廷や宮廷人たちを飾り立ててきた。しかし、ブーアの母国であるラオスでは普通の田舎の女性たちがその長い歴史を通して、絹の錦織りの衣服をまとい家の中を飾ってきた。それを経済的に可能としたのは、彼らが自分たち自身で蚕を育て糸をつむぎ染色して絹地を織ったからである。だが真の秘密は、その伝統的なデザインのパターンを創作し記録した驚くべき技術にある。

ブーアの織り機の後ろ側には、上から白いナイロンの糸で作られている、一見ガーゼのような糸のもつれ合ったものが垂らされている。実のところそれは、最後には色とりどりの錦織りとなる布の骨組みなのである。錦織りのパターンを設定するソフトウェアの役目を果たしているものだ。縦に並ぶ一連の糸はラオス式織り機特有の「長綜絖」といっていいだろう。枠にはまっていないために一斉に上下せず、その代わり、経糸を一本一本上げたり下げたりすることができる。綜絖が長いため、そこを横向きに通るナイロン糸は何本もの綜絖の目を出たり入ったりするだけの余地がある。綜絖を通らないナイロン糸は、模様を織り出す補足緯糸の一段を支える役目を果たし、またその部分の経糸を分け隔てている［通常のペダルに連結する綜絖はこのナイロン糸の綜絖の前に位置している。左ページ写真参照］。

ブーアは身を乗り出すと、左右に横たわるナイロン糸の両端を掴む。前に引き寄せて、左手で補足緯糸を通す部分の綜絖を選び、残りは後ろへ押しやる。そしてその綜絖を通っている経糸を左手で持ち上げる。次に織り機の綜絖とナイロン糸の綜絖の間と左手で持ち上げた経糸の下の空間（杼口）に、

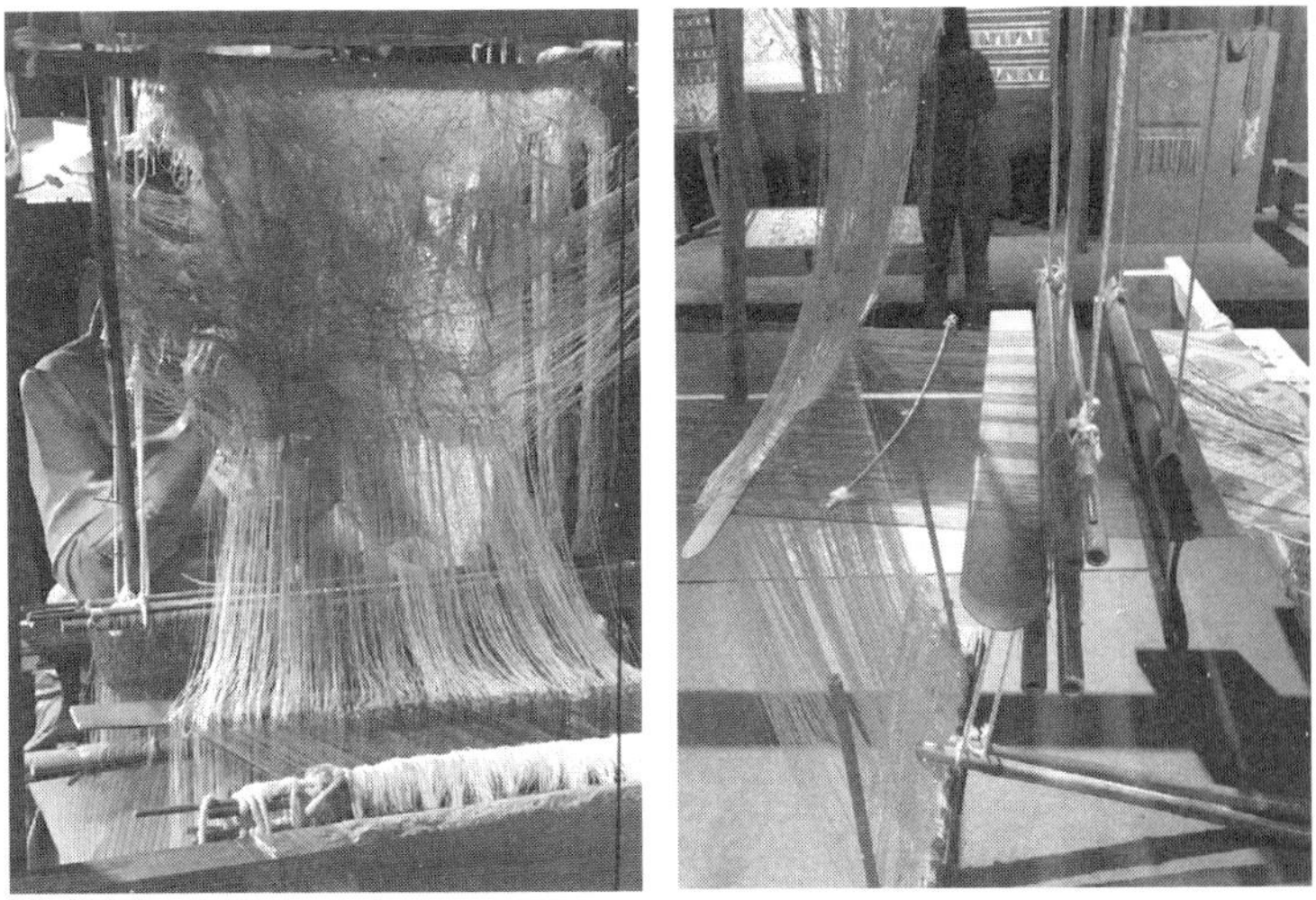

ラオス式織り機：左は後ろからパターン用糸を通して織り手を見たところ。右は織り手の座るベンチを右端においた側面図。側面写真では織り刀が左端のパターン用の綜絖の内側と「地」織り用の綜絖枠の間に挟みこまれている。選ばれた黒い経糸のグループが刀の上にかかっているのが見える。側面なので見えにくいが写真右側、一番織り手近くに位置するのが筬（著者撮影）。

右手で織り刀と呼ばれる平たい木製の板を差し込む。織り刀の刃が上下に分かれた経糸を支えてくれるので、両手を使ってここで補足緯糸をはめ入れる段となる。

彼女は指先で手早くきらめく白絹の糸を、下に張られている数本の経糸の上に置き、次に上に張られている経糸の下を通し、錦模様の端、つまり平織りの裏側の部分に垂らしておく。次にまた錦模様の左端から別の補足緯糸を使いながら同じ動きを繰り返す。そしてまたもう一本、またもう一本と。時には下の段から糸を拾って使うこともある。慣れない目には、この動作はまるで模様ごとに糸を結んでいるかのように見える。何本もの補足緯糸を繋いで一段が織り終わると、ブーアは筬を前に引いて「緯糸を真っ直ぐに整え」、織り刀を横に寝かせて平たくする。経糸が上げられている部分には、かすかに押し下げられた地の黒と赤の平織りが見えるが、残りは様々な色で埋め尽くされる。ブーアはつづけて踏み板を踏んで新しい赤の緯糸を加える。これが地となって緯糸で織り込まれたパターンを押さえてその場に安定させるのである。そして綜絖に示されているデザインに従って、次の補足糸を選ぶ。新しいデザインを選んでもいいし、前に使ったものをまた繰り返してもいいし、それは織り手次第である。色の選択もしかり。

古布のデザインをコピーするか、自分で全く新しいパターンを創作するか、どちらにしてもラオスの伝統的錦織りのデザインの骨組みをゼロから作り上げるのは、何ヶ月もかかる作業だ。補足緯糸の一段一段を決めるのに、ブーアのような織匠は経糸を先の尖った棒針で選んで持ち上げる。その経糸を支えている長綜絖に糸の輪をかけ、織り機の右左どちらかの支柱に引っ掛ける。そして次の段へ進み、また同じプロセスを繰り返す〔経糸は上下に、その糸の輪は水平に積み重なって〈蜘蛛の巣〉の様相となるわけだ。前ページ左写真参照〕。ちょうどコンピューターのプログラミングのように、この過程は技能と集中力を要する。しかし、いったん骨組み（ソフト）ができてしまうと、このシステムに慣れている織り人ならだれでも織ることができる。もし織り人が布のパターンを変えたいと思ったなら、この〈蜘蛛の巣〉をくるくる丸めて違うものを設置すればいい。[*31]

飾りの目的で緯糸（時には経糸の場合もあるが）を加えるという技巧は、太古の昔から行われていたことが知られている。スイスのアルペン湿地帯で保存されていた新石器時代の織り人たちの作品は、少なくとも五〇〇〇年前に遡る。[*32] 例えばインカの腰機《こしばた》（腰帯で経糸をコントロールする原始的な機織り機）でなされた非常に複雑な織物のように、糸を適宜取り替えつつその場その場でパターンを決めながら織るのというのは、世界中でよく見られることだ。しかし、ラオスの織り人たちのみがこうしたパターンの保管システムを生み出したというわけでは決してない。中国の南部広西壮自治区に住む毛南族の人々は、織りを進めるにつれてパターンを示す竹竿を組んだ樽のような籠が回るというシステムを作り出した。近隣の壮族の織り人たちも似たような道具を使う。農民たちが市場へ豚を運ぶために使う籠に似ているため、「豚籠」と呼ばれる。[*33] ラオスの「蜘蛛の巣」のように、これらの道具はパターンを保存し、再生することができる。

錦織りの緯糸を差し込むのに最も使いやすい機構の織り機は、英語でドロールーム drawloom、日本語で高機《たかばた》、または前述にあった錦織りや紋織り用に使われる空引機と呼ばれる織り機である。これはおそらく中国で最初に作られ西へと広がり、その進展の途中でインドやペルシャやヨーロッパ各地でその地方特有のアレンジを加えていったものと見られている。普通の織り機は何メートルかずつを織るための家庭で使われるものだが、高機は何反もの高価な布地を生産するための大規模作業所用に設計された織り機である。平織りであろうと綾織りであろうと繻子織であろうと何でも織れるが、何と言っても精巧さを誇る機能のおかげで、詳細で目の細かいパターンを織ることが可能であった。

「中国の空引機は、繊細で色鮮やかなデザインの織物を生産できる初めての機械装置だったと言ってもいい。その精密さは当時の木版画の技術を上回るものだった」と、東アジアの伝統的な織り機を記録する研究家、エリク・ブードオとクリス・バックリーは書いている。[*34] ラオス式織り機がミズ・パックマンだとしたら、空引機はグランド・セフト・オートだと言えるだろう。ブーアの織り機をずっと大きくして二人で操作するものを思い浮かべてほしい。後ろのもつれた〈蜘蛛の巣〉の代わりに、織り機に引かれた経糸の上高くに台座が組み立てられている。そこには引き手の少年あるいは少女が座って、上からパターンを作り出すために経糸にかけられた輪状の紐を引き上げる作業を行った。つまりブーアが一人でやらなくてはいけなかった指先と織り刀で経糸を引き上げたり抑えたりする作業を、助手が代行するというわけだ。この仕組みだとラオス式織り機よりもずっと多くの補足糸が挿入できるため、より細かく変化に富んだデザインが可能であった。このタイプの織り機を使って時間をかけさえすれば、織り人はほぼどんな模様であろうとも織り出すことができる。「空引機は、デザイン創作のための当時最高レベルの適応力を有していたが、〔その効果は〕構造の複雑さ、織り手と助手に要求される高度な技術と集中力、切れたり絡まったりした輪紐を手直しするために頻繁に起こる延滞状態といった並々ならぬ困難をこえて、はじめて発揮されるものだった。ゆえに、空引機で織られたものは当然値段が非常に高く、最も贅沢なテキスタイルを創作するためだけに使われた」[*35]と、ブードオとバックリーは記す。これらの高価な錦布は、祭壇や僧侶、宮殿や皇帝たちを飾り立て、一般民衆が錦布を所有することは全くといっていいほどなかった。空引機で錦を織ることは、とにかく破格に困難な作業だったのである。

一八世紀フランスの贅を尽くした宮廷文化において、目の肥えたデザイナーたちは空引機の応用性を活用し織物のデザインを美的感覚の最先端へと押し出した。ルイ一四世の栄華が陰り始めたころだが、例えば金糸を使い当時は非常に珍しかったパイナップルを金色に輝くブロケード（錦織り）で描き出したりなどしている。新たに発見されたばかりの自然史上の珍品をもてはやすと同時に、なめらかに湾曲する線を織り出す織り手の手腕を誇示する例と言えよう。

時が経って、ブロケードのデザインは次第に軽やかで色鮮やかになってくる。金をふんだんに使った絢爛なものから、もっと繊細で品のあるデザインを駆使することで富と力を象徴するようになる。「デザイナーたちは一八世紀をすっかり花で覆ってしまいました」と、リヨンのテキスタイル博物館のコレクション部長を務めるクレア・バーソミエールは語る。「なぜかというと、花というのは絹糸で表すのがとても難しいからなんです。水彩画で描かれたものを糸に置き換えるというのはとても技術を要するプロセスです」[*36] リアルな極彩色の花束を描くために、デザイナーと織工は色とりどりの補足緯糸を縦横無尽に使うことで自分の技能を誇示し、また顧客に彼らの富と趣味の良さをひけらかす機会を与えた。この時期のフランスのブロケードは、前述の人類学者カライオピー・サーリが新石器時代のテキスタイルについて語った織り機が作り出す「直角をなす図形」が「自然には存在しないにも関わらず織物を通して」当たり前のこととなってしまった認識を、再度反転させた。

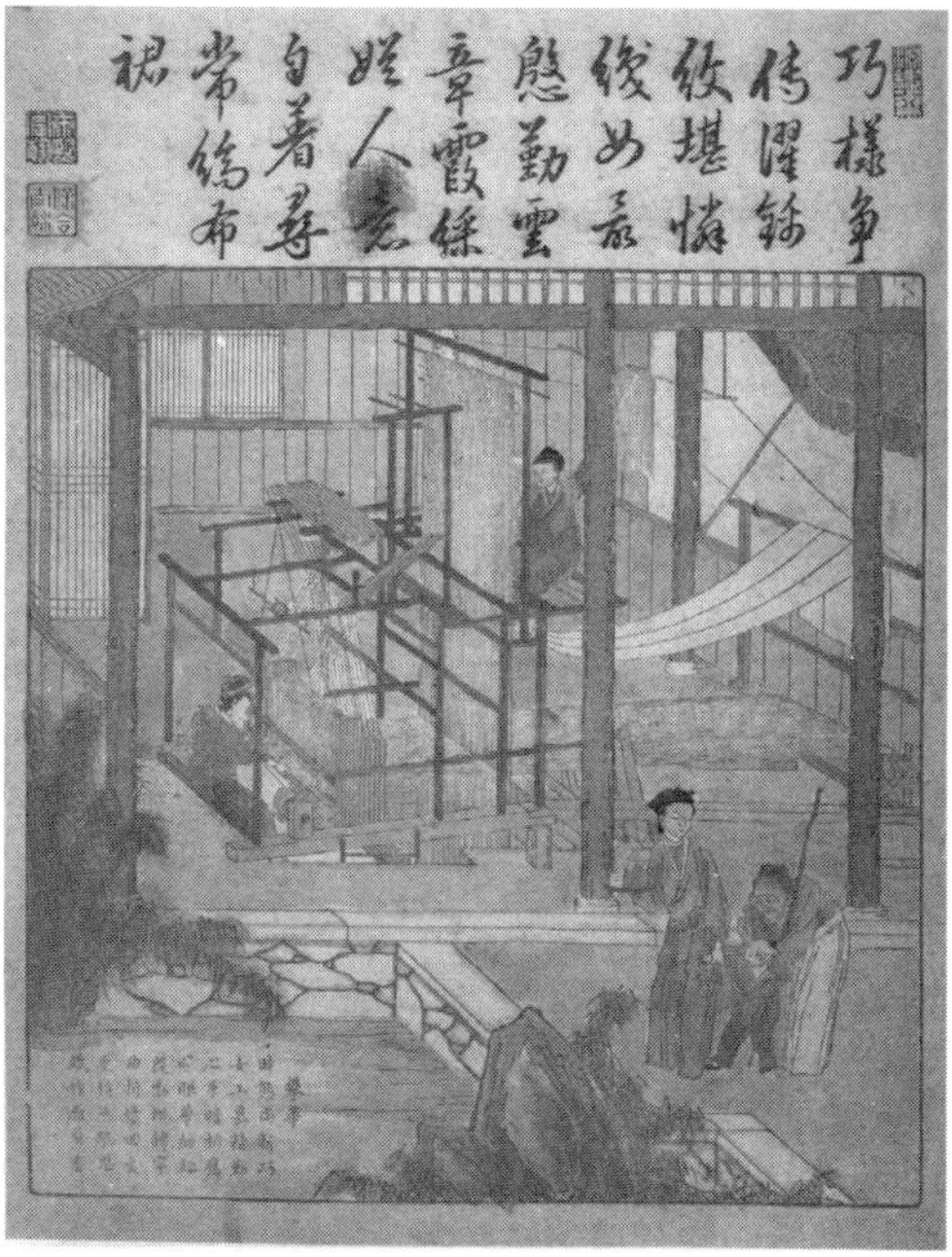

中国の空引機。引き手の少女が台座の上からパターン糸を操っている（レアチャイニーズブックスコレクション。米国国会図書館蔵）。

一八世紀のテキスタイルデザイナーのなかで最も秀でた者は、フィリップ・ド・ラサール（一七二三―一八〇四）だ。「絹のラファエロ」と呼ばれたほどだったが、実は彼は「商売心に長けたレオナルド」と言った方が当たっているかもしれない。リヨンとパリで修行を積み、ラサールは絵画の技術と空引機の機能とを習得していた。さらに発明家としての野心

フィリッペ・デ・ラサールの空引機で自然図を描く高度な技術を示す例。絹の繻子織地に絹とシェニール糸を混ぜて錦織りしたもの。1765 年頃の作（ロサンゼルス・カウンティ美術館蔵）。

も抱いていた。その上、経験から学んだテキスタイル産業に関する政治的な動向にも強い関心を持っていた。というのは、一七五〇年代、彼は絹地に柄をプリントするための鮮やかで耐久性の高い染料の調合法を開発した。だが、リヨンの商工会議所が［布地］印刷業との競争がブロケード産業にとって打撃となるといけないという理由で、彼の開発を阻止したという出来事があったのだ。

以来、ラサールは自分の芸術、事業、発明における情熱をブロケードのみに注ぐことになる。彼のデザインを褒めちぎって、当時の同業者は次のように言っている。

彼の布地は植物の自然な動きをそのまま掴むだけではなく、水の流れのような優雅さをも加えている。鳥、虫などのありのままの形は、目を奪うような全体の構図をより生き生きと映し出す。彼の織りなす新鮮な風景は、この素晴らしい才能をもった芸術家の指揮に従うことで、我々の［錦織り］産業が一体どういう可能性に達することができるかを示している。

実画を織物に変換するために、絹織デザイナーはまずミゾンカルト *mise-en-carte*、つまり拡大された縮尺の方眼紙でそのマスの一つ一つが経糸緯糸の交錯点を表す図表を作る。ここで大事なことは単に見てきれいな絵を描くというだけではなく、この拡大されたデザインが糸で表された時にどのように変換されるかを推測する能力だ。あまりに細分化しすぎると、鮮明さを失ってしまう。色合いの変化がスムーズでなければ、品がなくなってしまう。同色系の色合いを陰影に使い、また糸の素材に変化をつけることで、ラサールは自分のブロケードにリアルさと深みを加えることに成功した。

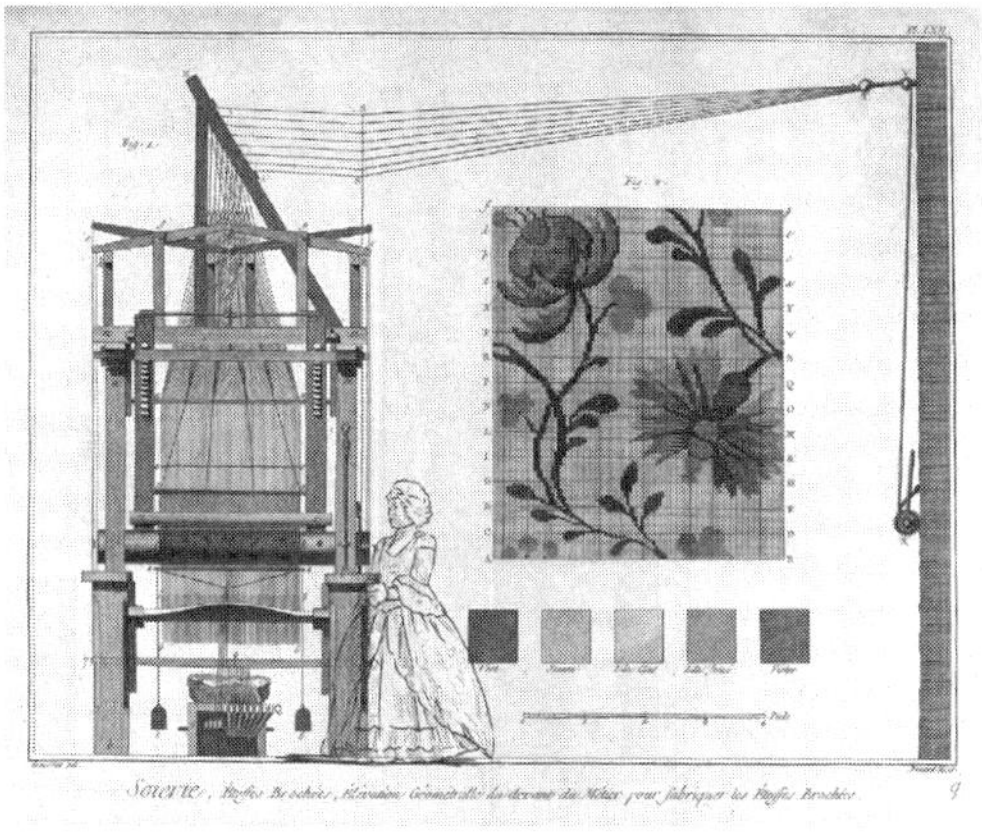

フランス製空引機。縦に張られたコード（紐）の束とミゾンカルトの例。引き手の女性（それほど優雅に着飾っていないが）は、イラストにあるように［台座ではなく］織り機の脇に立つ。（ウェルカムコレクション。*iStockphoto*)。

いったん方眼紙に描き出されると、模様のデザインは織り機のために記号化される。これは実に時間のかかる手のこんだプロセスである。絹の錦織りは一インチ［二・五センチメートル］に三〇〇本の経糸を使うかもしれない。そして何百本、時には一〇〇〇本もの緯糸が何度もそこに挿入されることになる。新たな織り作品の準備を設定するのには三ヶ月もかかり、そのあいだ織り機を使うことはできない。

フランス式空引機では、助手（大抵の場合が女性）は張られた経糸の真上に座るのではなく、織り手の隣に立って織り機の横に上下に垂らしてあるコード（輪になった紐）を引っ張って経糸を上下させた。パターンを織り出すのに、まずリズーズと呼ばれる読み手が色を糸一本ごとに読みあげる。すると二番目の助手がそれに応じた輪コードを結ぶ（この輪コードのことを英語でシンプルまたはセンプルという）。輪コードのそれぞれが、補足緯糸の一段を通すために重りで下げられている綜絖を持ち上げる。引き手の仕事には集中力と筋力との両方が要求された――もしくはそれを鍛え上げたと言ってもいいかもしれない。何百という重しのついた綜絖を持ち上げ、コードが擦れたり絡まったりしているのを捌きながら作業を続けるには、並大抵の体力や忍耐力では務まらない。作業所ではたいていの場合何人もの引き手の少女たちがチームを組んで仕事にあたった。

ただし、このシステムは商業的観点から見ると一つ重大な欠陥を有していた。織りが進む上で、各ステージ［デザイン］ごとにコードが結ばれ、そのステージが終わるとその結び目は一つずつ解かれて次のデザインのために結び直される。つまり、デザインのパターンを保存しないのだ。ということはそのデザインを将来再生するということができない。もし顧客が前と同じパターンのものを注文したとしたら、そのデザインは一からやり直しというわけだ。それに、織り人は二つのパターンを一つの布地の上で組み合わせるということが簡単にはできなかった。その結果、この時期のブロケードの大きさと種類は、実際限られたものになっていた。

ラサールは生涯を通して様々な織り機の改良を加え続けていた。当然のことながら、この欠点を解決するための努力をも惜しまなかった。九年ほど試行錯誤を繰り返した後に、彼は取り外しのできるシンプルを作成する。特定のパターン用に最初から結びつけておいてもいいし必要なければ外してもいいという仕組みのものだ。販売員が注文を取りに外を回っている間に、作業所で季節の新しいパターン諸々のシンプルを事前に準備しておくこともできる。流行に敏感なこの時代に、デザイン設定に要する時間を短縮することは大きなメリットとなった。また、取り外し可能なシンプルはより大きな、より変化に富んだパターンを織り出すことをコストの面でも可能とし、ラサールはデザイナーとしてだけではなく発明家としても名声を成したのである。

ラサールが成し遂げたもう一つの偉業は、彼が歴史上初めて、肖像画を織ったことである。ルイ一五世とその孫やプロヴァンス伯を含む王侯貴族を対象とした織物をブロケードで制作し、自分の作品には古代ローマの建造物に残る碑文のようにラテン語の大文字で「LASALLEFECIT」と署名をいれた。また彼が織ったエカチェリーナ二世の横顔の掛物はヴォルテールの自宅に飾られ、ロシアの王族からの制作依頼の取り付けることに寄与した。「エカチェリーナの肖像画はあまりに精密で、裏を見てみて初めてそれが織物であって刺繍ではないということが確認できる」[*37]と、ある歴史家は書いている。ラサールの肖像織物は、彼の取り外し自在のシンプルのように、間もなく到来するかの有名な織物の機器の発明を予感させるものであった。

最も名声を博した織物の肖像画は、実はラサールの作品ではなくリヨン出身のミシェル＝マリー・カーキヤという織匠による逸品であった。それは実際の絵画をもとにして織られており、こころもち肩を丸めて錦織りでできている椅子に腰掛けている男性を描いている。大工道具や織り機の部品など

ジョゼフ＝マリー・ジャカードの肖像、ミシェル＝マリー・カーキヤの製織（メトロポリタン美術館)。

が周りに散らばる中で、彼はコンパスを手にしている。コンパスの先はテーブルの上に並ぶ穴の開けられた長細い厚紙を挿している。隣には小さい模型の織り機が置かれていて、穴の空いたカードがちょうど反物のように後ろに巻き上げられている。そこに座っているその人物は、もちろん、ジョゼフ＝マリー・ジャカードだ。

　ひびのはいった窓ガラスやガーゼのように透けてみえるカーテン地などが隅々まで細かく描写され、カーキヤの織り上げたこの情景はラサールが成し遂げたカメオ的肖像図［珠玉の作品と考えられるもの］と比べても比較にならないほど精緻を極めたものであった。メトロポリタン美術館のウエブサイトによると、「ジャカード織り機が使われるようになって初めて、このように高度に精巧な織りが可能となった」ということである。図像を見る限り、たしかに銅版画のように見える。チャールズ・バベッジはその回想記のなかで、ウェリントン侯爵およびロイヤルアカデミー芸術会員の二人が、自宅にあったこの織られた肖像画を見て銅版画だと見間違えたことを記録している。[*38]

ジャカードの発明［一八〇四年］はラサールのシンプルと比べて模様を織り出すことをより容易にし、またデザインパターンの保存をたやすいものとした。また特に有益な点は助手なしで作業ができるようになったことだ。この織り機はもちろんそこに到達するまでに積み重ねられてきたいろいろな改良の上にできたもので、それはデザインを設定するためのカードや穴のあいた厚紙などだが、特筆すべきことはジャカードの織り機は［単に技術的に高性能であっただけでなく］初の商業的に操業できる実用的な機械だったことだ。ジャカードは織り人であると同時に独学で織り機の機構をマスターした技術者でもあった。彼は織り機のいろいろな問題点を解決する意欲に燃えていた。「ジャカード織り機のメリットは、発明家のためではなく経験を積んだ職人のためのものである点であった。それまでの様々な織り機の優れた機能を一堂に集め、一般に十分通用するよう実用的に組み合わせることに初めて成功したものだ」[*39]と、当時の同業者たちは褒め称えている。また「この装置の機能を一言でいうと［模様を生み出すのに］必要な順序で綜絖を上げ下げすることにある」[*40]と、一九〇五年に発行されたブリタニカ百科事典は説明している。

この発明は次のように機能する［次ページ図版参照］。まず綜絖の上端はカギ状に、下端は丸い輪になっていて、経糸はその輪を一本一本通される。綜絖は水平に並ぶ横針の真ん中にある穴を通って立っている。横針は奥の端にバネがついており、手前の端は平坦で、ジャカードのかの有名なパンチカード［模様を織り出すためのプログラム。オン―オフはカード上の穴の有無で決まる］がここに当てられる。踏み板によって綜絖がもちあげられると、カードが前送りされて横針に接近する。カードに穴が開いていれば横針はその穴に入るので、綜絖はそのまま動かない。そこへ、上にあるグリフと呼ばれる平たい横棒がおりてきてその場に立っている綜絖のカギをひっかけて持ち上げる。するとその経糸も持

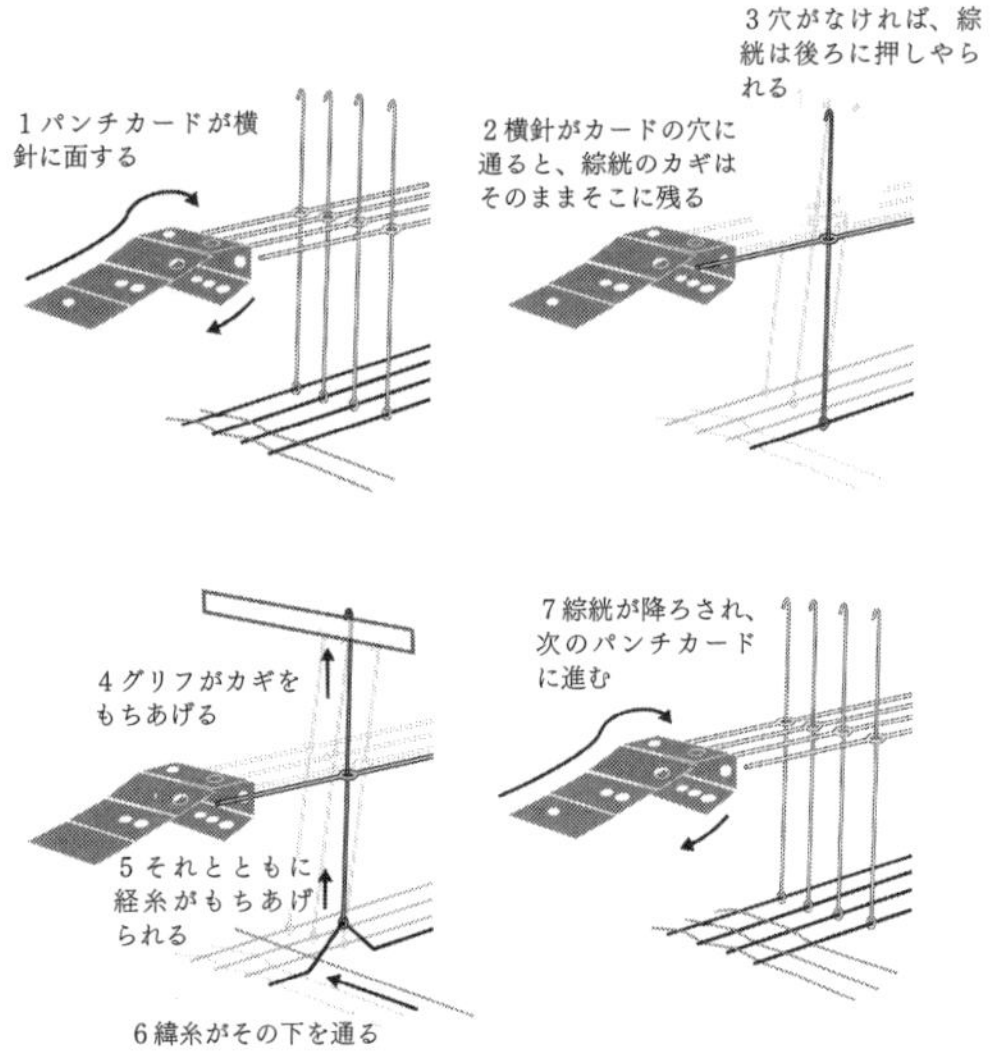
1パンチカードが横針に面する
2横針がカードの穴に通ると、綜絖のカギはそのままそこに残る
3穴がなければ、綜絖は後ろに押しやられる
4グリフがカギをもちあげる
5それとともに経糸がもちあげられる
6緯糸がその下を通る
7綜絖が降ろされ、次のパンチカードに進む

ジャカードのパンチカードで作動する機能の図解（オリヴィエール・バロウ図）。

ち上げられて、緯糸の通る杼口を開けることになる。穴があいていなければカードの表面に押されて横針バネの分だけ後退するため、横針に支えられている綜絖も後ろに押しのけられてグリフにはひっかからないという仕組みだ。織り人が杼口を通して緯糸を横幅いっぱいわたしたのちに踏み板をあげると、綜絖が降り横針もグリフも元の位置へ戻る。パンチカードが送られてくる部分はシリンダーと呼ばれる長方形の箱で、そこに木の札でできているパンチカードが備え付けられている。もともとが円筒形《シリンダー》だったのでこの名前がつけられたが、これはジャカードが改良を極めた部分で、各々の札の面に開けられた穴が一段分の緯糸の位置を示す。一〇〇〇段あれば、一〇〇〇枚の札が作られ、紐で縫い合わされてシリンダーに収められ、踏み板の動きでパンチカードを一枚ずつ前進させるわけだ。このようにして、すべての経糸を自動的に一本一本コントロールすることによって、織り人は助手の助けなしに一人で全ての過程をさばくことができるようになったのである。

ジャカードの発明はもちろんデジタルではない。ただパターンを織り出す過程を自動化し、そしてそれを保存するシステムを思いついたわけだ。「そこで重要なこと、そしてジャカードが独自に開発したことは、穴を開けたカードを自動的に織り機の作動機能のなかに組み入れるという考えだ。それがどういう意味をなすかと言うと、織り機が織り続けていくために必要な情報を自分で自分に与え続けていくことが可能となったということだ」と、科学ジャーナリストのジェームス・エッシンジャーは書いている。一八〇四年にジャカード織り機が特許を得た時、「この織り機は、正真正銘世界で最先端を行く機械装置であった」とも。正確に作動するために、織り機の部品はそれぞれぴったり一致しなければならなかった。

機械の構造が複雑である分、織りの過程は大幅に簡易化された。それは補足緯糸を必要としない織物であっても同様だ。背景を作るための平織りや普通の布地でも、異なる綜絖枠をコントロールするための複数の踏み板は不要のものとなった。穴のあいたカードですべてがまかなえるようになったのだ。織り人がすべきことは、カードを前進させるためにただ一本の踏み板を上げ下げすること、紐を引いて自動的に左右に飛ぶ杼を放つこと、筬を引いて緯糸を平たく押さえることの三つだけだった。――この順で行われる動作はリヨンの方言で「ビスタンクラック」という擬態語を生み、そのことばは織り機そのものを指すようになる。ともあれ、この発明の結果は計り知れないほどの生産量の増加につながった。特に高価な模様織の製造が著しく伸びる。以前は織匠が助手と二人で空引機を使って一日一インチ（二・五センチメートル）ほど織り上げていたところを、今は一人の織匠で二フィート（六〇センチメートル）も織り進めることができるようになった。

技術的にはカードの枚数に制限はなく、パターンは好きなだけ繰り返すことができた。ジャカードの肖像織の例を挙げると、縦五五センチメートル×横三四センチメートルの布で実に二万四〇〇〇枚のカードを使っている。緯糸の一段につきカード一枚で、そのカード一枚ごとに一〇〇〇個以上の穴が空けられている。それほど複雑ではない普通のブロケードのパターンだとその十分の一ほどの枚数で足りるのだが、それでも穴の数は何百と空けられる。

当然のことながら、カードが自ずから模様のパターンを創作するわけではない。誰かが［どのように穴を空けるか］デザインしなくてはいけないわけだ。ジャカードの肖像織のパターンを作るのに何ヶ月もかかっている。そうはいっても、以前はミゾンカルトの読み手と輪コードを結ぶ助手の二人でやっていた作業をジャカードパンチカードの場合、いったんミゾンカルト［つまりオリジナルのデザイン］を解読しカードに穴を空けてしまえば、カードは紐で閉じ合わされてラベルをつけられ棚に収容され、そのパターンの注文が入ると取り出されて布に織られる。バベッジのような客がやってきてジャカードの肖像のコピーがほしいと言えば、織元は要求に応じてパターンを取り出して織ることができるわけだ。必要であれば、特定の箇所のカードだけをはずして、そのパターンを織り出すなりまたはそれを除いて織るということもできる。[*41]

リヨンの織工たちは、明らかなメリットがあるにもかかわらず、当初この最新型の機械に対して自分たちの仕事を奪うものかもしれないと警戒心を抱いた。彼らの反応は時には暴力沙汰へと発展し、町の広場でジャカード織り機を破壊したりもした。町の労働人事法廷 *conseil de prud'hommes* が両者の仲介に入ることもあった。ジャカードはナポレオンに栄誉を授けられたりその発明に対して年金を約束されたりしたにもかかわらず、何度もリヨンの町を逃げ出さざるを得ない羽目に陥ったりしている。しかしながら、リヨンの織工たちは、つまるところ、この新技術を受け入れることになる。ジャカード織り機の技術的適応性はイギリス、イタリア、ドイツなどの絹生産者たちとの競争のなかで自国がより優位に立つことを可能とし、革命以来落ち目であったフランスが絹産業で主導権を再び手にすることを可能にした。つまるところ、丈の高いジャカード織り機を取り入れるためにローヌ川とソーヌ川の間のクロワルース丘陵地域の中腹に新たに建築された天井の高い作業所へ、織工たちは競って移りこんだ。

一八一二年までに町の絹産業に「真の革命」が起きたと、ある一九世紀史の専門家は見ている。絶え間ない改善のおかげで、織り機の生産のスピードはどんどん進みコストは半減した。市の雇用状況を悪化させるどころか、ジャカードの発明はリヨンの絹産業の黄金時代をもたらしたと言える。一九世紀末までにはクロワルース一帯には二万台のビスタンクラックの音が響き渡った。ジャカードの成功は、織工たちの仕事をより楽にし、製品の質を向上させ、そして製品の市場範囲を中流層の消費者へと押し広げた。カードで自動化された生産過程は、布地だけでなくリボン、毛織地、カーペットなどにも応用されるようになった。[*42]

ジャカード織り機は、国際見本市などで展示され世界中に広まった。織りのパターンを作成する機械的な仕組みが見てわかるようになり、織り人ではない人々の関心を集めた。例えば、造船業者たちは似たような仕組みを使って、その当時新しく設計された装甲艦を建てるのに使う自動鋲締め機なるものを作り出した。現代のデジタル時代に特に興味深く思えることは、織り機の二元構造がバベッジと彼の後続者たちの想像力を鼓舞したことである。「現代のコンピューターの基準となっているサブルーチン方式やエディティングのシステムの多くは、テキスタイルのパターンのカードを作るために一九世紀に編み出されたものだ」と、コンピューター学者のフレデリック・G・ヒースは一九七二年に発表した論文の中で言っている。

模様を思い浮かべそれを織り出す二元的手順［織り方のコード］を作ろうと思索することは、フォートラン［コンピューターのプログラム言語］を完成し、それに適合するようなコンピューターを作動させるためのバイナリーコードのプログラムを書こうと思うことと同じである。実際、布を織ることとコンピューターのシステムをデザインすることの関係は極めて近い。コンピューターの配線なり大規模な集積回路の拡大図なりを見れば、それが普通の布地のパターンに酷似していることにおのずと気づくだろう。[*43]

コンピューターが開発された最初の数十年のあいだに、布を作り出した古代のコードとこれから先起こりうる可能性を示し出す情報工学とのつながりは、目に見え、手でさわれるようなフォームを生み出すに至った。

二〇一八年の四月、ロビン・カングは自分の織物スタジオをニューヨークのクイーンズからブルックリンへと移した。職業用のジャカード機に備わっている三五二〇本の綜絖の経糸を再び通し直すだけで四ヶ月もかかった。テキスタイルアーティストのために設計されたこの織り機は、コンピューターで作動する経糸と手で織り込まれる緯糸との願ったり叶ったりの組み合わせと言えるだろう。クレムリン宮殿などの顧客のために一日に数センチずつ別珍を織る昔ながらのヴェネツィア式織り機と、同じ分量のものを数秒で織ってしまう業界用コンピューター織り機との狭間に橋をわたす機種である。

西テキサスの小さな町からやってきたこの活力溢れる金髪の女性は、九〇年代にデジタル印刷の会社で働き始めた。フォトショップが市場に広まり始めた頃のことだ。彼女は芸術大学の大学院で織物を学んだ。織物の構成はデジタルイメージ作成と同様、彼女の持つアルゴリズムへの興味関心に響くものがあった。「とてもコンピューター的、つまり算定数値に置き換えられるということなんです。織物のドラフト（設計図）はまさに私の興味の対象でした。コンピューターのアルゴリズムについて考えを巡らせて、パラメータ（媒介変数）がこれだとこうなる、あれだとああなるというふうに」と、彼女は語る。というわけで、織物は彼女のデジタルメディアに関する知的好奇心と、触覚や視覚に訴える芸術的衝動を組み合わせるのに、理想的な手段だということが明らかとなる。

黒い経糸に対して鮮やかな色のメタリック糸を緯糸に使い、彼女の作品の多くはコンピューター史の初期の段階に敬意を表するものだ。例えば『ラゾ・ルミノソ（輝くリボン）』は青から緑色に暫時色が変わる碁盤目を背景とし、それぞれの糸の交差する点には輪が掛けられている。さらに金色の糸が輪や布地の端を通って斜線上を行き交いながらハート型のパターンを創り出している。織物そのものを織っているとでも言おうか、実質そういうことなのだが。

この作品のイメージは、磁気コアメモリー（磁心記憶装置）に触発されたものである。磁気コアメモリーとは、一九七〇年代始めにシリコンチップをつかったメモリーデバイスが出てくるまでの二〇年間ほど、コンピューターの記憶保存手段として主流だったものである。コアメモリーのそれぞれの面は銅線で織り成されていて、銅線が交差している点に嵌められたフェライト［磁性セラミックス材］の小さなビーズは、一ビットを表している。ワッシャー（座金）のような形のビーズは鉛筆の先端ほどの

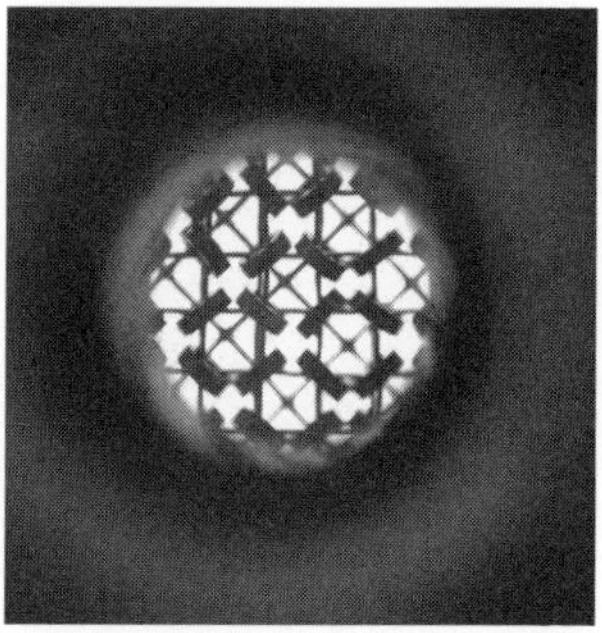

磁気コアメモリーを60倍に拡大した写真（著者撮影）。

大きさで、コアと呼ばれる。そのコアに適当な強度の電波を通して、右回りか左回りかの磁界を作る。電波を反転させると——そうするために必要なレベルの電力であることが大事だが——磁界も反転する。そうして磁界0と磁界1とを表すことができるというわけだ。カングは電波の半数を緯糸で表わし（x座標）、残りを経糸（y座標）とし、この構成はコア（ビーズ）の一つ一つの機能を変えるというデザインを示しているのだ。斜めに走るワイヤーはそのシグナルを読む。

カングはいくつかの作品を見せてくれた。一つは腰くらいの高さのもので四インチ（一〇センチメートル）四方の四角が全部で九六個縦横に並んでおり、各々にワイヤーで作られた六〇本の経糸と六四本の緯糸が張られている。初期のコンピューターの時代は、顕微鏡を使って女性作業員がこうしたワイヤーの碁盤目を手で織ったのだそうだ。一九六〇年代の半ばごろ、デジタルエクップメント社が初のミニコンピューターを製作した時には、機械がxとyのワイヤーを張ったが、斜め線の部分はまだ人が織らなくてはいけなかった。「［このワイヤーの配置は］文字通り紡織で、ある意味では織り機そのものだといってもいいでしょう」[*44]と、彼女は言う。

アポロ計画［一九六三—一九七二］の際は、違うタイプの記憶装置がコンピューターのソフトを操作した。[*45]プログラマーたちは最初パンチカードを用いてコンピューターのコードを書いた。一旦それが完成し細かい誤りが訂正された後で、そのソフトはより耐久性が高く、そして軽量のものに変換された。コアロープメモリと呼ばれるものだ。装置内でワイヤーが磁性を帯びたビーズ（コア）を通るとそれは1で、ビーズを通らずにその外を回ると0だと解釈される。「アポロのためのこのソフトは実存するもので、手に取って見ることだってできる。一キログラムちょっとくらいの重さだ」と、テクノロジー史専門家のデイヴィッド・ミンデルは書いている。

このロープメモリを製作するにあたり、NASAは、マサチューセッツ州の古くからテキスタイルと時計の製造で有名なウォルサムという町にあるレイセオン社という防衛産業会社と提携する。精巧機器およびテキスタイルの製作に十分経験を積んでいた地元の労働力は、この職務に適していた。「いうならば、織り機を作成しなくてはいけないということです」と、レイセオンの業務長はテレビの記者会見で語った。「プログラムを書いてそれを工場へ送ると、工場の女性たちが文字通りそのソフトウェアをコアロープメモリに織り上げるわけです」と、ミンデルは説明する。髪の毛のような細いワイヤーを何千本も使ってソフトウェアに織り上げるのには、何ヶ月もかかる。しかし、その結果は「いわばロープの遺伝子に組み込まれていると言ってもいいほど堅牢、不滅の装置でした」[*46]。

レイセオンは織り機のイメージを例にあげたが、磁気のコアメモリを作り上げたエンジニアたちは織り物を連想しなかった。IBMの画期的研究者であるフレデリック・H・ディルは「「コアを繋ぐ」というフレーズが織り方のテクニックだと聞いたことはなかった。コアを通るワイヤーは、単に0か1どちらの電気信号を送っているものであるかという観点からしか見なかった」[*47]と言っている。コンピューターコードを書き上げるということは、プログラマーたちが無意識であったにしても、つまるところは布を織る行為を真似ていた。メモリ装置の形成は織物の基本的な数学上構造から成り立っているのだった。

経糸緯糸で構成されている織物は一万年以上もの間、テキスタイルの主流を成していた。そこへニットが反逆を起こす。そう書いている私自身、今現在、ジーンズ以外は全て下着、シャツ、セーター、靴下、スニーカーですらも、編まれた布地でできているものを身につけている。デニム市場を深刻に脅かしつつあるレギンスやヨガパンツを毛嫌いしている私ですらそうだ。ニット（またはジャージー）の普及度は今や普通の織布をほぼ二対一の割合で上回っており、実際の衣料品の割合で言えばさらにその差が大きくなる。[*48]

その理由のひとつは、肌触りの良さと言えるだろう。「アスレジャー〔運動着的ラウンジウェア〕ファッション」の人気が高まるにつれ、ニットの柔らかさは織布のパリパリした感触よりも著しく好まれている。ニット地は、〔糸が〕縦横平たく十字に収まるかわりに上下輪状に絡まって、布地に伸縮性を加える。おかげでどんな体型にもフィットしやすい。初期にはこの伸縮性のせいで、例えばセーターの型が崩れたりもしたものだが、現在のスパンデックスは伸びた分はすぐに元に戻ってくれる。

ニットがテキスタイル市場で優位を占めるようになった理由は、ファッション性だけではない。編み機には、織り機に必要な数多の綜絖を設置する必要がない。工業編み機は織り機にくらべてずっと手早く簡単に設定できるし、色を変えたり糸の素材を変えたりするのもお茶の子さいさいだ。また、二次元性の布に対して、編み地は立体（三次元）を作ることができる。一番初期に編まれた衣料品は、長靴下とキャップ帽で、四本かそれ以上の棒針を使って「まわり編み」（筒編み）と呼ばれる螺旋状に編み続ける方法で作られた。中世ヨーロッパの絵画では、聖母マリアがこの編み方で赤ん坊のイエスキリストのために縫い代のない上着を編んでいる様子が描かれている。
　一五八九年のことである。ウイリアム・リーという若干二五歳のイギリスの牧師補が、靴下を編む機械を作った。近くのシャーウッドの森で放牧されている羊から取れる長くてきめ細かい羊毛に刺激されたのかもしれない。ストッキングフレームと呼ばれるこの機械は、特別な「ヒゲ針」という装置を使って最初の一段の糸の目をはずれないように押さえておき、そこに次の新しい段の糸を一目ずつひっかけていくという仕組みで長靴下を編んだ。一世紀ほど改良が続き、この「機械編み」はテキスタイル生産における重要な一翼となる。もちろんもう一方は手編みで、その質とデザインの融通性ゆえに引き続き広く行われるわけだが。ともあれ一八世紀の半ばまでには、イギリスでは約一万四〇〇〇台ほどのストッキングフレームが作動していた。その一台一台には細かい針を含む二〇〇〇以上の部品が使われていて、ハイレベルな鍛冶工の技能を必要とした。ストッキングフレームは今日の工業編み機に比べると、むしろ小型床式織り機のようなものだったが、基本的には同じ構造でできている。

聖母マリアが輪編みをしている図、ブクステフーデ祭壇画、バートラム・ヴォンミンデン、1395-1400年ごろ（Bridgeman Images）。

　最初期のストッキングフレームは、いわゆる表目編みだけしかできなかった。一七五八

The ART of STOCKING-FRAME-WORK-KNITTING.
Engrav'd for the Universal Magazine 1750 for J. Hinton at the Kings Arms in St. Pauls Church Yard. LONDON.

フレームワークの編み機作業所、1750年（ウェルカムコレクション）。

年にダービーのジェデダイア・ストラットは、裏目編みを導入してゴム編み〔英語ではリブ編み〕で靴下を編むことのできる機械を発明する〔編み物は基本的には表編みと裏編みの二種の編み目の組み合わせでできていて、表目裏目を交互に編むと伸縮性のあるゴム編みになる〕。おかげで機械編みの靴下の人気が上昇し、この編み機に特許がおりてストラットの「ダービーリブ機」は極めて高利潤商品となり、のちには産業革命の流れのなかで独自の役割を果たすこととなる。リチャード・アークライトが最初の紡績工場を開こうとノッティンガムに移った時、その新規事業の資金援助をしたのは、ストラットとその共同事業家だった。もちろん、靴下が紡がれた木綿糸を使って作られた早期の商品の一つであったことは言うまでもない。[*49]

二一世紀になって「ダービーリブ」は新たに生まれ変わる。カーネギーメロン大学の有名なロボティックス研究所にあるテキスタイルラボで案内をしてくれたヴィディヤ・ナラヤナンは、それを手に持って見せてくれた。ウサギのぬいぐるみなのだが、外側の表面はユニークだ。このぬいぐるみはスタンフォードバニーと呼ばれていて、３Ｄコンピューターモデルの試作品なのだ。このバージョンは耳の先から尻尾まで水色のゴム編みセーターで覆われているように見える。
ナラヤナンはコンピューター科学とコンピューター工学を専攻する大学院生だが、ピッツバーグ〔カーネギーメロン大学の所在地〕に到着する前に編み物をしたことがあるかと尋ねたら、「ええっ、とんでもない」と答えた。グラフィックスと製造技術に興味を持っており、元ビデオゲームデザイナーで現在このラボの主任であるジム・マッキャンに、ナラヤナンはフラットベッド編み機〔または平型編み機。編み台が横に広がっているためフラットベッドマシンと呼ばれる〕は柔らかい素材を使った3Dプリンターとして使えるはずだと説き伏せられた。「機械編みは、実は今非常に面白い時期にあります。多分3Dプリンターが二一世紀の初め頃にあった点に来ている、そういう感じがするんです」と、マッキャンは言う。工業用機械はすでに十分確立されており、個人用のモデルも完成間近だということである。

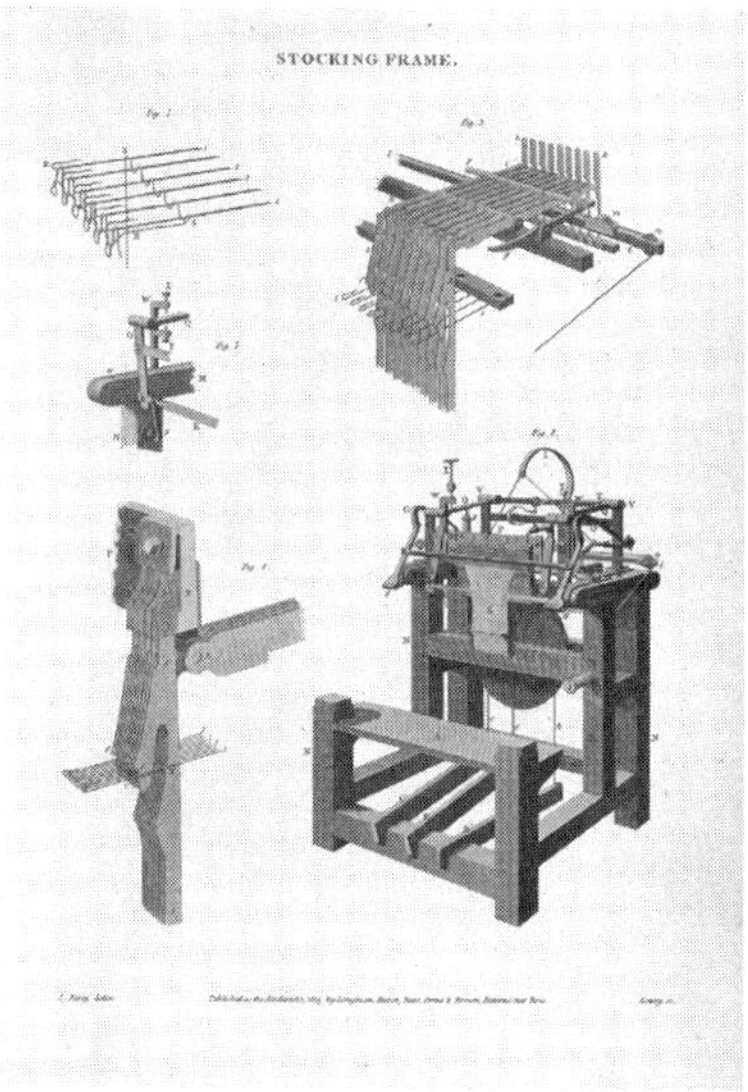

ストッキングフレーム機は2000以上の異なる部品を必要とした（ウェルカムコレクション）。

工業用編み機はほとんどの場合、円筒形で編み地は一時間に何百メートルもの編み地をぐるぐる螺旋状に編みあげていく〔丸編み機や円形編み機と呼ばれる〕。編み地は、次に裁断され縫合されてセーターや上着などといった商品となる。それに比べるとフラットベッド編み機はずっと時間がかかるが、何百とある針の一つ一つがそれぞれ独

カーネギーメロン大学のテキスタイルラボで開発されたソフトウェアと3D編みを使って創作されたスタンフォードバニー。左は通常の編み方［メリヤス編み］で、右はゴム編みパターンを交えたより複雑な編み方でできている（ヴィディヤ・ナラヤナン、ジェームス・マキャン、レア・オルバーグ）。

自に操作できるためデザインの融通性がはるかに高い。比較的簡素な上下二段の台にそれぞれ七〇〇本ずつ針を備えた編み機で、理論的には一兆を超える違ったデザインを編むことができる。それも色や素材は別としてだ。円筒形の編み機とは違い、フラットベッド編み機は込み入ったデザイン、立体的な編模様も作り出すことができる。マイケル・セイズは編み物工学専門家で、ニット産業の機械装置の側でもまた衣料販売の側でも働いたことのあるベテランだが、彼がいうには「［フラットベッド編み機だと］一時間に五ヤードも編めれば御の字だろう。でも、その時間内に何か形のあるものを完成させることができる。セーター［のようなシンプルなもの］だったら一時間で一枚編みあげることだってできる」と言っている。切ったり縫ったり、編み地や毛糸を一切浪費することなしにだ。

日本の島精機製作所は、一九九〇年代半ばに一切縫合されていない編み地の衣料を世に送り出している。衣料業界がそのテクノロジーを受け入れるようになったのはこの十年来のことだ。その間にデジタル機器の精密度はさらに向上した。スニーカーの製造工場は、フラットベッド編み機を使ってゴム底の部分以外は足の平の弓なりの部分の曲線、かかとの形、靴紐を通す輪などすべてを編み目の構造を変えることで、靴全体を一個の持続するピースとして作成することができる。最後の工程は、ただちょっと折り曲げて糊付けするだけ。このように製造過程を簡略化することで、製造者は製品素材の目録を供給のばらつきが少ない糸の在庫だけに限ることができ、製品モデルの需要に合わせて糸を選ぶことだけが仕事となる。

もちろん3D編みのテクノロジーにまったく技術的な障壁がないというわけではない。ソフトウェアの所有権は法外な価格を要求するし、また特殊な技術も必要とする。織り人のように、編み手たちも方眼紙を使って編み方のパターンを書き表した。表記されたコードは時間と空間を超えて、アイデアを共有することを可能とする。そのコードを理解するためには基本的な編み方の技術を知っていなければいけないし、究極的には二次元面に表されているコードを三次元の構造に訳する知識を持っていなければいけない。それは手編みの場合はもちろんのこと、コンピューターを使っての編み物の場合も同じである。「編み物のプログラマーたちは八年前と同じことを今でもやっている」と、ナラヤナンと彼女の共著者たちは書いている。「カムシリンダーからカードチェインへ、カードチェインから紙のテープへ、テープからフロッピーディスクへ、フロッピーディスクからフラッシュドライブへ、そしてFTPサーバーへと、そのメディアは次々に変わるが、プログラマーたちは編み機の針にキャリッジが通る度にその一本一本がどう反応すべきかをプログラムする」のだ。

ハードウェアはどんどん複雑になり、編み機の針もコントロール装置もより精巧に進化する。が、プログラミングはその速度に追いつかない。見たままが得られる［what-you-see-is-what-you-get 略して

WYSIWYGウィジウィグ」という観念に長いこと慣れきっているプログラミングの世界では、工業用編み機のシステムは結局のところ昔の方眼紙の記号図をパワーアップしただけのことだ。ファッションデザイナーたちが各々3Dソフトで新しいスタイルの服をコンピュータースクリーンの上に描き出すと、未だに誰かがそれを運針ごとの解釈図に翻訳して二次元の紙の上に書き下さなければならない。デジタルでの編み物プログラムがどんどん強力になるにつれ、その作成手順の説明書きの面倒臭さは衣料業界にとっていよいよ不満の種となる。製造デザインを3Dではかどらせたいと思うようになるのは当然のことであろう。

ゴム編みのスタンフォードバニーは、この問題の解決法を示すものである。外の表面はナラヤナンとチームメンバーたちが開発したヴィジュアルプログラムシステム（Visual Program System 以下VPS）——これはオープンソースで一般に公開されている——を使って、工業用のフラットベッド編み機を動かして編んだものだ。ぬいぐるみの中身は手で詰め込まれた（これをコードに書いて取り扱うのは「難題」だと、彼女は言った）。立体形を編むのに、デザイナーはすでに存在しているコンピューター使用のデザインパターンをVPSに送り込むか（その場合は明らかに機械で編まれるわけだが）、もしくはVPSを使ってスティッチメッシュの新しいパターンの3Dモデルを作り上げるか、二つの選択がある。ゴム編みの筋や3Dの立体を編み出すのに加えて、VPSはレースのような手触りや複数の色の組み合わせなども可能にする。

つまり、デザイナーを編み機の構造に適合するように考えさせる代わりに、ナラヤナンのシステムはデザイナーが真に作りたいものにのみアイデアを集中させることを可能とする。「編み方を知らなくても、このシステムはデザイナーがもっと直感的にニット構造を作れるようになることを意図しているんです。２Ｄの紙面ではなく３Ｄの像としてデザインできるわけだから」と、彼女は言う。プログラムコードを隠すことによって、逆説的にマルクス・ザイグラーの遺した技術発展のための手段という遺産をさらに進めたと言えるかもしれない。すでに知られている織り／編み方の技術を超え、布地を作り上げる能力の開発そのものを促進させると言えるだろうか。

もう一つ不可欠な要素は、ＶＰＳの基本ファイルのフォーマットがどの機械を使っても作動するということである。カーネギーメロンラボが開発したフォーマットはニットアウトKnitoutというオープンファイルだ。「これはとても簡単なプログラムで、使用者がやりたいことを機械にやらせるための操作のリストが並んでいるだけのことです」と、マキャンは言う。ナラヤナンが開発したデザインプログラムは、適切な変換手段を通して一つのニットアウトファイルを作成し、そのファイルを使って島精機社や競争相手であるドイツのストール社などが作り出すような立体形を編み出したり、小規模模製造のための展示モデルなどを作り出すことができる。

カーネギーメロンラボでの研究は、未来に向けて布地のデジタルデザインを大きく推進するために複数の大学が共同で行なっている事業だ。布や繊維を形作る様々な特徴を情報処理のアルゴリズムに組み入れる試みとして始まったものだが、そこにはビデオゲームや映画業界からの影響も深く浸透しており、描写があまりにも精巧かつリアルで、コンピュータースクリーン上のバーチャル布地は実在の生地と全く変わらないように見える。最終的にはあらゆる種類の繊維と糸の特徴をコード化して、その実像をスクリーン上に的確に再現するというのが目的である。もともとはよりリアルに見えるアニメーションを作る狙いで作られたものが、すでに衣料業界のリーダーたちを興奮の渦に巻き込んでいる。プログラムが完成したのちには、業界でのサンプルを生産する際の試行錯誤する時間を削ることができる。つまり商品開発のための研究時間が四分の一で済むことになり、衣料デザインの最初の段階から糸の特徴を考慮することができるようになる、というのが彼らの算段である。

「経費節減という点ではまったく驚くほどの成果を上げます。それに環境保護という観点からも」と、前述のセイズは語る。ザイグラーの考えに同調して、セイズも編み物のパターンをコード化し一般公開するこの新しい技術は、富の共有だとみなす。「これは、独り占めできるものではありません。社会全体で分け合うものです。みながこの豊穣の利を分かち合うのです」[*50]

第四章　染色

目に見える全てのものは、色を加えることによってより目に映える、
またはより望ましく思えるものとなる
ジャン＝バティスト・コルベール、ウール地染色生産指導手引き、一六七一年

六〇〇〇年近く昔、メソポタミアの都市ウルがこの地上に登場したころのことだ。遥か離れたペルーの北部の海岸ぞいにある、当時の儀式に使われていた場で、木綿の布片が見つけられた。今ではフアカプリエタ（黒い丘）という名で知られている場所だ。儀式の目的は今となってはすっかり人々の記憶から消えてしまったのだが、破片となって残された布地はもともとは束にして結わえられていたらしく、装飾された瓢箪に入れられた塩水をふりかけられ、その瓢箪そのものも叩き潰されて添えてあった。何千年もの時が流れ、この地域の乾燥した気候のおかげで何百という布地の切れ端や瓢箪のかけらに混じって、この木綿地の残片も保存されていたのだ。

周辺をも含めフアカプリエタは、一万四〇〇〇年もの間、人間が住み続けていたところで、経済面でも文化面でも多元的な、世界で最も古い集落のひとつであると考えられている。実際、最初に作られた定住地であるかもしれない。ここには海も川も湿地帯も砂漠も平野も存在しており、人々はその一帯に村をつくり根を下ろした。食料を貯蔵したし、また取引をした跡もある。独特の儀式を行い、

素晴らしい芸術も残している。事実、彼らの残した工芸品は「農業と土器は同時に発達するものである」という考古学上の常識を覆すものだ。この地の古代人たちは作物を育てたが、土器は一切作っていない。ここには海の幸があり、アボカド、チリペッパー、木綿に様々な熱帯の果物を含む陸の幸にも恵まれていたが、貯蔵するためには瓢箪と網とカゴと布で十分だった。土器をつくる必要がなかったのだ。

ファカプリエタの丘の上に残された貢物は、忘却の彼方に消え去った人々について物語る。今日の私たちと同じように、彼らにとってテキスタイルは単なる服飾機能のための道具ではなかった。木綿の残片は地元で作られていた薄茶や焦げ茶色のものではない。そこには青い縞が入っていた。ここで考慮すべき要点は、役に立つからという理由で人々が青い糸を作り出すという難行に挑むとはとうてい考えられないことだ。[*1]

テキスタイルのための色彩が研究所で化学的に作り出されるようになってから一五〇〇年ほどが経ち、[染色に関して] 楽をすることに慣れてしまった私たち現代人は、染料という物質を当たり前のもののように考える。しかし、事実はそのような単純なものではないのである。一五世紀のフィレンツェの染色職人は「どんな雑草でも染料として使える」と言っているが、それは黄色か、茶色か、灰色に染めたい場合だけである。こういった色合いは、灌木や樹木に一般に含まれているフラボンやタンニンのような有機化合物が出すものだ。赤や青を作り出すのは複雑だし、その原料は稀で、緑となるとほぼ不可能に近い。クロロフィルは染料としては使えないのだ。[*2] その上、染色するためには、植物をお湯につけそこに繊維を浸して色をつけるというぐあいに簡単に事が運ぶことは、まずほとんどない。そのようにたやすく色を抽出できるような植物は非常に少なく、玉ねぎの皮くらいだ。たいてい、色が出せてもその色を洗濯に耐えられるよう定着させるためには、何らかの化学的処理が必要なのである。

幸いなことに、染色は治金術のようにうまくいくかいかないかはっきり分かれる。成功するか失敗するか、結果はそのどちらかでしかない。医学や魔術のように結果がどうなるか予想できないような分野とは、全く類を異にする。もちろん、可変要素を加えて結果がどう変わるか観察することはできるが、そこでも失敗だったら見てすぐにわかる。経験を積むことで、技術も向上するし、もちろん使用している物質の特質が次第に把握できるようになる。当初は化学反応についての知識がなかったにもかかわらず、染色職人たちは酸性、アルカリ性、塩基性などの化学物質がどういうものか、どんな匂いや味がして、どういう反応を起こすかなど、徐々に学んでいった。雨水でも軟水と硬水ではちがう特徴をもっていて、また川の水はその間に位置すると理解していた。鉄製の染色鍋だと、銅製や瀬戸物の鍋で染色した場合と結果が異なることも知っていた。

古代染色分析の専門家で陶芸家でもあるズヴィ・コレンは「古代の染色職人は優れた演繹的化学者だった」と言う。彼によると、色落ちしない染色をするために、

染色職人は非常に高度なレベルでの化学的処理法を習得していた。例えば、イオンや原子間電子対共有や分子間での結合に基づく方法や、また配位錯化、酵素加水分解、光化学発色性酸化前駆体、無酸素性細菌発酵による減少、それに酸素還元反応に基づくものなど。

彼らがこういった化学上の原則を化学的原則として理解していたわけではないだろう。一八世紀に

なって初めて人類は分子レベルで何が起きているかを次第に把握し始めたのであって、実際に分子というものが存在すると確認されたのは一九世紀に入ってからのことである。「人類のありとあらゆる活動を見回すなかで、植物を使って染色するという技能こそは、知識を経験的に身につけることがいかに効果的であるかを示す最高の事例である」と、フランスの歴史家、ドミニク・カルドンは園芸学及び化学と天然染色の歴史についての著書のなかで述べている。[*3]

染色は、工芸品に美や意味合いを託そうとする、人間の自ずと湧き出てくる願いを顕著に表すものである。同時にその願望が触発する化学的探求心と経済的、企業的野心をも表している。染料の歴史は、化学の歴史だ。その力とその限界、道しるべなしの試行錯誤の積み重ねの歴史なのである。

ファカプリエタの布の青はインディゴ（藍）から抽出されたものだ。世界中どこでも馴染み深い植物性染料だ。インディゴの前駆体［化学反応でインディゴが生成される前段階の物質］であるインディカンは、世界の多様な気候や土壌の環境のなかの様々な植物に含まれている。ウォード［和名ホソバタイセイ］という植物はヨーロッパの伝統的な青色染料で、キャベツ科に属する。南アジアに育成するタイワンコマツナギという植物はヨーロッパでは「真藍」とよばれ、マメ科に属する。アフリカや南北アメリカ大陸の藍もそうだ。日本の藍はタデアイ（蓼藍）と呼ばれ、ソバの一種で「染色職人の蓼」とも呼ばれる。これらはインディカンを含んでいる植物の例のごく一部で、世界には実に多種多様な藍を含む植物が存在している。古代の人々はそれぞれの植物があの美しい青を生み出すことを経験から

世界各地で人々は植物を使ってインディゴ染料を抽出した。それらは様々な異なる種の植物だが、どれも同じ化学物質を含んでいた。左から：ホソバタイセイ Isatis tinctorial、ヨーロッパの伝統的な青、タデアイ *Persicaria tinctorial* または Polygonum tinctorium、タイワンコマツナギ *Indigofera tinctoria*（南アジア産、通常インディゴと呼ばれる）（ニューヨーク公共図書館デジタルコレクション、およびアメリカ議会図書館、ウェルカムコレクション）。

学んだのである。[*4]

昨今は、化学研究室で調合された人工染料（それは化学構造上、植物の藍と全く同一である人工藍も含める）と区別するために、植物ベースの染料を「天然」と呼ぶ。[*5] しかし、植物から藍染の染料を抽出するのには「天然」という言葉が喚起させるイメージにはほど遠い、驚くほどの技術や努力を必要とする。もちろん植物そのものは自然のなかに育つが、その葉を染料にし布地を染めるには、相当な技術的知識や人為的な加工過程がないと達成できない。「現代人は、古代の人々のことを原始的で環境についての理解がないように考えがちだが、それは偏見だ。実のところ、その昔生きるということは相当に賢くなければできないことだった」[*6]と、考古学者でテキスタイルの専門家であるジェフリー・スプリットストザーは言う。彼はフアカプリエタの布地の分析を担当した研究者である。

染料を作るには、まず植物の葉を集めて水に浸すことから始まる。葉の細胞が崩れて酵素とともにイ

化合物	どこに生じるか
インディカン	葉
インドクシル	葉の酵素を含む溶液
ロイコインディゴ	低酸素のアルカリ溶液
インディゴ	酸素と結合したインドクシル

ンディカンを放出する。酵素はインディカンを糖および非常に化学反応しやすいインドクシルという分子に分解する。インドクシルは水のなかの酸素と即座に結合してインディゴティン［インディゴの化学名］という青い色素、つまりインディゴとなる。これは非溶解性の物質で、水を蓄えた桶の底に泥のように降り積もる。

こうして安定した色素が手に入る。これで絵を描いたり字を書くためのインクができたわけだ。だが、インディゴが非溶解性である限り、布を染めることはできない。染料として使うには、染色用の水に薪の灰などのアルカリ成分を加えて酸性度を変えなければいけない。最初からアルカリ性の水を使うか、または最初の桶の底にたまった泥状の色素から分解した葉の破片などを取り除いて新しい水の桶にいれる方法がある。

アルカリ性の強い環境では、インディゴティンはロイコインディゴと呼ばれる水溶性の化合物を作る。カルドンによると「インディゴで染めるためには、まずインディゴを取り壊さなくてはいけないように見える。繊維に吸収されるよう水溶性にするために違う物質に変えてしまうわけで、それはほとんど無色となる」[*7] インドクシルと同様、ロイコインディゴも酸素と簡単に結合しインディゴに変化する。そうなることを避けて水溶液のアルカリのレベルを保つために、溶液中の酸素のレベルを減らさなければならない。染め人たちは伝統的にはインディゴの葉に付いている細菌や食品、ナツメや胚芽、蜂蜜などを水に加えてその目的を達した。彼らが細菌や酸素などの存在を知っていたわけではなく、ましてやこういった物質がどのように相互反応するかといった理解があったはずもない。ただ経験的に色々なものを試してみて、どれがうまくいくか調べ上げた結果を実践に移したということだ。ナツメや胚芽などは一見関連がなさそうだが、そこには共通する化学物質が隠されていたわけで、そういった様々なこれらの付加物が目的を達成するのに使われたのである。「世界中、あちこちの社会で使われた酸素低減や発酵助長のための素材は、なんだかとても手のこんだパーティー用のケーキの材料みたいです。というのは、そのほとんどが甘いものだから」と、インディゴ研究家であるジェニー・バルフォア＝ポールは書いている。そのリストは、次のようなものを含んでいる。

ナツメ、ぶどう、ヤシ糖、糖蜜、イースト、ワイン、米の醸造酒の酒粕、リキュール、ビール、ルバーブジュース、イチヂク、桑の実、パパイヤ、パイナップル、生姜、蜂蜜、黒砂糖、ヘナの葉、麦芽、小麦粉、炊かれたもち米とタピオカ、アカネ、ケツメイシ（決明子）、ゴマ油、未熟のバナナ、サイザル麻の葉、ビンロウジュの実の粉、タマリンドジュース、それから食欲をそそるとは言えないが、腐敗した肉。

一八世紀になり化学知識が増えるにつれ、染色工たちは桶から酸素を減らすために、酸素と結合して錆になる鉄の化合物を使うようになる。どんな素材を使うにしても、インディゴ染めは酸素の量の低い相当の濃さのアルカリ溶液が必須だった。*8

ロイコインディゴが溶けると、染料水の表面のすぐ下の部分はなんとも言えない車の不凍液のような黄緑色に変わる。表面にはほぼメタリックといえるような青紫色の泡が立ってくる。インドクシルが空気中の酸素と結合している結果だ。ここで、繊維なり糸なり布なりをその溶液に浸す段となる。ロイコインディゴは水に溶けて、細かい繊維のすきまの隅々に染み込んで、すべてを緑っぽい色合いに変える。その素材を桶からひきだし空気にあてると、ロイコインディゴが酸素と結合してインディゴティンを形作る。素材は、まるで魔法のように青くなる。この過程を何度も繰り返すことで、青はその濃さを増す。インディゴティンの分子の層を重ねるわけだ。

インディゴを抽出したからといってすぐに使わなければいけないわけではない。桶の底にたまった色素は湿った粘土状のままかボール状に丸めて葉で包み、後で水に溶かして使うことができる。ヨーロッパのホソバタイセイも日本の蓼藍も、たいていそのようにして使われた。あるいは、粉を板状に固めて乾かすことも行われた。そうすれば、軽くて長持ちするし、また簡単に運ぶことができて遠距離の交易に便利だった。一六世紀以来、ヨーロッパではインディゴの塊をインドから運び戻ってくるようになる。ヨーロッパ産のホソバタイセイよりも色素の濃度が高いためにインド製のものが好まれるようになり、その結果この染料の名前そのものも変わってしまった。[*9]

藍染の美しい結果を見るかぎりだと、染色の化学的過程で生じる致命的とも言える問題を見落としてしまっても仕方ないだろう。その問題点とは染色過程において生じる実に耐え難い悪臭である。とある見習いインディゴ染め職人の記録がある。「あたりに充満している圧倒するような厠の匂いが、詰まった糞壺からではなく染料のはいった大桶から発せられているとわかるまで、しばし時間がかかった」発酵しつつあるホソバタイセイの桶の匂いがあまりに鼻持ちならないために、エリザベス一世は宮殿の半径八マイル以内に染色作業所をひらくことを禁止したほどである。公害は産業革命以降の産物というわけではなかったのだ。

ロサンゼルスのインディゴ染めのワークショップで、テキスタイルデザイナーのグレアム・キーガンはインディゴの濃縮粘液がはいった瓶のふたをあけ、参加者に匂いを嗅いでみるよう瓶を順に回した。だれもが鼻を近づけると、うっと顔をそむけてしまう。「くさい、くさい！」と、学生たちは騒ぐ。だが、キーガンはまるでワインの鑑定家であるかのように、今年の出来は去年のよりもずっと微妙な匂いだと告げる。「もっと腐った、多少糞便のトーンを加えた、ああ、それに尿もだいぶ混じっていますね。ま、なんでも入っているということですが」[*10] この悪臭高き化学魔術の産物は、［当時は］奇跡的とも思われたであろうほど色落ちしない染料である。その青は洗濯で流れることもなく、日に晒されても褪せない。「バイユータペストリー［一〇六六年のノルマンコンクエストを描いた歴史物語の巻物。タペストリーと呼ばれるが、実はすべての柄は刺繍されている］のなかで未だにオリジナルの色を保っているのはホソバタイセイで染められたインディゴブルーの青だけである」と、バルフォア＝ポールは書いている。他の植物性染料にはほとんど見られない特徴なのだが、インディゴは木綿やリネンなどのセルロース繊維に結合しやすい。フアカプリエタの布は木綿である。また約四四〇〇年ほど昔、エジプトではミイラを白地にインディゴの細縞のは

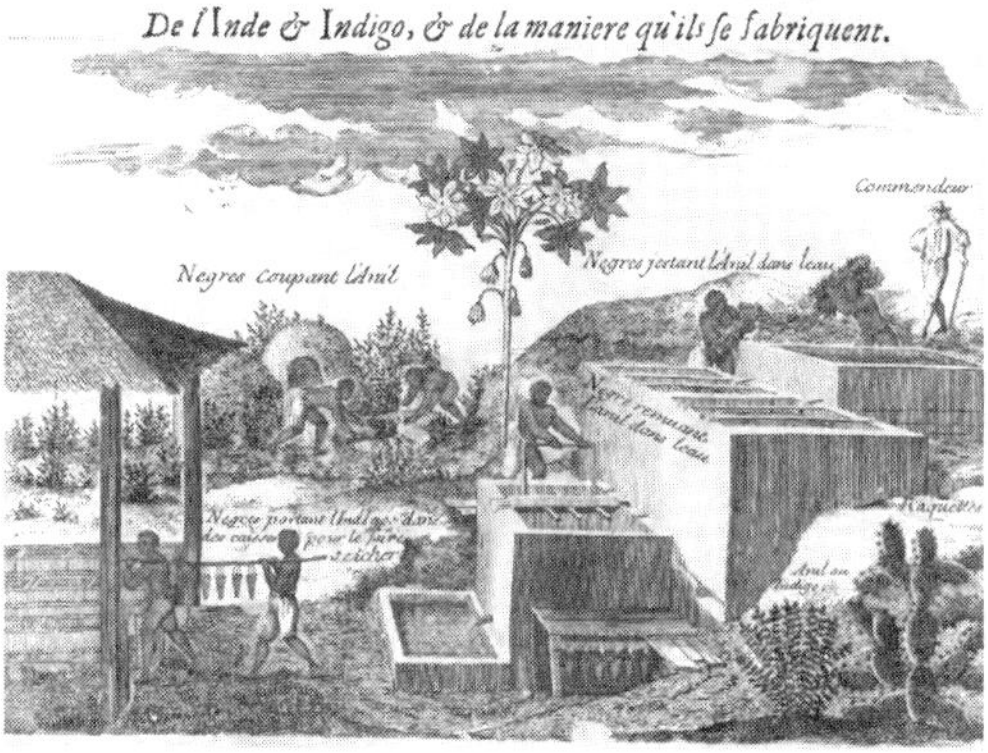

1694年出版のピエール・ポメ著『薬草の歴史』にあるインディゴの加工工程。この風景がインドか、西インド諸島なのかは明らかではない（インターネットアーカイブ）。

いった布で包んだ。インディゴがけっして色褪せしないわけではない。実際長いあいだジーパンを履いていれば、色が褪せてくることはだれもが経験していることだろう。しかし、このミイラを覆っている布の藍縞は何千年もの間、その色を保ち続けた。それは、太古の文明を担った人々の発明能力を実証するもの以外のなにものでもない。[*11]

「インディゴ染めの技術が完全に完成されるまでには様々な失敗や徒労に終わった試みなどが繰り返されたのは確かだが、考古学的発見によるとこの技術は先史時代にはすでに世界数カ所のまったく離れた各地域において獲得されていたということがわかっている」と、カルドンは述べている。[*12]

染色という試みは、だれかが全く偶然に気づいたことから発したのだろう。晩秋の霜のなかでインディゴの葉が青く変色しているのに気づいたとか、インディゴ色素を含有している植物の葉が嵐で吹き飛ばされ、それが焚き火の濡れている燃えかすの木の枝にへばりついたあとでそこだけが真っ青に変色したとか、そのような類のことだ。が、それに気がついた者は、注意力の鋭い者だったに違いない。「インディゴは傷がつくとそこから青くなるようです。例えば嵐のなかで吹き倒されて水たまりの中に浸かってしまうと、水たまりの水が青っぽい緑色にかわります。そして、染色桶の水面に現れる紫がかった赤銅色とおなじ色が、水たまりの表面を覆うんです」と、自分の作品に天然染料を使うキーガンは語る。[*13]

このプロセスを体験するため、私は実験を行なった。キーガンが収穫されたばかりのインディゴの葉を提供してくれて、私はそれを二つの小さな束に分ける。一束は普通の水道の水のグラスに入れる。もう一束は、竹串を焼いて作った灰をまぜた水のコップに入れる。台所のカウンターで一晩が経ったが、何の変化も起きない。おそらく温度のせいだ。水も室温も低すぎるのだろう。そこで、私は水を温水に変え、その二つのコップをバスルームに移してヒーターをつける。案の定、次の日までに真水の方には細かい青い粒々が表面に浮かんでいる。灰水の方はというと、すっかり赤銅色になっている。二日後にはそれが微かに緑を帯びてくる。白い布の切れ端を何度かそこに浸してみる。布切れは淡い灰青色に変わる。キーガンのスタジオで使う濃縮された染料が生み出す、目を見張るような変化ではないにしても、これは実証である。私は原始時代の水たまりを再現したのだ。

フェニキア人の伝説は、ティリアンパープル〔和名では帝王紫、貝紫、またツーロ紫ともいう〕染料の起源を語ってくれる。メルカルト神はティルス〔現レバノンにある都市ティール〕の守護神であるが、ある日、自分の妃と飼い犬をともなって海岸ぞいを散歩していた。犬が浅瀬で巻貝を咥えあげ、砂浜でそれを食べ始めた。貝の身を食いちぎると、犬の舌が紫色に変わった。そのさまを見て、メルカルト神はその巻貝を使って愛する妃の衣服を染めさせることを思いつき、またティルスの町の人々にその秘密を教えたため、町はその後〔染色業で〕繁栄することとなった。[*14]

この話を伝えたフェニキア人たちは古代、地中海域で航海術と商業に長けていた人々である。今日のレバノンの海岸沿いの母港からスペインの大西洋岸の都市のあちこちへまで航海して回った。有名なレバノン杉やガラス容器、それにティリアンパープルを輸出するとともに、その文字をも広めた。それが今日世界各地で使われているアルファベットのもととなったことは言うまでもない。

この伝説が物語るように、古代から存在する名に負うこの紫がもともとどのように見出されたかを想像することはそれほど困難ではない。ここでは植物ではなく、海の生物がペルシャの皇族の衣装やヘブライ僧衣やローマ帝国の貴族のトーガの貴重な紫を生み出した。地中海沿岸を通して残された巻貝の殻の山は、染色桶をひとつ満たすために何千という貝が消費された、その当時の主要産業の繁栄ぶりを示している。古代人たちはこの巻貝の紫を手に入れるために知恵をしぼり、膨大な労力をつぎ込んだ。それは彼らがこの紫をこよなく愛したことを示すと同時に、社会的地位を誇示する象徴を欲してやまなかったことをも語っている。

染め職人はアクキガイ科の三種類の異なる貝の鰓下腺《さいかせん》から色素を抽出した。その三種を混ぜたり一種のみを使ったりして、異なる濃淡の色合いを生み出すことができる。シリアツブリボラ *Bolinus brandaris*［殻から突き出ている棒状の突起のためホネガイとも呼ばれる］とクチベニレイシ貝 *Stramonita haemastoma* は赤紫色をもたらす。ツロツブリボラ *Hexaplex trunculus* はもう少し色に幅があって、その分泌液は青、青紫、または赤紫に変わる。現代の科学者はその化学的な理由を解明している。青はおなじみのインディゴティンそのものだ。青紫はブロマイン原子が一つ加わる。赤紫にはブロマイン原子が二つ加わっているという具合だ。しかし、古代の染色職人たちがどの色が出てくるかをどうやって予測したかは、いまだに議論の余地がある。この違いは、この軟体動物の種類や性や環境によるものなのか。[*15]

古代の紫染色については、ローマの博物学者大プリニウスが紀元七七年から七九年の間に書き上げた『博物誌』のなかで染色過程について描写していることから、ある程度のことが分かっている。残念なことは、その詳細な描写も、時を経て重要なポイントとなる点が失われてしまった。例えば、同じ種の貝でも海藻を食するもの、腐敗した軟泥を食するもの、それから海底の泥のみを食するもの、および砂州に住んでいるものと、「小石」と呼ばれるものとを区別している。染色職人にとってこの違いは意味をなすことで、おそらく異なる濃淡のために使い分けられたのかもしれない。しかし、今日の私たちにとっては、その意味は明らかではない。「とどのつまり、プリニウスは記述者であって、染色職人ではなかった。その過程を真に理解することなく自分が見たことを単に記録しただけである」と、古代の染料や色素を再現させたある染色工芸家は見る。化学的原則にそって、現代の実験者たちはこの過程が実際どのように行われたかを解き明かそうと試みた。[*16]

プリニウスは次のように述べている。

［巻貝は］喉の中央に、長衣を染めるために人が欲しがる有名な紫の花をもっている。そこに白い管があって、中にごくわずかの液が入っているが、それからあの暗いばら色を帯びた貴重な染料が抽出されるので、からだの残りの部分からは何もとれない。人々はこの貝を生け捕りにしようと努める。この貝は死ぬときにこの液を放出してしまうからだ。

生きている貝には無色のインドクシルが蓄えられている。死んでしまうと、それが酸素と結合する酵素を出して色のついた液体に変えてしまう（その化合物質によっては、変色するのに日光が必要なものもある）。そのため、貴重な色素が海中に放出する危険を避けるために、古代の貝の収穫人たちは巻貝を生きたまま集めて水槽に貯蔵した。古代の染色産業地には時折、独特の穴が空いている殻が見つかることがある。これは、染料を採集するまで水槽の限られたスペースのなかで大量の貝を収集していたことの証である。［殺すために放置してあるのだから餌をあたえるはずもなく］貝は他に餌とするものがないため、酸を分泌して他の貝の殻に穴をあけ中の身を取り出し互いに共食いを始めるのだ。[*17]

　いったん必要量の貝を集めると、染色工たちは殻を開けその内蔵にある色素が蓄えられている鰓下腺と呼ばれる内分泌腺を取り出す。貝が小さすぎて切り開くことができないような場合は殻ごと捻り潰してしまう。分泌腺、分泌液、殻ごと潰された貝のすべてを温水につける。沸騰させてはいけない。このスープにプリニウスがセイレムとよんでいるもの——ラテン語で塩のことなのだが——を振り混ぜる。そのまま三日間寝かせて、濃縮させる。それを金物の鍋に移す。プリニウスによると、その後さらに水を加え、表面に浮いてきた貝の残骸の破片を取り除き、試し染めの羊毛で満足できる結果が出るまで、九日間ほど絶えず弱火でゆで続ける。

　プリニウスが言及する「セイレム」に、現代の化学者たちは頭をひねった。なぜなら私たちが使っているような食塩、つまり塩化ナトリウムは染色の過程では一切役に立たないからだ。「ここで巻貝と塩だけしか示されていないというのは、実に驚くべきことである」と、カルドンは書いている。紫染色の職人たちはインディゴの場合がそうだったように、染色を促進するためにアルカリ性の溶液を使ったはずだ。カルドンは、考古学者たちの発掘した紫染色作業所が、石灰［採掘所］か陶器の焼き釜に近接していることに気がついた。両方ともアルカリ性の灰を供給できる。[*18]理屈の通る推察なのだが、ご覧のとおりプリニウスは灰については何も言っていないし、彼が間違っているという証拠もない。

　私たちは現代の人工染料の鮮やかな色合いにすっかり慣れてしまっていて、この古代紫もはっきりした色だと思いがちだ。だが、同じ重さの銀で購入されたというこのティリアンパープル染料は、一九六三年のハリウッド映画『クレオパトラ』で主人公ジュリアス・シーザー役のレックス・ハリソンが身に纏ったテクニカラーの色合いではなかった。[*19] プリニウスは「［ティリアンパープルは］凝結した血の色にある。ちょっと見ると黒味がかっているが、光線にさらされると微光を放つ」と、説明している。のちには、この色はラテン語で「ブラッタ」と呼ばれ、その意味は「血の塊、血栓」である。古代で最も尊ばれたこの染料は、今日の感覚からいえばそれほど魅力的な色ではなかったようだ。

それだけではない。この染料は悪臭を放った。それも染めの工程の間に限らずだ。プリニウスより二〇年ほど後に生まれた風刺詩人マルティアリスは、ひどいにおいのするもののリストに「二度ティリアン染料に浸された羊毛」を加えており、裕福な女性はそのひどいにおいを望んで紫色の衣料を纏うが、それは自分の体臭を隠すためだろうと仄めかしている。「しかしこの貝に対して支払われる価格の原因はなんであろうか。それは染料として用いられるときは不健康な臭気があり、荒海のように発光する陰鬱な色合をしているのに」と、プリニウス自身もぶつくさぼやいている。

買い手にとって、理由は単純に地位的な象徴だった。ティリアンパープルを買い求めることのできる者はそう多くはなく、紫を身に纏っている者は自分が特別であることを誇示することができた。紀元六世紀の初めごろ、ローマの政治家であったカッシオドルスはこの色を名付けて「身に纏っている者を他の者たちから一挙に振り分ける、血を注ぎこんだ黒」と書き残している。確かに、この貴重な色合いは群衆のなかで際立った。マルティアリスはその風刺作『クリスピナスの盗まれた外套について』の中で次のように書いている。

クリスピナスは浴場でトーガに着替えた時に、自分のティリアンの外套をだれに渡したか思い出せなかった。だれだか分からないがその外套を持っている輩に乞う。お願いだ。その誉れを持ち主の肩へと戻してほしい。クリスピナスが乞うているのではない。その外套そのものが乞うているのだ。誰もが紫染料に染められた服を着用できるわけではない。その色はそれ相当の富貴にのみそぐうものだ。儲け心とか恥ずかしくなるような卑劣な欲に囚われての行為なのであれば、トーガを盗むがいい。トーガならばお前の本性をさらけ出すことはないだろうから。

紫の悪名高き臭気ですらもその特権を表すものだった。くさいかぎり、何か安い植物性の染料で染められた偽物の紫ではない、本物の紫であることを証明するものだったからだ。[*20]

売り手にとっては、その法外な値段は染料を作り出すのにいかに労力を費やさなければならないか、そしてその工程がどれほどおぞましいものであるかという事実を反映している。考古学者であるデボラ・ラスチロは、経験に基づいて証言できる。彼女は動物の残骸分析を専門としている。二〇〇一年のこと、彼女はとある発掘サイトでみつけた巻貝の膨大な塚を見て興味を持った。一体どのくらいの量の貝が染料を作るのに必要だったのだろうかと疑問に思ったのだ。大学院生の手を借りて、彼女はプリニウスの説明書きに従い染料をつくってみることにした。まずはじめに、クレタ島の湾岸で餌を入れた罠をしかける。そこではツロツブリ貝が漁師たちが投げ捨てる魚を競って食べていた。ほぼ即座に罠は満杯となる。水で重たくて持ち上げるのが大変だし、それに罠のなかにはいろいろと歓迎しかねるものも入っていた。「ウナギだとかサソリウオだとかがはいりこんでしまって、そういう魚はダイバーが罠を持ち上げる時に危険なのです」と、彼女は説明する。しかし、罠のえさのおかげであたり一帯の海底にはお目当ての巻貝がわんさと集まってきた。ラスチロたちは罠以外にも一時間で一〇〇個ほどの巻貝を集める。発掘上の発見から、古代の人々も罠と手づかみで貝を収集したことが立証されている。貝塚には手で収集したとするにはあまりに小さすぎる貝や罠に入る前にすでに死んでいた貝も含まれていたからだ。

八〇〇個以上の巻貝を海水のはいった桶につけて、「村からは十分に離れたところにある」場所へ運んだ。古代の染色作業所はどれも居住地から離れたところにあったことを彼女は知っていたが、その理由は染色を体験してみて初めて納得することになる。次に貝の殻を開ける。「冗談じゃない、これは無理だと思いましたね」と、彼女はインタビューの中で回想した。「貝といっても、まるで石そのものなんです」。だが、発掘現場の残骸の例を真似て、二段構えの方法を取ることにした。まず、真鍮の錐で殻を突いて小さい穴をあける。そしてふたをこじ開ける。次が最もおぞましいステップだ。貝の鰓下腺をちぎり取り、残りは捨てる。壊れた殻の山は考古学発掘場の貝塚にそっくりだ。ただし、ひとつ大きな違いがある。古代の貝塚とちがって、ラスチロたちの殻の山には腐敗しつつある貝の身が詰まっている。「羽虫が一斉にたかってきて、それも大きなアブやスズメバチとかが次々に私たちを刺すんです」

彼女らは鰓下腺を蓋つきのアルミ鍋の水に浸した。鰓下腺が加わるにつれて水は次第にその鮮やかな紫の度合いを深めていく。しかし蓋がしてあってもハエの群れがそのどろりとした液体の鍋に卵を産み落とすのを止められない。「大きなハエが鍋のふちにとまって、卵からかえった幼虫を足で次々にふたの中に押し込むんですよ。まったくすさまじかった」と、彼女は思い出す。染料を傷めずに蛆虫を殺すために、彼女らは鍋の温度を沸騰点よりちょっと低いくらいに保ち沸かし続けなければいけなかった。

古代の染色工たちは一〇〇〇リットル大の桶を使ったが、ラスチロは実験にずっと小さな鍋を用いた。

それぞれの鍋は五九〇シーシーほどで、一五センチメートル×二〇センチメートルの大きさの布切れを染められるサイズだ。この縮小されたスケールでの実験であっても、彼女たちは歴史に名高い染料臭を体験するに至った。その昔、ギリシャの地理学者ストラボンはティルスの町について「染め物屋が数多くあって、この町に住むことは快適ではないが、彼らの卓越した技術のおかげで町はいたく潤沢である」[*21]と書いている。

「快適ではない」というのはあまりにも婉曲な表現である。「五〇メートルも離れたところで食事をしていた作業者たちが、臭くてしようがないと文句を言っていた」と、ラスチロは報告している。このにおいに耐えるために、彼女たちはマスクをしなくてはいけなかった。古代の染色工場では、臭害の堪え難さはおそらく何千倍にも達したことだろう。染色工たちの手は紫に染まって、洗っても洗っても落ちることはなかった。このおぞましき労働は奴隷たちによって行われたに違いないと、ラスチロは結論する。

彼女はウール、木綿、粗絹（シルクノイル）と滑らかなサテンシルクの四種類の布地を試してみた。結果は、ウールとサテンが一番よく染まった。染料水には、古代テキスタイル専門家の勧めに従って、①海水のみ、②真水のみ、③海水と尿をまぜたもの、④海水とミョウバンをまぜたもの、⑤海水と酢をまぜたものの五種類を使った。染料の抽出過程についてはプリニウスの描写に従ったが、染色になると彼の説明はどうもいい加減であることがすぐに判明する。自分で実際に染めたわけではないことは明らかだ。説明には二段階の加熱過程があり、最初は三日間、次に九日間となっている。が、結果はまことに気抜けするような灰色に終わる。かろうじてかすかな紫の陰りがあるかとも見えるが。ラスチロは二段階目の九日間を省き、貝の鰓下腺を含んだ上記五種の染料溶液を三日間摂氏八〇度の高さで温め、そのあとで貝の破片を漉しとった染料水に四種類の布地を浸して、液の温度がすっかり下がるまで放置した。実験の六番目として、⑥海水のみの染料水にちょっとつけるだけという方法をとってみた。

結果は様々だった。何個ぐらいの貝が使われたかとかどのくらいの時間布が染料水に浸されていたかなどの要因によって、薄いピンクからほぼ黒くみえる紫までに広がる。「どの色合いもとてもきれいに出ました」と、ラスチロは言う。絹のツヤツヤした色相はどちらかというと現代向けかもしれない。ウールは古代人好みの陰った色合いを醸し出した。ウールの方が染料を吸収する度合いが高い。「ウールはまるでスポンジのように即座に染料を吸い込んで、水洗いした後でも深い色合いを保持しました」と、彼女は書いている。ウールにはにおいもしっかり染み込んで、薄れることはなかった。約二〇年が経ち、その間何度もタイド［家庭用の洗濯洗剤］で洗われたにもかかわらず、どのサンプル布地もいまだに同じ悪臭が鼻をつく。

六つの種類のどの溶液で染められたかという変化要因に関しては、驚いたことにどの布地でもほぼ同じ結果だった。尿は紫の色合いをより鮮やかにしたが、だいたいにおいて「同じ長さの時間と、同じ濃度の染料と、同じ量の水の組み合わせでは、他に加えられた物質は色合いに関する限りそれほど違いを生み出さなかった」と、彼女は振り返る（唯一、真水よりも海水を使った方が色落ちの度合いが少なかった）。

今日の化学知識によってあれこれ振り回されることなく、プリニウスは染色の材料を正しく描写していたのかもしれない。つまり、貝の身が腐らないように保存するための塩と海水だ。その当時の染色工たちはアルカリ性の溶液を使わなかったのかもしれない。海水だけで足りたのだろうか。海水はアルカリ性と言えないことはない。pH の七が中性で、海水は八・三である。[*22]
最も驚くべき発見は、なかば冗談としてラスチロが染料を海水にほんの短時間しかつけずに染色を試した時に生じた。彼女はそのことについて次のように書いている。

私は白いぬるりとした感触の布切れが次第に乾いて、美しい青い色相を帯びる様子を眺めた。これはいわゆる「聖書の青 *tekhelet*」と呼ばれる古代文化のなかで、いや現代でも聖なる色として尊ばれる、ユダヤ教の伝統のなかで特にそうなのだが、まさにその色を再現したのだ。この聖なる青が海の貝から作られるということは知られていた。儀式の時につかう祈り用のタリットと呼ばれる布は、朝の祈りの時や結婚式で男性が纏うものだが、それは伝統的に巻貝で染められた青い房がついている。

この深い青は、デニムのインディゴブルーに近い色だが、「それがここでティリアンパープルの染色法から再現されるということは」全く予想していなかった結果であった。
何はともあれ、この実験は古代紫がいかに高価で希少価値の高いものであるかを実証するものだった。「一枚の衣料を作り出すのにどれだけの作業時間がかけられたか、それも巻貝の染料を作り出すための耐え難い工程を除外してのことだ」と、彼女は書いている。彼女によると、衣の端だとか軽い上着などを染めるのには数百個の貝が必要で、クリスピナスが失ったようなウールのコートのような外套であれば何千という個数にのぼり、それを収穫するだけでも何百時間という仕事量を必要としたことであろう。

だが、彼女の実験について特記すべき点は、［染色の工程を］現代の化学的理論に基づいて再現しようとしたのではないというところにある。彼女は古代の染色職人たちが行ったことを身の回りにある材料を使って、どのような結果が出るかを観察した。確かにその過程は論理的手順に従い、科学的なものであったが、同時に古代の職人たちが行った通りの試行錯誤のプロセスを繰り返したのである。そこには現代科学の実験に要求される正確性が加わっていたわけだが。そしてその実験は、理論に基づいた予測が期待もしていなかった結果をもたらすこととなったのだった。[*23]

歴史を通して、染色は化学というよりはむしろ〈調理〉といったほうが的確な描写かもしれない。化学的反応や作用を含むが、染め人は必ずしもその理由を理解する必要はない。同じ色を出すのに、人々は違うレシピを使うかもしれないし、鍵となる技術は往々にして書き下されてもいない。師匠から見習いへと、手ほどきを通して知識が伝えられる。温度計もなければ pH を計る道具もない時に、ただ注意深く目を凝らして色、匂い、味、触感、または音までも観察することで、望ましい結果を生み出そうと努力を重ねてきたのだ。同じ色合いを生み出すのにいくつもの方法があるかもしれない。おそらく、紫の染め人の中で、ある者はアルカリ性の添加物を使い、ある者は使わなかったであろう。ある者は海水を使い、またある者は尿か酢を使ったかもしれない。秘密の素材もあっただろう。慣習的に使われた材料は、異なる結果を導き出すものだったかもしれないし、または全く不必要なものだったかもしれない。結果は染色職人よりけりだった。そしてその評判は当然あたり一帯に広まったに違いない。

フィレンツェの教会の壁面を飾るフレスコ画の数々の神聖なる場面に、画家ドメニコ・ギルランダイオは市の有名人の姿をあれこれ描き込んでいる。その絵画を通して、私たちは一五世紀の人文学者や銀行家やその家族たちの面持ちを伺い知ることができる。またその絵画を観察することで、当時の人々が赤い衣服を好んでいたことが察知できる。法衣以外の服を着ている男性はほとんどと言っていいほど赤い上着を着て、それにマッチする帽子を被っている。女性は赤い袖のドレスか、ピンクのドレスを着て描かれている。ベッドカバーやカーテンも赤系統が主である。『マギの礼拝』図に紛れ込ませた自画像でも、彼自身赤を着用している。また今はルーブル美術館に飾られているが、かの有名ないぼに覆われた鼻の祖父と金髪の孫の絵も赤い服と帽子が画面を占めている。ルネッサンス期までに、赤はティリアンパープルの持っていた富と力の象徴のイメージをすっかり奪い取ってしまった。

一五四八年、ヴェネツィア人のジョアンベンチュラ・ロゼッティなる人物が史上初の染色手引き書を発行した時、その中の染料の製法（レシピ）のうち最多である三五例が赤の作り方に費やされていたのは、その人気を考えると納得のいくことである。第二位は黒で二一例を占める。『プリクトー *The Plictho*』という題のこの書は、一六年間にわたるロゼッティの研究結果の大成だった。研究といっても、単に乗り気のしない染色工たちをなんとか説き伏せて、職業上の奥義なり秘伝なりを探り出した努力の大成と言えるものだ。彼自身は染色人ではなかったが、なぜか技術的知識を広めることに情熱を持っている人物だった。後日、彼は香水、化粧品、石鹸についても似たような本を書いている。染料の本を出版するにあたり、ロゼッティは「公共の利として後世に残す慈善事業のつもりだ」と述べていて、染色の技術のノウハウは「秘密裏に保つ輩の傲慢なる行いによって長い間密閉されていた」と、苦言を呈している。

一世紀後に出たマルクス・ザイグラーの機織りの手引書のように、『プリクトー』は〈知識革命〉の初期の段階を示すものであった。当時の最新テクノロジーとその実践とを記録し、世間に広める役目を果たす。ロゼッティは技術や製法の仕方を分析したり改善したりする意図は全くなかった。ただ情報を広めて誰もがそれから学ぶことができるようにと願っただけだ。染色は「すこぶる創造的な工芸であり、知性の高い者にふさわしい」と、彼は書いている。彼の記録したレシピに目を通せば、適切な、または何一つ化学理論に関する知識なしに、ひたすら経験のみでどれほど染色業を進歩させることができるかが、手に取るようにわかる。また、もうひとつの面白い点は、この本がアメリカ両大陸から輸入されることになる新たな染料が手にはいる直前のヨーロッパの染

LIBRO CHE INSEGNA A TENGERE SEDE DI ogni colore perfettamente, secondo Firenza & Genoua.

Notandissimi secreti per tengere sede in diuersi colori boni: & perfetti magistrali. Prima bisogna che se tu uogli fare colore che sia bono che tu facci che la seda sia bianca:& a uolerla cocere bisogna che facci come intenderai leggendo. Et in che modo si debbe stuffare & cocere & solfarare, tengere & retengere la seda particularmente colore per colore,& generalmente di quelli che uanno lauadi secondo il consueto de li maestri Fiorentini, & consueto de tutti li maestri di Italia, e perche intendi la caggione & l'ordine, perche se debba stuffar la seda. Tu sai che come la seda è filada & per uolere tengerla torta, fala stufare come intenderai.

F

1560年版のジョアンベンチュラ・ロゼッティ著『プリクトー』の1ページ（ゲッティコレクション、インターネットアーカイブ）。

色文化を表しているという点である。

「ウールまたは他の布を赤く染める」と、簡単に題されたレシピを見てみよう。

ウール一ポンドにつき四オンスの岩ミョウバンを［水に溶かしてその中でウールを］一時間沸騰させる。真水で丁寧に濯ぎ洗いする。ウール一ポンドにつき、四オンスのアカネを準備する。新たに真水を沸かし、沸騰する直前にアカネを投げ込み、次にウールを浸して、三〇分ほど常時かき混ぜながら沸騰させる。最後に水洗いした段階で色が定着し、ウールが赤くなる。[*24]

この製法は歴史上最も重要な染料のひとつ、セイヨウアカネ *Rubia tinctorum* の根を使う。単に「染師のアカネ」と呼ばれている。前述のカルドンによると、世界で広く耕作されているこの植物は「染色史上重要な位置を占めており、それはこの植物がそれだけで、もしくは他の染料との組み合わせで、驚くほどの幅の色調を生み出すことができるからである」。イスラエルのマサダというところは、ローマ帝国時代紀元七三年にユダヤの反乱軍が一斉自決をしたことで有名な砂漠の中の城砦なのだが、そこで発掘された様々なテキスタイルの切片には鮮やかな赤、サーモンピンク、濃いワインレッド、紫がかった黒、赤っぽい茶色のものがあった。全てがアカネ染である。[*25]

アカネ染めでは、伝統的染色法の二通りのやり方を使って、異なる化学反応を引き起こすことで幅広い色が得られる。最初のやり方は植物そのものの理由だ。アカネの根は二種類の色素を生み出す化学物質を含んでいる。アリザリンはオレンジ色っぽい赤で、パープリンは紫っぽい色合いだ。その二つの割合は植物の亜種や、土壌の質や、植物が収穫されてからどのくらい時間が経つかなどの条件によってで異なってくる。こうした変異性を利用して、染色人は幅広い色調を生み出すことができるわけだ。
二番目の方法は添加物の使用である。異なる添加物で色合いを変えることができる。赤にいくらか青みをつけ、また硬水をいくらか柔らげるために、ルネッサンスの染色工は穀物の糠を数日水に浸して作った酸性の糠水を使った。適切に作られた糠水は「吐瀉物のような匂いがした」と、『プリクトー』などに載っている技術を再現した染色工芸家は述べている。また「白酒石」と呼ばれるワインを醸造する際に樽底に沈殿する物質を使うと、赤にオレンジっぽい滲みがかかる。[*26] 最も効果を発揮する添加物は、媒染剤《モーダント》といわれるものだ。その語源はラテン語の *mordere* つまり「噛む」という言葉から来ている。これらの物質はたいていが金属塩で、アカネやほかのいわゆる天然染料を繊維にしっかりと結合させるものだ。『プリクトー』のレシピの第一番目に載っていて、染色を始めるまえに布地は媒染水に浸されなければならない——ここではミョウバンを使っている。ミョウバンは繊維と結びつき、ウール地が染料水に浸けられると、この媒染剤が染料と布との結合のための橋渡し役となって、染料をしっかり定着させるというわけだ。ここでも、試行錯誤という経験主義の結実をみることができる。その実、今日に至ってまでも、化学者たちは繊維の分子と媒染剤と染料とがどのように反応し合うのか、議論を交わし続けているというのに。[*27]
異なる媒染剤は異なる度合いの濃さをもたらす。例えば、鉄の化合物は鈍い、暗い色合いを出す。マサダで発掘された赤茶色の布切れは、アカネと鉄を合わせている。また紀元前一四世紀にも遡って、エジプトでは植物のタンニンと鉄の媒染体を使って茶色や黒を作り出している。ロゼッティの黒のレシピのいくつかも同じ組み合わせを使っているが、ほかの製法では没食子《もっしょくし》［植物にできる木の実状の虫こぶ」のタンニンを媒染剤として色を暗くするために使っている。[*28]

媒染剤のなかでもっとも重要なものは『プリクトー』のレシピにも出ているミョウバンである。化学名は硫酸アルミニウムカリウム（もしくは硫酸アルミニウムアンモニア）で、色を定着させるだけでなく、より鮮やかにするのにも役立つ。その結晶は砂漠や火山地帯で自然に生じるもので、先史時代から使われていたことがわかっている。古代ギリシャ時代には火山地帯にふんだんに見られる鉱物、ミョウバン石から大量に採集するようになっていた。ミョウバンをミョウバン石から取り出すには、まず釜のなかで石を熱し、それに何度も水をかけてペースト状に変える。そのペーストを沸騰させ、溶解できない化合物を別離させてから、溶液を静かに注ぎ出す。溶液は結晶化して純粋なミョウバンとなる。

ロゼッティの時代には、ミョウバンの産出と交易はかなり大きな産業となっていた。実に、人類史上初の国際化学産業と言える。例えば、あるフィレンツェの商人は、一四三七年にビザンティンの出荷元から二〇〇万ポンドの粉末状ミョウバンを五年間かけて買い入れる契約を交わしている。「人間にとってパンが必要なのと同じように、ミョウバンは羊毛やウール布の染色業にとっては不可欠なものである」と、一六世紀の記録者は書いている。[*29]

ロゼッティが載せているレシピの一つに「色の詰まったオレンジ色」というのがある。これは二〇ポンドのミョウバンとヨーロッピアンハグマノキ［ウルシ科の木で黄色い染料が抽出される］の黄色と、三種類の赤――アカネ、ブラジルウッド、グラナを混ぜるというものだ。グラナというのは、何千というちいさな虫をすりつぶして作る高価な紅色染料で[*30]、全くもって「色が詰まった」というのは誇張ではない。

ここで、私たちはヨーロッパの染色業が新たな転機を迎えようとしていることを目のあたりにする。ブラジルウッドというのは、ある種の木の幹の中心部の赤みを帯びた部分から作られる。以前はヴェネツィアの交易人によって輸入されたアジア産のスオウの木から抽出された非常に貴重な染料だった。だがロゼッティの時代にはアメリカの熱帯地域の潤沢な供給源のおかげで、この染料はふんだんに手に入るようになったのだ。美術史家マリ＝テール・アルヴァレズによると、一五二九年の一ヶ月だけでも、スペインはその新大陸の領土各地から六〇〇〇トンにのぼる染料を輸入したということである。

産出国の国名の由来となった、極めて硬度の高いブラジルウッドは、アジア産の類似のものより質がよく、またずっと廉価であった。実際、あまりにも安いので学者たちがまじめに取り扱わないと、アルヴァレズは不服に思っている。あたかも「コストコで売っている染料」みたいなものに思われていると、彼女はこぼす。確かに、染料としてはブラジルウッドは理想的とは言い難い。日にさらされると比較的短い時間で鈍い煉瓦色に褪せてしまう。だが、他の耐久性のある染料に深みを加えることができる。ロゼッティのレシピでは、主にアカネやグラナの補助として使われている。[*31]

「これらのレシピのほとんどは、染色業に従事する専門家の考案のようである。それゆえに、一五四〇年までにはブラジルウッドはカルミン［グラナ染料のこと］やアカネとともに重要な赤の染料材となっていたと考えて間違いないだろう。そして、染色業で幅広く使われていたということは、ブラジルウッドの染色力が弱いことを考慮すれば、それが非常に安い値段で無尽蔵に手に入ったからだろうとしか考えられない」と、『プリクトー』の訳者は書いている。[*32]

新大陸がもたらしたものは、バーゲンセールの赤だけではなかった。一五〇〇年、ヨーロッパにおける最も質の高い、また値段も高い赤染料のもとはカルミン［オランダ語。英語でカームス、またはカーマ

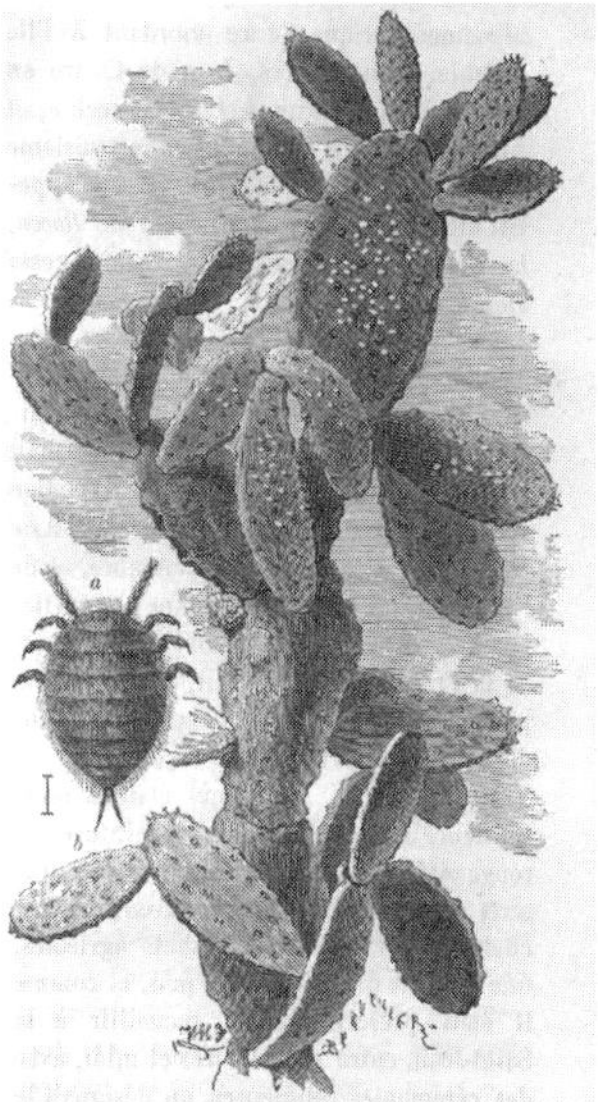

Fig. 290. — Cactus-Nopal portant des cochenilles.

ウチワサボテンに寄生するコチニールカイガラ虫、左は虫の拡大図（インターネットアーカイブ）。

インレッド」だった。旧世界の樫の木に住み着いている小さな虫から作られたものだ。五〇年後にはそれがメキシコのコチニールとなった。この虫も似たような寄生虫でウチワサボテン（とげ梨ともいう）に宿る。この三ミリほどの虫の乾燥した死骸は植物か鉱物の粒のように見えるため、ヨーロッパの染色人はそのどちらの染料をも、もともと「粒状」という意味である「グラナ」ということばで呼んだ。訳者はロゼッティがグラナという言葉を使っているところはカルミンのことを指していると想定しているが、必ずしもそうとは限らない。ロゼッティが自分の調査を進めているまさにその最中に、ヨーロッパの染色人たちは原料を変えつつあったのである。*33

　コチニールはカルミンの一〇倍もの色素を含んでおり、新世界の偉大なる贈り物の一つだった。これはひとえにメキシコの代々の農民のおかげである。ヨーロッパのカルミンは自然のなかで発生するものだったが、コチニールは何世紀にもわたって育成されてきた。中国で野生の蚕が飼育されるようになったのと同じように、メキシコではコチニール虫とその宿主となる植物に、常時きめ細かな注意が払われた。スペイン人が到来するまでには、その長い間の品種改良の結果で「ヨーロッパ人がそれまで見たこともないほどの完璧に近い赤」が達成されていたと、染料史の本の著者であるエイミー・

バトラー・グリーンフィールドは書いている。[*34]

コチニール染料は、他の赤と比べてより色が鮮やかで、色落ちしにくく、使いやすい。その上、交易品としても理想的であった。軽いし、高価であった。その地に居住していた競争相手のトラスカルテカ族とアステカ族の商人たちは、スペイン人が現れる前、コチニール染料を地元一帯で競って売り歩いていた。一六世紀半ばには、ヌエバ・エスパーニャ［スペイン帝国副王領］における［ヨーロッパ向けの］もっとも価値の高い輸出品のひとつとなる。

アステカ帝国の指導者たちが以前行ったように、スペイン人の統治者たちもコチニールを貢物として集めた。税として収められる量だけでは、ヨーロッパでのこの染料に対する需要を満たすにはとても足りなかった。まもなくコチニール農業は実収入を伴う商業活動となる。実際その急激な変容は、社会を乱すことになる。

一五三三年、トラスカラ［トラスカルテカ族の王国名］の治政評議会は農民たちがコチニール栽培であまりにも多くの収入を得ていることに神経をとがらせて、換金作物をやめ自給農業を行うよう強制した。農民たちは自給用の農産物を育てるかわりに、市場へ行って一般の食料農産物を買うようになったために、農産物が値上がりしてしまう。評議会の面々は、植民地時代前からのエリート層出身者たちだったが、コチニールによる「にわか成金」の誇示的散財を嘆いた。「サボテン園の持ち主もコチニール商人も、中には［贅沢な］木綿のマットに寝て、妻たちは大ぶりのスカートをはき、現金もカカオも衣服もたくさん所持している。その財産のおかげで、彼らはすっかり偉ぶって大きな態度をとる。コチニールが知られる前は、コチニールサボテンを植える者はなく、事態はこうではなかった」と、不満たらたらの記録が残されている。[*35]もちろん、コチニールは何世紀にもわたって知られていたのだが、海外の巨大市場は新しい展開であった。
コチニールの輸出量は時が経つにつれてどんどん増加する。一六世紀の終わりまでには年に平均一二五―一五〇トンが海を渡った。しかし、年によっての差がかなり大きかったようだ。例えば一五九一年には積荷が計一七五トンだったのが、一五九四年には一六三トンに落ち、一五九八年にはなんとその半分にまで激減している。ヨーロッパのテキスタイル業者たちは毎年ヌエバ・エスパーニャから戻ってくる小船隊がどのくらいの量の染料を持ち帰ってくるか、それがどのくらいの値段で売られるか、いつも固唾を飲んで待ちわびていた。事前の予測は、もしかすると商売上貴重な情報となるかもしれず、歴史家の研究によると、一六〇〇年までには、新大陸の昆虫はヨーロッパでは不可欠な染料源となっていた。

ヨーロッパのあらゆる取引市場からその年の取引にかけられる分のグラナの量についての報告書や、見積もりや、予測などが飛び交った。「コチニール船隊」についてのブリュッセルからの最新の通報は、一五六五年にローマから再送されている。アントワープからの速達便は一五八〇年の受領書の総計を見積もっている。また、メキシコから送られた手紙は一五八六年にコチニールを載せた船が一隻船出したということを伝えている。

ヴェネツィアのカルミン商人たちは、利潤の高い赤染料市場のシェアを失い、代わりにスペインの輸入業者たちによってコチニールがアムステルダムやアントワープを通してヨーロッパに流れ込んだ。一五八九年から一六四二年の間に、アムステルダムでのコチニールの値段は四倍に膨れ上がる。[*36] スペインはコチニール貿易を完全独占し、他国の船が関与することを厳しく禁じていた。海賊や密輸業者たちはその禁令を破ろうと力を注いだが、なかでもエリザベス一世時代のイギリスはスペインと冷戦（時には熱戦）状況で、イギリスの私掠船の多くはスペインのコチニール輸送船を標的とした。最大の略奪結果をもたらしたのは、エリザベス女王と懇意の間柄であるロバート・デヴァルー、第二代エセックス伯であった。彼は一五九七年に、三隻のスペイン船を捕獲し二七トン以上のコチニールを持ち帰ってきたのである。そのすぐ後でエセックス伯は自分の肖像画を描かせている。画上の伯爵は濃い赤の礼服を着用しているが、それが新世界の赤染料で染められていただろうことは想像に難くない。[*37]

アメリカ大陸はヨーロッパの染色業者たちに新しい染料源をもたらした。しかし、インドとの交易は競争と刺激をもたらすことになる。

一六世紀にポルトガル人がインドにたどり着いた時、彼らはヨーロッパの人々が見たことも聞いたこともないような布地を持ち帰った。軽くて薄い木綿地で、鮮やかな色で染め上げられ、しかも洗っても色が落ちないすばらしいものだ。きめ細かく織られたインドの木綿地は、それだけでも驚愕の的だった。柔らかくて、風通しが良く、洗いやすくて、肌にゴワゴワするリネンや洗いにくいウールや値のはる絹とは全く異なる、奇跡のような布地だった。しかも、その色合いときたら！　木綿は植物繊維であるため、ほとんどの染料に馴染まない。ところが、インドの染色人はありとあらゆる色合い、

18 世紀作の彩色されたパランポア（ベッドカバー）。スリランカへの輸出用にインドで作られたもの。これらのテキスタイルは人々に珍重され、壁掛けやテーブルかけとして使われた（メトロポリタン美術館）。

赤、青、ピンク、紫、茶色、黒、黄、緑、しかもそれを様々な濃淡の度合いで染めるテクニックを完成していた。当時のヨーロッパのテキスタイルは、模様を織り込むかもしくは刺繍するかで、デザインを表現した。が、インドの木綿地は多色描きあるいは、多色刷りだ。それらはチンツ、キャラコ、アンディエンなどの名前で呼ばれ、ヨーロッパの人々にとっては全く驚き以外の何物でもなかった。

「ある分野では、インドの工芸家たちはヨーロッパの発明力をはるかに超えている。つまり、チンツやキャラコとよばれるデザインのことだ。色彩の美しさにおいても、染色の耐久性においても、ヨーロッパではとても太刀打ちできないものである」と、東インド会社の所属牧師であったジョン・オヴィングトンなるイギリス人は、一六八九年インド西部への旅行録に綴っている。それまでには、東インド会社は一年に一〇〇万枚ものキャラコ地を母国へ持ち帰っており、それは輸入物全体の約三分の二を占めていた。それでもまだキャラコの需要は尽きることを知らなかった。このアジアからのプリント地と競うために、染色業者たちは手を打たざるを得なくなる。まずはそれまでの染色過程を改善し、新しいテクニックを習得しなければいけない。[*38]

そういった背景のなかで、ルイ一四世の強力な財務大臣で、またフランスの統制経済政策の父とされているジャン＝バティスト・コルベールが、染料業界により厳しい規制を敷くことを提案する。「もし絹やウールや糸の生産が、商業を維持し収益をあげるという役目を果たすのであれば」という書き出しで、彼は一六七一年王に書状を書き送っている。

染色というものは自然のなかに見出される様々な美しい色合いを作り出す。それは魂であり、それがなければ体は命をやどさないであろう……布地の交易を促すために、染色は美しいことだけではなく、染められた布地の色ができるだけ長くもつように上質でなければいけない。

コルベールは、効果的な染料の製造法を公表し、研究費を捻出した。また業界基準を定めて実際に行使した。染色工たちは［基準に沿った］最高レベルの技術を使うべきだという彼の政策は、一見意味をなすように思えたが、実は矛盾を抱えていた。一方では新たな技術の開発を禁じ、同時にもう一方では改善をもたらした染色工の案には報いるという項目を有していたのだ。科学史研究家によると、「実験の結果は報われたが、実験そのものは違法というわけだ」[*39]。

インドの染色工たちは、コルベールの定めた業界基準のプログラムを推し進めようとする役人たちが見たら眉をひそめたであろう試行錯誤を経て、染色の方法を開発した。何世紀もかけたその努力の結果は、明らかに成功していた。しかし化学的な基礎がなければ、どこをどうすればどのような進歩の可能性があるかとか、今行なっている手順や材料のどこが無駄であるかといったことを知ることができない。それに対してヨーロッパのキャラコ熱は、化学という分野が科学の一端として発展する時期とちょうど重なり合っていた。

一七三七年に始まって、フランス政府は国内の第一線の化学者たちを染色検査官として任命するよ

フランスのゴブラン染色所の図。18世紀の百科事典の挿絵。元々はゴブラン家が所有していたが、1662年にコルベールの指揮のもとにその染色所は周りの土地と共に政府に購入され、宮廷への布製品の供給源となるとともに、染料レシピや技術の改善のための研究センターとなった（ウェルカムコレクション）。

うになる。その役職は名称から想起されるイメージよりも、実はずっと権威があった。その職を得られなかったある候補者は「この任命はおそらく科学分野のなかで最高のものであるのに」と嘆いている。[*40] 報酬は素晴らしかったし、最高レベルでの化学研究を援助するものだった。彼らは実験を行い、講義をし、なぜ特定の物質が繊維に決まった色を与えるのか、なぜ特定の染料が長くもつのに他のものは褪せてしまうのか、その違いを見出すにはどういう実験をすればいいかなどに関して本を出版した。染色のプロセスというのは、化学的なものなのか、それとも物理的なものなのか。染色はアイザック・ニュートンの光学に関する理論とどのように関連するのか、繊維を色付けるのに染料は、塗料として機能しているのか、それともうわぐすりのように［特殊な層を形成して色を加えて］機能しているのか、もしくは全く異なる物理的作用が起きているのか。この官職を引き継ぐ検査官たちは、次々に自らの考えを発表し、自説に先立つ理論の欠陥を丁重ながらも指摘した。

この化学の発展段階の初期においては、化学が新たな染料を生み出すと言うよりも、染色過程が化学的実験を刺激したと考えた方が事実に即しているだろう。染色工場で働くことは、科学的思考の最先端を行く手段であった。まさにその理由で、二〇歳そこそこであったジャン＝ミシェル・ハウスマンはそれまで勉強していた薬学を投げだし、兄と同じドイツのテキスタイルプリントの会社に勤めることになる。兄がビジネスに専念するかたわら、ジャン＝ミシェルは染色の技を磨いた。一七七四年、兄弟はフランスのルーアンで自分たちの捺染生地の会社を興す。翌年、会社はアルサスのロゲルバックに移された。

移転するやいなやジャン＝ミシェルは、自らの化学的知識と技能とを試されることになる。同じ染料を使い同じ工程に従っているのに、前の工場では鮮やかな色が出たものが新しい工場では鈍い色になってしまう。アカネを使って消費者の望むスカーレットレッドを出すつもりが、なぜか冴えない茶色がかった赤になってしまう。彼は原因を追求してあれこれ調査を重ね、その主犯が地元の水であると判断するに至る。ルーアンの石灰を含む水は赤を鈍くしてしまう物質を取り除いていたと結論づけ、彼はロゲルバックの軟水に白亜（チョーク）を加えることで、みずみずしい色合いを作り出すことに成功した［通常染色には軟水の方が望ましいのだが、アカネは例外である］。

「ハウスマンは科学を産業に応用するという絶大なる功績をもたらした。その化学知識のおかげでシノワーズコットン［一八世紀にヨーロッパで流行していた中国風のファッション］が極めて魅力的となった理由である美しい色彩の数々を模倣できるようになった」[*41]と、当時の記録は結論づけている。しかしあえて言うなら、その違いを生み出したのは化学の理論ではなく、化学の実践である。ハウスマンのような若い化学者は、異なる結果をもたらすかもしれない可変要素を加える、系統立てた実験のやり方に通じていた。実際に［化学的に］何が起きているのかは、推測する以外誰にも分かってはいなかったのである。

カルシウムが元素として確認されたのは一八〇四年のことだ。元素や結合物といった概念そのものが革新的だった。当時化学者たちは、染色は色素の粒と繊維の細孔とが物理的に相互作用して起こるとか、あるいは染料が燃素（フロギストン。一八世紀に一時期可燃物に含まれると信じられていた物質）と作用して起こされる化学反応であるとか、あるいは、色素と燃素が結合した結果である、などといった説明をしていた。

ジャン＝ミシェルがロゲルバックで染色の結果を調べ上げているあいだに、同じフランス人であるアントワーヌ・ラヴォアジエは化学のやり方をすっかり変えてしまうような斬新な研究を行なっていた。彼は、燃焼は燃素とは全く関係ないという結論を出す。燃焼は、当時新たに発見された吸引することのできる気体、つまりイギリスの科学者ジョゼフ・プリーストリーが「純粋なる空気」と呼び、ラヴォアジエが「オキシジェーヌ」と命名した酸素が、物質と結合することによって起きると説明した。

一七八九年に、ラヴォアジエはその革新的な著書『化学原論 *Traité élemenaire de Chimie*』を出版した。その中で彼は、元素、結合物、酸化の概念、および今日に至るまで使われている化学化合物の命名の原理などを提示した。アメリカ化学協会によると、この本は「教科書として現代化学の土台を形成した」

> [この著作では] 化学反応における熱の役割や、気体の本性、塩を組み立てる酸と塩基の反応、化学実験で使われる器具などについて、詳しく記述されている。歴史上初めて、質量保存の法則が定義された。ラヴォアジエは「……全ての化学反応において、その前後で物質の量は変わらない」と断言している。おそらく、この本でもっとも顕著な特徴は「単一物質のリスト」だろう。これは当時知られていた元素のリストで、化学史上初のものである。[*42]

ラヴォアジエの強力な支援者の一人はクロード・ルイ・ベルトレーだった。彼も染料検査官の任務を果たした人物である。一七九一年に、ベルトレー自身、新しい化学の知識を染色に応用し、業界の規範となる著書を出版している。テキスタイル史研究家ハナ・マーティンセンによると、「ベルトレーは一般の化学に関する疑問点に対処するのと同じ方法で染料に関する疑問点を分析調査し、染料の化学構造をその物質の特性に結びつけた。このアプローチは彼の考え方を表しており、その結果**テキスタイルの染色は伝統的なレシピや偶然起こる改善法に基づいた工芸から、化学的知識と組織的な改善とに基づく現代技術へ変わった**（太字は原文のママ）」[*43]。

というのが、理想的な見解であった。その昔の『プリクトー』のような手引書もそうだったが、実のところベルトレーの本は化学的な解説もないまま多くのレシピを含んでいる。化学は未だにその幼少期だったと言えるだろう。未明の部分があまりにもたくさんあった。例えば、酸素に関する研究の副産物として、ベルトレーは塩素漂白のプロセスを開発する。これは何ヶ月もかけて灰汁（アルカリ性）とバターミルク（酸性）の媒体を入れ替わりに使って布地を草はらに干すという方法よりもはるかにすぐれた漂白法であった。だが、ベルトレーは塩素が酸素化合物とは異なる、それ自体が独立した元素であることを最期まで知らなかった。[*44]

未知の部分は多々あったが、それでも新しく進展しつつある化学は、染色人たちが長い間不思議に感じていた現象をある程度解明してくれた。なぜインディゴが最初の青からほぼ透明になった後再び青くなるのか、なぜ青い泡がインディゴ桶の表面を覆うのかといった謎の原因が、ベルトレーの観察によって多少なりとも説明される。

異なる度合いの脱酸過程を経ることで、インディゴ溶液は異なる濃さの色合いを生み出すようである。もっとも進んだ段階では溶液はほぼ無色となる。酸化の度合いが少ない場合は、黄色に近づき最終的には薄緑っぽい色合いとなる。
溶液中にあるインディゴの素が空気に触れる部分［つまり液の表面］は空気中の酸素を吸収する。

酸素がその物質と結合して、インディゴの藍染料となる。そのため表面が青くなるのである。〔酸化の一環として〕泡だちも生じる。最初は緑っぽいが、また青いトーンにもどる。これはフランス語でフルリーと呼ばれる色、つまりインディゴのことで、適切に調合されかき回された桶のなかに生じる。[*45]

分子構造に関しては全く無知であったベルトレーは、インディゴが複雑に変化するプロセスを十分に説明することはできなかった。しかしラヴォアジエの原理によって少なくとも正しい方向へは向かっていたと言えよう。なぜ染料が特定の色を作り出すかという問い——これに答えるには量子物理学の知識が必要となる——に固執するかわりに、染色化学者たちはそこで起きている反応に注意を向け始めた。ニュートンがラヴォアジエを導いたように、またフロギストンが分子構造に取って代わられたように、化学はそれまでの染色人たちが夢にしか見られなかった力をその手にもたらすこととなった。一世紀以内にあちこちの研究所からありとあらゆる色彩の染料が生まれるようになり、残された唯一の難題はそれらとりどりの色にどういう名前を振り当てるかということだった。

美術館に展示されたその絹タフタのドレスは外観といい出自といい、特筆するようなものではなかった。午後の外出向きに、襟元が高くウエストは細くしまっていて、ベル型のスカートといった、一八六〇年ごろの典型的なドレスだ。数多いボタンは全部前についていて、小間使いなしでも自分で着られることを示している。目を近づけてよく観察すると、脇の下にはうっすらと汗のしみが見られる。縫い子はドレスの布地でパイピングや縫い代をきちんと始末しているが、デザインそのものは目を見張るようなものではないし、オートクチュール（特別仕立て）ではありえない。このドレスを作った者は、ミシンを使っている。

しかし、特にどうということのないこの衣装は、歴史博物館の展示品ではない。実は「ファッションを未来へ前進させる」テーマの衣服を集めたニューヨーク州立ファッション工科大学美術館にあるものだ。色の歴史という企画の展示でこのドレスを見て、私はその理由を即座に理解した。ドレス地の縞模様の黒と紫の色合いの濃さは、それまでに染め出されたどの布地よりも鮮やかで濃厚だ。一つの衣服として展示されているが、実はここに現わされているものは、大地を揺るがさんばかりの変化をもたらした人工染料の到来であった。いったんこのように深遠な黒と目のさめるような紫を見てしまったら、またはショッキングピンクや、マラカイトグリーンといった、そういう限りない色の世界に踏み込んでしまったら、人々が視覚上期待するものは二度と元［の褪めた色の領域］には戻れない。

白黒の挿絵や繊細に色付けられた銅版画や、ヴィクトリア女王の黒い寡婦用ドレスなどで植えつけられた先入観によって、私たちは一九世紀の女性たちがなにかと陰気な服装をしていたと思いがちだ。だが、テキスタイルや染料業者のサンプルカタログをみると、全く異なる世界が広がる。ページをめくるごとに鮮やかな色が次々に現れるのだ。「何ということもない商品でも一九三種類もの魅力的な色のバリエーションがあります。それも、各々の色に四から六段階にわたって濃淡の選択ができ、それぞれ異なる質感を与えます」と、一八九〇年一一月発行の『デモレストファミリーマガジン』はカタログに掲載されている色彩の豊かさを賞賛している。

白黒の銅版画に描かれている格子柄のブラウスは、実際は濃い黒の地にピンク、青、黄、白の線模様だったかもしれない。歩いている女性の揺れるスカートの微妙な渦巻き模様は、真っ黒の地に華やかなピンク、緑、または紫の柄模様かもしれない——漆黒そのものが、近代化学の勝利といえる。緑はそれまでは作り出すのが非常に難しい色だったが、ありとあらゆる色合いの緑をつくることが達成された。一八九一年四月の『デモレストファミリーマガジン』にて特集されている服はツーピースで刺繍の入った薄緑色のベンガリン（絹と木綿の混紡）のスカートと、上着は身ごろがスチール製のビーズで飾られた緑の絹のあや織に、袖は濃い緑のベルベット地というものである。

色の対比という点を強調して、雑誌は読者に勧める。「どんな色のどの濃さでも黒にはマッチします。トルコブルーが特に人気があります。灰色とくっきりした黄色、レトロなピンクと原色の赤、ちょっと褪せたローズレッドに艶やかなローズレッドを合わせるのも粋ですし、青とゴールド、ピンクとゴールド、薄茶に若草色、などが人気の組み合わせです。また、茶色とクラシックなローズ色、またはシダのような緑、明るいフレンチブルー、それか金色なども」[*46] もっとも豪華な絹のベルベットから廉価な木綿地まで、一九世紀末の布地はそれまで存在しなかったおびただしい色彩の氾濫状態を迎えたのである。

これら色とりどりのテキスタイルは単にファッションの歴史における目覚ましい展開を示しているだけではなく、同時にテクノロジーの歴史の上でも重要な意味合いを示している。人工的に作られた染料は、近代の化学産業を興したと言えよう。一八五〇年代に始まり、新しい染色を追求して次々に化学者たちが雇われることになった。染料の需要が職業を作り上げ、問題解決の必要性や高収入の可能性が、ちょうど今日IT業界に有能な人材が集まるように、その時代の最も聡明でクリエイティブな人々を引き寄せた。染料化学から生まれた刷新、変革の結果は、政治、経済、そして軍事的勢力の均衡を変え、また歴史上初となる驚くべき薬剤を生み出し、プラスチックと化学繊維とを作り出した。「一九世紀末、色彩を人工的に作り出す技術は科学知識と産業技術を結びつけ、研究所と近代的企業とを連帯させた。染料を作った者たちは、続いて写真現像の必需品、殺虫剤、レーヨン、合成ゴム、合成樹脂、固定窒素を開発し、そしてこれは軽んじてはならないことだが、製薬業界へも［その技術は］拡張していったのだ」と、科学史家は語る。[*47] 言いかえれば、染料は現代を作り上げたのである。

全ては産業廃棄物から始まった。

石炭をドーム型の釜で高温乾留して精製したものがコークスで、鉄や鋼鉄製の溶鉱炉の熱源として使われた。その過程で生じるガスが石炭ガスで、一九世紀の街の住居や店や街灯のあかりを灯すのに使われた。石炭を精製濃縮させた燃料に変換させたあとの残りは、コールタールと呼ばれる黒い油状の物質となる。この炭化水素の泥液は無益な副産物に見えたのだが、アウグスト・ヴィルヘルム・ホフマンというあるドイツ人の大学院生の興味を引いた。彼は窒素を含む有機化合物を研究していた。その種の化合物は植物や動物に含まれる。そして、コールタールにも同じ化合物があることがわかる。このことは一九世紀の化学者たちを不思議がらせた。［異なる物質の］それぞれがどのような元素でできているかをつきとめても、それはあまり意味をなさなかった。というのはそのリストは基本的に同一であったからだ。炭素、水素、酸素、そして時折、窒素、硫黄、リン。同じ元素でできている化合物なのに、何が［物質間の］違いを生じさせているのか。ある原子は他の原子に難なく替えられるのに、他の原子の場合はその代用性が効かないのはなぜか。アウグスト・ケクレが一八五〇年代の終わりになって炭素原子についての理論を発表し始めるまで、化学者たちは炭素原子が鎖や輪状の形を組むことができるといった分子の構成について十分に理解していなかった。それまでは、特定の化合物を定義することだけでも、非常に困難だったのだ。

一八四三年に発表された最初の科学論文で、ホフマンはコールタールから抽出されたアルカロイド（植物塩基）はその前に発見された三つの化学物質と同一であることを論証した。そのうちの一つは同じくコールタールの産物であるベンジンから作られた物質で、二つはインディゴの草から蒸留された物質だ。四つの別個のものであると考えられていた物質は、実は一つの化合物だった。それは六つの炭素原子、七つの水素原子、一つの窒素原子［C_6H_7N］を持っていた。別の言い方で定義すれば、アミノ基（二つの水素と一つの窒素）に加えて、別個の組み合わせである六つの炭素原子と五つの水素原子［$C_6H_5NH_2$］を有していた。ホフマンはこの結合物をアラビア語で「インディゴ」を意味する言葉を使って、アニリンと呼んだ。

ホフマンの発見は、実用面での応用の可能性を示した。つまり、植物にある化学物質と同じものを工業用炭化水素から作り出すことが可能だという展望だ。例えば、モルヒネやキニーネなどの救命治療に肝心な薬品には、植物から抽出されるアルカロイドが不可欠なのだが、ホフマンのこの研究結果は実験を続けることで、ゆくゆくは化学者たちがこのような生命維持に必要な物質を人工的に作る技術を達成できるかもしれないという希望を持たせたわけだ。ホフマンはアニリンを自分の〈初恋〉と呼んで、その後生涯のほとんどをアニリンと他の様々な化合物との関係についての研究に費した。[*48]

一八四五年、うら若き化学者ホフマンは新しく設立されたロンドンの王立化学大学の初代学長として就任する。この施設は未来の医者や弁護士や技術者に化学の基礎知識を教えるためではなく、専門

ウィリアム・パーキン（左）十代で最初の人工染料を発明した。その教師であるアウグスト・ヴィルヘルム・ホフマン（右）インディゴ草にあるアニリンがコールタールにも存在するという重要な発見をした（ウェルカムコレクション）。

の化学者たちを訓練するための学校として作られた。新たな発見は次々と報告されていたが、世界は未だ謎に包まれている混沌とした状況で、有機化学にとっては実に意気軒昂たる時期であった。化学教育そのものがまだ確立されていないこと自体が、気概旺盛な若いエリートたちにとってより魅力的に思えた。この新たな任務について、ホフマンは熱心でひたむきな学生たちにドイツで開発された実験技術を教える。彼自身がまだ二〇代で、即座に学生から信頼される指導者となり、その当時学生だった者が後日語るには、ホフマンは「学生たちを意のままになびかせた」

［ホフマンは］必ず一日の仕事時間内に二度は研究室の学生の一人一人を訪れて、全くの初心者を教える労苦をいとわず手取り足取り指導することを日課としていた。それほど将来性がなさそうな者で

あっても実に嬉々とした様子で指導にあたり、彼らを上級レベルへと導くのが自分の仕事だと信じていた。そういった学生には、最初の研究を進める上で順次従った論理的なステップこそは、学生自身がすでに調査能力を身につけたことの結果なのだと難なく信じ込ませるのだった。その実、その研究内容は指導教官であるホフマンがその学生のために選んだトピックであったし、また調査能力というのも、単に、もしくはほとんどの場合、偉大なる権威であるホフマンがたくみに指導に当たったことの結果であったのだが。[*49]

ホフマンの教育に対する情熱を回顧して、後日最も名を知られるようになったホフマンの教え子のある学生は、次の思い出を語っている。ある時、ホフマンがいつものように研究所内を回っていた時、彼はある学生が実験で作成した物質を手に取ると、自分がいつも持ち歩いている時計皿［化学実験で使われるガラス製の皿状のもの］に少量を取ってそれに腐食性のアルカリを加えた。するとその化学物質はみるみるうちに「目もさめるような緋色の塩」に変わった。周りに集まってきた学生たちを勢いこんで見回しながら、ホフマンは明言した。「諸君、新たなる物質はあたり一面に**漂っているのだ**」と。

ホフマン自身は、化学の深淵なる世界にすっかり魅了され、純粋科学の道を好んだ。とはいうものの、彼もまた大学を援助する者たちもこの施設の研究が何らかの実利的な結果を生み出すことを願っていた。当初の段階では、ことはそれほどうまく運ばなかった。「これらの［新しく開発された］化合物を生活上役立つ手段や機能に結びつかせることがなかなかできなかった。キャラコ地を染めることも病気を治すこともいまだ達成していない」と、ホフマンは一八四九年に資金援助者たちに語っている。しかし、それから数年のうちに状況は激変する。それも、とある十代の学生の実験のおかげで。[*50]

ウィリアム・パーキンは、一八五三年、若干一五歳という若さで化学大学に入学した。その天才的な能力はすぐさま明らかとなり、ホフマンは期待を募らせる。パーキンの一番目のプロジェクトはコールタールの派生物を使ったもので失敗に終わるのだが、彼の実験にともなう技術はすっかりホフマンを感服させ、その結果彼はパーキンを自分の研究助手として雇う。パーキンも化学の魅力に取り憑かれていたのだろう、自宅に研究室を設けて、大学が休みの間も自分の研究を続けられるようにしたほどだった。実際、一八五六年の感謝祭の休みのあいだに、彼は世界を覆す発見を成し遂げる。

当時、多くの有機化学者たちは、マラリアの薬であるキニーネ――それは熱帯に生育する樹木の皮から抽出される物質なのだが――を合成しようと試みていた。キニーネの構成は知られていたが、だれもそれを作り出すことができなかった。パーキンもその例に漏れず、キニーネの研究に励んでいた。「これらの化合物の内部組織についてはほとんどなにも知られていなかった。そのため、一つの化合物を別の化合物から作ることができるかもしれないという考えや、そのやり方などは、当然のことながらほとんど理解されていなかったのだ」と、パーキンは後日説明している。

彼の最初の試みは失敗に終わった。無色の化合物ができるはずだったのが、「赤茶色の濁った沈殿物」しかできなかった。諦めず知的好奇心にかられて、パーキンは実験を繰り返す。ただし、今回はホフマンお気に入りのアニリンの化合物を使ってみた。だが、今度もキニーネは出来ない。ただ黒い沈殿物のみ。パーキンはそれが何であるか不思議に思って変性アルコール液に溶かしてみた。その溶液はあっと息を呑むような紫色に変わった。実験は、突如として実益と相なる。薬でなければ、その化学物質は染料に使えるのではないか。

もしこれが違う時代の違う場所であったならば、野心的な若い化学者はこの実験の失敗作を捨ててしまったか、またはもともとの目的のためだけに沈殿物の構成を調べるだけで終わったかもしれなかった。染料のことなど、思いつきもしなかっただろう。しかし、一九世紀のイギリスではテキスタイルは第一の主要産業であった。それに付随して染料業も重要な産業だった。鮮やかな色彩の溶液は、当然染料事業の利益を喚起させる――例えばこの場合がそうだったのだが、その色が特に好まれる流行色であったならば、なおさらのことだ。パーキンはこの摩訶不思議な溶液を布地に試してみた。「斯くして、新たなる試みにより染色剤が生成される。絹地を美しい紫に染めたのちに、この化合物は非常に安定しており、ならびに太陽光に対しても長時間にわたって耐え得るものと判明する」と、彼は書いている。

ただし、パーキンは合成の仕方を発見したといっても、自分が作り出したアニリン紫の構造を理解したわけではなかった。その分子式はまだ解明されておらず、ましてや分子構造もわかっていなかった。だが、彼はその有益性を直感した。「[パーキンは]実験結果を解釈することよりもむしろ役立たせることで、最初の突破口を作ったと言える」と、ある科学史家は見ている。「事実、一八五八年から一八六五年までの間に発展した原子価と構造の理論が確立されるようになるまで、研究室の外で有機化学の研究結果が何らかの価値をもつとしたら、それは染色業界であった」

さらに染色の実験を続けた後、パーキンは商業的展開を検討するためにスコットランドの染色会社に連絡を取る。「もしこの発見が商品の値段を吊り上げないのであれば」という書き出しで、経営者の息子は返事を送った。

正直なところ、今日まで長い間に発明されたものの中でも最も価値ある成果の一つです。この色は様々な種類の商品を全て含めて、皆が今まで長年待ち望んでいた色です。これまでの試作品では、絹地では褪せてしまい、木綿糸では非常にコストがかかるという結果でした。同封したものは、当社で一番上出来なライラック色の木綿地サンプルです。イギリス国内では我が社のみで染められる色です。それでも、色落ちしないとは言えません。あなた方がなさった色落ちテストには到底かなわないものです。空気にあたるだけで色が褪せてしまいます。絹の場合だと、色合いは到底保たれません。

その年の秋パーキンは大学を離れ、自らティリアンパープルと名付けた染料を商品化することに専念する。起業家がたいていの場合そうであるように、パーキンも事業に関して無知だったことが幸いした。もし事業を起こすことがどれほど大変なことか知っていたら、おそらく手をつけることはなかっただろう。実際、ホフマンは彼に警告を放っている。パーキン自身も後になってその困難さを認めている。「それまでに、私自身もまた友人らも［化学製品製造の］事業を経験したことがなかった。私が持っている知識というのは本によって得られたものでしかなかったのだ」と。事業として製造に関わることとは、研究所で少量の染料を作り出すのとは比較にならないほど大変なことであった。

染料を大量に合成するには、まず染料の一部分であるアニリンを作らなければいけない。アニリンはベンジンから作られるので、そのための工業装置が必要だった。「必要な装置だとか、その装置を使ってどのような作業が行われなければいけないかとか、今までの経験とまるで異なっており手本として真似るものもなかった」と、パーキンは回顧している。装置以外にも、絹は染料を吸い込み、木綿ははじいて寄せ付けないという問題があった。収入見込みのおおかたは木綿だった。特に木綿のプリント地だ。プリント地の捺染業者が、それぞれの色が他の色と混ざらずに定着させられる方法を達成するまで、数年かかった。パーキン自身、商品として布地を捺染する新技術を開発したり指導したりするために、仕事場へ出向いては長い時間を費やした。

その絶え間ない努力はついに実を結ぶ。一八五九年、フランス語で命名されたモーブと呼ばれるこの染料は、大成功を収める。あまりの人気に、イギリスの風刺雑誌『パンチ』は「モーブ麻疹《はしか》がはやっている」と触れ込んだ。他の化学者たちも、パーキンを真似て、次々に人工染料を作ることに注力した。中にはモーブをそのままコピーする輩もいた――パーキンはイギリスでしか特許を取っていなかった。パーキンの発明の成功を機に、「化学の野望が一挙に解き放たれたのである」と、ジャーナリストのサイモン・ガーフィールドはモーブの歴史についての本で書いている。[*51]

数年のうちに、モーブ人気は下火となる。また別のアニリン染料であるフューシャ（深紅色）――フランス人の化学者による――とマゼンタ（赤紫色）――イギリス人の化学者による――が人気となる。純粋化学者であるホフマンですらもついにはこの染料競争に参加し、幅広いアニリンベースの色相の特許をいくつも取ることとなった。ホフマンバイオレットと呼ばれる一連の紫である。人工染料に対する探索が白熱するにつれ、新たな化学産業が育ち始める。特にドイツにおいてその動きは顕著であった。染料を作り出すためのアニリンやベンジンなどのような中間化学物質に対する需要は、新たな生産工場を次々に建設し、いったんその供給が安定すると、中間化学物質のほかの使用目的が模索、開発されるようになる。そこにはもちろん純粋な研究も含まれていた。一八九三年になってパーキンは、染料業界が「化学者たちの発見を実利的に役立て、そしてその返礼として業界の支援なしには手に入れることのできなかった新しい産物を化学者たちに譲り渡したのである。それらの産物は引き続き、さらにより進んだ化学の研究のための材料として貢献し続けている」と、述べている。[*52]

染料開発の研究は、ケクレに始まった分子構造モデルを新たに踏まえた上で続けられた。化学者たちはそれまでは自然の中でしか見つけられなかった分子を合成したり変更したりするようになる。ドイツの企業研究所で生まれた分子の複製は一八七〇年代にはアカネをほぼ無価値にし、世紀末までにはインディゴも取って代わられた。それまでずっと守られて来た常用染料の伝統的染色法は、一夜にして時代遅れとなってしまった。フランスのアカネ畑は、ぶどう園に変えられてしまう。

インドではこの転換が一層急激に進んだ。もっとも輸出量が高かったのは一八九五年三月までの一年だが、その一年でイギリス領インドは九〇〇〇トン以上のインディゴ染料を運び出している。それが一〇年後にはその七四パーセントに減量し、歳入としては八五パーセントの減額となった。理由は一八九七年に合成インディゴが市場に出たことだ。「これらは、旧世代の、当初重要だった産業の後退を示す、実に気の滅入る数値である」と、政府の記録は告げている。「合成インディゴの登場による市場競争によって、天然インディゴは元値が取り戻せないレベルにまで値が下げられてしまった。そのため、ベンガル地方のインディゴ園は一〇年前の半分の大きさとなってしまい、インド全体を通すと同じ期間に六六パーセントが削減されてしまった」。一九一四年までには、その数字は九〇パーセントとなる。化学は、植民地を地政学的勢力の基盤として無効にしてしまう。それに反して、ドイツ「の地政学的勢力」は上昇しつつあった。そして、世界はその様相をすっかり変えてしまうのである。[*53]

地面にぐるりと輪をかいて並べた七つのプラスチックの桶の真ん中にしゃがみこんで、カリッド・ウスマン・カートリは一枚の布を桶の一つにすっぽり浸す。それから濡れた布地を取り出し、コンクリートブロックの平らな表面に置いて揉みつづける。その次が［文字通り］腕の振るいどころだ。布地の片端を掴むと、残りの部分を頭上に振り上げ布をブロックの表面にバシバシ叩きつける。布地をコンクリートに打ち付けることで、彼は繊細な白黒のデザインを生み出す、型染めの染料の余分な液を飛ばし散らしているのだ。

アジャークと呼ばれるインドの工芸の匠であるカートリは、昔から受け継がれてきた模様に現代的な感覚をくわえた独自のスタイルのデザインで、この伝統工芸に新風を吹き込んでいる。普段は自分の作業所を運営していて、自分で布の打ち付け過程はやらないのだが、今週はソマイヤ・カラ・ヴィッディヤデザイン学院で何人かの外国人のビギナーの学生に型染めを教えているところだ。実は、食べ物があたったようで朝方私の具合が悪かったため授業を遅らせてしまったのだが、おかげでカートリは新たな試みをためす機会を得ることになる。世界を驚愕させたインド染色の色の数々を使うかわりに、鉄をベースとしたモノクロームの染料を使ってみることにした。そのためなのか、やたらと水を使う。

一週間のインド型染めクラスが始まるとすぐ、桶が染料や媒染剤や彫板と同等に染色道具として不可欠であることが明らかになる。注いでは捨て、注いでは捨て、桶いっぱいの水が何度も繰り返し庭先に打ち撒かれる。干ばつ地帯ロサンゼルスの住民である私にすると、これはまことに心が痛む行為である。実はここアダイプールというところも、インド中部の西端の砂漠地帯クッチにある。実際、水の乏しいカリフォルニア南部のほうがまだ水資源に恵まれているのだが。カートリは自然派タイプの人々が好む天然染料を使うが、彼の染色過程は資源の保護という点にはあまり重きをおいていないようであった。*54

環境保全への関心が高くなった現在、多くの人々が産業革命以前の生活は環境への害が少ないものであったと思いがちである。だが、前述のように、染色とはどの段階においてもいたく「鼻白む」行為であったといえよう。常に大量の水と熱源と悪臭を放つ原料（尿のようなにおいのするインディゴ、吐瀉物のようなにおいのする糠水、腐った肉のにおいがする貝の死骸！）を必要とした。何千年ものあいだ、この問題の処置として行われたことは、染物屋を町から離れたところにおくか、または染色工場を世界のどこか違う国に建てるか、染色が自分たちが住んでいるところではない、どこか遠くで行われるようにしたことだ。その見目麗しい結果は手に取って愛でるべきものであるが、染屋の隣に住みたい者は誰一人としていない。

そういうわけで、ロサンゼルスに大規模な染色仕上げ工場があることを知った時はびっくりしてしまった。ロサンゼルスのような大都市では、何かにつけ「うちの近所には御免こうむる（NIMBY）」というのが住民のほぼ公式モットーだからだ。ここでは水は枯渇している。排気ガスは厳しく統制されていて、光熱費も人件費も平均より高いし、それに州の税金率ときたら！

にもかかわらず、スイステックスカリフォルニア社（経営者四人のうちの三人がスイス人なので、この名前だそうだ）の経営者の一人であるキース・ダートレーによると「『経営のやり方を』効率化して、うまくいっています」という。一九九六年に設立され、スイステックスはロスとメキシコにあるプライベートブランド衣料の製造販売を専門とする業者に布地を提供する会社として始まった。そのころ小売業界は品質基準を定めるようになり、請負人は安いものを買い集めるかわりに、色褪せしたり縮んだりもつれたりしない信頼できる布地を必要としていた。布地の供給元はそうした需要をまかなうのに苦労していたが、スイステックスはこの新しいタイプの需要に応える最新式の施設を建設した。

当初の市場は今ではほぼ消滅しアジアへと活動を移してしまったが、未だに残っているのはアスレチックウェアの分野で、これは売れに売れている。スイステックスは染色し、仕上げ、いくぶんかは特定のスポーツウェアブランドのためのニット地も生産する。クライアントにはナイキ、アディダス、アンダーアーマーや、その他のTシャツ、フーディーなどの定番商品にデザイン印刷を施す会社も含まれている。二〇一九年には、ロスの最初の操業地とエルサルバドルにある工場の操業面積をそれぞれ四〇パーセントずつ拡張した。ロス工場では一日に六三トンの布地を染色し仕上げる。長さにすると二七四・三キロメートルにもなる。エルサルバドルではその約三分の二が生産される。膨大な枚数のTシャツが生産されるわけだ。[*55]

もちろん、これは空気汚染につながる。水と電気の大量消費、そして化学物質の垂れ流しにも帰する――染色工業の悪名高き副産物である。次の季節の流行色が［染色工場から］垂れ流されるアジアの河川は、ジャーナリストにとって試金石とも言える。二〇一七年、インドのヒンドゥスタン・タイムズ紙はムンバイの郊外の川で泳いでいた野良犬たちが青く染まっていることを報道した。この暴露記事によって、地元当局は［川沿いにある］染色工場を閉鎖させた。[*56] インド西部のグジャラート州のスーラトはテキスタイル産業の中心地であるが、そこにある小さな染色工場で案内をしてくれたホストは最新型の業務用空気清浄機を見せてくれた。それは石炭を使うボイラーから粉塵を集めて地面に積み上げるというものだ。地元の規則はクリアしているものかもしれないが、アメリカでは決して通用しないだろう。

スイステックスのロス工場内にあるテストラボの染料容器。新しい色のレシピを試作するため、ロボットによって正確な量の染料が計られる。そうすることで浪費を避け、また全く同一の色を再現することを可能とする（著者撮影）。

カリフォルニアの厳しい汚染対策基準に従うために、スイステックスは石炭ではなくまず天然ガスを使う。そして製造工程ラインの最後尾には、排気を最小限に抑えるための熱酸化装置という特別装置を設置している。染められた布を乾かしている空気はその機械に送られ、約摂氏六五〇度の高温で熱せられて、布地からもれた炭化水素は全てここで分解されて二酸化炭素と蒸気にしてしまう。これで汚染対策基準の規制に十分対応するのだが、実はここで話は終わらない。二酸化炭素の粒子は熱源として再活用され、天然ガスの使用量を減らすのに役立つ。それに蒸気も染料液を温めるために使われる。「普通の温度の水道の水を温めて染料溶液に使うかわりに、蒸気を使うことで温める手間と燃料が省けるわけです。これはかなりの省エネになります」と、ダートレーは言う。同じ重さの布地に対して、スイステックスは一般のアメリカ国内の染色工場のほぼ半分、海外と比べるとさらに大きく、燃料の消費を抑えているとのことだ。スイステックスは生き延びた。というよりも、隆盛を極めている。それは、効率化を重要視した経営陣が一キログラムごとの布地を染めるのに必要な水、電力、ガス、労働力を削減する努力をひたすら惜しまず続けたからだ。天窓（トップライト）は照明代を節約し、また窓を開ければ空気の換気もできる。塩とソーダ灰（工業用無水炭酸ナトリウム）は事前に調合しておけば、必要な時にすぐに使えてタイムロスを防げる。コンピューターでプログラムされたロボットは、同じ染料桶の中に入る布地の一巻き一巻きの端を必要なところで正確に合わせて縫いつなぎ、ゆがみや無駄を最小限に抑えることができる。そのほかにも機械装置の修正や染色過程の細かい修正など、普通の訪問客の目にはすぐには見えない様々な工夫が施されている。「できないと思われることの限界を超える努力を積み始めて、二五年になりましたからね。ここにある機械で、最初に送られてきた時のままの姿のものはひとつもありませんよ」と、ダートレーは言った。少しずつ改良することで、大きな進歩が達成できるわけだ。

水の使用の例を見てみよう。一〇年前、スイステックスは一ポンド（四五〇グラム）の布につき五ガロン（一九リットル）の染料水を使っていた。これは実は感嘆に値する低い値である。アダイプールの洗面器に費やした量の七分の一以下だし、工場での使用料としても非常に低い数値である。効率のいい染色場でもたいてい二五ガロン（一〇〇リットル弱）は使っているし、効率の悪いところだと七五ガロン（二八四リットル）も浪費してしまう可能性がある。スイステックスはそれからさらに四〇パーセントの削減に成功した。五ガロンが三ガロンまで減らされたのだ。この成功は単に一つの刷新や一つの器具の入れ替えによってもたらされたものではなかった。染色過程の全体を通して、よりよい器具、よりよい染料、より精密な管理など何百という小さな改善の積み重ねによって成し遂げられたものである。

「経営陣のメンバーの一人がここでストップウォッチをもって、文字通り秒ごとに所要時間を測っている姿を時折みかけます。それはどこでどうすればあと数秒を短縮することができるか、調べているのです」と、ダートレーは付け加える。その昔、一九九〇年代の初め頃、四人の創立者たちは別の染色工場で働いていた。その頃は濃い色の染料を作り出すのに一二時間ほどかかった。今ではそれが四、五時間で出来上がる。時間の短縮は、燃料の減量であり、それは出費の節約につながり、そしてまた環境に関心をもつ者にとっては重要な炭素放出量の削減になる。

この問題は昨今、より多くの人々の関心の的となっている事象である。「このこと、つまり環境問題は今年になって明らかに重要な課題となっています」とは、二〇一九年九月に私がインタビューした際にダートレーが語ったことである。「今年初めて、ブランドメーカーや小売チェーン業者が商品購入の決定要因にサステイナビリティを考慮に入れていることに気づきました。なぜでしょう。それは消費者がもはや無責任な環境政策を鵜呑みにすることを拒否し始めたからです。そしてインターネットのおかげで世の中に起きていることがより明らかに見通せるようになっているし」競争が厳しい衣料業界にあって、現時点で環境対策に関する信用度というものは「企業イメージの、または消費者が商品を選ぶときの判断材料において」相当な比重を占める。消費者はもちろん魅力的で着心地がよく、予算の範囲内の値段の衣服を求めているが、同時に「環境にやさしい」商品が人気を呼ぶようになった。

悪影響を最小限に抑えながら色とりどりのテキスタイルを生産する可能性は、「現代のテクノロジーの範囲内で」徐々に高まってきている。単に野生児のように生きることでそれは達成されはしない「テクノロジーを放棄して自然に戻ることが解決策ではない」。精密な管理、高度な技術、常に改善を進める態度が必要だ。スイス人技術者のように。環境面で安全な染料技術とは失われた工芸ではない。今私たちが発明しつつあるものなのだ。[*57]

第五章　交易商

ああ、羊毛よ、貴婦人よ。そなたは商人たちの女神だ。
商人たちみなが、そなたを崇めたて、そなたの足元にひれ伏す。
そなたの幸運と富とで、ある者は山をなし、またある者は谷底に
突き落とされてしまう。

ジョン・ガウワー、『瞑想する者の鏡』、一三七六―一三七九年ごろ

ラマッスィは、注文を受けた量の上質なウール地を織り上げるのに、寝る間も惜しんで働き続けた。夫は時にはウールの割合を減らせと言ってきたり、またウールの割合を増やせと言ってきたり、彼からの連絡は何かと気まぐれな要求のように思えた。なぜどちらかに決めることができないんだろう。遠い国の顧客がそのような勝手なことを言っているのだろうか。自分がどんな布地をほしいのかわかっていないんじゃないかなどと、彼女はかすかにいらだちを感じていた。何はともあれ、今回織り上げた分の大半はまもなく送り出される。彼女は夫のプースケーンにそのことを伝えようと思った。自分がちゃんと言われた仕事をこなしていることを知ってもらいたかった。少しはありがたいと思ってもらいたかった。

彼女は手の平にのるくらいの大きさの湿った粘土のかたまりを手にし、それを平たく押し伸ばして板状に広げると、左手にのせた。右手に鉄筆を持ち、濡れた粘土板に楔形の文字を切りつけながら便

りをしたため始めた。

プースケーン様へ

クルマーヤが布地を九枚持参致します。イディン・シンは三枚です。エラは持参することを拒否いたしました。イディン・シンも他の五枚は運ばないと申しました。

私あての便りであなた様はなぜいつもこちらからお送りする布地が粗悪だとおっしゃるのでしょうか。あなた様の家に住んで私がお送りする布地を侮辱なさる方は一体どなたなのでしょうか。言わせていただければ、私としましては最善を尽くしております。毎回少なくとも銀一〇シェケルがお手元に入るだけの布地はお送りしているつもりでございます。

ラマッスィより

書き終わると、彼女は粘土板を日に干して乾かした。それをガーゼのような布地で覆い、その外側をまた薄く粘土の層で覆ってから、その粘土の封筒の上に円筒形の判を押し転がす。そうすることで、この手紙［ではなく手板というべきか］が彼女自身の書いたものであると記されるわけだ。使いの者がこれをもって、一二〇〇キロメートル離れたアナトリアのカネシュという町にいる夫に届ける。

四〇〇〇年前に書かれたこの手紙は、その昔カネシュという名で栄えていたトルコの町の遺跡から発掘された二万三千片の楔形文字の粘土板のひとつだが、そのほとんどがプースケーンのような外来の商人たちの居住地で見つかっている。これらの手紙や法的文書は、当時繁栄していた商業文化や活動の様子やそこに携わる人びとの人間像をありありと見せてくれる。実に、現存する遠隔交易に関する記録のなかで最古のものなのである。*1

青銅器時代から今日のコンテナ船に至るまで、テキスタイルは交易の中心を成してきた。からだを覆うものとして、住まいを整えるものとして、テキスタイルは必需品であり美の対象であり、また身分を誇示する財産でもあった。繊維や染料はどこそこの地域で産出され、またどこそこの地域でより望ましいテキスタイルを生産するための特殊な技術を発達させた。だが、その産物である布地は簡単に動かせる。そして地方特有の布地や技術のおかげで名産品の生産が促進され、地元にはないものを補う意味でも各地域間の交易が刺激された。

さらに考慮すべきことは、繊維栽培から織布、そして衣料生産というテキスタイルを生み出す幾重にもわたる過程は、それぞれ時間的にも空間的にも分け隔てられているということだ。ということはすなわち、各々の段階でそれなりの経費が生じ、最終的な販売収益が達成されるのに先立って、それら各段階で生じる経費はどうにかして賄われなければいけないのである。いや、それだけではない。各々の段階ごとに、それ相当の危険が伴う。事故や天災や窃盗や詐欺などで、商品の価値や収益が途中ですっかり消滅してしまうかもしれない。悪天候や害虫、病原菌などの天災に加えて、人間が犯す不法行為などに、どのように対処したらいいか。また、買い求めるものの質や量など、どのようにして確認するべきか。その取引がうまくいったとしても、実際どのような方法で代金が支払われるべきか。商業活動を成り立たせるためには、これらの問題点への対応が必要であった。

紡錘車（スピンドル）やツロツブリ貝の塚のように、この「古アッシリア個人古文書」と呼ばれる粘土板のコレクションは、初期の発明史でテキスタイルが果たした中心的な役割をありありと描いてくれる。ここでいう〈発明〉とは物理的な道具やプロセスではなく、概念的な〈社会技術《ソーシャルテクノロジー》〉である。時間や距離を超え、見ず知らずの人々を相手にしても互いに信頼を築き、危険性を減らし、取引を可能とするような記録方法、合意の取り方、法律を履行する方法や取引の基準などのことを言っているのである。[*2]

平和裡に交易が行えることで、これらの経済的かつ法的な〈社会技術〉はより大きな市場を可能とした。加えて、労働の分担を促し、ひいてはより多種多様でより大きな経済力を生み出すこととなる。それらの概念的な発展事項の数々は、作業所や研究所で工夫、考案された〈発明〉に負けず劣らず、社会の繁栄と進化に不可欠なものである。それだけではない。この［概念的］進展は経済上の利益以外に、人々に新しい見方、考え方、振るまい方、そして伝達方法をもたらすものだ。ここでもまた、この進化を推し進めた力はテキスタイルに対する人々の欲望だったのだ。

ラマッスィは今日のイラクの都市モスル近くのチグリス川沿いにあるアッシュルに住んでいた。何世紀かのちにこの町はアッシリア帝国の名の由来となるのだが、彼女が生きていたころは商人たちに管轄されていた都市国家だった。工業都市というわけではなく、ロバの引き具と女性たちが織ったウールの布地以外には大して売れるようなものは何もなかった。だが、この町の経済的価値は交易の重要な中継点だったことにある。遠い東の鉱山からは青銅器時代の道具や武器などを鋳造するのに欠かせない、銅の合金に必要な材料である錫が運ばれて来た。南からはアッカド人が、女囚人や奴隷たちによって織り上げられた毛織物を持ってやって来た。遊牧民たちはその羊の群れを追って町へ到着すると、そこで羊毛を引き抜いて売った。アッシュルの女性たちはその羊毛を買い糸を紡いで、名産として名高いアッシュル織りの布に作りあげた。その一枚一枚が［当時定められていた標準サイズの］八キュービッツ×九キュービッツ（三・六五メートル×四・一一メートル）だ。「上質のものだったら、これ一枚で奴隷一人あるいはロバ一頭が買える価値があった」と、アッシリアを専門とする歴史学者モーゲンス・トロッラ・ラーセンは言う。

アッシュルは仲買人の町だった――歴史の記録に残る最古の交易中継地だ。おそらく歴史上初の交易地ではないだろうが。町の商人たちは錫やテキスタイルを買い取り、地元の特産品であるウールとともにカネシュへ輸出した。峠を閉ざしてしまう冬の嵐を避けて、一年に二度、ロバに荷を載せたキャラバンは六週間の旅路に出る。例えば、八人の商人たちからなるキャラバンの一行は三五頭のロバに一〇〇枚以上の布地と二トンほどの錫を載せ、旅に出た。その輸出品の一部は、アッシュルとカネシュの二都市に支払う税金、および途中で通り抜ける王国のそれぞれに貢ぐ、道中の安全保証のための通過税として消えてしまう。残りは金と銀とに交換された。手紙のやりとりのなかで、プースケーンはラマッスィに彼女が送ったウール地の売り上げを報告している。何枚分が税金として取られたか、何枚が実際に売れたか、どれだけの収入を持ち帰って来られるか、まだ支払われていない分がいくらあるかなど。この記録は彼が書いた手紙だが、ラマッスィが受け取ったものではなく、

カネシュから発掘された楔形文字の手紙、テキスタイル交易について書いてある。紀元前12-19世紀ごろ（メトロポリタン美術館蔵）。

プースケーンが記録として写しておいた分［が発掘されて］からわかっている。
ラマッスィが鉄筆を使って手紙をしたためていたころまでには、楔形文字はすでに確立してから一〇〇〇年ほど経っていた。そのほとんどのあいだ、文字を使用するのは特別に訓練された記録官などごく一部の者に限られていた。おそらく、全人口の一パーセントぐらいだっただろう。人類の歴史のなかで読み書きの能力を持つ者は、政治的、宗教的な組織の中で働くごく少数の男性に限られるのが普通だった。

が、アッシュルは違った。

「この広域行商人たちの社会では、男性に限らず女性も含めて商業活動に参加する者たちはみな文字を読み書きする能力が必要だった。職業訓練を受けた書士などのいない遠くの村で手紙を受け取っても、自分で文字が読めれば仕事にさしつかえることはない。また、手紙のなかに他人に読まれてはまずいような秘密の情報が含まれている場合もあるかもしれない」と、ラーセンは書いている。古代のアッシリア人にとって、手紙は死活問題にかかわるとも言えるテクノロジーだったのである。アッシリアの商人たちはアッシュルとカネシュの間で、またカネシュで自分の商品を卸した地元の小売業者たちへ、彼ら［＝小売業者］が錫やテキスタイルを売り歩いた周辺の村落に宛てて、商売の指示を記した手紙を送らなくてはならなかった。加えて注文や売買や貸付やその他の契約の記録を取っておかなければいけない。読み書きの能力がもたらす融通性と管理能力は、商売をする上で欠かせないものであった。

時間が経つにつれて、実利的な商人たちは楔形文字を簡略化しより手軽に書き、習得できるようにした。例えば、新たな句読点を加えることで書かれている内容が流し読みしやすくなった。もちろん筆記の上手な者もいれば下手な者もいたが、遠距離交易を家業としている地域社会ではそのメンバーである男性はもちろんのこと、女性もその多くが読み書きに熟達していたのは明らかである。[*3]

交易は、明確な意思の疎通を必要とする。事業主が商売の交渉を自ら直接行うのではない場合はことさらそうだ。プースケーンを例にとってみよう。彼は最初にアッシュルの事業主の代理人としてカネシュに赴いた。その後自分の事業を始め、それが次第に大きくなってきてからも、彼はアッシュルの交易商たちの代理人として仕事を続けた。交易商たちの錫と布とがカネシュにたどり着くと、プースケーンはそれをどう処理するべきかを把握しておかなければいけない。一つの手段はカネシュの市場で商品をさっさと売り払ってしまうことだ。「品物が着き次第、市場でつけられる値段で売り払ってしまえ」と、資金が少ない商人は書き記している。「絶対にツケで小売人に品物を渡してはならない、現金引き換えのみだ」との注釈つきだ。この場合、たとえ売価が低かったとしても売上金はすぐさま送り返されなければならない。

一方、別の手段は布と錫とをもっと高い値段で買うことに合意する小売人に売ることだ。ただし、この場合、ある一定の支払い猶予期間を決めての契約となる。これは負債契約で、両方がそれぞれ封に閉じた契約の写しを持つことになる。負債が支払われた時点でこの封は破られる。アッシュルの別の商人はプースケーンにまた異なる指示をあたえるかもしれない。

錫とテキスタイルをひとまとめにして小売人に売りなさい。利益が確証される限り、短期間だろうが長期間だろうが、商品を信用貸し（掛け）で渡してよろしい。とにかくその値が高ければ高いほどいい。そしてその値段と支払いの方法とを手紙で知らせなさい。

掛けで商品を買い取る小売人はたいてい、カネシュの市場で売れる値段の約五〇パーセント以上高く支払う。彼らはその商品を近隣の村落で売り歩くのだが、そこでは［物資も限られているし競争もなく］より高い値段で売れるので、プースケーンに借金を払い戻しても十分な収益を得られる。この方法だと、仕入れ値が高額であっても最終的には両者にとって有益な取引となるわけだ。

もちろん、それは小売人がカネシュに戻って来て、信用貸しの借金を払い戻すことを前提としている。彼は品物を持ち逃げして二度と戻ってこないかもしれないし、またはせっかくあちこち回っても買い手がつかず売り上げがないかもしれない。賊に襲われるとか、怪我をするとか、最悪の場合死んでしまうこともあるかもしれない。掛け売りは常に危険を伴った。アッシュルからの手紙は、代理人に「お前自身と同じ程度に信頼できる」輩を見つけるようにと、何度も強調している。書き記された契約書を手に、商人は負債者を法廷に突き出すこともできるが、それは負債者が見つかればの話だ。しかし、当時はもちろん現代でも、契約をきちんと守ってくれる相手と商売をした方がずっと理想的なのは当然だ。[*4]

手紙というものは、昔から存在している〈テクノロジー〉で、私たちはそれが存在することを当たり前のことだと思っている。だが、遠距離交易にとって手紙がいかに重要であったかは、想像に難くない。書き手の指示を明確にし、それを伝達し、そして保存する手紙という手段は「商人が自らの商品と財力に関する権威を、場所を超えて顕示することを可能とする道具である」と、ある歴史家は定義している。彼女は紀元一一世紀にイスラム文化圏の地中海を交易してまわったユダヤ人の商人たちについて語っているのだが、[*5]これは電話通信が広がる前のどの時期にも応用できる描写であろう。

商取引が時間と距離とを拡張しつつ行われる時、記録された交信――とそれを可能とする能力――は、それに付随して同時に広がっていくのである。

トルファン（吐魯番）は現在中国北西部にある、新疆に位置するオアシス都市だが、その昔この地の人々は死者を布や皮ではなく、いらなくなった契約書や手書きの書類などで形作った着物、靴、ベルト、帽子などで着飾って埋葬した。再利用された大量の紙片は、全く無作為に収集されたものではあるが、数カ国語を自由に操る住民たちの政体や習慣などの驚くべき記録を残している。中には中国語で書かれた最古の契約書も含まれている。紀元二七三年に練絹二〇反と引き換えに購入された棺の記録だ。もう一つの例は紀元四七七年のもので、ソグド人の商人が木綿一三七反でイラン人の奴隷を買ったという記録だ。これはこの地域では木綿に言及する初の記録である。実は、これらの取引は単なる物々交換ではない。トルファンでは、布は〈社会技術〉の一端であった。ちょうどアッシュルでは銀が貨幣であったように、トルファンでは決められた反数《たんすう》の布が貨幣価値を表していたのだ。[*6]

中国は六四〇年にトルファンを征服している。この新たな統治者は布を通貨として使う体制を維持し、兵士たちの給料や軍の食料補給に布を用いて支払った。鄒崇熙《ズオ・チョンシー》という名前の中国人の兵士が残した帳簿がある。彼はかなり裕福な農民でもあったらしい。帳簿には、彼が何反の絹で馬や羊、敷物、馬の餌料などを購入したかが記されている。硬貨も使われたが、それはもっと価値の低い物を購入する際に限られていた。一五歳の奴隷には六反の絹と五枚の硬貨が支払われた。絹の反物は高い額の紙幣の役を果たし、硬貨は小銭というわけだった。[*7]

唐代（六一八―九〇七）、硬貨の慢性的な不足、とくに農村地帯においてのその問題の対策として、行政府は布地を硬貨の代理として使うことを促進した。七三二年、麻と絹の反物を法貨として認定すると宣言した。八一一年には、高額な購入物はすべて硬貨ではなく布地あるいは穀物で支払うよう命じている。最も重要な点は税の徴収で、それも一定量の穀物か絹か麻の反物を単位として取り扱われた。国の軍隊は、税で集められた穀物を食料として消費し、兵士たちの給料として布地が支給される。兵士や政府の官吏たちは、給料を日常の消費物の購入に費やす。店の経営者たちは、布を商品の購入に充てる。つまり、布は通貨として社会に流通するわけだ。硬貨は会計上の単位であるが、布地もまた、日常の価値交換の手段であった。

九世紀の李肇なる物書きの逸話は、そういった状況をうまく表している。ある冬の日、重たい瀬戸物を山ほど積んだ荷車が雪と氷に覆われた狭い路上で立ち往生してしまった。轍《わだち》にはまって前にも後ろにも動かすことができず、数時間が経つうちにその後ろには旅する人々の長蛇の列ができてしまう。そのうち日も暮れ、あたりは次第に暗くなってくる。

すると、劉頗という名の旅人が手に鞭を持って後ろから進み寄ってきた。「この荷車の壺は全部でいくらぐらいなのか」という彼の問いに、男は「硬貨で七〇〇〇銭か八〇〇〇銭ぐらいだ」と答えた。劉保は持参していた袋から練絹を取り出し、その額を支払うと、自分の下男に荷車に登って縄をほどき、壺などを崖下に投げ捨てるよう命じた。荷を下ろして軽くなった荷車は即座に轍からはずれ、前に進めるようになる。後ろに並んでいた人々の群れは一斉に歓声をあげ、それぞれの旅を続けたのである。

この話は、まず行商人が通貨として絹の反物を常に持ち歩いていたということ、そして貨幣価値を瞬時に布地の量へと換算する能力があった［つまり換算レートを知っていた］ということの二点を示していると、歴史家は指摘する。「取引が即時に行われたと言うこと自体、絹地と硬貨の変換が普通に行われていたことであって、またおそらく一般の人々が換算することに慣れていたであろうことを示唆する」[*8]産業化以前の経済体制では、テキスタイルは良貨に必須とされる特徴を多く有していた。耐久性がある。持ち運びが便利だ。切り分けることができる。反物は決められたサイズで、定められた品質で生産することができる。生産には非常な手間がかかるため生産量はおのずと限られてしまう。と同時に［もし流通量が多すぎる場合には］通貨としてではなく本来の布として使用することで流通から外してしまえるので、インフレを避けられ価値の安定を保ちやすい。

現代の私たちから見ると、貨幣というものは唐代の中国の例のように国家の権威によって設定されるもののように思いがちだが、必ずしもそうでなければいけないという決まりはない。世界のいたるところで商業目的のやりとりの中でテキスタイルは通貨として使われてきた。［布は］国家の法によって作られたのではないが、それによって守られていた。

アイスランドのアウドゥンの逸話は、一一世紀半ばのある夏の初めに始まる。ノルウェー人のトーリーという名の商人がアイスランド北東のウェストフィヨルド半島にたどり着いた。[*9]アイスランドというところは森もなければ農耕を営めるような土地もなく、島の人々は外から運び込まれる木材と穀物に依存して暮らしていた。これらの輸入品にたいしてアイスランド人は地元で使われているのと同じ〈通貨〉を用いて支払った。それはワスモールと呼ばれる斜め織りのウール地だ。トーリーは運んできた商品をアイスランドで売りさばき、帰りの船にはウールを積んで母国へ戻る、という商売を行なっていたのだ。ただし、そこには一つ難点があった。アイスランドの顧客たちは、いつも十分な資金（つまりワスモール）を手元に蓄えていたわけではなかったのだ。

「アイスランドの客は、必要とする小麦粉と木材を織布と交換で購入するのだが、実際の支払いは早くて夏の終わりまで待たないと、必要なだけのウール地を織り上げられなかった」と、法律史とアイスランドのサガ（伝説）の専門家は説明する。「商人は、客が文字通り支払い金を〈作り上げる〉まで待たなくてはいけないため、支払いを受け取るのに長い冬のあいだずっとその土地で待ち続けなくてはいけないような事態もよく起きた」支払うまで商品を渡さないとすると、その間に穀物が腐ってしまうかもしれなかった。しかし、トーリーにとって運のいいことには、アイスランドの英雄であるアウドゥンがやってきて、誰が信頼できる商売相手であるか教えてくれる。今穀物を渡しても、夏の終わりに船を出航するまでには織布を必ず仕上げてくれることが当てにできる客の名を教えてくれた。このサービスの報酬として、アウドゥンはトーリーの船に便乗し、その有名なサガの冒険の旅を始めるのである。[*10]

アイスランドのワスモールは単なる必需品ではなかった。特別に規定された基準に従って織られた製品は、法的に認められた取引手段であり有価物資であった。それゆえに、アイスランドの共和国期（九三〇―一二六二）には主要通貨として使われていたのだ。また、通貨の第三の機能である会計単位として、幅二エル長さ六エル（約一メートル×三メートル）のワスモールは「アイスランドの法的書類、売買記録、教会の目録、農場の登録証などの計量単位、または取引手段として一七世紀にいたるまで、最も頻繁に使われていた」と、人類考古学者のミシェル・ハイユアー・スミスは書いている。[*11]

考古学的発掘による証拠物品も、これらの書き記された記録を裏付ける。ハイユアー・スミスは顕微鏡を通して一三〇〇以上ものテキスタイルの断片を調べ、これらの布地が次第に通貨として使われるようになった明白な証拠を発見した。一〇五〇年以前のヴァイキング時代には、この地の織布は様々なパターンを含み、またスレッドカウントも一様ではなかった。それが中世期のサンプルを見ると、はるかに均一化され、法的に通貨と認定される、驚くほど緻密な斜め織りに統一される。彼女の分析結果が示すことは「標準化が徹底されまた国土全体に広まっていることから、布が実際に計量単位とみなされるようになったこと、全島を通して貧富を問わずあらゆる経済的レベルの住民の間で、生産され流通する一種の〈合法的布通貨〉であったということがわかる」彼女の言葉によると、中世期「アイスランド人は次々とお金を織りだしていたのである」[*12]

次に西アフリカを見てみよう。一一世紀にまで遡って、この地の商人たちも交易をすすめるのに布地を通貨として使用していた。西アフリカの伝統ではケンテ布のように細長い布地を縫い合わせて一枚の大きな布地とするのが一般的だ。だが、衣料などに使われるための幅広い色鮮やかな布地と違って、通貨として使われるための布地は、織り上がるとそのまま染めもされずきっちり丸くコイル状に巻いて紐で結わえられる。商人はそれを地面に並べて解いたり巻き直したりした。移動する時は「コイルを数珠つなぎにして」ラクダの背から両側にひもで垂らして運んだり、または頭上にコイルを据え、ほかの「重かったり形の不規則な」荷物を頭に載せて運ぶのに役立てたりする。織り幅は場所によって違っているので、交易商たちは交換レートの基準を設けて、市場での取引を潤滑に行えるよう図った。布地の長さは通常、女性の巻きスカートの長さだが、それが貨幣価値の基準値となり、それより大きいフルサイズの布はより高い値の通貨となった。
このコイル状布は［布としてではなく］主に通貨として機能したのだが、貧しい人々や砂漠の住民たちが住む北部地域には、この手の布を売買する消費市場が存在していた。その地域では木綿栽培がなされなかった。「しかるに、布通貨はいわば〈一方通行〉とも言えるような特徴を呈していた」と、ある歴史家は書いている。東西方向の交易では布通貨の価値はほとんど変わらない。が、北へ行くと一巻きの布通貨の購買力は高まり、南へ行くと低くなる。そのため、商人たちは旅路の経費の支払い方法を行き先に応じて調整した。

例えばオートボルタ［現ブルキナファソ］の商人が地元で織られた布地で塩を買おうとトンブクトゥへ赴く。これは北上する旅で、その経費は布で払われる。だが、帰り道、南下するにつれて塩の値段が高くなるため、塩で経費を賄う方が得となる。ただし、最初には布［通貨］に変換するために塩を売らなければならないが。

アメリカ大陸からヨーロッパやアジアへ流れ出る金銀についても同じことが言える。アメリカで金銀は比較的購買力が低かったが、ヨーロッパやアジアではより多くのものが買えた。布通貨は実は金銀よりも自己統制がかけやすいため、製品の不足や過多に陥る危険性がより低かった。その意味は、布の商品価値が高まると織人たちは生産量を増やす。価値が下がると消費者はより多く買い求める。この押したり引いたりを繰り返してある程度の期間をおくと、布の商品価値は大体において安定する結果となった。[*13]

通貨というものは、自己永続的な社会協約と言える。未来の経済取引においてそれが同じ価値を持ち続けるという信用を表す形である。買い手と売り手、法廷と税務署が布を支払いの代金として受理するのであれば、明らかに布は通貨である。

一三世紀の終わりにかけて、イタリア北部の商人たちは商売のやり方を改めはじめた。フランス北部シャンパーニュで行われる国際定期市に毎回一ヶ月かけてフランスを横断して参加する代わりに、自分たちはどこへも出かけずシャンパーニュに共同経営者か交易代理人を常に置いて、特別な配達手配を通して商品を送り出すという方法を取り始めたのだ。業務分担の考えは、その昔アッシリアのプースケーンも慣れ親しんでいた方式だが、この時点ではいわゆる一三世紀の商業革命と呼ばれる動きの一部であった。

この方式が取られるようになって、仲買取引の手を経る品物の量は減ったが、定期市で取り扱われる取引自体は増加した。「イタリア商人はシャンパーニュである特定の質のフランドル産の織布を何巻か買う契約を交わす。織布はフランドルからイタリアへ直接送られる。その際、契約が交わされたシャンパーニュの町を通る必要もない」と、歴史学者は説明する。商人たちはそのうちに定期市そのものをスキップし、取引を交わす都市に代理店を開くことを思いつく。そしてパリ、ロンドン、ブルージュなどに店が開かれることとなる。一二九二年には、パリにおける七人の最高納税者のなかの六人がイタリア人事業家だったということだ。[*14]

顔を突き合わせての商談が減るにつれて、手紙や帳簿記録の重要性が格段に増加して行く。ロレンツォ・ストロッツィはフィレンツェの事業主の家に生まれ、一六歳でその膨大なる海外陣営の一部、バレンシア営業所へと送られる。そこから彼は母親に手紙を送った。一四四六年の四月のことである。「毎日ものすごいスピードで書き写しの仕事をしています。うちのだれよりも書くのが早くて、お母さんが見たらきっとびっくりすることでしょう」この一五世紀のゼロックス少年は、商売取引の書類をコピーすることで家業の知識と経験とを身につけていたのである。母親への手紙は、カタルーニャの女性たちの好む生地やファッションに関する描写に満ちており、テキスタイル商人の目の鋭さを示している。加えて、内容についてもその表現法に関しても手紙の作文技法に秀でることが、商売が成功するために必要な技能であることは言うまでもない。[*15]

遠隔操作の商業活動が発展するにつれて、また別の必然的〈社会技術〉が台頭する。信頼できる郵便だ。一三五七年、フィレンツェの商人たちが団結して「フィレンツェ商人革鞄 *scarsella dei mercanti fiorentini*」、略してスカルセラ（革製メッセンジャーバッグという意味）という事業を打ち立てる。運び屋と馬とを雇い入れ、フィレンツェからピサやブルージュやバルセロナへ定期的に往復する段取りを整えた（ブルージュへのルートではミラノやケルンやパリにも立ち寄った）。他の都市の商人たちもフィレンツェを見習って、一四世紀末までにスカルセラはルッカ、ジェノヴァ、ミラノ、ロンバルディアなどの都市から発した。そのうちに、バルセロナ、アウクスブルク、ニュルンベルグなどイタリア外の都市でも同じような配送システムが設置されることとなる。[*16]

スカルセラに運ばれて、手紙は例えばブルージュやロンドンからイタリアやスペインの海岸沿いの都市へたどり着くのに約一ヶ月を要した（船だとずっと速くつくのだが、それは年に二度しか航行しなかった）。

商人たちは少なくとも一ヶ月に一度は連絡を取ったようだ。「二ヶ月音沙汰がないということは非常に稀であった。一ヶ月以上連絡がないと商人たちは焦り始め、報告をするようにと催促の便りを出すのが普通だった」と、歴史学者のジョング・クック・ナムは書いている。彼はフランチェスコ・ディ・マルコ・ダティニなる事業家が残した膨大な商売上の手紙の記録を分析している。この事業家はフィレンツェ近くのプラートという町でテキスタイルの売買と銀行業を営む多国籍企業を経営していた。取引の詳細などが記された手紙があちこちの商業中心地から飛び交う中で、ブルージュはウールやリネン売買の中継点であるばかりでなく「北ヨーロッパにおける最も重要な情報センターとなった」と、ナムは記している。[*17]

取引の内容を記す手紙は、イタリア国内では特に迅速に動いた。一三七五年三月七日、ヴェネツィアの絹商人ジョヴァンニ・ラザーリはルッカの同業者ジュスフレッド・セナミからの二月二六日付けの手紙に返答している。ただ、仕事の内容に触れるまえに、ラザーリはセナミの便りについて一言加えている。期せずして、それは未来の歴史学者にとって当時の郵便事情を説明するのに役立った。「セナミさん、貴君は私からの便りを二日間で四通受け取ったと言っている。私はいつものように水曜日と土曜日に送ったのだが」と。手紙の内容はほぼ市場報告で、絹の値段、国際為替レート、ファッションのトレンドの動きなどだ。「現時点で、ヴェネツィアの若者たちはフィレンツェ風のファッションを取り入れ始めている」など記されている。[*18]

こうした定期郵便サービスのおかげで「フィレンツェ、ルッカ、ピサ、ヴェネツィア、ジェノヴァ、ミラノなどの他国に滞在する事業主たちは、市場の正しい情報を把握した上で取引を行うことができ、また正確な需要に見合うだけの商品を送ることができるようになった」と、専門家は見ている。その証拠として、ダティニ書簡は「ダマスカスからロンドンまで」[*19]の広範囲にわたって商品の値段のリストをほぼ五〇年ものあいだ記録し続けている。手紙のやりとりという手段を通して確立された、この信頼のおける定期的な取引情報交換は、巨大な富を生み出すこととなった。テキスタイルはそのなかでも重要な役割を果たし、そこで生じた財力は人文主義者らの活躍や芸術家の珠玉の作品を生み出す社会の素地を築き上げた。イタリアルネッサンスと呼ばれる現象が、それである。

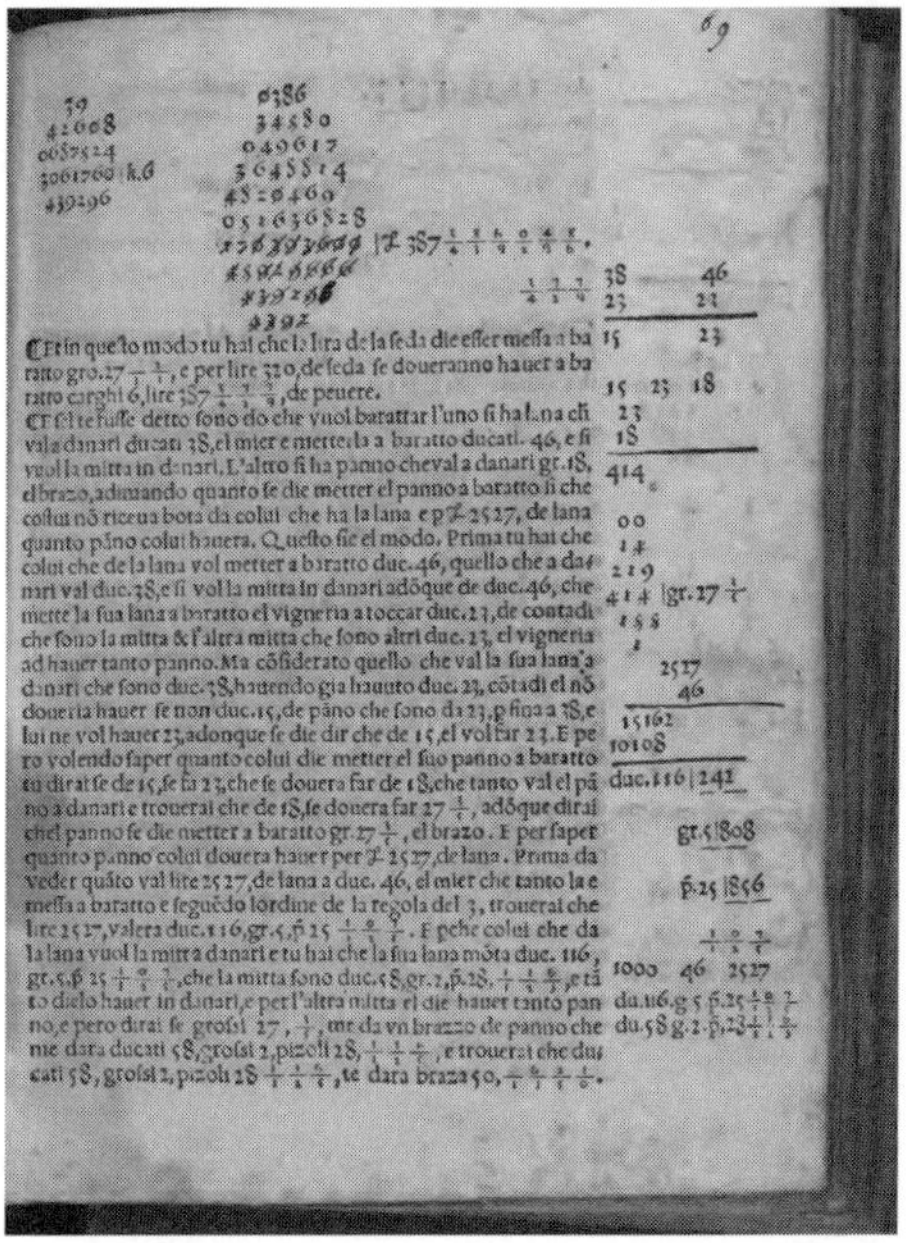
¶ Et in questo modo tu hai che la lira de la seda die esser messa a baratto gro. 27, e per lire 320, de seda se doueranno hauer a baratto carghi 6, lire 357, de peuere.
¶ Et se te fusse detto sono doi che vuol barattar l'uno si ha lana che val a danari ducati 38, el mier e mettela a baratto ducati. 46, e si vuol la mitta in danari. L'altro si ha panno che val a danari gr. 18, el brazo, adimando quanto se die metter el panno a baratto si che costui nō riceua bota da colui che ha la lana e per 2527, de lana quanto pāno colui hauera. Questo sie el modo. Prima tu hai che colui che de la lana vol metter a baratto duc. 46, quello che a danari val duc. 38, e si vol la mitta in danari adōque de duc. 46, che mette la sua lana a baratto el vigneria a toccar duc. 23, de contadi che sono la mitta & l'altra mitta che sono altri duc. 23, el vigneria ad hauer tanto panno. Ma cōsiderato quello che val la sua lana a danari che sono duc. 38, hauendo gia hauuto duc. 23, cōtadi el nō doueria hauer se non duc. 15, de pāno che sono da 23, per fina a 38, e lui ne vol hauer 23, adonque se die dir che de 15, el vol far 23. E pero volendo saper quanto colui die metter el suo panno a baratto tu dirai se de 15, se fa 23, che se douera far de 18, che tanto val el pāno a danari e trouerai che de 18, se douera far 27, adōque dirai chel panno se die metter a baratto gr. 27, el brazo. E per saper quanto panno colui douera hauer per 2527, de lana. Prima da veder quāto val lire 2527, de lana a duc. 46, el mier che tanto la e messa a baratto e seguēdo lordine de la regola del 3, trouerai che lire 2527, valera duc. 116, gr. 5, p. 25. E perche colui che da la lana vuol la mitta danari e tu hai che la sua lana mōta duc. 116, gr. 5, p. 25, che la mitta sono duc. 58, gr. 2, p. 28, e tanto dielo hauer in danari, e per l'altra mitta el die hauer tanto panno, e pero dirai se grossi 27, me da vn brazzo de panno che me dara ducati 58, grossi 2, pizoli 28, e trouerai che ducati 58, grossi 2, pizoli 28, te dara braza 50.

1561年出版ピエトロ・ボルゴ著の『算術の書』のうちの1ページ。布と羊毛に関する物々交換と正貨支払いの対比を表す文章題の解き方を示している（トリノ天文学観測所蔵、インターネットアーカイブより）。

一四七九年、一一歳の誕生日を数ヶ月後に控えて、ニコロ・マキャヴェリはピエロ・マリアという名の教師のもとで個人レッスンを受けるために、普通の読み書きを教える学校を離れた。後日『君主論』の著者となるこの少年は、続く二二ヶ月をインド－アラビア数字と数学、計量・通貨の変換業務などの訓練をいやというほど受ける。[20] 連日、彼は次のような文章題を解かされた。

……八ブラッチアの値段の布地が一一フロリンの時、九七ブラッチアの布地はいくらか。

二〇ブラッチアの布は三リラで、四二ポンドの胡椒は五リラである。五〇ブラッチアの布と同額の胡椒は何ポンドか。

ある種の文章題は、当時の通貨不足を反映するものだった。貨幣で払われるとするとXリラする商品は、他の商品と交換される場合はその価値がずっと増すことになる（この類の問題は、学生が交易に関する常識を有しているものと想定しているため、現代の読者にはなかなかその意味がわかりにくい）。

羊毛の所持者が布の所持者と品物をお互いに交換しようと持ちかける。一カンナの布は、硬貨でなら五リラだが、他の商品で交換したならば六リラ分の価値がある。重さが一ハンドレッドウェイト［略してcｔｗ、約五〇キログラム］の羊毛は三二リラの価値がある。布を買うためにはどれだけの羊毛が交換されるべきか。

羊毛と布とを交換しようと、二人の男が交渉している。一カンナの布は六リラだが、物々交換でなら八リラ分の価値がある。重さ一〇〇cｔｗの羊毛は二五リラだが、物々交換だと一〇パーセント安くなる。羊毛は、どれほどの布と交換されるべきか。

他にも、算数の問題に見えるが、実は単に頭の体操とも言えるようなクイズもたくさん混ぜてある。ある商人が同僚とともに海外に滞在していた。彼は航海に出たいと思った。乗船するために港へやってきて船をみつけ、その船に二〇袋の羊毛を積み込んだ。同僚も二四袋積み込んだ。船は港を離れ海を旅する。そこで船長が言った。「羊毛の荷代を払ってもらわなくちゃいけない」。商人たちは「今は全然現金がないが、私たちの荷から羊毛の袋を一つずつ取って、それを売って荷代に当てて、お釣りがでれば返してくれればいい」と答えた。上陸後、船長は荷袋の羊毛を売って荷代を取った。そして、二〇袋持っていた商人には八リラ、二四袋持っていた商人には六リラを戻した。さて、羊毛はそれぞれ一袋いくらで売れたか、そして船の荷代はそれぞれいくらだったか。[*21]

近代初期のイタリア商業都市は、誰もがその名を知ることになる芸術家や哲学者を多く生み出したのだが、それと共に新しいタイプの教育施設も促進された。*Botteghe d'abaco*［*botteghe* はスタジオ、作業所、貯蔵所など、*abaco* は計算の道具の意味］と呼ばれ、文字通り「算盤塾」と言ってもそれほど的を外れていない。ただし算盤を使ったわけではなく、算術マエストロ（算術士）はペンと紙を使って計算をする、つまりインド－アラビア数字を使って筆算を教えたのである。

これらの学校は『算盤の書 *Liber Abbaci*』というやや紛らわしい名前の本の題から学校の教育内容

を示す言葉を取ったのだった〔『算術の書』あるいは『計算の書』とも訳されている〕。この本は一二〇二年にかの有名な数学者、ピサのレオナルドによって出版された。彼はフィボナッチという名前で、より広く知られているだろう。ピサ出身の商人である父の仕事のために、北アフリカのブギア〔現在のアルジェリアのベジャイア〕で育った。そこで彼は父の商売を手伝いながらアラビア圏の0を含むインド－アラビア数字で計算することに熟練するばかりでなく、その数字の世界にすっかり引き込まれてしまう〔インド－アラビア数字は一二世紀にヨーロッパに入ってくるが、一般に普及するまで数世紀かかった〕。

地中海沿岸の各地を渡り歩いて数学の技能を磨いたのち、フィボナッチはピサへ帰郷する。そこで彼は、今日私たちが使っている数字のシステムを世に広める本を出版した。本の初頭で彼は「この方式は他の〔計算〕方式のすべてを完成させるものである。この科学は向学心に燃える者、とくに他の民族以上にイタリアの人々のために、書き下ろされている」と、力強く薦めている。学者や宗教者しか読めないラテン語で書かれているにも関わらず、この書には商売取引をめぐる文章題が山ほど組み込まれている。

「レオナルドはローマ数字を廃止して、インド〔アラビア〕数字の使用を一般化することを目標にしていた。それも科学者の間だけではなく、商業を営む者たちや一般大衆のあいだにである」と、『算盤の書』を現代英語に訳した数学者は述べている。「彼は自分の意図がこれほど成功するとは、おそらく夢にも思わなかっただろう。イタリア人の商人たちは地中海世界のどこへ旅しようと、この新しい数学とその計算法を一緒に持ち歩いて広めたのである」[*22]。その昔フェニキア人たちがティリアンパープルをあちこちで売り歩いた際に偶然にもアルファベットを広めたように、この計算法も絹やウールの布地と共にあちこちへ旅立ったのだった。またしても、テキスタイル交易は世界に新しい思

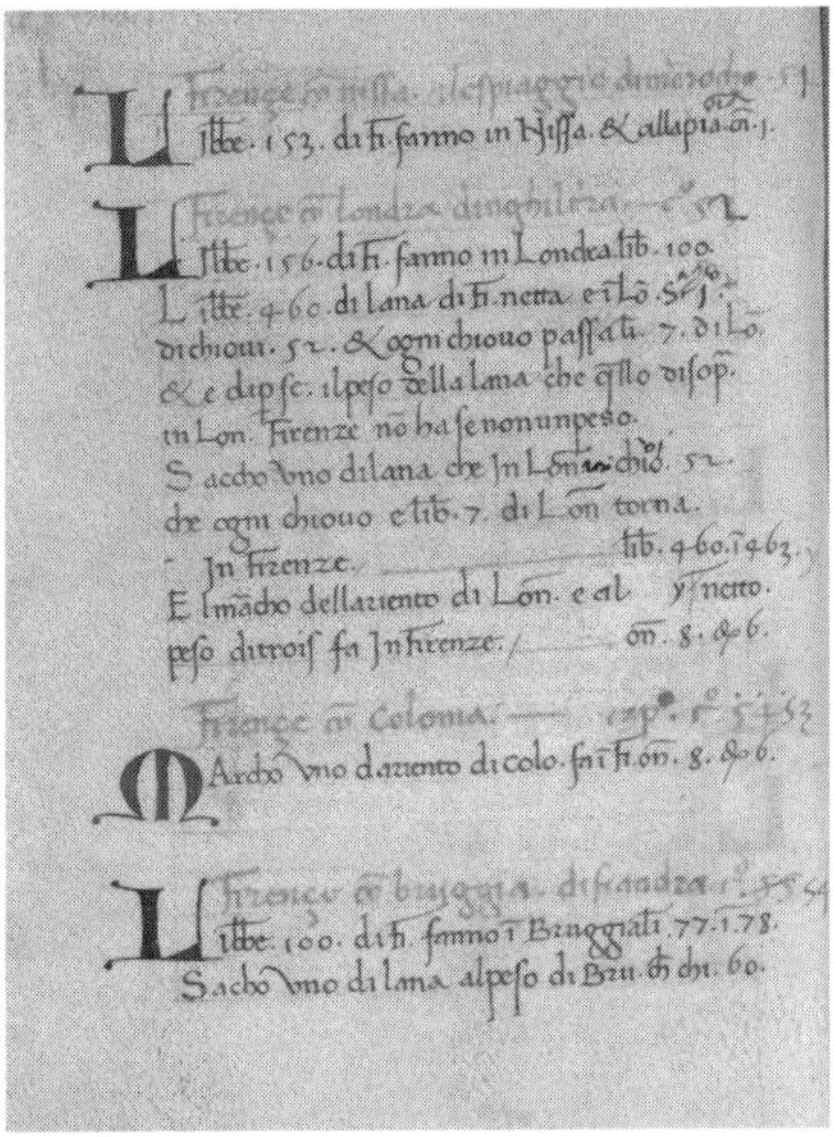

ジョルジオ・ディ・ロレンツォ・キアリーニの1481年出版『各地方の交易と慣習に関する書』の一ページ。国ごとに異なる通貨、重量、計量を換算するためのガイド。この文書全部がルカ・パチョーリの『スムマ』に引用されている（テンプル大学図書館、スペシャルコレクションリサーチセンター蔵。フィラデルフィア地区特別図書資料コレクションコンソーシアムのインターネットアーカイブを通して複写許可を受ける）。

考と伝達の方法を提供したのである。

斬新なフィボナッチの筆算という算術は、四六時中手紙を発送し、また常に継続する会計記録を必要とする事業主たちにとって、願ったり叶ったりの道具だった。一三世紀末期までには、算術教師たちが人々にこの会計方式を教え、また口語で書かれた手引書なども出版されるようになった。これらの本は、子どもたちのための教科書でもあり商人たちの参考書でもあり、また「頭の体操」的なクイズ本として趣味で買う者もいて、売れ行きはかなり安定していたようだ。実際何百冊と書かれた中には、一四七八年に出された歴史上初の印刷された数学の本、『トレビソ算術 *Treviso Arithmetic*』（トレビソは地名。オリジナルの題は『計算術 *L'Arte dell'Abocho*』）や絵描きとして有名なピエロ・デラ・フランチェスカの作品などもあった（彼の有名な透視画法についての本は、この新しい数学の考え方を取り入れていた）。一四九四年に出版されたルカ・パチョーリの『算術、代数、比、および比例全書 *Summa de Arithmetica Geometria Proportioni et Proportionalità*』［略して『スムマ』と呼ばれる］は、その中でも最も百科事典的にあらゆる項目を網羅した指導書で、特筆すべき点は社会の機能を大きく補足する〈社会技術〉を社会に浸透させた初の出版物であり、そこには〈複式簿記〉についての記載があったことである。[*23]

海外に事業を広げる経営者たちの要望に応えて、この新しい会計方式は横領詐欺への対策システムを補強し、事業の現状についてより把握しやすい俯瞰的視野を与える機能をもたらした。「事務を取り扱う者がより正確でより細かい記録をとることを当然の義務とした」と、二人の通商史専門家が述べている。

［この会計法は］定期的に足し引きの計算をすることで残高を逐次確認し、異なる能力レベルの事務員たちがそれぞれ仕事を分担することを可能とした。貸借対照表を作って、資本と収入の会計を別々とし、また利子や減価償却などといった役立つ概念を導入した。何にもまして、事業主に経営全体のより優れた管理体制を与えたのだった。[*24]

インド－アラビア数字を使っての筆算は、新しい技能だった。ゆえに、その技能を必要とする複式簿記を身につける際、商人や事務員らはこの新しい算術を必ず習得しなければならなかった。奇しくも、様々な他分野の職人たちも同じようにこの技能が日々生じる仕事上の問題を解決するのに便利だと実感したようだ。というわけで、一四世紀の初めにはこのイタリア式算盤塾がフィレンツェから広まり始める。数学史学者ウォーレン・ヴァン・エグモンドによると、これらの施設は「数学の学習のみに集中した教育施設として西洋では初めてできたもので、また［それまでの教育機関とは異なり］その教育内容は基本的なレベルで、また実践的なものだった」とのことだ。

そのような学校で訓練を受けた、商売や職工の道を目指す者たちは、訓練を終えると徒弟となるか実際の職場へと向かうことになる。しかし、マキャヴェリのようにさらに教育を進め政治や学問の分野で名声をあげたような者でも、商業用数学（経営学）の訓練を受けるのは珍しいことではなかった。交易を基盤とする社会では、人の教養とは計算能力をも含んでいたのだ。

イタリア商業都市社会では、１ｃｔｗの羊毛をブラッチアに換算するとか、取引であげた利益をそれぞれ異なる投資額の投資家にどのように配当するかなどの問題を通して、何世代にもわたって子どもたちを訓練してきた。教師たちは、私たちが今日使っているかけ算わり算といった演算法を編み出した。彼らはまた、当時の大学であまりに商業的と蔑まれていた代数学において、些細だが重要な進歩を築き、現実によく起こる問題の解決法を生み出した。算盤塾稼業の他にも、その類のコンサルティング業にも従事した。その多くが建築関係だった。これらの算術士たちは数学の能力を使って生計を立てる最初のヨーロッパ人だったと言える。

ヴァン・エグモンドが約二〇〇冊に及ぶ当時の算術の手引き書や出版物を研究し、一九七六年に発表した成果は傾聴すべきものである。彼はそれらの書物の実益性を強調する。それは古代ギリシャ時代から受け継がれてきた抽象論理や理想形の学問としての数学の古典的理解とは袂を分かつものであった。算術の本は数学を〈実用的なもの〉と見なす。「算数を勉強するということは、つまり値段を決めるとか利子をはじき出すとか、利益を集計するその方法を学ぶことである。幾何学を勉強するということは、どのように建物を測量するかとか、面積を測ったり距離を測定したりするかという方法を学ぶことだ。天文学を学ぶということは、暦のたて方とか休日の定め方を知るということなのである」と、彼は書いている。加えて、彼の調査した範囲内では、値段に関するほとんどの文章題はテキスタイルに関係するものであった。[*25]

学術的な幾何学に比べると、布を胡椒に変換するなどの文章題に見られるように算術用の叙述は確かに日常的だ。しかし、だからと言って抽象化を侮っているというわけでは決してない。むしろ、パターンの科学を日常レベルの商売の諸問題に応用することで、算術士たちは抽象表現を現実の世界に結びつけたのだ。実際の換算単位を筆算に移し替えたこと自体が、抽象化への動きである。帳簿のページ上の記号は袋に入った銀や布の反物などを表し、そしてその二者の間の関係を示している。算盤塾の学生たちはそれを見て、教師に問うであろう。この現実的な問題を数字や、未知数を使って、どのように表すことができるのか、世界の物資の流れをどのように把握すればいいのか、取引上入ってくる利益と出て行く経費、布、繊維、染料の変動する価値、物々交換と現金購入の優劣、そういった要素をどうやって数学的に表すことができるのか。算術士は学生たちに示した。数学は実世界を映し出すことができる、数学は実世界から離れたところに存在するものではない、これは役立つ知識である、と。

トーマス・サーモンは難題を抱えていた。イギリス、サマセットの収税人である彼は、何千ポンドもの金銀硬貨（正貨）を遠くロンドンまで運ばなくてはいけない。しかし、一六五七年当時には小切手の制度も電信送金も武装された現金輸送車もない〔紙幣も一六九五年まで発行されていない〕。それだけ

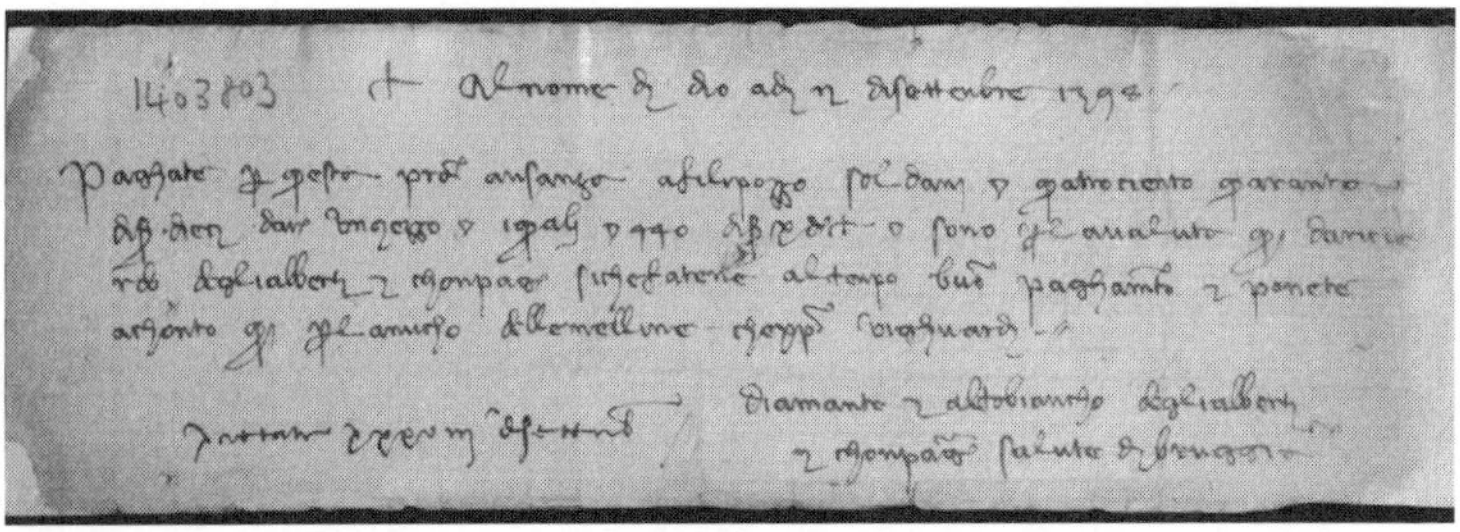

為替手形：1398年9月2日、ディアマンテ及びアルトビアンコ・デッリ・アルベルティがマルコ・ダティーニとルカ・デル・セーラに発行したもの（*akg-image / Rabatti & Domingo*）。

の金銀硬貨を抱えて旅行することは難しいし、また危険でもある。さて、どうしたものか。彼は現金を地元の織布業者の店へ持っていった。その金額のためにおそらく何軒も回る必要があっただろう。店主はその代金として為替手形と呼ばれる紙切れを渡す。これはちょうど小切手のようなものだが、銀行で換金するのではなく、この店の商売相手であるリチャード・バートというロンドン在住の商人のところへ行って現金化するようにと指示した。バートはファクター、つまり仲買人だ。仲買人はあちこち散在する織布業者からウール地を買い上げて、ロンドンの布問屋に卸し、その販売の際に手数料を取るという仕事に従事する者たちだ。[*26]

バートはサマセットの布をロンドンの商人に売る。その収益を自分の帳簿に織布業者のものとして記帳する。織布業者はその収益「それはバートへの貸しと見なされる」から手形を使って現金を引き出すことができる。いや、現金に変える必要もない。彼は地元のいろいろな商売相手から自分の必要なものを、手形を切って買うことができる。手形を受け取った商人は、例えばロンドンへ出かけた際にその手形をバートの仲買所へ行って、織布業者のもつ口座から現金に変えるかもしれない。あるいは自分の商売に必要な備えを取引相手から購入するために、織布業者が切った手形をそのまま使うこともできる。収税人から正貨を受け取るということは、バートへの貸しを現金化する手段の一つなのだ。サーモンは手形をロンドンへ持って行ってバートのところで正貨に変える。そして、その金を収税局に収める。もともとテキスタイル産業の潤滑な運営を意図したこの仕組みは、その後イギリス帝国の経済を支える重要な骨組みとなる。[*27]

こうして一三世紀のイタリア織布産業商人の間で始まった為替手形は、実に「中世盛期の最も重要な金融上の革新」[*28]と呼ばれる金融手段と相成った。最初はシャンパーニュの（そしてその後も他の都市での）市場から、商人たちが収益を故郷の事業元へと送る目的で始まった。速記のような［簡略化された］手法で書かれた紙片は、基本的には離れた町にいる代理人（通常それは銀行だが）にむけて書かれた形式的な通知のようなもので、［この紙片を持って現れる］誰それにいくらの金額を払えと指示するものだ。商人が手形を切ると、［商人が取引をする］銀行は自行の海外支店に、その手形を持って誰かが現れた場合、示されている額の代価を払うようにという連絡を取る。為替手形は国家が前もって保証するような公式の金融書類ではない。試行錯誤を経て進化を遂げた〈社会技術〉なのである。その有効性は［手形を切る側と切られる側との］取引関係と信頼とにかかっている。

商人たちがあちこちの都市に支店を広げるにしたがって、為替手形の融通性も加速的に増すことになる。一四世紀の初め頃までには、西ヨーロッパのほとんどの都市で為替手形を現金化することができるようになっていた。羊毛を買うにしても、軍隊の俸禄を払うにしても、陸上海上を越えて重たい硬貨を持ち歩く必要がなくなった。「為替手形は近代初期ヨーロッパの「国際金融共和国」の目には見えない通貨であったと言えるだろう」[*29]と、歴史学者フランチェスカ・トリヴェラトは書いている。

手形はもともと資金をたやすく動かし外貨に換算できるようにすることを目的とするものだったの

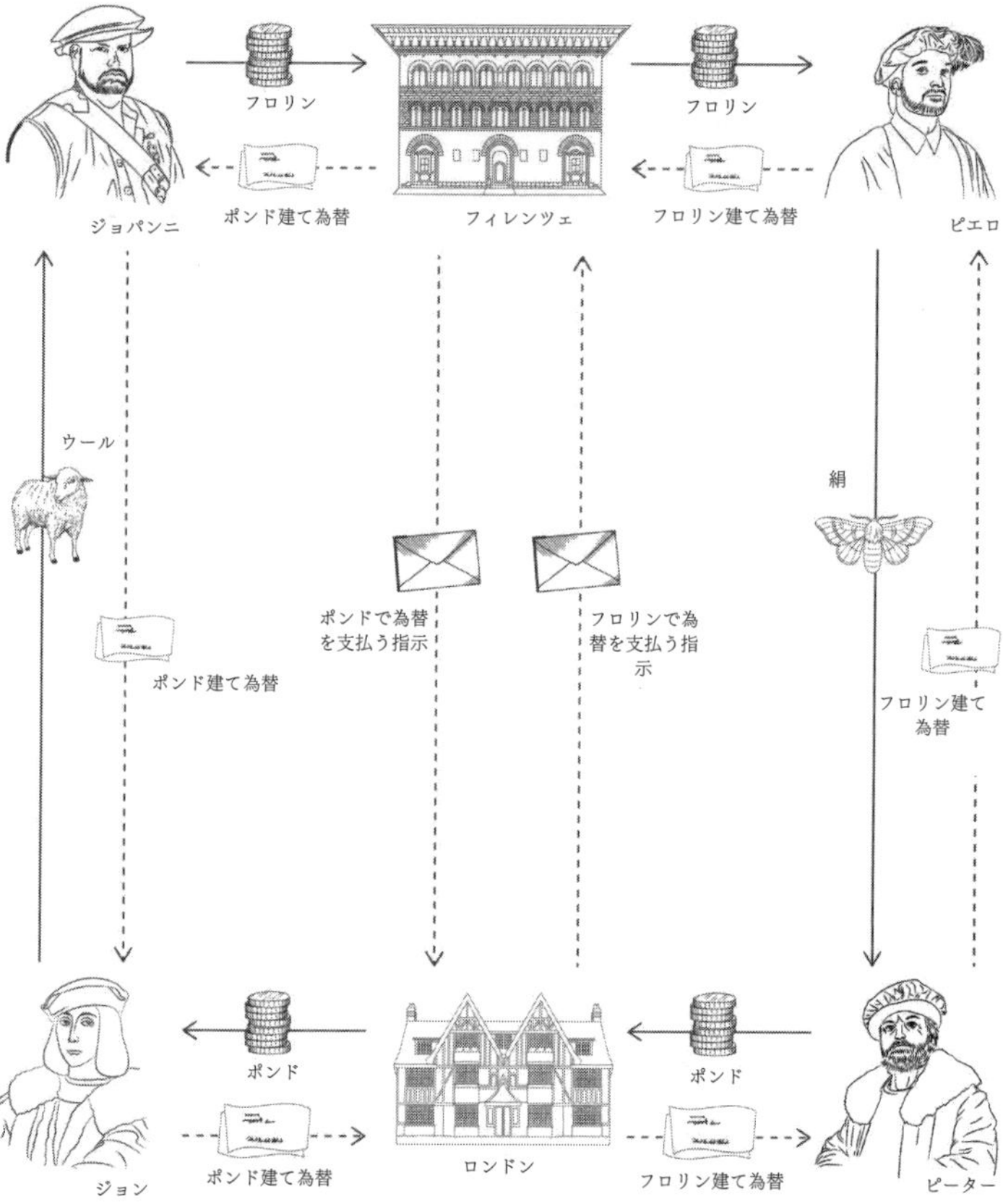

為替手形を差し引き勘定することで限られた量の正貨の範囲内での取引が可能となった。ジョンの羊毛販売（左下）から金銭の流れが始まり、ピエロの絹販売（右上）へと進む（ジョアンナ・アンドレアソン）。

だが、間もなく別の機能も加わり始める。まず手始めに、正貨の量を変えずに経済活動の量を増加させることができるため、社会に流通する硬貨不足を解決した。現代の経済用語で言えば、通貨の供給〔量〕ではなくその流通速度《ヴェロスィティ》を上げたと言える。「手形が使われるようになったからといって、ブルージュからロンドン、パリ、フィレンツェへ動いた銀の量、またはセビリアからジェノヴァへ動いた金の量が減ったわけではない。だが、取引の量は比較にならないほど増化したのである」と、歴史家は記している。[*30]

この現象がどのように起きたかを考えるために、架空のイギリス商人二人を想像してみよう。一人目の商人、ジョンは羊毛をフィレンツェに輸出する。フィレンツェ商人のジョヴァンニはそれをロンドンで現金化できる手形を切って買い入れる。二人目の商人であるピーターは絹の輸入商だ。フィレンツェで現金化できる手形を振り出してフィレンツェの絹商人ピエロから品物を受け取る。二つの銀行の帳簿を見ると、この二つの手形はお互いを相殺することができる。唯一、差額を補う金額のみが実際の硬貨で支払われ、売り手商人の手元に届くという次第だ。このように、少量の硬貨のみでより多くの交換を賄うことができる。「このシステムは驚くほど効率がよく、例えば、一四五六年から一四五九年の間にジェノヴァのある銀行は海外からの手形による支払いで一六万リラを受け取っているが、そのうちのほんの七・五パーセントだけが現金化されている。残りの九二・五パーセントは銀行内に留まった」と、経済学者メイアー・コーンは記す。[*31]

前述のように、為替手形は信用貸しを生み出した。手っ取り早く言うと、手形のおかげで顧客はある種の猶予期間を得ることになる。つまり、手形が発行されてから支払い満期までの期間（ユーザンス）が与えられるのだが、それは通常二つの都市を旅行するのに必要な時間よりも若干長く取られて

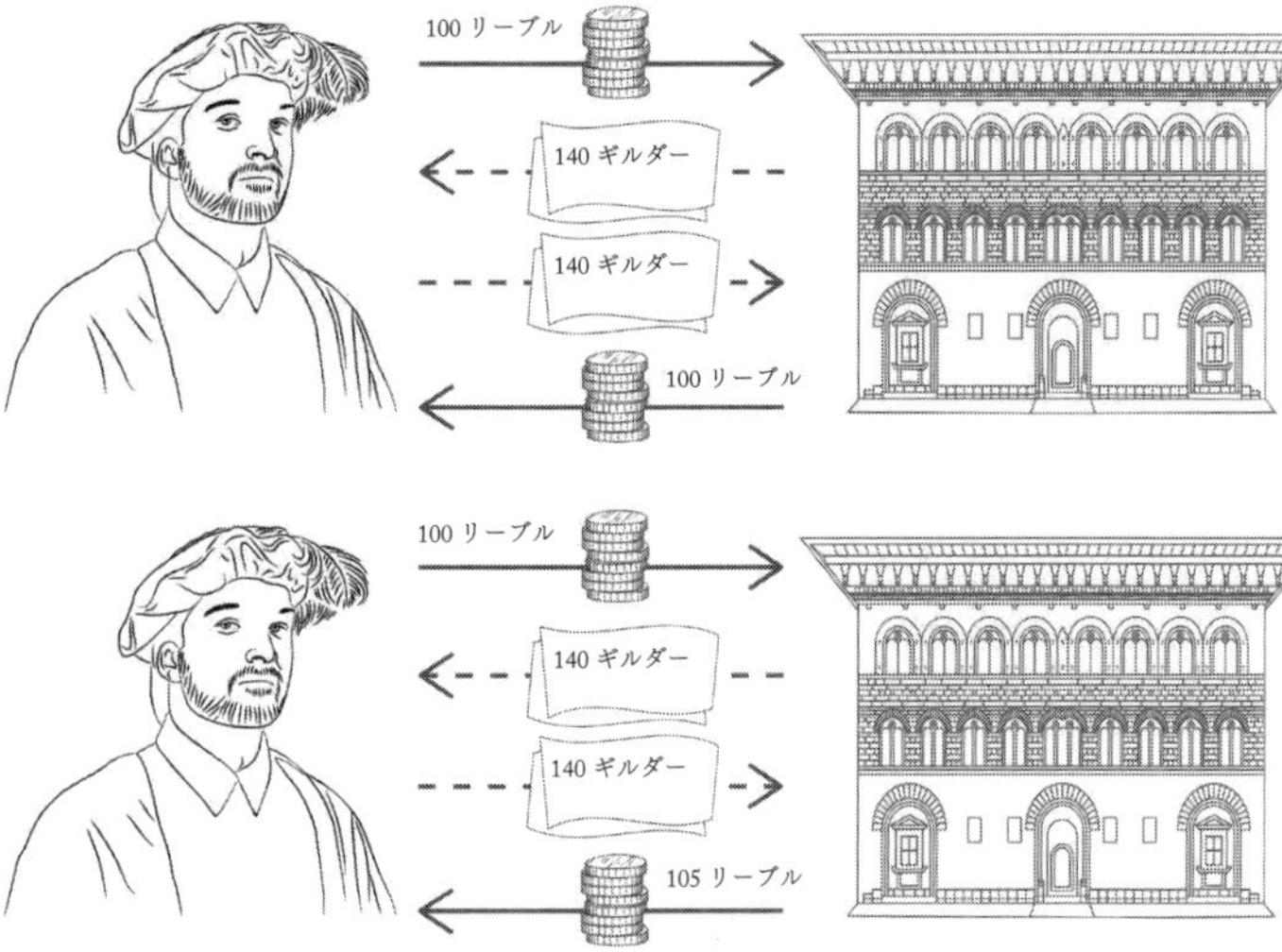

二種類の架空為替：上の例では為替支払いの猶予期間中は無利子のローンと同じことになる。下の例では換金レートが暗に利子を含む（ジョアンナ・アンドレアソン）。

おり、その間に銀行が発送する手形発送通知が事前に支店に届くことを保証するための配慮だった。フィレンツェで出された手形にたいしての支払い期間は、一四四二年の手引書によるとナポリで二〇日、ブルージュ、バルセロナ、パリだと二ヶ月、ロンドンだと三ヶ月となっている。郵便にかかる時間はそれぞれ、一一―一二日間、二〇―二五日間、二五―三〇日間だった。いわば、短期ローンに加えられたエクストラの猶予期間というわけだ。[*32]

時が経つにつれて、商人たちは為替手形を実質貸付ローンといえるものに変換する手段を思いつくことになる。頻繁に使われるが、何かと顰蹙を買う架空為替（ドライエクスチェンジ、または追い貸し）と呼ばれるローンは、手形の支払日が来ると、現金で払ってしまう（つまり口座清算する）のではなく、その手形を置き換える新たな手形を発行することで「支払う」という仕組みのものだ。この紙切れ交換は利子なしのローンの猶予期間を二倍に引き延ばすことになる。一五世紀、ヴェネツィアの交易商たちはロンドンを商業取引の中心地としていたので、その結果事実上六ヶ月のローンを提供することに成功する。貸付側は何度も交易のための往復旅行を加えるだけで手形の寿命を伸ばし続けることができた。

また、多少の工夫を加えることで架空為替は利子を禁止する法をかいくぐる方法を編み出す。一つは返済する際の換算レートに手を加えることだ。例えばボルドーの商人が最初にアムステルダムで一四〇ギルダーに換金されるよう手配された一〇〇リーブルの手形を切ったとする。その手形はアムステルダムでは一四〇ギルダーの価値を持つが、それがボルドーに戻ると一〇五リーブルかかるかもしれない。とはいうものの、全ての架空為替がなんらかの策略を企んでいるわけではない。契約の多くは真っ当なローンだった。「一六世紀になって高利制限は緩和あるいは撤廃されてしまうが、信用貸しの手段としての為替手形の人気が衰えることはなかった」[*33]と、コーンは見る。

為替手形を商売に組み入れることで、多くのテキスタイル業者たちが公に、あるいは非公式な形で、銀行業務を扱うようになる。前述のフランチェスコ・ダティニは、その文書録のなかに五〇〇〇枚以上もの手形を残しているが、もともとは羊毛商人だった。それが一三九九年にフィレンツェで銀行を開いている。彼の銀行は当時の最新式のサービスを行なった。ダティニの伝記作家によると、この銀行では為替手形を発行したり現金化したりするだけでなく、〔手形発行者の〕請負*avalli*、〔手形額の〕保証*fideiussioni*、及び一種以上の通貨でのコルレス銀行口座をも提供した。彼は「第三者への支払いとして、当時初めて使われ始めていた小切手も問題なく受納された」と、書き加えている。

すでに確立されていたメディチやアルベルティの銀行とは違って、ダティニは教会や政府を避け個

ヤーコブ・フッガー（1459-1525）富豪ヤーコブとして知られる。織布生産の家業を強大な財政団体に拡張した。ハンズ・ホルベイン（父）によるシルバーポイント（銀筆素描）画を木彫したもの（*iStockphoto*）。

人経営の顧客のみに金を貸した。その事業は繁盛したが、三年経たずしてその扉を閉めざるを得なくなる。というのは、当時流行っていた黒死病で、経営の実務を担当していた共同経営者が亡くなってしまったからだ。しかし、ダティニの金融界への貢献は後世にも認められ、一九世紀になって「彼の故郷である」プラートの町の中心にある広場に建立された銅像は、為替手形を手にした彼の姿をかたどっている。[*34]

テキスタイルをもとにして築かれた銀行業で最も重要なものはというと、それは間違いなくバイエルン公国アウクスブルクのフッガー家の事業であろう。アウクスブルクは南ドイツにあり、その当時ウールとリネンの首都と言われていた。一三六七年に辺鄙な村から町へとやってきたハンス・フッガーは享年一四〇八年までに五〇機の機織り機を操業する事業家となっていた。息子のヤーコブ・フッガー自身、織匠だったが、テキスタイルと香辛料の交易の商売を始め、為替手形を発行するようになる。息子ヤーコブ二世をヴェネツィアへ送り出し、複式簿記を含む商売知識の一から十までを学ばせた。

ヤーコブ二世は兄弟たちと共にヨーロッパ中にフッガー家の銀行組織を打ち立てる。彼らはひんぱんに鉱山や鉱山の発掘権を担保として受け入れ、ヨーロッパの王侯が支払いに窮するとその担保を徴収した。テキスタイルで蓄積した財源を、収益の高い銀や水銀、銅、錫などの採掘業を始める事業の資金とした。フッガー一族は、貸付融資を通して神聖ローマ帝国皇帝に対し著しい政治的影響力を持つこととなる。また、ドイツとスカンジナヴィア国内のカトリック教会で集積された免罪符からの収入を、ローマへ輸送する役目を独占していた。テキスタイル産業で得た資金と経験とを遂行手段として、「富豪ヤーコブ」と渾名されたこの起業家は、当時ヨーロッパでの最大の富を成し遂げた。[*35]

それよりはずっと慎ましい規模ではあるが、一七―一八世紀のイギリスの商業の拡張期に、手形を取り扱うテキスタイル商人たちも地方銀行の役目を担っていた。リネンの経糸木綿の緯糸で織られたファスチアン布を生産していたトーマス・マースデンなる人物の例を見てみよう。一七世紀の終わり頃、マンチェスターの近隣にあるボルトンで織布業を営んでいた彼は、ロンドンにも支店を開いていた。そこでは原料や布地の売買も行ったが、主だった機能は金融関係だった。この時期までには、為替手形は譲渡することができるようになっていた。すなわち、最初に自分宛てに発行された手形の裏に署名をすることで、別の人物へ権利を移譲することができる。署名は、万一その手形が現金化できなかった場合の金銭的負債の責任は署名者がとるという法的義務に合意することを示している。いったんこの融通性が加えられると、為替手形はより現金化しやすくなる。現金が必要となると、示された額を割り引いた値段で手形を売る。今日、債券が売り買いされるのと同じだ。または新しい為替手形を発行して、それを割り引いて金融ブローカーに売ることができる。ブローカーは後日それを償還すればいい。原則として、手形が何度譲渡されるか、つまり何回人の手から人の手へと移り渡るか、その回数を限るような規定はなかった。「為替手形を額面割引で売買するというこの派生的産物は、社会の経済活動にとてつもなく重要な影響を与える金融業務上の発明であった。事実、この現象こそは一七―一八世紀に芽生えた現代商業銀行業の基盤を生み出すことになったのだ」と、コーンは書いている。[*36]

マースデンに戻ろう。彼のロンドン支店には、多額の現金が蓄えられていた。その資金をもとに為替手形を現金化したり、他の商人の手形を割引額で買い入れては貸し出したりという取引を行っていた（一ヶ月のローンに、彼は一〇〇ポンドにつき五シリングの経費を課した。年利にして三パーセントだ）。マースデンは首都へ税金を運搬する事業も取り扱い、〈徴税人〉としても知られていた。時折、彼はトーマス・サーモンがやっていたように、正貨を割引された手形に変えロンドンで現金化した。また別の機会には、ファスティアンの反物のなかに硬貨を隠してロンドンへ運んだ。そうこうしながら、彼の事業は客の信頼を集めていった。[*37]

「買い手と売り手とが遠く離れている場合や、互いに顔見知りではないような場合、マースデンの事業が提供するようなサービスを利用することには、それなりの利点がある。なぜなら、ロンドンで名の知られた会社が発行した手形であれば、おそらく国中のどこででも通用するからである。どの段階で特定の仲介事業が商人ではなくなり銀行になったかは、簡単には見極められない。ランカシャーでは専業の銀行家が現れるよりもずっと前から銀行の操業は存在していたと言っても、それほど事実からかけ離れてはいないだろう」[*38]と、ある経済史学者は説く。

特殊金融市場を除いては、譲渡性を有するという特性のために手形は日常の商業活動上でますます有益なものとなった。為替手形は公式の通貨ではないのだから、だれも支払いとして受け入れる義務はないにもかかわらず、署名が信頼できる限りそれは現金と同様の価値をもった。「為替手形は物質としては何の本質的な価値というものはない。その金銭的な価値は、国家の権威ではなく手形に示された金額を請け負う人々の書き連ねられた署名に付随する、信頼度の度合いに依るものなのである」[*39]と、トリヴェラットは語る。

だが、時にはその信頼が崩れることもある。

一七八八年のこと、ランカシャーの最大のプリント生地生産会社であるリヴズィー・ハーグリーヴス社が一五〇〇〇ポンドの負債をかかえて倒産した。会社の雇用者にとどまらず、広い範囲に経済的打撃を与え、その地方全体を揺さぶることになる。この捺染会社の事業主は常々その経費を為替手形で支払っており、その手形は通貨として地元に流通していた。織工、農夫、店主、様々な職種の人々がその手形に依存していたのに、それが突如として無価値の紙切れとなってしまったのだ。多くの人々が資産を失った。マンチェスターのある銀行は倒産した。また別の銀行は顧客たちが貯蓄をおろそうと殺到した。この会社の「破綻はしばし全国を震撼とさせた」と、一九世紀の記録書は書き残している。[*40]

この潜在的な危険性にもかかわらず、為替手形は時の流れのなかで持ちこたえる。中央銀行の通貨によって取って代わられるまで、毎日の商業活動のなかで使われ続けた。一八二六年に至っても、マンチェスターのある銀行家は手形の根強い人気の証明として国会での公聴諮問の場で、一〇ポンドの手形に一〇〇以上の署名が付随して人々の間を転々と渡るさまを目の当たりにした、と報告している。「その手形には紙が貼りつけられていて、それが署名でいっぱいになるとその紙にまた違う紙が貼りつけられていた」[*41]と。

ついでにここで加えておくと、その諮問委員会は「英国リネン会社」という名のスコットランドの銀行を代表する者からの証言も受理している。その会社は一七四七年に織布工場として設立された。

数十年後に数多く広がった支店組織を活かして、銀行業に乗り出した。それで、銀行としてはそぐわない奇妙な名前が保存されたというわけである。事業には絶対必須である運用資金を生み出すだけでなく、為替手形はなぜこのように多くのテキスタイル商人として事業を始めた者たちが銀行稼業に落ち着いてしまったかを説明している。[*42]

一七三八年の一一月、衣料業経営者のヘンリー・クールサーストは織工たちに、これから先賃金は下げられ、しかも現金ではなく品物で払われることになると告げた。言うまでもなく、織工たちは憤った。食費は増すばかり。賃金が下がるということは飢えと欠乏を意味していた。一二月に入って、彼らは三日にわたって暴動騒ぎを続けた。最初の日はクールサーストの工場を打ち壊した。彼の家も襲った。そして「地下倉庫にあったビール、ラム、ワインとブランデーを持ち出して飲みまくったりあちこちに注ぎまわったりした」次の日には、再びこの家へもどって屋根や壁を全部すっかり叩き潰してしまった。敷地に建っていた借家のコテージにも襲撃をかけた。最後の日、彼らはイギリス南西部にあるウィルトシャー郡、メルクシャムの町の通りを意気揚々と行進した。その日曜日の夜、暴動を抑えるために軍隊が到着し、一三人の男たちが逮捕される。一人は釈放されるが、三人は最終的に絞首刑となる。[*43]

　産業の機械化が始まるずっと前に起きたこれらの暴動は今ではすっかり忘れられてしまっていても、その当時は人々の心を掴み白熱した議論を煽った。――このような社会的闘争は今日でも同じ効果をもつ。社会の秩序を乱したのは誰の罪なのか。悪徳衣料業者か、無鉄砲な労働者か。その暴力は正当なものか、そうでなければ、少なくとも理解できる範囲内のものなのか。当時のウール業界は不景気に陥っていた。[*44] 国内の消費者はもっと軽い布地に惹かれつつあり、海外での市場獲得の競争は厳しさを増しつつあった。誰もが不平不満に満ちた状況だったと、ある観察者は見ている。

ある者はおなかを空かせた子どもたちの引き裂くような泣き声を聞きながら、与えられるパンがないことを嘆く。また別の者は公平な額の賃金を払ってもらえないというのは非道だと言う。生活必需品を買おうとしてその市場価値以上に代価を取られるというのは不公平だと、いきり立つ者もいる。そして自宅や工場や仕事の上での必需品を暴徒によって破壊されて、激怒する者もいる。[*45]

人々はどちらの側に罪を課すのも理屈に合わないと感じた。都合のいいことに、ある代案が浮かんでくる。つまり、中間にあたるものを吊るし上げるという案だ。その悪者は「ファクター〔＝仲買人〕」の連中で、ロンドンで衣料業者の代理人の役割を果たしていた。トローブリッジという名で寄稿している解説者は「スペイン産のウールを加工する貧しい雇われ作業者が経験している困窮状態は、無慈悲な衣料業者たちのせいではない。ブラックウェルホール〔ロンドンの織布市場〕で働くファクターの横暴が招いた結果だ。もともとは生産者の従者に過ぎなかったのに、今ではその首領格も同然だ。いやそれだけではない。ウール商人や布卸商などをあごで使う輩だ」と、断言している。額に汗して働く織工や衣料業者とは違って、彼らは「なんらの問題や危険性も伴わずに金持ちになった群衆社会の無益な雑音《ドローン》だ［ドローンには「のらくら暮らす者」という意味もある］[*46]これは〈社会テクノロジー〉の裏面と言えるだろう。表には見えず、しかし常にそこに存在して、及ぼし得る経済的価値をはっきりと計り知ることができない。さほど大事なことではないと無視されるか、あるいは社会にとって弊害であると宣告されるか、えてしてそういった扱いを受ける。実のところ、衣料業者自身が仲買人である。彼の仕事は運用資金や販売網を供給するシステムを通して、布地の生産がうまく進むよう調整することだ。まずは原料の羊毛を買う。そして人を雇ってその羊毛のよごれを除去し、櫛で梳き、紡がせる。その次に織工のもとへ持って行って、どのような織りに仕上げるかという指示を与えて織らせる。染色と仕上げについても同じように指示を下す。衣料業者は、原料代もそれぞれの生産過程での作業者への支払いも取り仕切らなければいけない。布が商品としてできあがると、衣料業者はそれをブラックウェルホールへ持ち込む。この卸市場はロンドン市外から来る商人たちがテキスタイルを売ることのできる唯一の場であった。遠方からやって来る商人たちに、旅するのに必要な時間を与える目的で、木曜日、金曜日、土曜日のみに取引が行われた。帰路につく前に商品を売り払うことができなかった場合には、どこかに保管しておくか、他の衣料業者に売ってもらうよう頼むかするのが常であった。

シャンパーニュがそうであったように、ブラックウェルホールの市は特定の予定された日に業者たちがテキスタイルを売るために各地から集まって来る目的地として設定されていた。時が経つにつれ、この卸市場機能も徐々に利便性を増すことになる。衣料業者たちはロンドンまで行き来するわずらわしさを避けて、市内の仲買人に手数料を払って、商品を捌かせるようになる。初期の段階では仲買人たちは、様々な職業から転職してきた人々であった。「ファクターは元灯油売り、織工助手、タバコ屋などから成っていた」と記されている。一七世紀の終わりには、三〇―四〇人ほどのファクターがブラックウェルホールで相当数の衣料業者の商談を取り扱っていた。一六七八年の法律で、ファクターという職の機能は法的に認定されている。[*47]

彼らは顧客の生地の在庫を管理し、常に数百枚にのぼる商品を手元においておいた。反物商と呼ばれる布地の卸業者や輸出業者が特別なタイプの布地を探していると、仲介者であるファクターが手元にある商品からサンプルを送る。バイヤーはファクターの在庫品から直接購入する場合もあるし、あるいは特別注文を入れるかもしれない。もちろん在庫品を買った方が手っ取り早いし、商品を実際に手に取ってみることもできる。染色や紡がれた糸は、同じ条件で作られているにもかかわらず、その都度かすかながらも違ってくるので、サンプルと注文されたものが必ずしも完全に一致するとは限らないのである。だが、そうと言っても、特別注文が珍しいというわけではなく、急ぎの注文がなされることは頻繁にあった。

売れ残りのおそれを減らすために、ファクターたちは絶えず市場の傾向に注意をはらっていた。「彼らは事務所や、ブラックウェルホールや、そこらのコーヒーハウスなどで会話を交わしたり、人々のファッションの好みを事細かに観察したりしていた」と、歴史家コンラッド・ギルは書いている。彼はロンドンにある会社とイギリスのウエストカントリー地方の顧客とのあいだで行き交った文書を研究した。仲買人たちはしばしば、顧客である衣料業者たちにこれは売れるはずだと思うパターンなどを説明する詳細な提案書も送った。

ファクターは特定の需要を引き起こす理由がなんであるか、考えられうる理由を求めて情報を集めて回り、その解釈をもとに未来の予測をたてて衣料業者へ送った。例えば、一七九五年カシミア地（背広スーツを作るのに使われた高級ウール地）の生産者は生成りのウールではなく白地のスーツが流行るだろうと告げられる。漂白されたウール地を生産するように勧められた会社は、同時に他の色、淡いレモン色、くすんだ茶色系統、ある種の朱色系なども売れるだろうと言われた。数日後、「濃紺スーパー」［スーパーは最高級品のウール地］も勧められている。

遠隔地支店での職務代行や市場調査の通達などに加えて、彼らは商品の品質管理も受け持っていた。粗悪な製品や詐欺などは、テキスタイル業界ではそれほどめずらしいことではなかった。例えば、糸を節約して織工が布のサイズをごまかしたり、反物の外側に見えるところだけ緯糸を密に入れて残りの内側に巻き入れられて見えない部分はスカスカに織ったりなどした。[*48] または、品質の悪い緯糸を隠して使うためにスレッドカウントを密に織ると、仕上げた時に布が縮んで固くなってしまったりした。一六九九年までは、オルネイジャーと呼ばれる政府の検閲官がウール地のサイズや品質の認定をしたが、その検査はおざなりになりがちで、単に生地のサイズのみに注意を払うだけだった。その主たる機能はそれぞれの商品の生地から税を徴収することにあったようである。

自らの商売に対する信用度を秤にかけられて、「ファクターたちはオルネイジャーたちよりもずっと真剣に品質管理に取り組んだ。自社の倉庫に送り込まれる商品がどれも適正なサイズであるかだけでなく、全てにわたって傷ややり損じなどの手抜かりが何一つないよう、いつも巡検した」と、ギルは書いている。商品の質を保つことで、個々の衣料業者は信頼できる商品の供給者としての評判を確立でき、また実際そのような評判は定着することになる。仲買人は商品の信頼度を高めるのに役立った。彼らはあまたの供給源から商品を集めたが、同じ顧客に卸すことが多かった。ゆえに、一回きりの客に質の悪い商品を売ってその時のみの利益を得ようというような考えは、仲買人の商売方針としてあまり起こるものではなかったのだ。長い目で見れば、信頼できる品質は最終的には報われるものであった。

しかし、品質基準を守るということは、時には業者が収益を期待して時間と資金をつぎ込んだ製品を、仲買人が拒否せざるを得ないという状況をもたらすことにもなる。布地の色が均等でなかったり、しみがついていたり、細かい穴があいていたりすれば拒否せざるを得ない。薄すぎたり、粗雑すぎたり、汚れていたり、もしくは「悪質」だったりすることもある。その業者の製品が通常信頼できるものであったら、仲買人はとりあえず温情をこめて忠告するであろう。が、いつも粗悪な商品ばかり持ち込む業者であれば、歯に衣着せず批判をする。ギルが目を通した文書のなかにでてくるフランシス・ハンソンなるファクターはある業者に、ロンドンでその「悪名高き」布商品を売ろうとすることを諦めて、消費者の目がそれほど肥えていない田舎で商売することに専念すべきだと言い放っている。

仲買人が高品質を要求するのに応えて、衣料業者はその基準を今度は自分の雇用者たちに課すようになる。もし織工、染色工、紡績工などが作りだした製品が基準にそぐわないと事業主が思って賃金の支払いを拒否したとしたら、それは事業主が傲慢で雇用者たちの給料をくすね取っていると言えるだろうか。かつかつ生活を営んでいる者たちにとっては、そうとしか思えなかった。

そのうちに、仲買人はさらに別の役目も果たすようになる。羊毛を買い集めて衣料業者へ売るようになったのだ。その上、ブラックウェルホールに入ることを許されない海外の商人たちの代理人として布地を売る業務も扱うようになった。〔海外の布製品の〕需要が高ければ、仲買人自身が衣料業者たちの競争相手となったわけだ。顧客である衣料業者たちがそのことを疎ましく思ったのは当然だろう。

［さらに、このような活動の背後で同時進行していたことは］仲買人たちは信用貸しを供給した。つまり、商人たちに布を購入する資金を貸し、衣料業者に羊毛を買う資金を都合し、衣料業者たちの商品の売り上げ収入を担保に、貸付を融通していたのである。[*49]

こうした業界の機能の進化につれて、テキスタイル市場が潤滑に動くようになったことは間違いない。だがその裏で衣料業者たちはファクターへの依存度が深まることに対して苛立ちを感じていた。「多くの衣料業者たちは、この担《かつ》いでまわることのできない枷から解き放ってくれる法令があればいいのだが、という思いを声にしていた。そのためには、彼らは賃金を上げ、商品の値段を下げることも厭わないであろう」[*50]と、我らがトローブリッジ氏は告げている。

こうした状況下で不満をつのらせる衣料業者たちは、仲買人たちが商品の値段を必要以上に下げ、理由もなく商品を拒絶し、自分で努力することもなく富を蓄積しているというイメージを描き始める。自分が組んだローンの支払いは毎回辛くなってくるし、仲買人が買い集めて自分に売りつける羊毛で利益をあげることに苛立ちを覚えた。仲買人たちがもともと求めに応じて供給した便宜の数々——事業の簡便さ、運用資金、市場調査、品質管理、それに顧客との連結などの利点——が、結局は自分たちの依存度を深めたのだという図式を忘れてしまった。不景気のなかでは、仲買人の仕事の手数料や利子などに注意がいくのはたやすいことだが、その経費がもたらす利点についてなかなか気が回らなくなるのは自然なことかもしれなかった。

南北戦争が始まる数年前のアメリカ南部、バベット・ニューガスという名の若い女性にぞっこん惚れ込んでしまったメイヤー・リーマンという若者は、結婚の許可を得ようと彼女の父親のところへ出かけていった。メイヤーはバイエルンから移民してきたユダヤ系家族の三人兄弟の一番下で、アラバマ州のモンゴメリーの町に店を構えていた。素封家のニューガス氏は、将来義理の息子となるかもしれないこの青年の将来性について、今ひとつ確信を持てずにいた。

ニューガス氏　君の自己紹介を聞いて思ったんだが、おたくの商売は一体どういうものなのか、説明してくれないか。

メイヤー　前は布生地を売っていたんですが、ミスター・ニューガス、今はそれはやめたんです。

ニューガス氏　布地の商売はもうやっていないのなら、今は何を売っているんだ。

メイヤー　いや、今でも売ってますよ。

ニューガス氏　何を？

メイヤー　木綿を売っています。ミスター・ニューガス。

ニューガス氏　木綿なら布地じゃないか。

メイヤー　いや、私たちが売るときはまだそうじゃないんです。ミスター・ニューガス。まだ原料の時に売るんです。

ニューガス氏　誰が買うんだ。

メイヤー　それは、原料の木綿を布に変える人たちです。私たちはその中間にいる、というわけですよ。ちょうど真ん中ですね。

ニューガス氏　それは一体どういう種類の仕事なんだ。
メイヤー　これは、まだ存在していない種類の仕事です。私たちが発明した仕事なんです。
ニューガス氏　何という仕事なんだ。
メイヤー　私たちは……ミドルマン、仲介者です。[*51]

このシーンは想像上のものであるが、登場人物は実在の歴史的人物である。『リーマン三部作』というイタリア人の劇作家、ステファノ・マッシーニによる五時間にわたる舞台劇だ。英語版では三時間に短縮されたが、二〇一九年の四月、ニューヨーク、パークアベニューのアーモリー劇場で上演された時は、満席になった。劇はそれまであまり知られていなかったテキスタイル取引で始まったリーマンブラザーズの出自から、その名を馳せた投資銀行の二〇〇八年の破綻までの流れを追いながら、ウォール街の崩れ去った夢を物語っている。

歴史に基づいてはいるが、『リーマン三部作』はフィクションである。ちょうどシェイクスピアの『ヘンリー五世』や『ジュリアス・シーザー』のように、歴史物語であると同時に創作でもある。ニューヨークでこの上演の初日をみた友人が、リーマンブラザーズは仲買人《ミドルマン》という職業を発明したのだと言ったのをきいて、私は彼女が聞き間違えたに違いないと思った。プースケーンや彼の同業の交易人たちは、リーマン兄弟がバイエルンからアメリカへやってきた三九〇〇年も前にすでに仲介の仕事をしていたではないか。しかもリーマン兄弟は南北戦争前のアメリカ南部社会で特別ユニークな仕事をしていたわけでもない。それ以前のウールや絹やリネン商人たちのように、一九世紀の木綿取引も仲介事業に依存していた。最初は仲買人《ファクター》として知られていたが、のちには鉄道や電報などの発達によってもたらされた組織的な変化を反映してブローカーとよばれるようになった（実をいうと、私の先祖も南北戦争後アトランタとニューヨークでこの稼業を営んでいた）。仲買人《ミドルマン》の役目は、旧世界から持ち込まれたもので、特段目新しいものではなかった。リーマン兄弟が発明したものでないことは確かだ。

ブローカーたちは木綿栽培者たちに運用資金を供給し、作物の運搬を助け、買い手のツテをみつけてきた。木綿の品質を見極め、値段を見積もった。南北戦争以前は様々な必要品を用立てたりもした。

エドガー・ドガの叔父は1873年にはニューオーリンズの木綿ブローカーだった。ドガがニューオーリンズの木綿事務所の様子を描いたこの作品は、彼の作品の中で初めて美術館に購入されたものである（ウィキメディア）。

「農場主がほしいもの、それが豪邸の図書室の本棚を埋める書物であれ、奴隷にあてがう靴であれ、輸入品のブランデーであれ、樽入りの塩づけ豚肉であれ、自分のファクター（＝ブローカー）に頼みさえすれば、それは購入され農場へと送り届けられた」と、歴史家は記録している。[*52] 戦後、木綿ブローカーたちの仕事内容はますます充実する。一八七〇年代になって、彼らは市場の値段の変動を追い、未来の交易契約をすすめるために、交易での値段の上下による打撃を緩和する緩衝帯として、ニューヨークとニューオーリンズとに取引相場を設置する。

メイヤーが仲買の職種を発明したと劇のなかで言ったのは、劇の中での創作的効果を狙うものだろう。この会話を通して、マッシーニは仲買人《ミドルマン》という職種が聞く者たちに一瞬あれっと思ったり一体何のことだと思ったりさせる、その効果を狙っていたのだろう。彼らはそもそも何をする者たちなのか？　商品に一体どんな価値を付け加えるのか？　一体全体どんな仕事なのか？

劇の早い時点で、マッシーニはとある重大な危機を盛り込む。大規模な火事が起きてモンゴメリーの木綿畑をすっかり全滅させてしまうのだ。それが原因で、店主たちは木綿商人に鞍替えすることになる。彼らに木綿のタネとその植え付けのための道具を用立てする支払いとして、リーマン商会は木綿収穫の利益の三分の一を受け取ることになる。これが、仲介業の為すことである。今日と明日のあいだに経済上の橋をわたし、その通行料を課すのである。

劇のなかでリーマンの子孫たちは次々にコーヒー、タバコ、鉄道や航空会社、ラジオ局や映画会社、そして最後にはコンピューターに投資していく。「リーマンブラザーズの歴史は、ただ単に一家族や一銀行の話ではない。それは私たちの前世紀の歴史を物語るものだ」と、マッシーニは語る。木綿とリーマンの関連は、実際の歴史の中でよりももっと素早く、劇の世界のなかではほぼ即座に忘れられてしまう。

リーマンブラザーズは、ニューヨークの為替相場の設立に多く寄与している。これはやや及び腰でだが、「言葉の殿堂」と描写された〈社会技術〉の現れである。「為替相場とは、実際に実用商品の取引をするところではない、単に〈言葉〉を取り交わすところだ」と、メイヤーは愚痴る。「鉄もないし、布地もない。石炭もなければ何もない」そこでの取引は、フィボナッチの算術に発していた。彼は西洋に商業活動を紙に記号で記録することを教えた。それも、なんとも怪しげなほど頼りないインクなるものを使って。

『リーマン三部作』は道徳的説話ではない。何らかの価値を示す話ではないのだ。金融業という錬金術に潜む可能性と危険性の両極を表しつつ、善悪に結びつけるものではない。登場人物は天使でもなければ悪魔でもない。単に人間であるだけだ。この劇のアイデアの発端となった状況を思い起こしながら、マッシーニは「自分の人生のある時点でイタリアの人々、いやヨーロッパの、多分アメリカでもそうでしょうが、人々が経済関係者や銀行や金融業界などを忌み嫌っていることに、はたと気づきました。そのとき、歴史についての話を書かなくちゃと思ったんです。悪徳銀行の悪徳業者についてではなくて、ただ銀行業という芯から人間の本性にもとづいた、驚きに値する歴史についてです。リーマンの話は偉大なる金融帝国の、あまりにも人間くささに満ち満ちた歴史の話だと思うのです」と、語っている。[*53]

アメリカ人の作家であったならば、欲と損害を暴き立てる内容を書いたことだろう。実際、アメリカの論壇に現れた『リーマン三部作』の評論の多くは、そのように解釈していた。例えば、一人は「宗教的決算の寓話」と呼んだ。またあるものは、劇が奴隷制度の罪悪を十分に表していないことを批判した。[*54] しかし、マッシーニは多大なる経済力の盛衰を見つめる地点から筆を進めている。彼は商業銀行家たちの道徳的価値では定められない部分の人生、その持続する影響の結果、さまざまな歴史の入り乱れた複雑な要因、そして取引上の信用の必然性などに目を向けているのだ。何といっても、彼はフィレンツェ人なのである。

第六章　消費者

昨今では、召使の女たちでも絹の絽の衣服を纏い、歌や踊りを披露する芸妓たちときたら、絹緞子や刺繍に覆われた服を見て、何かとけちをつけるほどだ。

田藝蘅『留青日札』、一五七三年

一一四五年頃中国で書かれたとされている巻物の中で、この織り女《おめ》は床織り機に向かい、緯糸を引き寄せている。全神経を集中させている様子がありありと見える。唇はかたく閉ざされ、裸足の足で踏み板を床に押し付けている。左手は杼を持ち上げ、いざ投げ入れんと構えている。一巻（約一二メートル）の絹地を織り上げるには、三日間ひたすら織り続けなければならない。それは女性の上着と裳の一対を二組作れるほどの分量だ。だが、織り女自身が絹を身に纏うことはない。*1

巻物の絵に添えられた詩は、その絹の衣装を纏うであろう者たちに捧げられている。

［その者は］ひたすら仕事に身を捧げ、右から左へ、左から右へ、
綜絖をもちあげては、杼を投げ通しつづける。
絹緞子を纏う二人に、この詩を送ろう
粗織りの麻の衣服を着る織り女のことを思い浮かべよと、願おう。

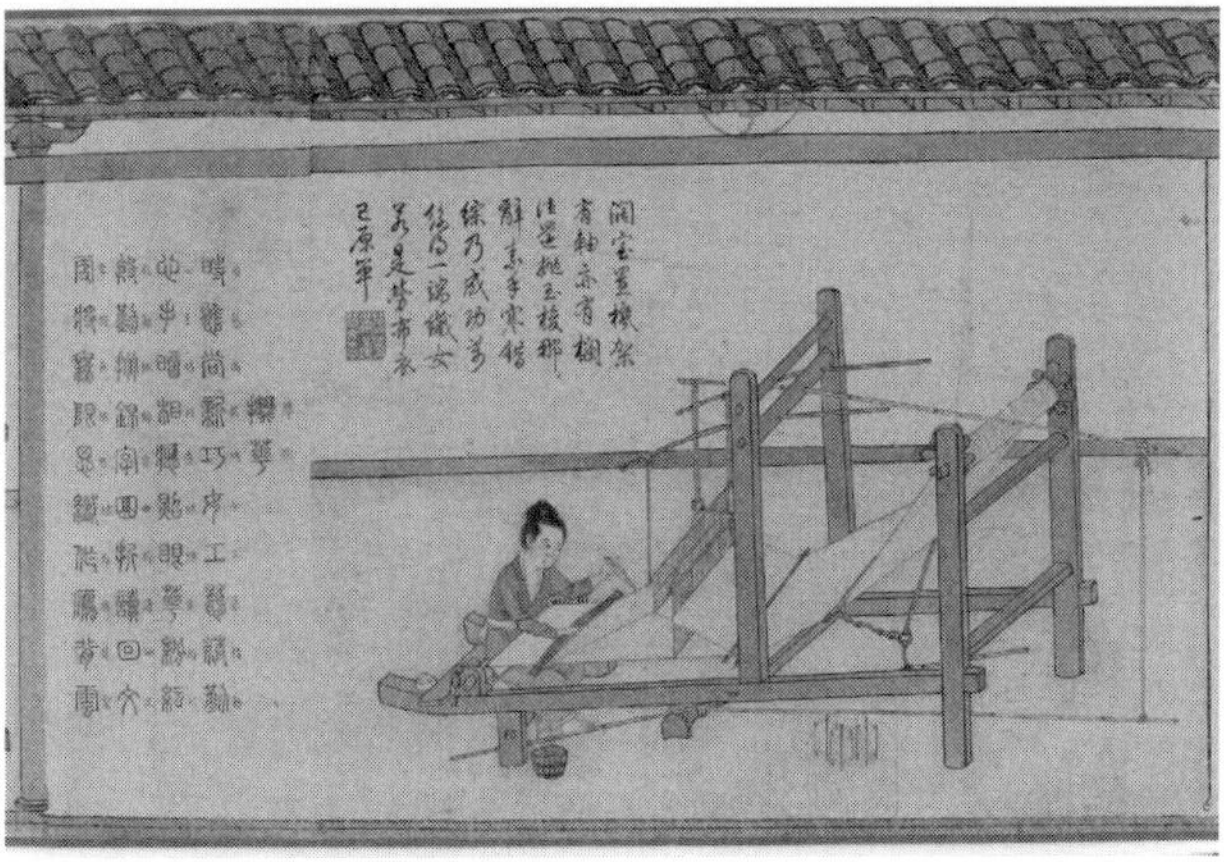

納税のための絹を織る女性。彼女自身は粗末な麻布を纏っている。『楼璹を模して—耕織図』巻物より。程棨が描いたとされる。13 世紀半ばから 13 世紀末まで活動（ワシントン DC、スミソニアン博物館、フリーア美術館。チャールス・ラング・フリーア基金によって購入。F1954.20）。

『耕織図』と題された巻物のなかで、地方の行政官である楼璹《ろうとう》は二四段階にわたる養蚕の生産過程を細かく丹念に描き、「その伝統の描写を」現在に至るまで残すことになる。各々の段階には、地方に生きた人々の心情や経験を彷彿とさせる詩が付されている。巻物は、当時の権力者に影響を及ぼそうといった道徳的、政治的な目的をもった作品であった。「農民たちは自給自足の生活を送る労働者として描かれている。そして、彼らの繁栄こそが政府を正当化するものだと見なされている」と、ある美術史家は書いている。作品の意図は、官僚たちが農民の人間性と能力とを尊重し、彼らが納める税金を有益に使うよう促すものだった。*2

それが高邁な目標であることは間違いない。だが、歴史的作品としてのこの巻物には、ほぼ社会通念とも見なされる偏見が内在しているとも言えるのではないだろうか。つまり、〈生産者〉という存在は一般の関心なり共感なりをそそるが、〈消費者〉という存在についてはだれも考える者がいない、というより意識にものぼらないという現実だ。だが実のところ、消費者は少なくとも生産者同様に［経済機構の］重要な要素なのである。

テキスタイルの物語は、消費欲というものなくしては、不完全なだけではなくその進展のさまを想像することもできない。紡績工や織工、品種改良を進めた農民や飼育者、器具を作ったり修理したりする者たち、染料を扱う化学者、危険を冒して旅する交易商たちなどは、物語の終点ではない。彼らは布地を実際に消費する人々に奉仕するべく存在しているのだ。これらの消費者は、貢物を要求する権力者、軍服や帆布を必要とする軍隊、寄進されたもので飾り立てられた僧や聖域、そしてもちろん市場で布地を――公式であろうと非公式であろうと――購入する客たちなど、さまざまな領域にわたる。

新しい布地を手に入れたいという望みは、実に驚くほど強力な動機付けとなる。布を買おうと思うか、自分で作り出そうと思うか、または誰か他の者から取り上げようと企むか、布の消費者は簡単に予測できない動機を生み出す。戦を始める場合もあれば、法を犯すこともある。階級社会を覆したり、伝統を嘲ったりもする。気まぐれにコロコロと変わる好みは、富と力の秩序をひっくり返したり、新規事業に大成功をもたらすかと思えば、以前の勝者を破滅させたりもする。消費者の選択は、「絶対間違いない」とか「これこそ本物」とかいう一見不動の固定観念に挑む。テキスタイルの消費者は、社会を変える力を持つのだ。

楼璹が活躍していたころの南宋（一一二七―一二七九）にとって、絹は権力を保ち平和を維持するために不可欠なものであった。[*3] 皇帝下の行政機構は、国境を脅かす敵国を抑え、拡張しつつある軍隊の兵服を支給し、忠誠を誓う官吏たちを報い、平民たちに贈与を授けるために、貴重な絹布を使った。毎年国は三〇〇万巻の絹を税として集めるのに加えて、四〇〇万巻を買い集めた。その背景には、粗末な麻の衣を纏った数限りない農民たちの労働力が注がれていた。

楼璹の巻物の最後の画像には、三人の女性が布を巻き上げて徴税人に渡す籠のなかに入れている姿が描かれている。添えられた詩には養蚕家の労働は苦労しただけの甲斐があると謳われている。国はその絹を正しい目的のために使っていて、単に上級階級の贅沢のために横流しされているのではない、と讃えている。

税官吏は国境警備のために絹を運ぶ。
あの限りない労苦よ。が、嘆くなかれ。
これぞ漢族の誉れ高い高級絹が成し遂げた、より偉大なる勝利なのだ。
以前ならば、絹が「妓女の」紅で汚されたとしたら
二度と着られることはなかった。

前述の詩にあった絹緞子を纏う二人や華々しく着飾った妓女――おそらく腐敗した官吏の妾を指しているのだろうが――のイメージを呼び起こすことで、楼璹の道義的メッセージは絹の「政治的目的以外の」もう一つの需要源を指している。つまり台頭しつつある消費者市場だ。

宋代、中国は経済上の独自の革新期を迎えた。「飛銭」とよばれる為替もこの時に導入された。織布産業は隆盛を誇る。絹の消費量は公共と民間を合わせて一年に一億巻にまで跳ね上がり、うち二〇〇〇万巻は特に豪華な絹材を専門とする都市部の織工の作業所で作り出された。残りは地方の簡素な織り機で織られたものだった。「紡織業はそれまでは自家用や納税に目的が限られていたのが、この時代には市場に向けての製造という新たな目標をもつことになった」と、歴史家は記している。絹のより高い市場価値を当て込んで、農民たちは次々に養蚕業者へと鞍替え始めた。[*4]

都市では、布屋が繁盛する。テキスタイル研究家によると、首都杭州では専門店というと「町の西部には陳《チェン》の絹屋、湖通りの近くには朱《シュー》の刺繍地屋、その橋のたもとには生絹地の店、清河地区には具《ジュ》の絹屋、そして平津橋のちかくには麻や苧麻《ちょま》地の店がたくさんあった」。[*5]

裕福な顧客の間では軽くて細かに模様織りされた絹の紗布が大人気だったが、地方の製織工たちはそれほど経済的に余裕のない客のためにもっと買いやすい代理の布を作り出す。空き平織りと呼ばれる織り方の布地で、特別な道具も要らないしそれほど経験がなくても簡単に織れるガーゼ地だ。基本的には二本の経糸をひねって、そのひねりの間に緯糸を通すというもので、その中で特別に織り込んだ〈栗もよう〉とか〈柔輪もよう〉とか〈晴れた空〉などと名付けられたモチーフもあった。このような創作意欲は、楼璹の詩に謳われている「絹緞子」と「粗末な麻布」との間に存在する中間市場で、購買欲を持つ客層を即座に掴むことができた。

中国の絹産業の充実度は、貢物や輸入品だけでは満足できない海外の需要をも刺激する。楼璹の巻物のもっとも保存状態のよいバージョンは、南宋時代に描かれた原書ではなく、［270ページの挿絵に現れるような］元朝の時代に描かれたものとされるコピー版である。元、つまり北の草原からやってきた強者たちが中国を、そして世界の半分を支配した時代だ。

一二〇六年に始まったチンギス・ハーンによる中央アジアの統合戦略を機に、モンゴルは世界史のなかで陸地における最大域の帝国を築き上げた。一三世紀末、帝国の領域は、東は日本海から西はドナウ川まで広がり、その子孫は中国、ロシア、そしてイランを統治した。

モンゴル人は布を織らなかった。遊牧民であった彼らが身に纏ったのは、毛皮とフェルトだった。フェルトは動物繊維を濡らしてこすりあうことで固めて作る。しかし、彼らは織られたテキスタイルを賞玩し、実際高級布地に対する所有欲が彼らの攻撃占領の動機になった部分もある。「様々な略奪品のリストを見ると、そこに共通して現れる物品は珍しいとか色鮮やかなテキスタイル、天幕、そして衣服類だ」と、歴史学者トーマス・オールセンは書いている。首都を布地で飾りたてようと、チンギス・ハーンは占領した土地のあちらこちらから織工を駆り立てて、首都カラコルムへと送り込んだ。[*6]

モンゴルの統治者たちは来訪者を天幕の内で迎えたが、伝統的な文化と新たに入ってきたものとを混合させ、天幕の外側の白いフェルトの幕は金色の絹の錦織りで飾られていた。このタイプの織物はナシージュ *nasīj* と呼ばれ、モンゴルからずっと離れた西のムスリムの地に発するものだ。しかし、この織物はモンゴルのイメージを強く惹起させることとなったために、ヨーロッパではこの手の織物を中央アジア草原の人々に言及する言葉を用いて、「タタール地」とか「タタール風の布」などと呼ぶようになった。[*7]

アジアのテキスタイルを専門とする美術史家は次のような見方をしている。

略奪、交易、外交、儀式、朝貢、課税などが、布地を獲得、分配、そして顕示する機会であった。特に豪奢な金糸を交えた絹地のテキスタイルの場合だと、それを披露することは往々にして公共の出来事で、またモンゴル帝国の権力の象徴を天下に知らしめることであった。豪華な布地は様々な用途があった。衣服をはじめ、付随するアクセサリー、馬や象を飾りたてる覆い、天幕や宮殿内の飾り付け、クッションや室内天幕、宗教的美術工芸品、また皇室の肖像画などだ。[*8]

このカフタンのように、金糸で織られた布地に向けられた欲望はモンゴル軍の征服欲を駆り立てた。この衣服の元々金糸で覆われていた部分は時が経って今では茶色く変色している（デイヴィッドコレクション、コペンハーゲン、23/2004．パーニル・クレンプ撮影）。

一二二一年にモンゴル軍はアフガニスタンを侵略したが、その際占領したヘラートの町は最大の戦利品だったと言えるかもしれない。金を織り込んだ布地で有名な織布の中心地であったヘラートは戦うこともなく降伏し、襲撃に抵抗を

このモンゴル製のテキスタイルは中国とイランのデザインモチーフおよび技術とを組み合わせている（クリーブランド美術館蔵）。

したほかの地域に降りかかった虐殺の運命から、町の住民たちを救った（いかんせん、翌年住民たちが占領に対して反乱を起こしたことで、ついにはその運命を免れることはできなかったのだが）。占領地では当然のことながら略奪が行われたが、モンゴル軍は特別に価値ある紡織資源を手に入れることになる。一〇〇〇人にのぼる数の熟練した織工を拉致したのだ。

彼らは中央アジアの砂漠を越えて二四〇〇キロも離れたところにあるウイグルの首都ビシュバリク（現新疆）へと連れて行かれた。ウイグルはモンゴル軍に降伏した最初の王国で、絹のタペストリーで知られていた。意に反して移住させられた織工たちの技能を利用して、モンゴル人はナシージュを生産するための製織居留地を設定する。間もなく歴史的には仏教徒とネストリウス派キリスト教徒の町であったビシュバリクは、ヘラートの織工たちのおかげで活気に満ちたイスラム教徒の共同体と変容する。

モンゴルは中国内を徐々に征服して進み、ついにはフビライ・ハーンが一二七九年に元朝を確立する。彼らは製織の中心地を作るために強制移住政策を取った。もともと中国には健全な絹産業があったのだから、これらの移住政策は布地供給を容易にする以上のメリットをもたらす。おそらく意図されたものだったであろうが、元朝の製織場では様々な技術やパターンアイデアの交換が行われることとなったのだ。絹地の需要に応えるための製織場を設置するにあたり、元は違う地方出身の織工たちを組み合わせた。例えば、現在はウズベキスタンとなったが、代々サマルカンドと呼ばれていた地から連れて来られた織工たちは現在の北京の近くにある尋麻琳《シュンマリン》へ送り込まれ、中国人の織工たちはサマルカンドへ送り出された。西部の占領地から三〇〇人の織工、また中国北部からもう三〇〇人の織工、合わせて六〇〇人を北京から西に向かったところにある［現在は内モンゴルの］新しい開拓地弘州《ホンジョウ》に送った。「元朝の政策のもとで、単にその織り機の作り出した布地のみならず、大量の西アジアの織工や布地生産の労働者たちが東に向けて送り出され、中国国内で永久居住外国人となった。そういった出来事は初めてではなかったが、これだけの規模で強制移住が行われたことは全く前代未聞であった」と、オールセンは言う。当然暴力的で非人間的な強行政策ではあったが、それでも「技術の点で、またデザインの上でも、前例のない豊かなアイデアの交換の場をもたらした」[*9]のである。その結果、もちろんそれが目的であったわけだが、新しいパターンの百花繚乱の時代となる。

クリーブランド美術館の所蔵するモンゴルの錦織地は、この時代の元朝の製織場から現れたハイブリッドなデザインを見事に表している。イラン発祥のグリフォン［ライオンと鷲が合体した仮想の動物］の翼の中に中国の雲の模様がはめ込まれ、また、背景となる焦げ茶色の絹地の上にデザインを織り出す金糸は、金箔を紙の糸に貼り付けて製作するもので中国で開発された技術だが、織の組織そのものはランパスとよばれるイランで生まれた意匠である。

「元朝のこの時代に作られた布地は［その起源を］定義しようと試みてもほぼ徒労に終わってしまう」と、テキスタイル史研究家は書いている。

モンゴル帝国の活発な交易活動をもとに、［織物の］デザインは文化的な境界を越え、中国の伝統的モチーフや中近東の要素や中央アジアにあったレパートリーを混ぜ合わせた。一時期は中国、中近東、マムルーク朝（エジプトを中心としたイスラム教国）、ルッカ（イタリア）で作られた絹地には共通する国際的デザインが存在していた。民族的にまぜこぜになったグループの熟練織工たちの共同体がつくられ、そこでは当然ながらテキスタイルの美と技術とが交換され混ざり合い、新たなる融合が促進された。今日のテキスタイル史研究者を驚愕させる出来事だった。[*10]

［西洋の］外交使節や商人たちがこのようなハイブリッドテキスタイルを輸入するにつれて、その創作意欲はモンゴル帝国の領域を越え、ヨーロッパの織物デザインにも影響を与えるようになる。「イタリアでは、これらのエキゾチックなデザインのおかげでヨーロッパにおける絹織産業史のもっともクリエイティブな一章をつくりだすことになる」と、二人の美術史家は明言している。[*11]

町を略奪し織工を誘拐したのと同じ目的で、元朝は商業を奨励した。物品、とくにテキスタイルを欲した。「彼らの遠距離交易への関心と贅沢なテキスタイルへの欲望との密接した関係は、様々な文献のなかに頻繁に現れている」と、オールセンは実証している。例えば、チンギス・ハーンは訓示を垂れた際に「金錦の衣装を携えて現れた」商人たちの美徳を褒め称え、彼らはモンゴル軍将たちの手本であるとまで宣言している。[12]

征服の戦いがついに終結した一二六〇年以後、続くパックス・モンゴリカ［タタールの平和］の時期には平和裡にいろいろな交換事業が拡大された。戦闘のための通路は保護された交易のための大動脈となる。絹とともにこのモンゴルの交易路は新しい考え方やテクノロジーを東方の彼方からヨーロッパへもたらすことになった。そこには火薬、羅針盤、印刷術、紙漉き術などが含まれた。黒死病もそのひとつであったのだが。元のテキスタイルへの容赦なきまでの欲求は文化、デザイン、織の技術などにおいての融合という結果をもたらす。そして、その結果、世界は一変した。

一三六八年、朱元璋は太祖洪武帝として明朝の皇帝の座に即位する。朱元璋は貧農の出身だったが、軍の司令官となり元の軍を打倒すべく戦い、ついにはその政体を廃し、また国内の様々な反対勢力を抑えることに成功する。いったん権力を集中させると、彼はほぼ一世紀にわたる外来勢力の支配を覆して、伝統的な漢族の文化秩序を復活させようと尽力した。

最初に彼が行なったことの一つは、服装規制であった。元風の服装を禁止し、政府の官僚の階層ごとに着衣するものの基準を設け、それぞれを区別すると同時に官僚全体と一般民衆の間に一線を画した。また、一般民衆の間に朱子学に基づく階級制を確立させる規則も導入された。いわゆる士農工商、つまり知識人階級、農民層、職工業者層、そして商売人という関係である。その服装規制は、服の素材、色、袖の長さ、頭に被るもの、装身具から刺繍のデザインまでが定められた。目的は「高位にある者とそうでない者とをはっきりと示し、その地位と権威とを明確にすることである」と、皇帝は言い渡した。[*13]

これらの規制は、服装のスタイルを制限するというより、たいていの場合誰がどのタイプ〔素材や織り〕のテキスタイルの着衣を許されるかということに終始している。一般民衆は絹、繻子、錦を着てはならない。この禁止令は一三八一年に多少緩められて、農民は絹、紗、木綿を着てもよいということになる。しかし、農民の家族がどういう形であれ何らかの商売にかかわった場合は、家族全員が絹の着衣を禁止される。商人は、あきらかに社会にとって有益な存在であるにもかかわらず、四段階の最下位に留められなければならなかった。「明の服装制限の根本的な機能は、社会全体に国の支配を行き届かせることであった。社会全体が規則通りに形作られ、その規則が永久に続くとすれば、それは安定し階層化された理想的な儒教社会だと言えよう」と、歴史家は見る。少なくとも、それが意図された目的であった。[*14]

時折、規制に反した場合の刑罰が強化されたりしているが、明朝が続いた約三世紀にわたり、これらの規制は概して手を加えられることなく定着している。[*15]しかし、社会規範そのものが安定していたとは言い難かった。儒教の秩序にとって重要な儀式の数々はだんだん廃れてしまうか、またはもともとの意図とは一致しない要素が加わるようになる。例えば葬式の際に役者や楽器の演奏者や芸妓などを雇い、葬式を見世物的なイベントにしてしまったりするようになった。道教と仏教のしきたりも儒教の文化のなかに浸透してしまう。さらに商業が栄えるにつれて、商人階層は裕福になり社会的重要性を増し、時には貴族として振る舞うまでに至る。

加えて、人々は規則を守らなかった。歴史学者陳《チエン》歩《ブ》云《ユン》は「明朝の皇家の墓から発掘された考古学的な証拠物品からみて、元朝風の衣服は一六世紀までも十分存在していた。その事実は洪武帝の衣服に関する法規には限界があったということと、より肝要な点はモンゴル民族の元朝の文化遺産をかき消そうという彼の努力が失敗に終わったということを示している」[*16]と、書いている。

時を経て商業が拡大し、規則違反も拡張する。裕福な平民たちは、より上の階級の人々に限られているはずの布地やスタイルの衣服をまとい始める。実際、地味な絹地を毛嫌いし、禁止されている錦地を求めるようになる。濃紺や紅色などの禁止されている色を身につける。金糸の刺繍で飾り付ける。宮廷の高官のみに許されている冠や礼服を買い求める。「世代ごとに慣習が変わってしまう。昨今では政府の禁令を省みることもなく、誰もが富と贅沢とを好むあまりに競い合って手に入れようとしているようだ」と、一六世紀末の明の学者は不平をこぼしている。

規則違反者は平民ばかりではなかった。政府の官吏やその家族たちも自分たちの階級より上の衣装を纏った。貴族の息子だが、たかだか八位程度の身分の者たちは、自分よりも地位の高い父親に許されている衣服を、当前のことのように身に纏った。「自宅に住んでいたり、公的な官職から外されたあとであっても、こげ茶色の冠［烏紗帽または梁冠など呼ばれる帽子］を被り、金色の帯を結んだ麒麟［分趾蹄をもつ龍のような仮想の動物］模様の入った外衣を着ている者がいる」と、別の明代の文筆家は批判的に書き残している。歴代の皇帝たちさえも自分の気に入った臣下に本来の地位にはそぐわないデザインや素材の衣装を授けるなどして服装規制のルールをないがしろにしていると、彼は嘆いている。[*17]

とは言うものの、服装規則の法令を軽視しながらも、明代の消費者たちは法令が意図したところの階級制度そのものに反対していたというわけではなかった。下の階級の者たちが麒麟の外衣を欲したのは、それが自分たちに許可された範囲の衣料よりもより美しくより豪華だったからではない。それが自分たちよりも上の階級の者たちに許されている特権だったからである。倹約令はその実人々にとって何が望ましいものであるかを定義しているのである。そして、もっとも望ましいもの〔消費物品〕は皇帝の地位を象徴する物だ。その結果、「模倣することは、必ずしも宮廷の権力を削減することにはならない。国の制裁力を表す衣服を纏うという表立った意思的表現は、結局のところ、皇帝の存在が帝国の中心にあることを重ねて是認するものである」というのが、陳の解釈である。[*18]

明と江戸時代（一六〇三―一八六八）の日本との比較はなかなか面白い。日本でも、徳川幕府は独自の儒教に基づく階級制とそれに見合う倹約令とを打ち立てた（日本の場合、下級武士たちは知識人階級の代わりに平民の一番上のグループに当たる）。しかし、これらの法令は頻繁に修正が加えられたため、人々は「三日法」と呼んで馬鹿にした。

この階層制度の中で上流階級となされている者たちを模倣するかわりに、都市に住む職人や〈町人〉と呼ばれた下級層の商人たち、すなわち町の住人たちは、規制をくぐり抜けると同時に、洗練した好みを表すような新たなファッションの工夫を編み出した。例えば、法令が〈絞り〉を禁止すると、染色工たちは〔絞りに見える〕手描き染めの方法を発展させた。明るい色で外出することがご法度になると、着こなし感覚が鋭い都会の住人たちは表地は平凡な色でも裏布に凝り、いわゆる〈粋〉と言われる微妙さを最高とみなす美的感覚を開花させる。「金糸で刺繍されたつづり織りの絹の着物を着てはならぬという頭の固い侍を避けて通るのに、これほど洒落た対処法があるだろうか」と、人類学者のライザ・ダルビーは説く。

表は簡素な荒織絹の紺縞の小袖だが、裏地は見事な黄色い模様織りの絹ちりめんだとしたら。または、どうということもない上着につける裏地に、町一番の絵描きに素晴らしい絵を描いてもらうよう頼むとしたら。法を犯さずにすむばかりでなく、法の一歩上を行って、その高慢な執行者の鼻を明かすことができるではないか。町人たちは、つまるところ〈スタイル〉の最終決定者なのである。自分たちに禁止されたこれ見よがしな豪勢さをこけにすることで、形勢を逆転させたわけだ。侍と［彼らを顧客とする］花魁たちのみが色とりどりの錦を纏えばいい。本当に洗練された美的感覚を持つ者は、余韻や含蓄を漂わせる極微を求める。それが本当の〈粋〉なのである。*19

ここでは、倹約令はファッションの基準を設定しなかった。裕福な商人と歌舞伎役者たちがその役を果たした。中国では農民でも科挙で高い点数を取れば、政府の官僚となることができた。不動の階級を上へ上へと登っていくことが目標で、宮廷が常にその頂点にあった。衣服の選択は、それが禁止されていたにもかかわらず、［上昇志向の］願望を反映していたのである。日本の場合、平民は侍になりたいとは思わなかった。彼らにとって、美や酔狂にみちた都会の生活は価値あるものだった。そしてファッションを刷新していくことも。しかしながら、中国でも日本でも人々にとって自分が誰でありたいかを表現するためにテキスタイルを使ったという点で共通しているというのは、特筆に値しよう。

朱元璋が明の政体を確立しつつある頃、後日シルクロードとして知られるようになる交易路の反対

左：若衆役を演じる三代目市川八重蔵。表地は暗い色だがその内側は鮮やかな赤で、倹約令に従いながらも粋を全うしている。版画。鳥居清長作。1784年作。右：ドメニコ・ギルランダイオの1488年作の肖像画。描かれているジョヴァンナ・トルナブオーニは、フィレンツェの倹約令で禁じられているつづり織り、花模様、十字模様を含む衣装を着ている（メトロポリタン美術館蔵。ウィキメディア）。

側でも、イタリアの商業都市の多くがそれぞれ独自のテキスタイル、衣料品、装飾品に関する規制を定めつつあった。一三〇〇年から一五〇〇年の間、イタリアの都市国家はなんと三〇〇以上の倹約令を敷いている。これは「ヨーロッパの他の地域全てを合わせた数よりも多い」ということだ。パドヴァの町では女性が「結婚していようといまいと、どういう地位や状況であろうと」絹のドレスを二枚以上所有してはならなかった。ボローニャでは銀メッキのファスナー（止め金具）を身につけている者は罰金を取られた。ヴェネツィアでは尾を引く長い裾と「フランス風ファッション」が禁止された。フィレンツェでは、死体は無地のウールでしか包んではいけない、ただしリネンで裏地をつけてもよいという細かい規則が行使された。墓場は飾り立てる場所ではないという考えによる規則だった。[*20]

商人たちによって治められていた都市国家では、社会階級を維持することにそれほど関心が向けられなかったが、全般的に贅沢を抑えることが目的とされた。次第に派手になっていく生活水準は、フランシスコ会の修道士たちが広める禁欲的なキリスト教の教えに反するものだったし、また伝統的な商人の節約精神や質素さにもそぐわなかった。しかし、節倹規制の究極的な目的はそのような宗教的、文化的な伝統とは基本的には関係なく、ひとえに経済的な自己規律をめざしていた。

経済が栄えると、人々は競って宝飾、テキスタイル、公の祝事などに散財するよう煽られる。法令はそれを抑えることを目的としていた。政治を司っている王家一族は、国内の社会的均衡を保つことと同様に王族内でのやりくりの懸念から、［市民の間の］誇示的散財の競争にブレーキをかけようと願った。倹約令は都合のいい手段であった。特に家族内の妻や娘たちに対して。フィレンツェでは、その法令を執行する役人の役名は、そのものずばり「女性［のための］役人 *Ufficiale delle donne*」であった。

明朝とは異なり、イタリアの都市国家は倹約令のルールを頻繁に変更したが、市民たちの協力を得ることは稀であった。一三世紀の終わりからフィレンツェ共和国の終わる一五三二年までの期間の倹約令を研究した歴史家ロナルド・レイニーは、数多い変更の軌跡と効果の無さについて書いている。「一四世紀を通していかに頻繁に倹約令が発せられたかを見れば、社会の衣服規制が政治家の望み通りに従われなかったことは明らかである」。[*21]

例えば、一三二〇年代の初め頃に採択されたフィレンツェの倹約令によると、女性は公の場で着用できる服を四着以上所有してはいけないとある。その四着のうち、一着しか値の張るシアミト絹か高価なカルミン赤で染められたウール地を使うことが許されなかった。それが一三三〇年には市はシアミト絹でドレスを仕立てること自体を禁止してしまう。それまでに絹のドレスを所有していた者は、そのドレスを市に登録しなくてはいけないことになった。一三五六年、市政府はすでに登録されたドレスを例外とすることさえも違法としてしまい、唯一着衣を許可される絹地は平織りの簡素なものだけとなった。もっと贅沢な織の絹地のドレスを着ている女性は、高額な罰金の対象となった。

法令は抜け穴を塞ぎ、新たな流行のファッションに対応しながら変容していく。一三二〇年代は、男性であれ女性であれ、「木、花、動物、鳥、またはなんらかの姿が縫い付けられているか、切り抜かれているか、なんらかの手段で付け加えられている衣料」を着ることを禁止した。一三三〇年に出された修正は上記に「手描きの図」を加えた。さらに布地に縞地を縫い付けたり格子模様の素材を加えて女性の衣料を装飾することを禁じた。[*22]

イタリアの倹約令は贅沢な生活様式を抑えるのにある程度は役立ったかもしれない。だが、完全に贅沢な生活様式を無くしたとは言い難い。結果的には、隠れてファッションを楽しむとかルールにひっかからない新たな工夫を生み出すとか、そういった方向に努力を重ねるよう市民を動機づけることになったと言えるだろう。だからこそ、縞模様を縫い付けてはいけないとか手描きの絵模様を加えてはいけないなどの法令が次々に書き加えられることと相成ったわけだ。[*23]

一四世紀の作家フランコ・サチェッティは、実際に役人として倹約令を執行する立場にあり、彼の書いたフィレンツェの町の様子を伝える話のうちの一編に、倹約令に対する町の人々の態度をうまく捉えた描写がある。法を強制するためにアメリゴという名前の判事が雇われるのだが、どうもうまく状況を捌けないでいる。フィレンツェの女性たちはみな禁じられている豪華な服装で町を歩き回っているというのに、彼は誰一人捕まえられないのだ。自分のせいじゃない、とアメリゴはのたまう。彼女たちはあまりに口達者で、規制の言葉尻を捉えてなんのかんのと言いくるめてしまう。ある婦人は違法である刺繍入りの帽子をかぶっているところを捕まると、ピンでとめてある刺繍入りのリボンを帽子からはずし、これは飾り輪だと主張する。また別の婦人はドレスについているボタンの数が多すぎると指摘されると、その銀の玉はボタンではなくてビーズだと言い張る。そう言われると、何と対応していいかわからなくて逮捕することができないのだ、とアメリゴは弁明した。彼の上司も同調する。「他の役人たちもアメリゴ氏に、できるだけのことをやって、あとは放っておくしかないと忠告するに至った」サチェッティはこの逸話をよく知られている諺で締めくくる。「女性が欲するものは、神が欲するもの。神が欲するものはいずれ実現する」[*24]

明朝では倹約令を犯した者は体罰や、入牢、所有物の没収などといった刑罰を受ける可能性があった。イタリアの場合、刑罰はたいていが罰金だった。服装規制は市の財政を補う目的を果たしたともいえよう。罰金とともに、法令は登録歳入ももたらした。新しい規制令が施行されると、市役所は市民に新たに禁じられた衣類を所有し続けるという選択肢を与える。つまり、禁じられることになった衣類を市に登録料を払って登録し、許可の判をもらえば所有していても問題ないという仕組みだ。ボローニャでこの類の法が一四〇一年に制定されると、二〇〇点以上の衣服が登録され、少なくとも一〇〇〇リラの登録料が市の財庫に入ったという（当時、従業員の給与は一年に六〇リラだった）。ある女性は愛用のコートを着用する許可を得るために登録をした。そのウールのコートには森をイメージした緑色の地に鹿、鳥、木々が金糸で刺繍されていた。また別の者は五つの衣服の許可証を求める。その一つは赤縞のウールに銀の星が波状に散りばめられているコートだった。三番目の女性は金色と赤とに彩られた葉で飾り立てられたベルベットのドレスを登録した。「罰金や登録証書は、一種の税収となった。つまり、収入源が増えうるという認識こそ、表立った贅沢や豪奢な消費を取り締まるために取り入れた政策を推進する、もっとも強力な動機であったのだ」[*25]と、歴史家は見ている。

歳入を上げる必要に迫られて、フィレンツェはさらに歩を進め罰金を事実上免許符にしてしまう。年間登録費（ガベラと呼ばれる）を払えば、しち面倒臭い様々な制限から逃れることができた。一三七三年の規定では、五〇フロリン金貨――市が射手を［市の防衛のため］一五ヶ月雇うのに必要な金額――を払うと、女性向けウールのドレスに絹の飾り模様を施す許可が得られた。二五フロリンだと、既婚女性はスカートの裾を飾ることができた。これは通常未婚女性にのみ許されている特権であった。一〇フロリンでは、男性がパノスクルトス（短衣）を着てもよいという許可を得る。この［ミニドレスのような］上着を着ると、立ち上がった時に太ももの部分が丸見えになる。同じ値段で女性は、絹で覆ったボタンを使う許可を得た。

罰金免除のための登録料のリストは禁止令のリストとほぼ同じ長さとなる。レイニーによると、「実際、購入できる免除項目があまりにも幅広く、経費を払うことさえできれば、以前禁止されていた様々な衣料品目で許可されないものはほとんどなくなってしまったほどだった」[*26]

フィレンツェのジロラモ・サヴォナローラという修道士は、贅沢にたいして天罰が下らんばかりの説教を盛んに行った。そのように、禁欲的な風潮が盛り上がる例がまったくないわけではなかったが、一般的にはイタリアの商業都市で消費者の洗練された好みを厳しく取り締まるとか制限するといった考えに賛同する者は少なかった。市民たちは、美しく作られたものは肯定すべきもので、着る者に、また彼らが住む町にも栄誉をもたらすものだと、心の底から思っていたのだ。金で刺繍されたドレスであっても、神聖さを表すことができるはずじゃないか、と。

あるミラノの住人はスペインによって課された倹約令に対抗し、市にもともとからあった「自由な着衣法」を守るべく、次のような独白を残している。

> 自然の限りなき創造について熟考することは、しいては［人々に］神の偉大さを知覚させる。また芸術の驚異に思いを馳せることは、ある意味で神の不滅の叡智の世界へと自身を高めることである。神はその叡智を人々に浸透させることで、人々が自ずと神の創り給う無窮の豊かさを得心するよう導かれる。神は慈しみを通して、人々に創作の才能と力とを与え給う。かくして、人々は神がこの地上に与え賜うた素晴らしい衣料や装身具を目にすることで、その天にまします神の無限で、かつ人間の知覚の域を越えた尊厳を垣間見ることができるのである。[*27]

イタリアの都市は、商業と製造業の地だった。その隆盛が市民の製造技能と消費欲とにかかっていることを十分自覚していた。制令を通して購買欲を抑える努力をしながらも、市民たちは贅沢なテキスタイルや衣服を含めたあらゆる種類の工芸品を製造し、また人前に披露することを誇りとした。消費者の欲することはたいがい実現するのである。

肉屋への買い物に、うら若いラ・ジェンは体にぴったり合う、真新しい上着を着て出かけた。当世風の木綿のプリントで白地に赤い縞が入っていて、茶色の大きな花柄がついていた。彼女は、その途上で逮捕されてしまう。また別の若い女性も勤め先のワインショップの入り口で逮捕される。彼女も似たような赤い花柄の上着を着ていた。デ・ヴィユ夫人、クランジュ夫人とボワット夫人の三人もだ。彼女らの場合、警官はそれぞれの自宅の窓ガラスを通して、この不運な女性たちが白地に赤い花柄の服を着ているのを見た。禁止衣料所有の罪で捕まったというわけだ。[*28]

1686年から1759年まで、フランスではこのような柄のついた椅子の座布を所有することは、監獄行きの可能性を意味した（メトロポリタン美術館蔵）。

一七三〇年、パリでのことだ。木綿のプリント地は英語ではキャラコ、チンツ、モスリンなどの名前で知られているが、フランス語ではトワル・ペントやアンディエンと呼ばれ、一六八六年以来禁止されている布地だった。何年かおきに官憲はその法令を再公布したり手を加えたりするが、流行は消え去らない。絶え間なく繰り返される密輸入や違法行為に業を煮やして、一七二六年政府は、密輸入者とその協力者たちに課す刑罰を重くした。違反者は海軍のガレー船の漕ぎ手を何年もやらされたり、ひどい場合は死刑を下されることもあった。地方の官憲は、禁じられた布地の着用や、布地で自宅の室内を飾っただけでも、裁判なしで違反者を拘留する権限を与えられた。
「一七二六年の法の内容を見ると、それまで四〇年間にわたって次々に出された勅令や布告などが大半において、社会全体に無視されるとか、まともに取り扱われないとか、民衆にいわばごまかされて来たことに対して、立法者たちがついに我慢の限界に達した様子が窺われる」と、ファッション史研究家であるジリアン・クロスビーは書いている。この法律は主に消費者を標的とし、単なる所有事実に基づく逮捕を武器としていた。「国境線での交易や商品の生産や販売をやめさせることに関しては全く不能だった。政府の役人は流行を押しとどめようという意図で個々の違反衣料を纏った人々を見せしめにすることに集中した」が、その努力は失敗に終わる。[*29]
禁令についての年表の中でも、フランスの木綿プリント地に対する排撃政策はなんとも不可解であり、また極端な歴史上の一章である。この禁止令は倹約のためのものではなかった。国内の確立された産業を消費者の好みから距離を置かせるために行われた、苛酷な経済保護政策であった。一六八六年の最初の禁止令は次のように説明する。

インド各地〔現代の南アジア地域〕で捺染された木綿の生地もしくは国内で偽造された膨大の量の木綿生地は…国外での何百万件に及ぶ交易運輸活動をもたらしたばかりでなく、フランス国内での絹、ウール、リネン、麻などの紡織産業の衰退を引き起こし、同時にその産業に従事する者たちが仕事を失い家族を養うことができないためにこの王国を離れてしまうという事態を生み出した。この非常事態について、我らが王は報告を受けておられる。[*30]

イギリスを含むその他のヨーロッパ諸国もキャラコ地の輸入を禁止した。しかし、フランスの政策が最も極端であった。プリント地の輸入を禁止するばかりではなく、無地の木綿をも海外から持ち込むことを禁じた。そのうえフランス国産の木綿地であっても捺染することが許されなかった。単に海外製品を拒否するのではなく、反木綿・反捺染〔政策〕だったと言えよう。イギリスではその当時、国産の経糸がリネン、緯糸が木綿で織られたファスティアンを助成している時期だったので、その生地にプリントすることは奨励された。[*31] フランスの禁令はヨーロッパで最も長く続き七三年にもわたったのだが、つまるところそれは失策でしかなかった。消費者はキャラコを愛用し、最後まで法に逆らいつづけた。

一六世紀にポルトガルの交易商たちによって持ち込まれたインド木綿《キャラコ》が、ヨーロッパ人がそれまで目にしていた生地とはまったく異なっていたことは前にも述べた。何世紀にもわたる経験を経て完成された染色技術のおかげで、青も赤も目の覚めるような鮮やかさであったし、その上何度洗濯しても褪せなかった。布地は柔らかで軽く、夏の衣服として格別で、また下着としてもリネンよりずっと着心地がよかった。プリントそのものがヨーロッパでは珍しい工芸であり、値の張る空引機の織りを使わずに絵画的なデザインを作り出す可能性が無限大であることを示して、デザインへの欲望をかき立てた。

商売上手なインドの捺染業者たちは、それまで長い間東アジアの顧客におこなってきたように、輸出先の好みに合わせてデザインを加減した。その最も効果的な妙策は、青地や赤地に白い意匠を施す代わりに、白地に色とりどりの意匠をプリントするようにしたことだ。布地の広い部分に染料が滲まないようにするには、新しい技術が必要だった。ゆえに、「ヨーロッパの消費者は［インドの捺染業者たちに」単に製品を改造させただけではなく、それらを作るための革新的な技術を開発させるに至った」と、歴史家は見なす。その結果生まれたテキスタイルのパターンは、ヨーロッパとアジアのデザインを組み合わせたハイブリッドと言えるだろう。それは見慣れたものであると同時に、当世風の新しさを加えたエキゾチックな味わいを醸し出した。[*32]

アンディエンは特別に贅沢な商品というわけではなかった。また、プリントのデザインによって値段に幅があり、たいてい誰もが予算に合ったものを購入できた。貴族の女性だったら精細に描かれたプリントのスカートをはいて宮廷へ赴くかもしれないが、召使の少女であれば一日分の賃金以下の値段で花柄のスカーフを買って、冴えない色のドレスを明るく彩ることができた。歴史家フェリシア・ゴットマンによると、「[アンディエンが商業的に]成功したことの決め手は、製品の質の幅にあった。精細な手書きプリントのチンツから安物型染めのキャラコまで、貴族の夏の別荘を飾り立てたり、新興ブルジョワ階級に高級で値段のはるフランス製の絹の代用品として使われたり、貧しい労働者階級の消費者の衣料となったり、その使用範囲の広さが決定的な強みだったわけだ」[*33]一七世紀の半ばまでに、アンディエンは国中に広まり、誰もが購入するようになる。

インド産木綿地の商業的な成功度があまりにも高かったために、絹、リネン、ウールの生産者たちから政治的反動が生じたのは、当然の帰結だったと言える。ヴェルサイユにあっては彼らの発言権は、代弁者のない消費者たちよりも格段に勢力をもつものであった。各々の産業の代表者たちは政府を説得し、新参者のテキスタイル商売を違法としてしまう。とは言っても、もちろん密輸業者たちは最初からすべての法の抜け穴をついて商品を持ち込んでいた。

政府は、管轄下にあるフランス東インド会社がヨーロッパ市場であげる歳入を完全に枯渇させるつ

プリント地は貴族の男女から召使や娼婦に至るまで色どりや模様や快適な着心地を提供した。『聖ジャイルスの美女』18世紀版画（ルイス・ウォルポール図書館蔵、イェール大学）。

もりはなかった。しかるに法律では、海外へ持ち出すという目的で購入する場合はアンディエンを競り落とすことを許可していた。テキスタイルの競り市は、西アフリカからの奴隷と交換するためにプリント地を買い込もうとする人々と、フランス領西インド諸島でプリント地を売ろうとする人々、二種の入札者たちで賑わった。その当時、前者は合法だったが、後者は違法だった。しかし、競り市の場では、誰が誰で、プリント地がそこからどこへ旅することになるかなど、皆目わかる由もなかった。公には合法である海外の購買人たちも、実はそれほど正当ではない目的を持っていたようだ。彼らの多くはスイス人か［イギリス王室領］チャンネル諸島から来ていて、非合法テキスタイルの密売人として悪名高かった。[*34] 彼らはキャラコ地を競り市で買い取り、故郷へと持ち帰るのだが、再びフランスへ隠して持ち込む。禁じられた布地は、キャラコ地が違法ではないオランダやサヴォイア公国との国境線を通ってフランスに持ち込まれた。またローマ法王の支配下であるアヴィニョンからこっそり流れ込んだり、海外へ輸出される予定の船でマルセイユの港の倉庫に積み込まれたりした。

そうした状況のなか、フランス人でキャラコ地の布が欲しいと思う者は——それは国民の誰も彼もがということだが——その布を手に入れることができた。国内で最も権力を持つ男性たちのそばに立つ最も洗練された女性たちが身に纏っていることで、アンディエンのもつ特権、その魅惑は［たとえ違法であっても］薄れることはなかった。禁止令は、キャラコの使用を禁じることで国内産業を保護し富を増そうという目的を果たすかわりに、数限りない国民を犯罪者にしてしまったのである。

同時に禁止令はフランスでの捺染産業の発展をすっかり遅らせてしまった。かたやイギリスやオランダやスイスでは印刷技術の発展に成功しつつあったにもかかわらず。これらヨーロッパ産のプリント地はインドのテキスタイルと比べると段違いに劣っていた。だが、フランスの客層も含め、多くの消費者にとっては、それで十分だったのである。

禁止令はまた、知的延滞をもたらしたと言える。当時は啓蒙主義が盛り上がりつつある時期で、この禁止令は経済政策上の自由主義的思想の萌芽ともいえる議論を促すことになる。「穀類交易の自由化や課税やフランス東インド会社の独占経営に対する自由化の議論に先行して、哲学者や啓蒙主義の政治経済学者たちはキャラコの議論こそがその重要な第一の戦場であったとみなしている」と、ゴットマンは書いている。[*35]

キャラコの製造はフランスの国内産業にとって有益であると主張する重商主義者の意見に対し、経済自由化論者は目新しい論点を加えた。つまり、彼らは禁止令は多くの者たちを罰し少数の者のみに有利に働くという点で不公平であると訴えたのだ。テキスタイル生産者たちの要求は粗暴で思慮が浅い。禁止令に反対する意見を述べた一七五八年出版のパンフレットで、アベ・アンドレ・モルレは次のように書いている。

通常ならば秩序を守り礼儀正しく振るまう市民が、他のフランス国民に死刑やガレー船漕ぎなどの刑罰を要求し、しかもそれが商業上の理由のためだというのは、どこかおかしいのではないか。我々は現在、母国が真に啓蒙され文化的に進んでいるという。が、一八世紀半ば、グリノーブルで五八スーで売っている商品をジュネーブで二二スーで買った者が、そうしたために絞首刑にされたということを、我々の子孫がなにかで読んだとしたら、彼らはフランスの啓蒙度、進歩度を信じるだろうか。

テキスタイル産業はフランス国家そのものではなく、単に国の僅かな一部分にしか過ぎないということを、彼は訴える。「モルレが言わんとしていることは、これは〈抑圧的制度〉の非道さについての批判であって、その一例一例について述べているのではない」と、歴史家は記している。[*36]

フランス政府は公衆の抵抗、知識人の批判、それにヨーロッパ諸国での捺染産業の発展ぶりに焦って、一七四〇年代になってやっと何人かの事業家に国産、及びフランス領植民地産の木綿を含むテキスタイルにプリントを施すことを許可する。これら少数の捺染業者が［消費者に受け入れられるレベルまでに］プリント地の商売をなんとか軌道にのせると、捺染業の合法化を求める動きが活発になる。フランスの「経済統制政策の父」とされるジャン＝バティスト・コルベールですらも、新興産業を保護することを求めるようになり、すでに十分確立している事業、例えばリヨンの絹産業などを保護する気はなかったのである。

一七五九年になってフランスの捺染産業に対する禁止令は終結した。禁止令反対者たちは、すくなくとも部分的勝利を勝ち取ったことになる。政府は二五パーセントの課税を敷くことにした。そのため密輸業は儲かりつづける。いったん国内に入れば、税金を免れた布地が合法商品のふりをすることは簡単だ。ともあれ、その遅まきのスタートにもかかわらず、フランスの事業家たちは活気にみちた捺染産業を確立するに至った。とくに本の挿絵のための銅版画に使われた、ヨーロッパで十分に発達していた技術をもとに、銅板を使った捺染のやり方を完成させた。国産の木綿地トワル・ド・ジュイは中国製の陶磁器に感化された細かい飾り模様を特徴としているが、異国的なアンディエンと同じくらい人気を博するようになった。[*37] ようやく、フランス市民は花柄のエプロンをつけたり、チンツに覆われた椅子に座ったり、ベッドをトワル・ペントで覆ったりすることで、牢屋につながれることもなくなったのである。

本国のイギリス人たちが当時どういう心象を持っていたかはともかくも、リチャード・マイルスは自分の顧客たちが野暮な田舎者ではないことを熟知していた。彼らは外国の商人が持ち込む安物の三流品など見向きもしないだろう。それなりに好みもあり、ブランド意識もあり、その欲求を満足させなければ商売はできない。それゆえ、新たな注文を出すにあたって、彼は事細かに、直裁に、説明を重ねた。その注文書には「これこれの量の青い生地を送るように。緑は要らない。黄色も金色として売れるだろうと思う」などと書いてある。そして、ナイプという製造者が出している、ハーフセイズという名称で知られる軽いウールの斜め織りの生地が、その競争相手の商品に比べて、客にもっとも人気があると付け加えている。

こういうのも実は心苦しいことだが、ナイプ氏の商品に比べるとカーショウ氏のハーフセイズは比べ物にならず、またイギリス王国全体のあらゆる製造者たちがその模造品を作ろうと努力したとしても、ナイプ社の商品と比べると格段質が落ちるであろう。少なくともこの地の交易人たちの目から見ればそうだし、交易人たちの目こそが満足されるべきである。

一七七七年のことであった。マイルズはアフリカ向けの交易商人協会の役人で、現在のガーナにある要塞を指揮していた。同時に副業として、彼はヨーロッパからの輸入品を金、象牙、そして当時交易品としてもっとも価値のあった奴隷と交換する個人事業をも行っていた。一七七二年から一七八〇年までの滞在期間中に、彼は二二一八人のアフリカ人奴隷を購入し、また一三〇八人を物品との交換で手に入れている。交換のほとんどはガーナの海岸沿いのファンティ地域の住人たちとの交渉によってなされた。彼らは自ら奴隷交易に携わると同時に、アシャンティ人やファンティ人の奴隷捕獲人たちが大陸内部で捉えた人々を売る際に仲買人の役割を果たしていたことをふまえて、「マイルズがこの地域で捌いた、交換のための品々が、アカン人（アシャンティとファンティを含む）にとって垂涎の的であっただろうことはほぼ間違いない」と、歴史家ジョージ・メットキャフは記している。つまり、彼らは奴隷との交換でテキスタイルを欲していたのだ。

マイルズが残した詳細な記録を分析して、メットキャフは奴隷と交換された物品の約半分以上が布地で、二番目の金が占めた一六パーセントをはるかに上回っていることがわかる。金は貨幣として機能していたわけだから、金を除けばテキスタイルの占める割合は六〇パーセント以上にのぼる。「アカンの消費者に限って言えば、彼らの交易の目的はテキスタイルだったといっても過言ではない」と、メットキャフは見る。[*38] その昔のモンゴル人がそうであったように、また彼らが今交易を交わしているヨーロッパ人も同じことだが、ファンテ人もアシャンティ人も手に入れたテキスタイルの、残虐とも言える代価について、一点もの良心の呵責に苦しむことはなかった。アメリカ南部を木綿が席巻してしまう前の時代でさえも、奴隷交易は西アフリカの消費者によって掻き立てられる布地の需要と切っても切れない関係にあった。[*39]

気候の暖かい地帯では当然軽い布地が最も人気があるわけで、マイルズが奴隷との交換に使った布地のうち六〇パーセントが木綿だった。「美しいアンディエンは他のもっと値段の高い生地よりも価値があった。多彩な色合いが黒人の好みに合うからか、もしくは軽い生地が地元の暑さにより適しているからかであろう」と、フランス人の観察者は記録している。特にアフリカ市場に向けてデザインされたプリント地は「ギニー布」として知られるようになる。加えて、アシャンティの交易商人たちは現在のコートジボワール（象牙海岸）で作られる「チェチェ」という青と白の縞模様の木綿地を、ヨーロッパからの輸入品との交易に使っている。この生地は柔らかくかつ頑丈で、アシャンティの消費者たちは、輸入された糸を使って織られたどのタイプの布地よりもこの生地を好んだ。[*40]

西アフリカの人々は、好みがはっきりしていた。それはヨーロッパの製造者たちが作り慣れていたものとは異なっており、地元の伝統的なデザインである藍と白の織模様が一番人気だった。インドの織物業者たちがヨーロッパの消費者の好みにあわせたように、ヨーロッパの織物業者たちもアフリカの顧客層を満足させようと試みた。何がより売れるかを把握し、それをコピーするために、エージェ

ガーナの市場に並ぶワックスプリント布地。今ではアフリカの典型的デザインと見されているであるが、もともとはインドネシアのバティック柄を元にしてオランダで製造されたプリント地から派生したものである（*iStockphoto*）。

ントたちに現地のサンプル生地を送るように指示する。「その努力のいくらかはそれなりの効果もあったのだが、実は西アフリカ市場でのテキスタイルの好みが他の地域での木綿地の製造に及ぼした影響の方がより大きい」と、歴史家は見る。

ところが面白いことに、西アフリカではイギリスのテキスタイルの精髄とされる赤ウール地を、自分たちの目的のために自国の織布生産に取り入れてしまう。現在のナイジェリアの海岸線に沿って存在していたベニン王国では、赤ウール地は王衣として最も好まれた布地で、また王が許可を与えた者だけがその布地の着用を許された。あたり一帯で、輸入されてきた赤ウール地は、それがどんな目的の布地であっても、人々は布を解いて糸にしてしまい、地元産の木綿、または靭皮繊維とその赤いウール糸とを組み合わせて、錦織りにしたり刺繍を施したりすることで儀式用の衣装を作った。地元産の植物繊維はタンパク質ベースのウールのようには染料を吸収しないことが、その理由だった。

「染められたウール、特に赤く染められたウールはその希少な色映えの効果で、即座にあらゆる人の目にとまった。政治的または宗教的なエリートたちが掌中に収め自らの便益のために活かした視覚的パワーであった。ここで特筆すべきことは、外来の珍しい商品が、こうも即座に地元の産物と混ぜ合わされて伝統的な儀式用衣装を変容させたということである」[*41]と、歴史家は解釈している。アフリカの消費者はただ単に与えられたものを受け取ったのではない。彼らは輸入された布地を自分たちのニーズに合わせてクリエイティブに手を加え、新しいテキスタイルの混種をつくったのである。

今日西アフリカや中央アフリカの都市の通りには、このハイブリッド布地の最新版が所狭しと並んでいる。ワックスプリントと呼ばれる色鮮やかな大量生産された木綿地の製品だ。西アフリカではアンカラ、東アフリカではキテンゲ［もしくはチテンゲ］と呼ばれるこのプリント地は、もとはと言えばインドネシア人の客のためにジャワのバティック柄を真似たデザインだった。一九世紀にハールレムというオランダの町のある織布業者が、ワックス系樹脂を用いて布地の両側に捺染する回転ローラーの技術を完成させる。ただし、工程の途中で樹脂に割れ目が入る可能性があり、今日でも見てすぐわかる断線を生地の模様の中に残してしまう。インドネシアの消費者はこの柄の傷跡のような線を嫌がって、手染めの布地を愛用した。特にバティック製造者たちがより簡単な技術を開発して値段を下げることに成功してからは、オランダ産のものは売れ行きが落ち一九世紀末までにはほぼ市場から消えてしまう。

一八九〇年ごろ、スコットランド人のエベニザー・ブラウン・フレミングという商人が機械染の布地をアフリカの黄金海岸（現在のガーナ）で売ってみたらどうかと考えつく。おそらく、彼は現地の人々がバティック柄を好むことを知っていたのかもしれない。バティック布地は、オランダ軍兵力に加えられてインドネシアへ従軍した［アフリカの］男たちが故郷への土産として持ち帰ってきたもののひとつであった。何百人という女性の交易人たちが語る地元の好みの情報をもとにして、フレミングは単にジャワ風のパターンをそのままコピーせず、アフリカ風にデザインをアレンジした。アフリカの人々は一般にインドネシア人よりも背が高いため、彼は布地の幅も三六インチから四八インチへと変えた。

フレミングが提供した色とりどりの艶やかな布地は、それまで市場に溢れていたイギリス製の安物木綿地よりもっと魅力的なものを求める、台頭しつつあった中産階級の消費者層の間で人気商品となる。インドネシアとは異なり、アフリカの消費者は樹脂のひび割れで起きる不規則な断線が気に入った。「彼らにとっては、その不規則な線は伝統的なそして慣れ親しんだ西アフリカ独自の絞り染めと防染工芸を思い起こさせた」[*42]と、美術史家は見ている。

ワックスプリントの人気が高まりはじめると同時に、ヨーロッパで作られたデザインに地元特有の意味合いがつけ加わるようになる。布の売買人たちも顧客たちも、プリントパターンに自分たちの文化や経験に基づいた名前をつけ始めた。「名前こそは消費者たちがこれらのワックスプリントを自らのものとし、布地がデザインされ製造された時点では存在しなかった意味をつけ加えるものである」と、美術史家は書いている。例えばくるくる巻いたつる草の茎はオランダ人デザイナーに「垂れ下がる葉もよう」と命名されたのだが、ガーナでは「善人は多言せず」という名前になった。これは、真に尊敬できるような人々は自分を自慢したりしないという意味のことわざをふまえている。風車模様のデザインは「サンタナ」と名付けられたが、コートジボワールでは「ダーリン、私に背を向けないで」という名称で通じている。伝統的なデザインである飛んでいるツバメのパターンは「スピード・バード」なのだが、ガーナの一部では「飛ぶお金」、また別の地域では「飛ぶ噂」。ガーナで単純に

「レコード盤」と呼ばれる円形のモチーフは、コートジボワールの一夫多妻制の行われている地方の客によると「牛の糞」になる（これは妻が多数いる家庭が平和であることはありえないということわざに言及している。「複数の妻たちの争いは牛の糞のようなものだ。表面は乾いているけど、中はネチネチしている」という意味）。女性は言葉にたよらずにメッセージを送るために、特別なパターンの布を着用した。つまり布は衣料として機能するばかりでなく、そのパターンに文化的な含蓄があったのである。ガーナでフィールドワークを行なった美術館の研究員は次のように語っている。「布業者も顧客も揃って強調することは、布は美しいから売れるだけではなく、その名前のおかげで売れるということだ」[*43]ワックスプリントは、時には純粋な地元の文化的産物ではないとして忌避されることもあるが、今ではすっかりアフリカの地に定着してしまった。その昔サージ・デ・ニーム *serge de Nîmes* と呼ばれていた白と藍の斜め織地（ニームのサージ地、つまりデニムのこと）がすっかりアメリカのものになってしまったのと同じだ。「これらの布地は使用する人々の日常生活のなかで文化的コアを成していると言える」と、テキスタイル研究家は説く。例えば国の祝事や政治運動などを記念するために特別なデザインが作られたりすると、女性たちはその記念の布地の反物をまっさらの状態のまま大事に取っておき、そして娘や孫娘たちに譲り渡す。ワックスプリントは結婚式や葬式、洗礼式、赤ん坊の命名式などで、贈り物や記念品として格式高い役目を果たす。国産であれ外来のものであれ、従来の方法で作られた真のワックスプリント地は贅沢な布地である。最も貧しい村落地帯であっても、類似品だとか中国製のポリエステル地などの安物が多く浸透している。

「これらのワックスプリントのテキスタイルは、アフリカの多くの地方で日常生活の中に完全に浸透していて、あまりにも身近であるがゆえにかえって目につかないほどだと言ってもいい」と、ある

アフリカ奴隷のアメリカ到着 400 年記念事業の一環として、下院議長であるナンシー・ペロシ（右）、ジョン・ルイス議員（中央）、とシーラ・ジャクソン・リー議員（左）の三人はケンテ布のストールを首にかけている（*Getty Images*）。

美術史家は言う。「これはアフリカの芸術のかたちの主流であり、同時にヨーロッパの芸術のかたちの主流でもあり、かつアジアの芸術のかたちの主流だともいえる。換言すれば、実に複雑なのである」[*44] テキスタイルとは、そういうものなのだ。布の文化的純粋性というものは、その起源が何か一つの文化に発していてあれこれ異なる伝統を混ぜ合わせてはいないということではない。布地を所有する個々人または集団が彼ら自身の目的のためにどのようにその布を使うかという点から測られるべきだ。布はどこにでも存在し、各地で形を変え［素材やデザインを］を適応させ、その形状や意味合いにおいて進化を続けるものである。消費者の考えや欲望を全く無視して、その地域外からの物差しで物事を測ろうとすることは、非生産的な行為であるばかりでなく、失礼であるし、ばかげたことでしかない。

二〇一九年の九月、アメリカ合衆国議会は当時植民地であったアメリカへ、初めて連れてこられたアフリカの奴隷たちの到着四〇〇年記念の催事を行った。その場で黒人議員たちや下院議長であるナンシー・ペロシを含む議会のリーダーたちは、アフリカ系アメリカ人の学生たちが卒業式でまとう式服につけるものとして見慣れたパターンのストールを着用していた。それは交互に異なるブロック模様で彩られており、ひとつのブロックは黄色、緑、赤の横縞模様、もう一つのブロックは黒で真ん中に黄色いモチーフがかたどられているというものだった。これは、アシャンティ文化で王座を示す「黄金の座」を表している。本来ならば織り上げられたデザインなのだが、ここでは単に捺染されている。また、約一〇センチ幅の布は［伝統的には］二四片を縫い合わせ（それがガーナの有名なケンテ布だが）トーガのように幅の広い外衣として着用される。

一〇〇〇年以上にわたって、西アフリカの人々は七―一〇センチメートル幅の布を織ってはそれを何枚も縫い合わせて広い生地にして使用してきた。だが、現在一般にケンテ布と呼ばれるものは、実は一八世紀後半になって初めて現れたものなのである。その独創的なデザインは、外国産の色とりどりの糸や新しい織り機の技術やアシャンティとエウェ［ガーナ、トーゴ、ベナンやナイジェリアの一部に住む人々］の二つの伝統的な織り方を融合させることで生まれたものだ。いったんその伝統が確立されてからは、ケンテ布は母国でまた海外で様々な形式や意味合いの変化をたどることになる。すなわち［アシャンティやファンテの］王族が着衣していた外衣のデザインが、ひいては奴隷交易人たちによって奴隷とされた者たちの子孫［アメリカ黒人たち］がアメリカで受け継ぎ達成した栄誉と誇りとを［二〇一九年の記念事業の場で］讃えるストールと相成ったのである。

何世紀もの間、アシャンティの織り人たちはほぼ例外なく白と青の組み合わせのみを織ってきた。インディゴのほかに、自分たちの木綿地にあてがうことのできる濃い色がなかったことが理由だ。だが、そこに交易が始められる。リビアからサハラ砂漠を横切って、または大西洋岸を通じてヨーロッパから色鮮やかな絹が金や奴隷に交換された。これらの布地を解いて鮮やかな糸とし、アシャンティの織り人たちは自分たちの織布のデザインを飾り立てた。

デンマーク人商人のルドウィック・フェルディナンド・ロイマーは一七六〇年の回想録で、アシャンティヘネ（アシャンティ王）であるオポク・ワレ一世（一七〇〇—一七五〇）の技術改革の努力を讃えている。彼によると、王は交易商たちに「あらゆる色のタフタ地を買い求めよ。職人たちはそれをすべて解きほどき、赤や青、緑などのタフタ地の代わりに何千、何万アレン（一アレンはデーン語の長さの単位で約六〇センチメートル）ものウールや絹の糸とせよ」と命じた。これが、実際にオポク・ワレ王の提案だったかどうかは別として、彼自身がその恩恵を得たことは間違いない。多色織の布地は王室の威厳を保ち、高級品市場を賑わせた。その贅沢品の値段は通常の地味な布地の一〇倍以上したということだ。[*45]

しかし、ここで言及されている布地は、今日ケンテ布として知られているものとは多少違っている。他にも細長く織られる布地は多くあるのだが、何がケンテ布たらしめる特徴かというと、交互に現れる経表織りと緯表織りのブロック構造である。これはどの織り機でも織れるようなギンガムチェック（格子じま）とは異なっている。縦表織りは経糸のみが表面に出て、緯糸は隠されてしまうような構造の織り方で、緯表織りは緯糸が表面を覆い経糸はその下に隠れて見えない構造の織り方だ。[*46] このブロックパターンを作り出すには、もちろん事前の計画と織りのテクニックが必要だが、加えて特別な道具も欠かせない。織り機には二対のセットの綜絖枠が必要である（つまり全部で四枚の綜絖枠がいるということだ）。最初の一対は普通に糸を通す。つまり、前後の対の綜絖の針の一つずつに糸一本を前枠、後ろ枠、前枠、後ろ枠と交互に通していく。前の綜絖枠が奇数で後ろの綜絖枠が偶数番号の糸となるわけだ。二番目の対の方は異なる構造を作る。これも前後の綜絖枠を交互させながら糸を通すのだが、綜絖針の一本に六本ずつ（時には四本）糸を通す。そうすることで、経糸は緯糸が通る時その下に隠れてしまうというわけだ。一番豪華なケンテ布で、アサスィアと呼ばれる皇室専用の布地は、三番目の綜絖のセットが加えられ、通常の碁盤模様に斜線模様が付く。

学者たちはこの「二対綜絖」の織り機が実際どのようにどこで開発されたか未だに議論を続けている。一般のガーナ人の間でもケンテ布の起源については意見がまちまちで、部族によっても説が異なる。アシャンティ族もエウェ族もそれぞれこの国家を代表する織布の発明権を名乗りたい[*47]わけだが、おそらく事実は様々な織物の伝統が混ざり合い影響しあって形作られてきたものであろう。

アシャンティの領域内では、織工たちは首都クマシ近くのボンウィリという町に集中しており、そこで彼らはアシャンティ王とその宮廷のために布地を作り出した。職場は厳しい階級制で、ボンウィリヘネとして知られている頭首によって厳格に管理された業界だった。彼は製品の品質基準を保ち、特に王室に差し出す織布に関する管理は自分で行った。また、そこで働く者たちが分不相応な布地を購入したりするといったタブーを犯さないよう常に目を配った。西アフリカのテキスタイル収集家で、調査記録がはじまった一九七〇年代初頭にその研究をはじめた学者たちの一人であるヴェニース・ラムは次のように書いている。

ボンウィリヘネは次のように私に語った。約五〇年ほど前だったら若者や社会的地位のないような客に上等な絹地を売るなんてことは考えもしなかっただろう。というのはそういった連中が公

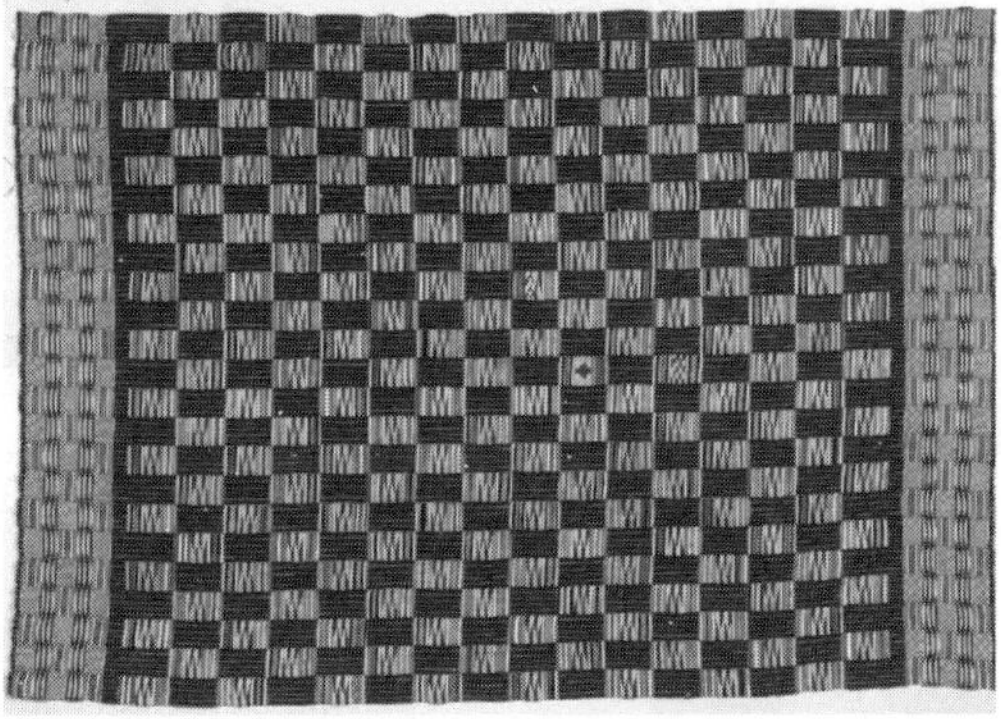

フルサイズのケンテ布。経表織、緯表織のブロックが交互に織られ、縫い閉じられている。このアシャンティ布は木綿とレーヨンもしくは絹の混紡で20世紀半ばの作品（画像はインディアナポリスニューフィールド美術館の厚意による）。

共の場で絹の衣料をまとうなどということは、年配の者にたいする敬意を欠く振る舞いだと考えられたからである。上等な布は族長だとか「重要な男性」でなければ着てはならないものだったからだ。[*48]

これら特別な者たちのための市場の需要に応えて、アシャンティの織工たちは絹織の様々なパターンを創作し織りだす技術を開発した。ボンウィリは技を磨こうとする意欲的な職人たちの理想郷となる。だが同時に、そのような高い品質を生み出すような環境をもたらした王室の庇護と首都近郊という位置的な好条件は、変化や技術の刷新への動きを封じる方向へも働いた。一方、広大な草原の中に住むエウェ族は、森林に住むアシャンティ族よりも実は木綿の生産高が多かったのだが、なぜか彼らは鮮やかな色合いを好まず、彼らの織布はたいていが落ち着いた渋い色合いのものが主で、絹糸を交えた高級な布地であってもそうだった。織り人たちは一箇所に集中せず、あちこちに広がって各自で仕事をし、できたものをその都度消費者なり商人なりに売るというのが普通だった。彼らの織布は上等なものでも、王室用などのように区別されず、だれでも購買力さえあれば好きなように注文して自分の布を織ってもらうことができた。

そのような状況の違いのせいだろうか、アシャンティとエウェの布地の構造には決定的な違いがあった。アシャンティ布はみな経糸表織で、エウェ布は経緯どちらもが交互に表に現れる平織りが基本だった。加えて、エウェ織にはよくパターン化されたイメージ、例えば、鳥、魚、クロコダイル、花、葉、人々などのモチーフが、補足緯糸を使って織られている。彼らは経糸、緯糸を交互に表に出すブロック織の経験をすでに十分に積んでいたわけだ。

現存している古布や、宣教師たちが残した写真、言語学的分析などをもとにして、テキスタイル研究者であるマリカ・クラーマーは、エウェの織人たちこそが二対の綜絖を使うことでケンテ布の独特なブロック織を生み出した最初の人々であるという説得力のある説を唱えている。起源論の真偽はともかく、いったんその技術が生み出されると、この織り技術は早急に広まった。アシャンティとエウェの領域の隣り合う地域では、織人たちが比較的近い距離に居住しており、〔文化的〕交配が起こる機会は十分にあった。また、エウェの交易活動は非常に活発だったので、新しいアイデアが広まるのはそれほど難しいことではなかった。縦表と緯表織が交互するエウェの布地を見て、アシャンティの織人たちがその方法を自ら解読したか、もしくは適宜質問を投げかけたりしたに違いない。

その過程がどうであったにしても一九世紀半ばまでには、エウェの織り人もアシャンティの織り人もこのブロック織のテクニックを取り入れて、それぞれが独自のデザインを織り込むようになっていた。エウェは落ち着いた色合いで具象的なモチーフを好み、アシャンティははっきりした鮮やかな色彩で幾何学的なデザイン——それは力と特権を示す派手な象徴である——を好んだ。

最初にケンテ布がケンテ布という名前とともに国際的に知られるようになったのは、この色鮮やかなアシャンティのデザインのもので、ガーナの初代大統領であったクワメ・エンクルマによってだ。

ケンテ布は「アフリカ大陸共通の服地」であり、アフリカのディアスポラの誇りの象徴である。エンクルマは一九五八年初めてアメリカ合衆国を訪れた際に、ケンテ布の民族衣装で現れた。『ライフ』誌は彼と彼の使節団員の全員が、目を奪う鮮やかな服装でアイゼンハワー大統領と会談し、公式のレセプションに参席するさまを激写した。その五年後、アメリカの社会学者で公民権運動の活動家であるW・E・B・デュボイスが、ガーナ大学で名誉博士号を授与される際、彼はケンテ布が縫い付けてある式服ガウンで臨んだ。そのほかの著名なアフリカ系アメリカ人たち、アダム・クレイトン・パウエル・ジュニア［牧師、ハーレムを代表する政治家］、サーグッド・マーシャル［米国最高裁初の黒人判事］、マヤ・アンジェロウ［詩人、文筆家、公民権運動活動家］などもこのアイデアを取り入れた。最初はエリートのみがケンテ布をまとっていたが、一九九三年にペンシルベニア州ウエストチェスター大学では、黒人の卒業生を讃える目的で「ケンテ卒業式」という特別な企画をたてる。以来この習慣が広まって、今ではどの大学の卒業式でも［アフリカ系アメリカ人の学生が］ケンテ布を肩にかけることは一般的である。そこにはたいてい、その卒業の年だとかなにか特別な文字などが織り込まれている。

「黒人学生が高等教育をめでたく終えるに達したという象徴としてケンテストールをまとうことは、単に大学教育を終了することに成功したというだけではなく、彼らは言い伝えられている［アフリカの］格言を自分の身で証明するものだ」と、歴史学者ジェームズ・パディリオニ・ジュニアは説明する。彼自身、ウエストチェスター大学の卒業生で、現在はスワースモア大学の教授だ。卒業生に向けて、彼はケンテがもたらした意味について物語る。

諸君が肩から下げているケンテストールはアフリカの古い知恵、そして「奴隷の夢と願い」とを立証するものである。アシャンティの人々は自分たちの価値観や道徳観をケンテの詩的な表現を通して表した。ケンテの海外へ拡散していく歴史は中間航路［大西洋の奴隷交易航路のこと］を超えてアフリカの知識と誇りとを織り込んで、今アメリカ黒人の大学卒業生である諸君の体を包むの卒業式服に繋がるのである。

美しさ、独創性、象徴性、そしてユニークさにおいて、ケンテは海外に住むアフリカ人（とその子孫）とその母なる大陸を結びつけるものだ。それは正真正銘の繋がりか、想像の賜物としての繋がりか、あるいは自らの理想の姿との繋がりであるかもしれない。「ケンテ布を身につけると、ケンテは私に話しかける。お前はアフリカからきたのだ、お前は王の血を引く者だと」と、あるニュージャージー出身の卒業生は話してくれた。[*49]

ケンテ布が全世界に知られるようになってから、元々アフリカでケンテを作り始めた織り人たちが夢にも思わなかったような形や使用用途が生まれる。「ケンテはアフロセントリックファッションの服装とほぼ同じの意味を帯びる布地の一つだ」と、マンハッタンの輸入業者は一九九二年のニューヨーク・タイムズ紙でのインタビューで語っている。当時、ケンテ布の模様デザインはアフリカ系アメリカ人に大きな関心を引き起こしていた。その記事によると、「伝統的布地を作るためには、木綿地は最初まっさらに漂白され、それから布の表裏両面に液体の染料が施されてデザインが刷られる。これはかなり費用のかさむ工程なので、類似品はデザインがたいてい片面だけしか刷られていない」とあり、厳密に言えば本来のケンテ布はプリント地ではないということには一切触れてもいない。そもそもケンテ布は多数の色の糸を使って特定のパターンに織り上げられたもので、単なるプリント地などとは比較にならないほどの事前の計画が必要なものなのである。[*50]

今では観光客用として、現地の織り人たちは幅広く縫い合わせる目的ではなく、ただ細長い布地としてケンテ布を織る。ストールや壁掛けとして売られたり、また帽子やハンドバッグに縫い合わされたりする。「ケンテの〈伝統〉という概念について語るならば、こういう土産物もその伝統に属する」と、ある美術史家は主張する。「この地上でケンテほどダイナミックな歴史を持つ織布の〈伝統〉はない。もしほかにあったとしてもほんの少しだろう。一センチ四方の布地でビーズの表面を覆ってイヤリングを作るようなそういった織布の〈伝統〉というのは、そう頻繁に聞きおよぶものではない」[*51]

ケンテのデザインに基づいたイヤリングや蝶ネクタイからヨガパンツに至るまで、「その伝統的ではないケンテ布の使用法は」保守的な考えの人々の感性を逆撫でするかもしれない。また、彼らはケンテ布の壁掛けやテーブルセンターなどは不謹慎だと異議を唱えたいところであろう。実際、評論家でもあるガーナ人のある学者は「ケンテは着用するために織られたものである」と公言し、室内装飾のために使うことは「文化の破壊活動」だと嘆いた。しかし、テキスタイルの形状なり機能なりを正そうとすることは、しょせん不毛な努力であり、また愚かなことだ。本来の純粋性を破壊する行為というなら、ケンテ布をベッドカバーに使うことは、王様のために外来の絹糸を織物のなかに織り混ぜることと何ら違いはない。今現在使用されるテキスタイルは、使っている人々が誰であるか、彼らが何を求めているかによって、その伝統を常に適応させるものなのである。[*52]

黄昏時である。一日を町の市場で過ごしたあとで、赤い衣服を着たその女性は家路を急いでいるようだ。ここはグアテマラのアティトラン湖の湖畔にあるサン・ファン・ラ・ラグナという町だ。彼女はトラヘと呼ばれる伝統的な衣装に身を包んでいる——ただし、腰回りにしっかり巻かれたファハと呼ばれる幅広の手織りのベルトに突っ込まれたスマホがやたらと目立つ。伝統的な衣装と現代風の器機の対比が面白くて、私はグアテマラ人の友人に彼女に写真をとってもいいかどうか尋ねてくれるよう頼んでみる。二ヵ国語が行ったり来たりする間に、何か誤解が生じたようだ。女性は喜んでカメラに向かって立つが、自分のスマホを取り外し、ベルトの後ろに隠してしまう。いや、そうじゃなくて、スマホも写真の中にいれたいんだけどというと、彼女は誇らしげにスマホを左手に持って写真のためにポーズを取った。衣装の一部ではなくなってしまった。ま、仕方ないか。

女性がまとっているトラヘには彼女がマヤ族の女性であることの極め付けの要素が多く含まれているのだが、よくよく見てみるとそこには古来どおりでないものも多くまざっていることが判明する。上着は手織り木綿のフイプルではなく、工場で生産されたブラウス——おそらくポリエステルだろう——で、刺繍やラインストーンの飾りも機械で施されたもののようだ。毎日着るものとしては、腰織り機で織られた厚手の四角い木綿地を縫い合わせたものよりも、間違いなく格段に安くて実用的であるに違いない。コルテと呼ばれるスカートは民族衣装として重要な意味合いがあり、グアテマラの成句で *Lleva corte* つまり「彼女はコルテをはいている」というと、その女性は現地の出身であるという意味をなすほどだ。身体に巻きつけられている布地もそれをしっかり締め付けているファハも、伝統的な床織り機で織られたもののように見える——ただし、床織り機はスペインから導入されたものである——が、その赤と紺の格子模様は伝統よりもトレンドを反映している。この衣装は、彼女のマニキュアやスマホと同じように現代的なのだ。それでいて、その形状は間違いなくマヤのものである。悪魔との取引［ファウストに代表されるように］ロマン主義文学でしばしばお目にかかる筋書きだが、物質的な進歩は悪魔との取引［何か欲しい物を得るために、もともとあった有益なものを諦めなければいけないという取引］を象徴するものだ。靴、上水道、予防注射などは、自然の美や自己意識や文化的価値などと引き換えに入ってきた。伝統の独自性は、均質化されたグローバル文化に差し替えられる、というぐあいだ。だが、マヤ文化のトラへの場合、それとは異なるパターンを示している。異なるというより、おそらくもっとありふれた変遷の過程と言えるかもしれない。通常、消費者は伝統と現代性との差というものを何か相反する二極間での選択、つまりこれかあれかのどちらかひとつを選ぶ、というふうには考えないのが普通だ。何なりの形や方法で、自分たちが受け継いだ文化的独自性を維持しながらも、目新しいものや自分を表現したい方向への願望を満足させるその調和点を見つけ出すものである。[*53] それは［例えばフイプルやコルテなどのような文化的に］何かに属するという意味を表す物品であっても同じことだ。

昔馴染みの情感に満ちた農民の衣装のイメージに反して、グアテマラのテキスタイルはいつの時代もダイナミックな歴史を辿ってきた。フイプルのデザインを見れば、その多くには補足緯糸で色とりどりの錦織の装飾が付け足され、幾何学的なデザインもあれば簡略化された動物や植物や人々などの姿もある。そういったデザインを型取るための色鮮やかな糸には、最初は中国の絹のかま糸［蚕の繭糸に縒りをかけないまま使う糸］を使った。「グアテマラの中華系人口はすでに五世代にわたります」と、織布収集家のレイモンド・セヌックは言う。第二次世界大戦の時、中国からのかま糸が入らなくなると、マーセル（艶出し）加工された木綿糸が使われるようになった。

彼らのテクニックは指先、あるいは編み物用の鉤針のようなもので糸を一段一段拾ってイメージを作っていく。それはマヤ文化に基づくデザインから現代風のものまで様々だ。アンティグアのフイプル専門の古着屋で買った一枚のフイプルでそれぞれ横に列をなして並んでいたのはロバ、ウサギ、サソリ、雄鶏、ケツァール（国鳥）、籠、蜘蛛、人、そして、ヘリコプター！　これこそがまさに買うことに決めた理由だった。一九世紀になって［手芸］雑誌がクロスステッチのデザインを載せ始めると、マヤの織人たちはそれらのデザインを取り入れ、デ・マルカドールと名付けられた新しい錦織のやり方を発明する。それは補足糸が経糸にくるりと巻かれるため、そのデザインが表と裏で同一になるというものである。

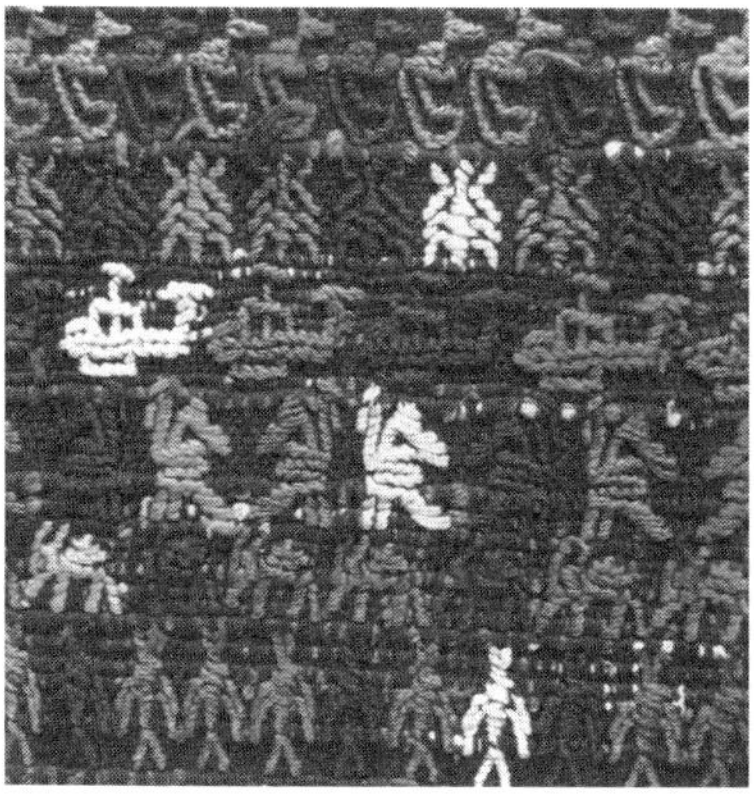

グアテマラのフイプルの一部分。補足緯糸で他の伝統的シンボルに加えてヘリコプターの意匠が挿入されている（著者撮影）。

最も伝統的に見えるトラヘ——つまり宗教的な儀式の場で着用される衣装のことだが——のほとんどは赤で占められる。これは実は一九世紀以来の現象で、ドイツからアリザリン（合成アカネ染料）がもたらされたためである。アカネはグアテマラで自生している植物であったが、彼らはそれを染色に使う方法を生み出さなかったし、また中南米一帯の有名なコチニールで木綿を染めるのに必要な添加物も存在しなかった。

　ヨーロッパの床式織り機が入ってくると、地元の織人たちは早速それを取り入れたのだが、腰織り機を捨て去ったわけではなかった。床式織り機は、スカート、エプロン、ズボン生地を織るために使われた。おそらくアジアから入ってきた布地に刺激されたのであろう、彼らはこの時期にヤスペと呼ばれる新たな染色手法をも導入する。一般にはイカット［日本では絣］として知られる絞り染めだが、これは織る前に無地の糸を結んで染める部分と染めない部分に分けて、その糸を縦横組み合わせて織ることでパターンが作り出されるという非常に複雑な工程を要する織物だ（パターンの輪郭がそことなくぼやけて現れることでイカットであるかどうかが分かる）。さらに、今日ではポリエステルで覆われたメタリック糸を織り込んだテキスタイルも床織り機で盛んに作られている。

廃れゆく古代工芸どころか、セヌックによると「グアテマラの織布産業は健全だ。だが、変化しつつあることは確かである、それも大規模に。この過去二〇年の間に大きな変化が起きている」という。二、三〇年前までは、マヤの女性がどの村の出身か服を見ただけですぐに識別できたものだ。織り人たちは自分自身のパターンを作り上げたが、独自のパターンといってもはっきりと決められた構造的ルールや背景の色の選択や飾りのためのデザインなど決められた範囲のなかでのことだった。サン・ファン・ラ・ラグナで作られたフイプルだと、全体は二片の赤じまの布地でできており、胸の部分はジグザク模様でその下は六個ずつ四段に並ぶ二四個の刺繍された四角が並んでいる。それに合うコルテは黒か白であろう。一方、北部の高地にあるトドス・サントス・クチュマタンの村のフイプルは赤と白の縞に織られた生地三枚を縫い合わせ作られる。中央のパネルは補足緯糸で幾何学模様が織り込まれ、胸の部分は店で買い求められたジグザグ状のリボンで飾られている。縞の幅は大きさの違いがあるし、また錦織のデザインも多種多様で、時にはとなりのパネルへと続いているものもある。が、その道に明るい者が見れば、そのブラウスを着ている女性はトドス・サントス・クチュマタンの出身だと見てすぐに分かる。どの村もその村独自のモチーフの組み合わせがあるのだ。

一九九〇年代から、それが変わり始めた。女性たちは自らで自分の衣料を作るかわりに市場で服を売買し始めた。「市場でサン・アントニオ・アグアス・カリエンテス出身の女性に出会ったとする。彼女はコバンのアルタ・ヴェラパズ産のフイプルを着ている。なぜ？　と聞くと、だって気に入ったからという答えが返ってくるんだ」と、セヌックは思い出す。他の村のトラへを好き勝手に選んで組み合わせることで、一定の土地に縛られない新たな〈汎マヤ〉ファッションなるものが生み出される。

二一世紀の始めごろ、マヤの女性たちはサン・ファン・ラ・ラグナの通りで即座に私の注意を引いた真新しいスタイルを発明した。単色ファッションとでも言えるだろうか、フイプル、ベルト、スカート、そして時にはエプロンやヘアバンドに靴までが、同じ色合いで統一されたスタイルだ。「まずは基本色を選びます。例えばトルコブルーとすると、まずトルコブルー系の色で機械刺繍されたフイプルを買ってきます。スカートには同系統の色合いの入ったイカット模様のものをそろえ、ベルトはトトニカパン風の織布帯ですが、やはりトルコブルー地で決めます。それがトルコブルーであれ、ピンクであれ、コーヒー色であれ、紫であれ、なんでもいいんです。そこには出身の村の意味合いはもう存在しないのです」と、セヌックは説明する。単色ファッションは即座に劇的な効果をもたらす。それは伝統的なマヤのファッションであり、と同時にインスタ映え効果満点なのである。*#chicasdecorte*[*54]。

二〇〇〇年代の終わりまでには、ネットショッピングに慣れ親しんだ人々にとって自分の欲しいものはネットで見つけられるはずと思うのが当たり前になっていた。二〇〇四年に出た記事を元にした本のなかで、『ワイヤード』誌の編集者、クリス・アンダーソンはこの現象について次のように書いている。

現代の経済的傾向として、今までの販売作戦は需要曲線の先端をなし市場の主流をしめているが品物の種類としては比較的少数であるヒット製品に焦点を当てていたのだが、最近になってその需要曲線の下の方の長い尻尾の部分にあたる［それぞれの需用の量は少ないがその種類は］膨大な数にのぼる特殊商品《ニッチ》に向けて注意を払う方向に移りつつある。実際の商品保管のスペースや配給システムの滞留問題などに妨げられることのないこの現在の状況では、きめ細かく定義された製品や限られた顧客へのサービスであっても、いわゆる主流物品と同等に商品価値を持つものと考えられる。*55

そのような背景のなかで、カーテンを作るのに大きな黄色い水玉模様の布地を見つけられないと妻が嘆いているのを聞いて、〈インターネットオタク〉であるステファン・フレイザーはネットであらゆる布地のサイトを探してみた。彼女がイメージ通りのものは、どこにもないようだ。いや大丈夫だよ、と彼は妻に告げる。どこか自分で布にデザインを印刷できるようなウェブサイトがあるに違いない。ステファン自身、スタートアップのセルフパブリッシング専門の出版社で営業課長をしていた。ところが、ウェブで探してみてもなにも見つからない。たまたま、ステファンは以前同僚だったガート・デイヴィスと喫茶店で会って話していた。ガートにもクラフトに熟達した夫人がいる。話題はその需要のニッチについてに移った。それが彼らの新しい事業、スプーンフラワーと名付けた会社の始まりだった。二〇〇八年に会社を立ち上げる前に、二人は近くのノースカロライナ州立大学を訪れ、デジタルテキスタイルプリンターを調査した。扱いやすそうに見えた。「見たところ、うちにあるインクジェットのコンピューター用プリンターとそう違わないようでした。ただちょっと大きいだけで。そんなに取り扱いが難しいものとは思えませんでした」と、デイヴィスは思い出す。

現実は、信じられないほど困難であった。

テキスタイルは、紙とは比較にならないほど扱いにくいものであることが判明する。柔らかすぎてへなへなだし、均一なはずの一巻きの布もあちこちに微妙な違いが点在する。会社のプリンター第一号を示しながらデイヴィスは、「布地を優しく撫で付けながら送り出す気分でしたよ、まるで芸術家にでもなったかのように。こいつ［反物の束］から五メートル繰り出すだけでも、それはそれは厄介なことでした」と語る。当初は一時間に二、三メートルの木綿地を印刷するので精一杯だった。しかし、需要はふんだんにあった。自分のデザインした布地を作りたいと思う客が溢れるほどいたし、彼らは［自分だけのものを作るという］特権のために出費を惜しんだりなどしなかった。会社はなんとか軌道にのる。

時が経つにつれ、デジタルテキスタイルプリンティングの技術も進歩し、フェイスブックは理想的な宣伝手段となる。スプーンフラワーはサービス範囲を広げ、テキスタイル界の片隅で大成功者となる。二〇一九年末には二〇〇人以上が雇われ、ノースカロライナのダーラムとベルリンの二箇所に工場を構え、一日にそれぞれ一メートル長さの布地五〇〇〇枚ほどを全国津々浦々に送り出すようになった。
「我が社は小さな会社です。でも、インターネットでは、会社の規模など分からないし、スプーンフラワーはテキスタイル界のフェイスブックみたいな巨人だと思われているでしょう」と、デイヴィスは言う。ジョナ・ヘイデンにとって、実際、スプーンフラワーは天からの賜物だ。「私は小さな町に住んでいて、〔地元の劇団の〕衣装デザイナーの仕事をしています。予算は最小限で、やりくりは大変です」。一〇年前のことで、地元の生地屋にある生地は限られているし、自分の想像力にまかせて布地を特注するなど考えられもせず、上演ごとに妥協の繰り返しで、いつも不満いっぱいだった。スプーンフラワーは、大都市の大きな劇団のみに与えられていたぜいたくな選択肢を現実のものとしてくれたわけだ。「自分がこれと思うとおりのものをデザインして、ウェブサイトにアップロードし、五ドルの材料見本（端切れ）を注文すると次の週にはそれが送られてくるんです」と、ヘイデンはフェイスブックのメッセージ欄で会社を褒めちぎる。

スプーンフラワーは、事実上布地のデザイナーや布地製造会社からそのギルド〔独占企業的〕資格を取り払った。彼らが決めるその年のデザインや流行色に流されることがなくなった。自らの手で自分好みの作りたい柄や模様を作ることができる。自分が好きなものに「近い」ものではなくて、実際に自分が「好きな」ものが手に入るのだ。

ヘイデンこそは、デイヴィスやフレイザーが会社を興した時にターゲットとして考えたタイプの顧客である。頭のなかにイメージをもっていて、自分でデザインできて、自らの使用目的のために布を購入するような客だ。だが、彼女はスプーンフラワーの典型的な顧客というわけではない。
会社の事業は、ある時点で飛躍的に伸びた。それは偶然とも言えるが、昔ながらの専門化という手法、そして市場の拡大化、というストラテジーを取ったことに起因する。ビジネス推進のために、会社はウェブサイトで毎週ユーザーによるデザインコンテストというものを始めた。たとえば、今週は猫の模様、今週はハロウィンの模様という具合に。コンテストに集まったデザインのなかでお気に入りのものにユーザーたちが投票をする。一位になった客は会社の製品を購入できる商品券を獲得し、また会社はそのデザインを少量プリントしてエッツィー〔Etsy。ネットの芸術品などの出品購入サイト〕で売った。この作戦は見事に成功し、売り上げは拡大する。世の中には、自分で布のデザインはしたくないがプロではない一般人がデザインしたオリジナルの布地、専門店では見つからない布地を欲しがっている消費者がごまんといることが明らかとなった。
ここでもまた、テキスタイルの消費者は意表をついた。「取引のうちマーケットプレイス型（知らない者同士のあいだでの売買）の事業が占める割合は、せいぜい一〇パーセントから二〇パーセントほどだろうと思っていたのですが」と、デイヴィスは言う。現実には、すでに七五パーセントを超えている。一〇〇万種を超えるデザインを取り扱っているということは、スプーンフラワーは〔前述のクリス・アンダーソンのいうところの〕需要曲線の長い尻尾の部分を占めていると言えるだろう。[*56]
最新技術を使いながら、彼らは同時に産業革命以前のヴィンテージ布地の持つ特質を復元させようともしている。つまり、大量生産される布地ではなく少量の布地を製作することで、スプーンフラワーはユーザーが作りたいと望むデザインを〔自分のコンピューターの〕スクリーン上で〔マウスを動かしながら〕より的確に表現することを可能とするのだ。たとえば、バビロン、シュメール、または（誰もが欲しがる）宇宙の楔形文字を交えたデザインが注文できる。北欧のルーン文字やモンゴル文字、聖母マリアの祈り［カトリック教の祈り言葉］やシェマ［ユダヤ教の信仰告白］でも、なんでもござれだ。フランスで禁止されていたあの青や赤のインドのプリント柄のチンツのデザインばかりでなく、ヴィクトリア朝の縫い子を興奮させたであろう黒地にネオンピンクの組み合わせをデザインすることもできるし、ポップアート柄を繰り返したりフォトリアリズムのバラの図案だってお茶の子さいさいだ。伝統的な田園風景のトワル地もあれば、スタートレックやドクター・フーやアガサ・クリスティーやゼルダの伝説から図案を掠めとってもいい。女性科学者はどうだ。女性参政権運動活動家は？　逃亡奴隷のイメージだって。

「私が望んでいることは、人々が自分の好みを分かち合う仲間と繋がりを広げることです。自分の言わんとすることが何であっても、ちょっと赤いテーマがかったスチームパンクのゴスだろうが、ウェールズ語の絵文字だろうが、自分のトライブ［共通の興味・関心やライフスタイルを持つ集団のこと］の真髄を表現できるようになってほしいのです」と、デイヴィスは言う。テキスタイルの消費者は、ここでも再び、布は単なる〈物〉ではないということを物語る。それは人々の望みであり、自己認識であり、社会的地位、共同体、経験、記憶が、視覚的な、手にとって感じられる形で実現された具象なのである。

第七章　革新者

未来の世界における衣料の重要な改善、改革というものは、布地そのものにおこるだろう
レイモンド・ロウリー、ヴォーグ誌、一九三九年、二月一日

ウォーレス・カロザースは新しい繊維を作り出すことなど意図していなかった。ましてやそれまで存在していなかった素材についてなど、考えてもいなかった。ただ、科学上の議論のけりをつけようと思い立っただけのことだ。

カロザースは、音楽を愛し幅広い範囲にわたる書物を読み漁る教養人だったが、何にもまして物質の構造の根源について絶え間なく研究することに熱中している化学者だった。大学院在学中の一九二四年、彼はデンマークの理論物理学者ニールス・ボーアの革新的な原子模型を有機物分子に応用するという大胆な論文を発表する。その論点は前代未聞のもので、学術誌の査読者たちは出版すべきかどうかの決定に行き詰まってしまったほどだ。しかし、［いったん発表されると］時間が経つにつれて、この論文は古典となる。[*1]

純粋な科学者で、ビジネスの才能もなく技術者として働くことへの興味もなかったにもかかわらず、カロザースは一九二七年になって業界から勧誘を受けることになる。その年、デュポン化学は研究用のラボを設置しようとしていた。それで、この三一歳のハーバード大学教師を有機化学部門の部長と

して招いたのだ。カロザースはこのオファーに対して十分興味を示したのだが、桁違いに高い給料や有能な研究員たちや自分の思い通りに研究ができる自由などといった特典にもかかわらず、彼はその誘いを断ってしまう。自分の不安定な精神状態には学問の世界の方が向いているというのが、その理由だった。自分は「神経系統の持病のため、時折活動範囲が限られることがあり、ここ［大学］でよりもそちら［企業］ではより重大な障害となるだろうことを危惧する」と書いている。

しかし、デュポンは粘った。数ヶ月後にさらに高額なサラリーを示してかき口説く。カロザースはついに承知した。安月給の教員であった若者にはありがたい額の給料だったが、金額のために決心したのではなかった。その数ヶ月の間に、彼はデュポンの商業目的に適うと思われる、科学的に興味深い課題に巡り合ったのだ。それはポリマーの正体は何であるか、という疑問に発していた。

この課題に取り組んで、カロサーズは化学者としての自分の好奇心を満足させる解答をはるかに超えるものに到達した。それは、陶器、冶金学と並ぶ最も偉大なる革命的な物質開発の始まりと相成る。カロザースの研究は、後に経済史家ジョエル・モキィアがテクノロジー発展の初期に関する論説で〈産業の啓蒙化〉と名付けた動きを代表するものである。純粋科学と実益をもたらす製造業とがうまく協力体制をもつと、概して社会に大きく貢献する躍進を生み出すものだ。そして、その産物は往々にして日常生活の様相を一変させてしまう。二者間での情報なり意見なりの交換は、科学者に新しい研究の手段を与え、新たな目標をもたらすと同時に、職人、エンジニアや起業家たちにどんな分野に目を向けるべきか示唆する機会をも提供する。ある科学史家によると、「一九二七年の秋の暮れにデュポンが粘り強く熱心にカロザースを口説き続けることをしなかったとしたら、この若きハーバードの化学者はポリマーの研究に興味を持つこともなく、新たな研究計画を立てることも思いつかなかったかもしれない」[*2]人類の歴史を通して、より大量の、より上質の布地を求めようという熱意は、常に技術革新を進める牽引力となった。新種の蚕、ベルト駆動、為替手形、デジタル編みなど、すべて布地の生産と普及の向上をめざした努力のたまものだ。テキスタイルは世界中どこにでも存在する。それを製造し、販売することで得られる収益は多大だ。そしてそのことがさらにまた、テキスタイルが人間社会に及ぼす影響を増幅させることになる。それが理由かどうか、テキスタイルは科学者や発明家、投資家と企業家、また傭兵に理想主義者たちなど、さまざまな人々の想像力を鼓舞し動機づけてきた。テキスタイルを変えること、それは世界を変えることになるのだ。

⁄⁄⁄⁄

一九二〇年代の終わりまでには、たいていの身近な物質を形成している化学成分について有機化学者たちはかなりの知識を蓄積していた。天然繊維の全てを含むタンパク質、セルロース、ゴム、デンプンなどは、もともと有機化学という分野を確立させた単純な分子よりもずっと質量が大きいということが知られていた。だが、それから先、その類のポリマーに関しては全く未知の世界だった。多くの化学者たちはこれら奇異なる物質は単なる結合物ではなく、まだ解明されていない何らかの力によって結ばれている分子の凝塊だろうと考えた。

だがドイツの化学者、ヘルマン・シュタウディンガーは意見を異にした。彼の考えではポリマーは高分子［高分子化合物］と呼ぶべきもので、それまでに化学者たちが慣れ親しんでいる分子の類の一〇〇〇倍もの大きさをしているものだと論じ、一九二六年の学会でその説を発表した。会場の有機化学者たちは驚愕する。「たとえば、動物学者が体長五〇〇メートルで背丈が一〇〇メートルの象をアフリカのどこかで発見した、と報告を受けたようなものだ」と、ある化学者は記録している。残念なことに、シュタウディンガーの説にはそれを証明するような検証が付随していなかった。[*3]

シュタウディンガーの説は正しいと信じて、カロザースは検証を求めて実験を始める。まず最初にやらなければいけないことは、それまでに人為的に作られたものよりもさらに大きい高分子を作ることだ。そのためにはエステルとして知られている化合物を、酸とアルコールを使って形成しなければならない。この形成過程を繰り返し繰り返し行うことで、デュポンチームは長い鎖を作り上げた。これが世界初のポリエステルだ(ただし、今その名前で知られている化合物と同じではないのだが)。このできての分子はサイズでいうならば記録を破る大きさだった。だが、それでも分子重量の六〇〇〇amu〔原子質量単位〕を上回ることはできなかった。それは生体物質の多くの分子よりもずっと軽かった。もしかして、シュタウディンガーは最初から間違っていたのだろうか。

カロザースの頭の中に、ある考えがひらめいた。ポリエステルが製造される過程では、副産物として水も同時に製造される。水の分子がポリエステル分子の連鎖部分に交錯し、それを分解して元の酸とアルコールを再生しているのではないか。余分な水をすべて取り除いてみてはどうだろう。彼は分子蒸留器と呼ばれる機械を設置する。取り扱いが面倒な機械なのだが、それを使ってカロザースの補佐であるジュリアン・ヒルは、真空空間の中ですこしずつ水分を沸騰させコンデンサーの中で冷やして凍らせることで、邪魔者を取り除く。その工程は何日にもわたるものだったが、最終的に安定した伸張性のあるポリマーが生じる。それは溶けると極めて粘着性に富み、分子重量が高いことを示していた。ヒルはガラス棒でその物質に触ってみて驚いた。「それは〔ガラス棒の先端から〕まるで何本もの糸のようにスルスルと伸び続けるではないか」ヒルとそのチームのメンバーたちは糸状の物質をテストするために——そして究極的にはその成功を祝うために——研究所の廊下へまで出て糸を延々と繰《たぐ》り出した。運悪くカロザース自身はこの決定的瞬間を逃してしまったのだが。この新しい物質はつやつやしていて、柔らかく、滑らかで、かつ頑丈で、絹に似ていた。一分子重量が一二〇〇〇amuを超える新化合物は、エステルの長い連鎖が通常の化学結合によって繋がってできている。カロザースと彼のチームはシュタウディンガーの説を見事に証明したのだった。

一九三一年の六月、カロザースは簡単に『重合反応』と題した決定的な論文を発表する。ここで、ポリマーは一般的な分子と変わらないが理論的には無限の長さを可能とする、特別に長い分子であることが明らかにされた。どのようにしてこの高分子を合成するかの手順を詳しく説明し、またその特徴を描写する語彙をも明確にした。この論文ひとつで、若干三五歳だったカロザースは高分子化学という新分野を打ち立てたのである。同じ研究分野の著名な研究者であるカール・マーヴェルによると、「カロザースの論文以降、高分子化学の不可解な現象はほとんど解明され、それほど優れた化学者でなくてもこの分野に貢献するような研究を行うことができるようになった」[*4]同じ年の九月に行われたアメリカ化学協会の恒例の学会で、カロザースとヒルは世界初の一〇〇パーセント人工繊維を披露する。ニューヨークタイムス紙は〈人絹〉は「化学の躍進の新たなる到達点」[*5]だと褒めそやした。

この発表が意味したことは、化学の成果でありまた啓発的だったが、そこに商業的な目的はなかった。ポリエステルはテキスタイルとして使用するにはあまりにも低い温度で溶けてしまう。エステルの代わりにアミド類を使ってより耐久性の高いポリマーを作ろうとする努力は失敗に終わった。カロザースは別の新しい研究を始める。しかし、当時進行しつつある不景気はカロザースの活動範囲に少

ナイロンの発明者ウォーレス・カロザース。最初の大発見となる人工ゴムのネオプリンをデモンストレーションしているところ（ハグリーミュージアム＆ライブラリー）。

しずつ影響を与えはじめていた。デュポンは研究費に投資した分の見返りを必要としていたため、カロザースの上役は［新しい］繊維こそが救済案だと考えた。「ウォラス君、このポリエステルの特性にどうにか手を加えて、溶解温度を高くするとか、不溶解性を加えるとか、張力の強度をあげるとかして、新しいタイプの繊維を作れないものだろうか。もう少し考えてみてくれ。何か工夫できることがないかどうか。結局のところ、ポリアミド化合物を扱っているわけだろう。ウールだってポリアミド化合物じゃないか」[*6]と、彼は自社のスター化学者に訴えた。

そのような状況の中で、一九三四年の年頭からカロザースは純粋化学の実験を投げ打って、温水やドライクリーニングに耐えうるようなポリアミド物質を作成することに集中する。数ヶ月ほど順繰りにテストを繰り返した時点で、研究室は最初の製品を生み出した。絹糸のような人工繊維は湯にもドライクリーニング溶液にも耐えることができた。さらに実験を続け、ベンジンを使ってその繊維を作り出す方法を開発する。ベンジンはもちろん石炭の副産物でふんだんに手に入るため、新しい布地の値段を下げることができる。一九三五年の終わりには、最初のナイロン糸が試験的に作り出された。[*7]

三年後、それは商品となって市場に現れる。ただし、布地としてではなく「ウエスト博士の奇跡の歯ブラシ」としてだった。〈毛のない歯ブラシ〉という宣伝文句で登場したその商品は、清潔で白く均一サイズで無孔材質［ゆえに抗菌性が高い］である人工繊維を使っているために「動物の毛を使う歯ブラシがその素材のために生じる問題を完全に消滅させる」ことを保証するものだった。毛先が割れたり、濡れて弾力を失ったり、口のなかでブラシから抜け落ちたりすることもなくなるわけだ。この先進的な奇跡の繊維を公開するにあたり、デュポン経営陣はナイロンを「石炭と空気と水」から作られたものだと説明した。そして、その次の主なる用途は女性用の靴下であると予告する。

一九三九年のニューヨーク万国博覧会が、その大々的なデビューの場となる。デュポンのパビリオンで、ナイロンのストッキングをはいたモデルが人々の前を歩いてみせた。同じ年の一〇月に出荷された第一弾の四〇〇〇足はあっという間に売り切れてしまった。最初の二年間で、ナイロンストッキングは女性の靴下購入量の三〇パーセントを占めることになる。ただし、ナイロンが絹よりも頑丈でかぎ裂きしにくいと宣伝に盛り込んでいたのだが、消費者にナイロンストッキングは絶対に伝線しないと思わせてしまう結果を招いたため、その表現はまもなく宣伝から取り除かれてしまった。奇跡の繊維も限界というものがあるのだ。[*8]

しかし、第二次世界大戦の間、ナイロンの製造は消費者製品からパラシュートやグライダーの曳綱、車輪のコード、蚊帳、防弾ジャケットなどの素材にまわされた。連合軍の落下傘部隊がノルマンディー侵略を開始せんと空から飛び降りてきた時のパラシュートは、デュポン製のナイロンでできていた。デュポンの誰か――おそらく抜け目ない宣伝マンだろう――は、この新しい人工繊維を「戦争に打ち勝った繊維」[*9]と、命名している。

ナイロンは、実のところ、人工繊維の流れの始まりでしかなかった。イギリスの化学者、レックス・ウィンフィールドは、人工繊維の製造を一九二三年以来長いこと夢見ていて実験を続けていたが、カロザースの発表した結果を見て「成功の鍵」を手に入れたと思った。一九四〇年、彼は助手であるジェームス・ディクソンと二人でエステルの合成を始める。彼らは「あまり知られていなくて長いこと放っておかれた」テレフタル酸が他の分子に比べてより左右対称の分子構造をしているため、カロザースのポリエステル実験よりも望ましい結果がでるのではないかと想定し、実験材料に使った。翌年はじめに彼らは「ほとんど無色のポリマー」から最初の繊維を引き出す。ウィンフィールドはそれをテリレンと名付けた。化学名はポリエチレンテレフタレートだが、今では単にポリエステルと呼ばれるものだ。現在世界で最も多く消費されているテキスタイルで、実に木綿よりも使用量が高い。[*10]

カロザースはナイロンの成し遂げた栄冠も、また自分の研究結果が世界中に及ぼした様々な効果をも見届けずして亡くなる。一九三七年四月二九日、生涯を通して彼を苦しめ続けた鬱病が、ついに耐えられないどん底に達した。朝早く、彼はホテルに部屋を取る。大学院時代から常に身から離さず持ち歩いていた青酸カリのカプセルを取り出し、レモンジュースにまぜ入れ、自殺した。四一歳だった。[*11]わずか一三年間の研究人生の中で、カロザースは有機化学の常識を覆し、人々の日常生活上の物質的要素をすっかり一変させてしまった。同世代の化学者たちは、彼が成し遂げた業績の重大さを即座に理解した。

一九三九年、再びニューヨークの万国博覧会が近づいてくると、『ヴォーグ』誌はその二月号で九人の産業デザイナーに「遠い未来」の人々が何を着て、それはなぜかという質問を問いかけた。雑誌のモデルの写真をネットなどでご覧になった読者もいるかもしれない。上半身が透けてみえる網の地にうまく隠すべきところは金色の三つ編み紐をコイル状に巻いて飾り付けているイブニングドレスとか、男性用のだぶだぶのジャンプスーツに工具用のベルトを巻いて頭には光輪のアンテナが備えられた衣装などだ。ソーシャルメディアでは時折モデルたちがこれらの衣装を着て歩いている姿を捉えたイギリスのニュース映像を載せる。もちろんそこでは軽薄な解説者たちが、やっきになってくだらない冗談を飛ばしている。そういう珍妙な装いは、いとも簡単に解説者たちの自己満足的な嘲笑を招くものだろう。これら九人の預言者たちはなんでこんな馬鹿馬鹿しいデザインを提供したのだろうか。[*12]

だが、彼らを嘲ることは実は不当である。というのは、彼らの論理のなかには正しい推測も含まれていたからだ。温度調節操作の効く室内、より肌を見せても社会的に受け入れられるようになること、活動着の導入、旅行用の衣料、もっとシンプルなデザインの日常着など、デザイナーたちが予測したことで当たった傾向も多くあった。加えて、モデルの服装が後世のファッションデザインを予言しているかどうかがポイントではないと指摘できるかもしれない。つまり、モデルの写真を見ただけでは、当時の最も重要なテクノロジーに関わるニュアンスを察知することができない。そのニュアンスとは、歴史上初の布地だ。九人のデザイナー全員が、新しいテキスタイルの開発について語っている。彼らは前例のない材料革新の波が押し寄せていることを十分に自覚しており、そしてその波が引き続きさらに新しい材質の素材をもたらすであろうことを予測した。これ以前の波、染色の歴史がそうであったように、二〇世紀の繊維は自然界から奪い取るものではなく研究室のなかで作られるものだと、彼らは理解していたのだ。そしてまた再び、富が作られる機会が訪れた。再び、日常生活を織りなしている素材が作り変えられるという現象が起きたのだ。

次の数十年の間、テキスタイルはまたもや科学と産業の発展の場で華々しい役目を果たす。ハイテクで、スペース・エイジを反映するファッションやインテリアデザインを社会に発した。女性を煩雑な家事の雑用から解放した。「濡れたまま吊るせば乾くカーテン、アイロンをかけなくて済むユニ

アメリカ全国でナイロンストッキングが売りに出された最初の日にストッキングを買おうと駆けつけた群衆（ハグリーミュージアム＆ライブラリー）。

フォーム、縮まないセーターなど、家事の重荷を軽減させた」と、経済史家は述べている。一九七〇年代になって多くの女性たちが労働人口に参入するようになると、彼女たちは手間のかからないポリエステルのパンツスーツを好んで着た。八〇年代になると、その傾向はまた方向転換する。合成繊維はすでに真新しさを失い、むしろ古臭いみっともないファッションとみなされるようになる。「嘆かわしくも、ポリエステルは人々に見下されるようになった」と、『ウォール・ストリートジャーナル』の特別記事は書いている。[*13]

続く数十年の間に、化繊はつぎつぎに改良される。より柔らかく、より通気性に富み、伝線や毛玉ができにくくなり、見かけも感触もより変化に富むようになった。今日、私たちはこういった資質は当たり前のことと考えてしまうが、誰か一九三九年からタイムトラベルして、いやそれが一九七九年からであっても、現時点の最高品質のレインコートやドレスシャツやタイツなどを手にしたとすれば、自分の目を信じられないことだろう。シワを取り除くとか、フッドに通気性を加えるとか、クッションカバーの生地の寿命を延ばすとかいう細かな進化は、それほど目に見えるものではない。弾水コーティングをしたTシャツとか伸縮性のあるヨガパンツなど、その昔ナイロンストッキングが社会の耳目を集めたような大事件とはならない。テキスタイルの刷新者たちの成功そのものが、彼らの達成した成果をあたかもずっと以前からあったものであるかのように思わせてしまうのである。

カイル・ブレークリーと彼のルームメイトは、そろって空腹だった。その日、ノースカロライナ州立大の一年生であるこの二人は、朝早く催されたカレッジフェア〔大学の専攻を決めるために学部やプログラムの案内を聞くための集まり〕に朝食抜きで参加したのだ。彼らはまず工学部、次に経営学部の会場へ赴き、教授たちがなぜその分野を選ぶべきかという説明に耳を傾けた。二人は迷っていた。工学――微分方程式！――はなんとなく難しすぎる気がしたし、経営学の方はあまりに人気があるため、大勢の学生のなかで足場を失ってしまいそうで気が進まなかった。九時になっても、朝早起きした時点から一向に決め手になるような指針を得るには至らなかった。フェアでは三つの違う学部の説明を聞かなければいけないことになっていた。腹はへるし、第三の候補は未定だし、そんな時はどうしたらいいか、二人は自然に取るべきコースを取る。つまり、タダで食べられる食べ物のあるところを探して歩き始めた。

「その建物の中には広くて長い廊下が続き、私たちはどこかに朝食の残りがないか部屋ごとに首をつっこんで歩き回りました」と、ブレークリーは話し続ける。テキスタイル学部は、訪れる者もまばらで学部関係者たちが手持ち無沙汰な様子で立っていた。そしてそこにはドーナッツやオレンジジュースがテーブルに置いてあったのだ。二人はテキスタイルについては全く無知で興味もなかったのだが、空腹を満たすために喜んで話に耳を傾けた。それが、現在のスポーツ用品メーカー、アンダーアーマーの素材開発部の代表取締役のキャリアの始まりだった。四五分ほど後に、二人は完全に説得される。この学部の必修科目には工学のコースも経営学のコースも含まれ、かつ学んだことを応用するための実習プログラムが明確に示されていた。学部は比較的小さいが、「信じられないほどの就職率でした。九八パーセントくらいだったと思います」と、ブレークリーは思い起こす。この賞賛すべき数値は、全米でも最高のテキスタイルプログラムと見なされているこの学部の質の高さを反映している。だが、同時にそれだけ就職率が高いということは、業界で有能な人材が不足していることを示しているのだ。

テキスタイルにはイメージの問題がある。もし万一就活をしている大学生たちがテキスタイル業界を考慮に入れたとしても——その可能性はかなり低いだろうが——、意欲的なアメリカの若者たちにとっておそらくこの業界は、自分たちが生まれる前に開発革新を成し遂げてしまった、今では沈滞した古い分野だとみなすのがオチだろう。活気にみちた地域でやりがいのある仕事ができることなど期待できないだろうし、実際アメリカ国内での紡績工場の現状は甚だおぼつかないものだ。現存するものはたいてい田舎町にあり、ブレークリーに言わせると「そういう工場に行くと、まるでタイムワープしたみたいですよ。壁はみんな［昔風の］木製パネルが張られていて、なんだかぞっとする。そんなところへ誰が行きたいなどと思うでしょうか。誰だって、グーグルやアップルみたいな環境で仕事がしたいと思うものでしょう」

グーグルやアップルのような環境、それはすなわち、ブレークリー自身が働いている職場を描写するものだ。アンダーアーマーのボルチモア工場敷地内は、以前P&G社の工場の棟が並んでいたところを、余すところなく改造したものだ。広大な敷地に陽が注ぎ緑地がひろがり、またもともとの製造業の門地を示唆する佇まいもしっかり保存されている。そこで働く人々のための施設、例えば最新器具を備えたジムや、舌の肥えた若手社員を対象としたカフェテリアなど、シリコンバレーにあったとしても他の企業に引けをとることはない。――言うなれば、体育会系出身者の多いテクノロジー会社だ（さすがのアップルでもボクシング専用のトレーニングルームは設備していないだろう！）。

アンダーアーマーのラボには、コンピューターで作動する3D編み機から「上半身トム」というテスト用のマネキンまでありとあらゆる器具が備わっている。トムは、人の上半身というよりはまるで上向きに立っているミサイルのようだ。あちこちに穴が空いていて汗をまねた水蒸気が発せられる仕組みになっている。壁には等身大のスポーツポスターが飾られている。スポーツの到達した頂点、そして発明を讃える祭壇と言ってもいい。会社のスローガンもかかっている。「我々と他社の間に一線を画す製品はこれから作り出される」

昨今もっとも消費者の目につくテキスタイル使用者は、昔の宮廷人ではなく、またオートクチュールのデザインハウスでもファッショニスタでもない。著名なアスリート、冒険家、兵士、そして消防員などの緊急事態の対応要員が、その役を担っている。アンダーアーマーやナイキなどの「スポーツ用品の」ライバル会社は、自社の製品が消費者に要求されている、より高いパフォーマンス性に到達しようと、絶え間なく改良改善のための競争を続けている。

アンダーアーマーは一九九六年にメリーランド大学のアメフト選手であったケヴィン・プランクによって創立された。彼は愛用していたコンプレッションショーツと同じ、緩みの少ない滑らかなマイクロファイバーの生地でTシャツを作ろうと思ったのだ。練習中、木綿のTシャツは汗まみれになるのに、ショーツはずっと乾いたままだった。ポリエステル地の微細な繊維は直径が人の髪の毛の一〇分の一以下の細さで、水分を蓄えずすぐに発散させてしまう。最初は木綿の練習着を「女子用のスパンデックス」に切り替えるなんてと違和感を持っていたチームの仲間たちも、乾いた着心地を体験すると、すっかり気に入ってしまった（それに体にピタッとフィットする固めの伸張性のおかげで、運動で鍛えられた筋骨隆々とした体つきがよりはっきりと誇示できる点もプラスとなった）。「この化繊を発明したわけじゃないが、その応用のしかたを発明したというわけだ」と、プランクは語る。[*14]

プランクのこの実用的でかつ有益な思いつきの実現化を可能としたものは、まず第一にマイクロファイバーを作り上げた、何十年にもわたる人々の漸進的な努力の積み重ねである。テキスタイル専門の化学者によると、マイクロファイバーは「これという特殊な工夫がなされたわけではなく、様々な技術の積み重ねでできたものだ。ある部分は繊維の形を変えることだったり、またある部分は繊維のサイズを縮小する化学的処置だったり、または別の部分は複数のポリマー成分を持つ繊維を作り出す繊維押出加工技術によってできたものだった」[*15]すぐに乾き、柔らかい素材であるマイクロファイバーは、ポリエステルの落ちぶれたイメージを回復させた。みるみるうちにあらゆるところで使われるようになり、あまりに広い範囲にわたって使用されるようになったために、現代の環境保全活動家たちは、この布地が洗濯された時にすすぎ水のなかに放出される繊維の細かい破片が自然界にどのような影響を与えるかを危惧しているほどである（その実情を調査し、洗濯により生じる弊害を抑えるために、アンダーアーマーでは研究ラボに備えるための洗濯機用のフィルターを開発した）。同じように消費者に喜ばれるような人工繊維でマイクロファイバーの代用となる製品、例えば第一章で見た生物学的に作り出された絹などを開発することが、調査企画の第一線に掲げられている。テキスタイル科学者の間では、「サステイナビリティ」が最も重要な関心事項となった。

アンダーアーマーが使用する素材をさらに改善しつづけるために、ブレークリーは生産過程の最初の段階により注意を払うようになってきている。より早い段階で手を加えることは、素材に何らかの特質を付け足す手段を増やすということだ。例えば、熱を発散させるような布地を開発するのに、会社ではアジアの供給元と共同で糸の断面の表面積が最大になるような糸を作り上げた。次に、その糸を二酸化チタンで覆う。この物質のおかげで、運動で生じた体熱と湿気にもかかわらず、皮膚は涼しく感じるということだ[*16]。

同じく、ラボでは耐水性のより高い素材を求めて糸の形をいろいろとデザインし直している。皮膚のサラサラ感を保つのに、それまでの業界の対策としては材料の布地にか、またはできあがった衣料に耐久撥水（DWR、durable water repellents）という塗装物を用いた。しかし、これはフルオロポリマー［フッ素樹脂］という化学物質を主に使用しており、環境に危害を加えるものとして問題視されるようになる[*17]。環境問題に関心を抱く消費者たちは、これに取って代わる代替品を求める。もちろん雨に濡れるのは嫌だしレインコートが重くなったり硬くなったり値段がもっと高くなったりするのも嫌だ。他の塗装化合物はうまくいかない。そこでアンダーアーマーは実際にバリアを作ることを考えた。ブレークリーによると、「交錯する地点で縦糸緯糸が結合するような糸を開発中です。そうすることで、水が物理的に通過できないようなバリアを作るというわけです。そうすれば、フルオロではない［環境面でも安全な］塗装液で残りを補えば十分でしょう」

そのような解決法は、何か新しいアプリを世に送り出すような華々しさを伴わないかもしれない。

それは、今日の激しい競争社会では、人目を引くような高い利益率をあげるグーグルのような企業でもないかぎり、なかなか認識されないものだが、それでも刷新は刷新だ。「テキスタイル業界とは、進歩的な分野であって、奥深く、無限の可能性をもつ世界であると認識されることを望んでいるんです」と、ブレークリーは吐露する。*18

私たちが普段使っているテキスタイルを改善させる努力は日々行われているのだが、それ以外にははるかに実験的な研究も行われている。ハードウェアは次々に縮小され、ナノテクノロジーの専門家が個々の原子を取り扱うこの現代、バイオエンジニアリングは科学の先端を行く分野であり、同時に時代に先駆けた物質について想像を巡らす場でもある。また、環境への懸念は現代社会では避けられない課題だ。［そういった科学上の進展と問題点との交差する現時点で］どこにでもあって誰もが必要としている〈繊維〉は、未来に目を向けている科学者たちの意欲を引き起こす研究の可能性を提供している。おそらく、彼らの研究の大半は少数の専門家たちだけが目を通すような学術誌の記事として終わるかもしれない。いくつかは、特殊な応用手段を見出すかもしれない。また他の場合は大規模な応用方法につながるかもしれないし、その中のいくつかのものは、私たちの生活構造を再編成することになるかもしれない。

一九三九年の『ヴォーグ』誌に現れたデザイナーたちと同じく、私たちの目には未来はただぼんやりとしか浮かんでこない。しかし、アメリカ合衆国内の事情のみに限られているが、［アンダーアーマーのラボの開発研究のような］現在行われている研究の結果の数々を一瞥しただけでも、テキスタイルの未来の足がかりが見てとれるだろう。また、そこでは、純粋科学と製造業との関係が変わりつつあることも見えてきた。初期においては、テキスタイルのための研究が他の分野へ影響を及ぼした――

例えば染料の製造が化学の発展を促し、ポリマー繊維がプラスチックやタンパク化学へと進展した――のだが、今ではそれが逆方向に動いている。研究者たちはラボで仕事をし、布地がいかに社会に普及し重要な役目を果たしているかを認識すると、自分たちの研究結果をテキスタイルに応用し始めるというパターンである。

七センチメートルくらいのものから高いものは三〇センチメートルくらいの丈の物体は、まるでアール・デコ風の未来都市のミニモデルのようだ。ベースの部分は透明で、黒と灰色の縞が何本か中に埋め込まれている。四角い側面は徐々に上に向かって湾曲しワインボトルのように円形となる。その曲線に沿って中の縞模様が頂点に集中して黒点を成しているのが見える。この尖塔のようなものは、製造過程で生じた〔一種の産業廃棄物の〕驚くべき芸術作品とでもいうべきだろうか。その実、結果的に製造されたもの自体はまったく何の変哲もない、プラスチックのスプールに巻かれた細い繊維だ。まるで工具店や手芸店で売っているロープやチェーンのように見えるもので、これといった特徴もない。だが、この繊維はヨエル・フィンクによると繊維革命の前兆を示しているとのこと。マサチューセッツ工科大学（MIT）の材料科学の教授であるフィンクは、NPOであるアメリカ先端機能繊維グループ（AFFOA）の創立者でもある。この団体には、大学研究者、連邦政府の防衛省や宇宙機関関係者、新しく立ち上げられた会社や、海外の会社などから、一三七名の会員が参加している。MITキャンパスの小さな飾り気のない建物のなかで、AFFOAは独自の実験やテストを行なっている。ま

AFFOA で製造された電子部品を含む繊維とその繊維を作り出した素材の残り（AFFOA グレッグ・フレン撮影）。

た、原型モデルを開発する企画をも進めている会員たちの間の連絡調整の役目も果たす。

会員たちは一般の大学研究者とは一線を画し、何が科学的に興味ある課題であるかだけでなく、実際に未来のテキスタイル製品を生み出す次のステップについて「業界全体からの見地に立って」考えている。グループのネットワークを通して、会員は自分たちの研究成果である物質科学の進展を、製品のデザイナーや紡糸、紡績業者や、衣料の原型へと変形させることのできる組み立て工場などとのネットワークにつなげることができる。場合によっては、会員が自身の研究に応用できるような発明も生み出すような可能性もある。

研究と業界とをつなぐことによって、フィンクはテキスタイルをまるでラップトップや携帯電話のように頻繁にアップグレードできる、もしくはそうすることを消費者が当たり前と思うような製品にしようと考えた。「半導体製品の急変する世界を、変化がゆっくりとしか進まない製布産業にもちこむ」ことを望んでいるのだ。業界の文化について比喩的に話しているのではない。実際にシリコンチップやリチウム電池などの必需電子部品を布地に織り込もうと言っているのだ。単に縫い付けるとか電線で繋げるとかではなく、布地のなかに永遠に、そして濡れても一切大丈夫な状態で電子部品を嵌め入れると言っているのである。

プラスチックのスプールに巻きつけられた繊維は、もちろん普通の繊維ではない。フィンクの要約によると「現代技術の最も基本的な三大材料、つまり金属、断熱材と半導体を備えている」典型的な二一世紀の［専門家による視野狭窄的な］発言とも言えるだろうか。今日では、テクノロジーとは機械や化学物質やその他のいわゆるギリシャ語源のテクヌ *techne* を意味しない。かわりに、それはソフトウェアとコンピューターチップを意味する。

前述の尖塔は、実のところ逆さまに立っている。尖塔形になる前は、約六〇センチメートルほどの長さの棒で、プレフォーム（母材）と呼ばれる。これを繊維と成すために、まず建物二階分の高さを占めるドロータワーという装置の先端にはめ込む。ドロータワーの中には小さな高温加熱器が備わっていて、プレフォームはその内部を通過するのだが、その過程で人の髪の毛ほどの細さにまで引き延ばされる。もとの長さの一万倍にまで伸ばすことができる。透き通った尖塔は、棒から繊維を引き出したあとの残りの部分なのである。単なる廃材、見目麗しきゴミ屑というわけだ。見学者たちはそれを手に取って眺める。だが、実際に肝要な部分はあまりに細かすぎて肉眼では検知できない。

プレフォームやドロータワーといったものはすでに広く使用されているテクノロジーで、インターネットのデジタル情報を運ぶ光ファイバーケーブルを製造するのに用いる。フィンクは二〇年ほど前博士号を取得したばかりの時に、初めてこのテクノロジーを使用した。特殊な反射鏡をはめ込んだ、中が空洞のファイバーを使って、レーザー光線を送る装置を作るプロジェクトのためだった。博士論文の研究に基づいたその発明の結果、彼はオムニガイドという会社を立ち上げることになる。この会社は手術の際焼灼された体組織をミクロン単位で精密に切り取るためのレーザーメスを製造した。[*19] AFFOAの製造部長であるボブ・ダメリオは、オムニガイドに約一三年ほど勤めた。オムニガイドを辞めて一年ほど他の会社に移った後で、フィンクに再び誘われる。ハーレーダビッドソンの赤いTシャツ姿にボストン特有のRが抜ける喋り方をする、東ボストン出身のこの活気にみちた人物は、インタビューの場でLED製品を手にして見せながらAFFOAのファイバーケーブルの特殊性がどのように作り出されているかを説明してくれた。

まずは、母材の一つ一つが精密製造過程の産物であることだ。最初に熱可塑性物質、ここではポリカーボネート（プロジェクトによって材質は変わるが、共通点は温度に応じて粘度が変わるという点）の塊から六〇センチメートルほどの長さで二・五―五センチメートル幅の棒を切り取る。次に、長さに沿って細長い溝を二本掘る。そこにマンドレル（心金）と呼ばれるワイヤーをプレースホルダー［そのスペースを確保するために一時的に入れるもの］として挿入する。ワイヤーの上から薄くポリカーボネートの膜を加えて加熱し、棒の端から端までに融合させる。ここで心金ワイヤーの先端が二本、切断面から突き出ているポリカーボネートの固形の棒ができあがる。

次に、棒の表面に融合した薄い膜にそって、目に見えないほど細かい何百という浅い穴を一列に開けていく。ピンセットと拡大鏡を使いながら、技術者が穴の一つ一つにマイクロチップをはめ込んでいく（実は機械でこの作業を行うこともできるのだが、AFFOAでは今のところその機械を購入しても出費を上回るだけの収益が期待できるほど大量の製品を製造していないため、手仕事となるわけだ）。いったんチップがすべての穴に収まると、再びポリカーボネートの薄い膜がかけられる。最後に別のチップ入り棒（これは溝が一本だけ掘られたものだが）をもう一本加え、二本の棒を一緒に加熱して一本に合体させ、この段階で心金ワイヤーを溝から抜き取って正規のワイヤーに入れ替える。これで、母材が完成しドロータワーへ向かうことになる。

タワーの中で母材はどんどん引き延ばされて細い繊維となる。「これは、まるで「お〜い、母材を縮めたぞ〜」〔一九八九年公開のHoney, I shrunk the Kids（邦題は『ミクロキッズ』）にかけた冗談〕って感じですね」と、ダメリオは言う。ポリカーボネートそのものが引き伸ばされて縮小するなかで、中に埋め込まれている部品はとどまったままだ。最終的には繊維自体が極細となり、ワイヤーがチップに接触して電力を通すことになる。チップとワイヤーを正しく配置するためには、最高レベルの精密さが要求される。「ワイヤーはチップのパッドに完全に接触していないとだめなのです。その溶接はドロータワーの加熱器のなかで起こります」材質や温度もぴったり合った状態でなければ、可塑性材が十分に溶けなかったり電子部品が破壊されたりするかもしれない。

この製造過程にはいろいろな変更を加えることができる。例えばリチウム電池、センサーやマイクロフォンなどを繊維に埋め込むとか、染料や色素ではなく、ある種の鳥の羽のように、光を反映させることで繊維の色彩を生み出すこともできる。ダメリオは自分の仕事場を見回してはいつも感嘆せずにはいられないと言う。彼にとって、繊維製造の過程はまさに「ＳＦの世界」なのだそうだ。

この過程の目的は、最新のテクノロジーを活用して私たちが毎日身につける衣料品に触感、通信、測定、記録、そして対応することができる能力を付け足しながら、かつ、それが以前の布地と何の違いもないように感じさせる、つまりテクノロジーそのものを不可視の存在となすことである。私が不注意にも「ウェアラブル」ということばを使ったら、フィンクはすぐさまそれを正した。「私たちはそのことばを使いません。それは衣料ではないもののために作られた新造語です。衣料は着るものですから」フィンクのビジョンは、ちょうどスマートフォンが予期せぬ様々な活用機能を生み出したように、テキスタイル自体が数多くの発明家たちの想像力を刺激するジャンプ台となることだ。

AFFOAの繊維は普通の繊維に取って代わるものではなく、それに並行してニットや織布に新たな能力を付け加えるものとして機能するであろう。例えば、その繊維でできた服のポケットに携帯をつっこめば、そこに埋め込まれている目には見えない電池から充電することができるとか、ジャケットの襟元に埋め込まれた微小マイクとスピーカーを使って携帯で通話ができるなど。あるいは帽子が道順を示してくれるとか、下着が常時健康バロメーターの記録を取ってくれるとか。ある試作品は［車のヘッドライトなどの］光があたるとLEDの反射光を発する。夜暗くなってから散歩やジョギングする人にとっては便利な安全装置であろう。

フィンクは材料科学者であるから、テキスタイルをさらに有能にするためにはその構成をかえることだと考える。「繊維はいつも一つの物質（つまり繊維）から作られてきた。けれども我々が知る限り、進化したり絶え間なく変化を続けるような物で単一の物質から成っているというものはないのです」彼は続ける。「それだと、変化を可能とする範囲というものがあまりに限られているから」ほとんどの繊維は今の段階に至るまでに何千年もかかっている。化繊は数十年ほどを費やした。フィンクはその過程をさらに早めようとしているのだ。

彼の見通しは、彼の言うところの「繊維に関するムーアの法則」に従う。ムーアの法則とは、一八ヶ月から二年ほどの周期で［コンピューター］チップの構成部数が倍になるにつれて、演算能力は飛躍的に増加するという経験則に沿った考えである。ムーアの法則は自然法ではない。だが、開発者たちの努力を促し消費者の期待を募ることによって、自己達成的予言となる。チップが改良されるたびに前の世代のものよりずっと威力を増し、しかもビット数にかかる費用は減少していくばかりだ。コンピューターの演算能力に対する価格はどんどん安くなっていき、ソフトウェアエンジニアも電子製品の製造者もそれを当てにする。ムーアの法則の意図そのものが、AFFOAの繊維に埋め込まれる部品をさらに小さく安くすることで繊維の製造を助長する。ひと昔まえは極めて特殊な製造業者が高額な特注製品としてのみ作っていたものが、今では普通の店の棚に並ぶ製品となる次第だ。

半導体［の開発の軌道］を規範として、AFFOAチームは目標の水準を次々に高めている。私がラボを訪れるほんの少し前に、ひとつの目標が達成された。それはこの繊維が五〇回の洗濯に耐えうることだ。ただし、常温で洗剤なしの水洗いだが（製造部主任のトーシャ・ヘイズが言うには、おそらくドライクリーニングのみが可能になるだろうということだ）。彼女は衣料業界のベテランで、祖父はジョージア州の綿繰り会社のオーナーだった。他の指標は、繊維の柔らかさ（どのくらい折り曲げが効くか）や糸の強さなどの向上を目指すものである。

ヘイズは二〇一九年一二月にAFFOAを辞めたのだが、それまでの三年間を通してこの団体の目覚ましい進展を体験した。「最初はもちろん何も製造できませんでした。今では一日に何千メートルもの繊維を作り出しています。［原型モデルは］以前は科学実験の産物としか見えない代物だったけれど、今では［布地のサンプル上の］スイッチや電池など、じっと目をこらさないとそこにあると分かりません」繊維の直径は一ミリだったのが三〇〇ミクロン、三分の二以上も縮小された。

だが、この極細繊維は未だに弾力性に欠け、応用しにくいのが欠点だ。再利用されたポリエステルに包まれた繊維は、一見普通の糸のように見えるが、曲げたり折ったりしにくいし耐久性も低い。原型モデルを作るには、布地の織り方や衣服の裁縫の仕方などこれからも相当の試行錯誤が必要だ。糸があるからといって、即座に織ったり編んだりできるというものではない。

スマート繊維を商業的に使えるようにするには、まず扱いやすくする必要がある。布地を薄くすることは役立つが、フィンクが言うには「伸張性がなければ、どれだけ使いようがあるか疑問だ」そうだ。彼の研究室の大学院生がこの問題に携わっているということで、「研究を始めて一年ほどで、解決の目処はだいたい立ったようです」と、彼は自信をもって告げた。

次は、すべての電子器具に関わる問題だ。つまり動力をどうするか。スマート器具は電力がなければ即座にバカになる（つまり、スマートではなくなる）。AFFOA の充電カウンターは充電池が所狭しと並んで電気を吸い込んでいる。電力貯蔵機能はチームが全力を注いでいる分野だ。すでにリチウムイオン電池や超コンデンサーを内蔵する繊維を作ることができる。超コンデンサーは電池ほど電力を蓄積することはできないが、充電のスピードはずっと速いし摩耗しないし、それにテキスタイルにとって重要な点だが、自然発火しない。

布地の糸のなかに電池を埋め込むことで、現時点で問題となっている「電池を抱えて歩き回らずに済むと言う」余分な重量を取り除くことができる。それは例えば、戦場の兵士やスポーツウェアや医療への応用などで大きな利点となるだろう。ヘイズはここで細かいライトが散りばめられたように備わったランニングタイツをはいているマネキンを指差した。「考えてもみてください。電池を別個に装填しなくてすむこんなタイツをはいて走ることを。電池は布地と合体しているのです」。もちろん、実際に身につけるに適するほどにしなやかで、また必要な電力を供給できるだけの効果ある「電池込み繊維」にまで進化させることが課題であるが。

電池が埋め込まれた繊維を発明したとしても、もちろん充電の必要は免れない。現代を生きる私たちはおよそスマホ一つを充電しておけばそれでだいたいことが済むが、あれこれ着るもののすべてを充電するというような生活様式に慣れることができるだろうか。「クローゼットの中の服の何枚もをいつも電源に繋がなきゃいけないとしたら、スマートテキスタイルと呼ばれるテキスタイルのどこがスマートか」と、ある衣料関係業者は疑念を示す。

AFFOAのハイテク繊維は、最終的には特殊製造品分野にのみ応用されて通常の衣料品には使われない運命なのかもしれない。または繊維電池は新たな改良を加えられて、被着者のからだの動きによって生じるエネルギーで充電されるような仕組みができるかもしれない。あるいは、フィンクのサイファイファンタジーの描くイメージでは、「椅子のなかとズボンの中に誘導コイルを装置しておくというのはどうでしょう。それほど非現実的なこじつけ話じゃないですよ。布地は必ずいつも身体に触れているものですし」[20]

フィンクとユアン・イネストロザは二人とも材料科学の専門家だ。どちらも一九九五年に大学を卒業し、フィンクはイスラエルから、イネストロザはコロンビアから博士課程に入るためにアメリカへやってきた。[21] 現在二人はアメリカの最も権威ある大学の研究所でラボを指導している。フィンクはMIT、イネストロザはコーネル大学だ。しかし、別の観点から見れば、二人は全く対照をなしている。その対照は、未来のテキスタイルに関わる開発に要求される努力と〔結果の〕不確実性を映し出す。

フィンクは科学者であると同時に起業家だ。研究結果を商業的に可能なモデルと成すことを目的にしている。彼は「ショットクロックイノベーション」という考え方を提唱する。これは、バスケットボールで攻撃チームがシュートしなければいけない制限時間のルールの名称だが、そのアイデアを真似て九〇日間有効な研究費と、週ごとに測る進捗度というルールに基づいて研究を進めるというものだ。「繊維に関するムーアの法則」という考えも彼のオリジナルだし、また「布地はおそらく世界で最も有益なリアルエステート（土地）を占めている——つまり我々の体の表面だ」と述べたりして、自信にみちたサウンドバイトを世界に発している。おそらくTEDトークなどで高く評価されることだろう。彼がAFFOAを創設するにあたって、政府の役人やテキスタイル業界の重鎮らにむけて見事なアピールを披露したであろうことは想像に難くない。

イネストロザにとって、ショットクロックなど眼中にない。彼の研究は何年にもわたって続けられるものだ。彼は自分の役割と業界が果たす役割とに一線を画する。「私たちは競争より前段階のリサーチをします。学問的な疑問というのは簡単には解決しません。だからこそ学問の領域にあるのです」基本的な科学の探求を行い、それなりの新発見は知的財産権《パテント》を登録し、その後の開発は部外者に任せる。研究そのものは、多くの場合、実利的な諸問題から生じるものなのだが、彼に研究結果を応用策に広げることに興味はない。

フィンクはポリカーボネートの丸太棒を細糸に変えるのに成功したが、イネストロザはさらに極小のスケールでことを運んでいる。分子に手を加えて新しいコーティング、もしくはテキスタイル業界で言うところのフィニッシュ（仕上げ加工）を作り出しているのだ。その研究はテキスタイルとナノテクノロジーとを結合させるもので、彼の言葉では「広い表面積と極小要素、または可視と不可視」との結合だ。布地を後世の未知の需要に合わせるための土台とするよりも、元来の布地の機能、つまり身体の保護と装飾という目的をより高度に達成させようと考えている。そのためにまず、すでに認識されている現存する問題点に焦点をあて、その新たな解決法を探そうという志向なのだ。

フィンクは二一世紀のテクノロジーをテキスタイルに取り入れるためには新しい繊維を作り上げることが必要だと考えるが、イネストロザはそうは考えない。人々は現存する布材の感触や見た目が気に入っている。そして、それらの繊維はすでに紡織機や編み機の摩擦や張力などの「絶え間ないストレス」に耐えうることが分かっている。「私は人類が何千年もの間使用してきた繊維を使って、色々な問題点を解決することができると思うんです」と、イネストロザは言う。彼は木綿を実験に使っている。

イネストロザが新米の大学教授としてテキスタイルに関する実験を始めたのは、二〇〇〇年代の初め頃ノースカロライナ州立大学だった。9・11の直後で、化学や生物兵器に対する不安感が募り始めた時だった。そのころ防護服といえば、異なる化学物質を服に塗るだけで、解決策としては限界のあるものだった。「重ね着するとしても、Tシャツ五枚ぐらいが限度でしょう」Tシャツ愛用者のイネストロザは説明する。「防護のための層を一分子の厚さにするとしたらどうでしょう。何千という層をかさねることができるし、ということは対応できる化学物質の範囲も格段に増えるということになります」Tシャツを何枚も重ねるかわりに、一枚のTシャツの表面に防護機能をもつ化学物質の層を重ねるというアイデアだ。一分子層はマスタードガスをブロックし、別の層は神経ガスを防ぎ、また別の層は細菌を取り押さえるなどなど。

防護用の分子の層を作り出すのに、イネストロザはもともと半導体を製造するために開発された技術を適用した。ただし構成が均一なシリコン板とは違って、木綿の場合、土台にはいたくムラがある。繊維ポリマーはそれぞれ同一かもしれないが、例えばひねりなどの特徴は繊維一つ一つによって異なる。「アラバマの木綿はテキサスの木綿と違うし、またベトナムのとも異なります。今年の木綿は去年のものと同じではないし、同じ年の収穫物でも、どの肥料を使ったかで特徴が変わってきます。こういう不均一性のすべてに対処しなければいけないのです」と、彼は説明する。

そして二〇年の月日が経った。イネストロザはニューヨーク州北部へ移ったが、未だに木綿の研究を続けている。木綿はポリエステルやナイロンのような化繊よりも化学的に加工するのがずっと困難な材料だ。だが、人類との関わり合いを保ってきたその長い歴史そのものが、彼にとっての魅力なのである。「私たちはこの繊維と特殊な関係を結び、育んできました」と、彼は語る。教室で学生に、皮膚に直接あたる部分に木綿地以外のものを着ている者は挙手するよう訊ねると、ほとんど手をあげる者はいない。また手をあげた者はたいてい間違っている場合が多いとのことだ。

現在、彼は木綿の「万能仕上げ」と呼ばれる研究に専念している。木綿地に汚れにくさやシワがよりにくいなどといった特徴を加えるために、テキスタイル製造者は布地が織られたあとで何らかの化学加工を施す。例えば、アイロンかけにくたびれた家庭の主婦たちを喜ばせた「パーマネントプレス」だ。これは一九六〇年代に導入されたものだが、布地に樹脂を上塗りしたもので、このようなコーティング技術が、いまでも少しずつ加えられるテキスタイルの改良の主流をなしている。一九九〇年代に男性用のノーアイロン・カーキパンツが店頭に登場した時、それはちょうどビジネスカジュアルのファッションが導入された時期と重なり、即座に大ヒット商品となった。当時は、こうした塗装技術こそが技術改革の鍵であった。

今日、アウトドア用品フェアの会場で商品棚のあいだを歩きまわると、テキスタイルの機能性を讃えるブランド製品が次々に並んでいる。例えば擦過に耐える（ロッククライミングのため）とか、耐水性に富むとか、防虫効果をもつとか。すぐに乾くシャツや、絶対に臭わない靴下もある。縮まないウール、殺菌性を備えた病院の家具や用具カバー、毛玉のできないセーター、これらはほとんどみな化学物質による仕上げの効果である。しかし、こういう化学物質加工は異なる目的のためには異なるプロセスを要するし、また例えば耐水性のためのフッ素ポリマーの使用など、環境に害を及ぼすおそれもある。さらに仕上げ加工は必ずしも永久のものではない。時間が経つと、塗装が剥がれたり洗濯で流れてしまったりする。

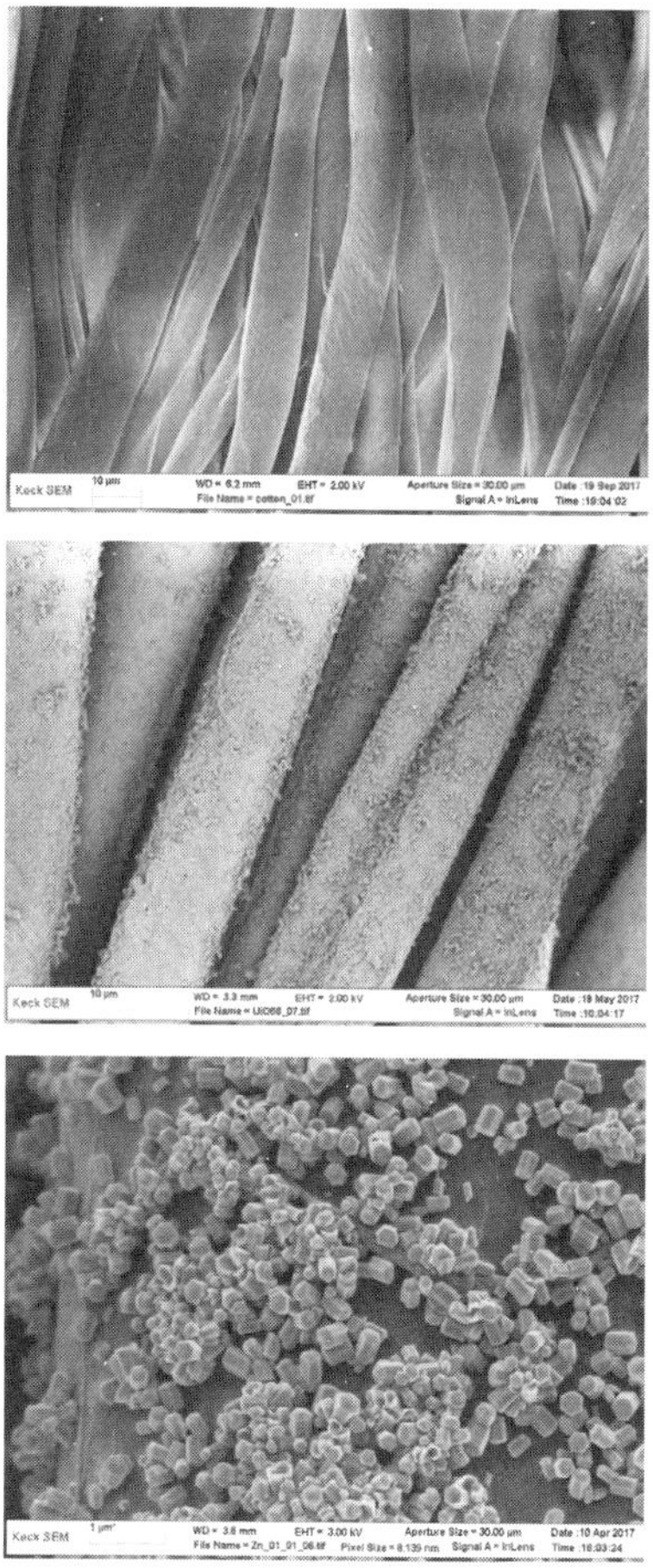

むき出しの木綿繊維と金属有機構造体（MOF）が付加された木綿繊維。三種の倍率によるイメージ（コーネル大学、ユアン・イネストロザ）。

ゆえに、イネストロザの研究の目的は、繊維ポリマーと永遠に結合する多目的分子を開発することだ。そして、それを木綿に限らず他の古代からの植物繊維であるリネンや麻、またレーヨン（ビスコース）、また環境により優しい変種であるモーダル（レーヨンの一種）やテンセルなどの繊維構造の主体であるセルロース分子のなかに埋め込んでしまうというアイデアである。それらの繊維のセルロース分子の一つ一つに目には見えない網をかけるために、彼は「網状構造化学 reticular chemistry」と呼ばれる技術を適用している。「繊維分子、またはポリエステルやナイロンでもその分子構造がわかっているわけだから、新たに付け加えたい性能をそこにしっかり閉じ込めることができるようにデザインすることができます」と、彼は説明する。ジグソーパズルみたいにと、私が合いの手を打つと、「それはなかなか的確なイメージですね、でもこのパズルのピースには特別なクレイジーグルー［アロンアルファのアメリカでの製品名］が塗りつけられていると考えてください。だからいったん結合すると絶対に離れてしまうことはないのです」。もちろん実際には接着剤ではなく、化学的結合でいわば融合してしまうというわけだが。

網状の構造を作っているのは、金属有機構造体（MOF）と呼ばれる分子だ。その名が示すとおり、この分子は有機物と金属とでできている。各々の角に金属の球がはめこまれた六角形を思い浮かべてほしい。球は六辺のチェーンで繋がっている。チェーンは有機化合物だ。六角形の内部は他の物質を保つ〈檻〉となる。檻の内部の空間は有機物のチェーンの長さを変えることで大きくしたり小さくしたりすることができる。金属有機構造体は、常に決まった形で予測できて、各々同一なものである。この構造が六角形であれば、いつも、いつまでも六角形のまま、それが四角であれば常に四角のままである。[*22]

「これが網状構造化学の裏にある魔術と言えます。必ず同一の複製を生み出す骨組みのネットワークを作ることができるのです」と、イネストロザは言う。これは延々と続く布地に均等な上塗りをかけるためには理想的なものだ。それに、この骨組みがどのように機能するか、実際にこの物質を化合させる前に数値的に予測することができる。——複雑な問題にたいする処置としては、ありがたい時間の節約となる。「MOFは、実のところ、私の一番お気に入りの分子なんです」と、イネストロザは笑う。

木綿にコーティングを施す過程は、まず木綿の繊維ポリマーと結合する分子をデザインすることから始まる。次はもっと厄介なステップだ。必要とされる機能をもち、分子内の〈檻〉にうまくはまってくれて、必要に応じて特定の機能を果たすために〈檻〉から出てきてくれるような特性を持つ〈積荷〉を見つけることだ。その機能を発動させる状況というのは、ロッククライミングの際の擦れだとか、温度や湿度の変化だとか、油や細菌に接触することかもしれない。〈仕上げ化学物〉を必要なところで微少量のみ放出できれば、それだけ衣料の効果を長持ちさせることができる。

といっても、これらの問題は即座に解決できるものではない。各問題に多種多様な違いが存在する。たとえば、耐油性コーティングの場合、一種類ではなく様々な種類の油に反応しなくてはならない。抗菌仕上げにしても同じことだ。耐水性コーティングの場合は、雨水は弾き汗は発散させなければいけない。イネストロザはこれら一つ一つのパズルを解く目的で、研究室の院生に様々な実験を課す。現段階で、彼のチームは一挙に油と水と細菌とを阻止する仕上げコーティングを作ることに成功した。だが、シワ防止はさらに高温での加工を必要とし他の機能との調整を複雑にしてしまうので、未だに完成できないでいる。イネストロザは他にも蚊を寄せ付けない機能や、ナンキンムシ除虫機能や、また必要に応じてビタミンや薬などを供給するような機能をも含めたいと考えている。このモデルはゆくゆくは染料や色素の必要性を取り除いてしまうやもしれない。彼が「万能仕上げ」と名付けたのは、単なる誇張ではなかった。

それでもまだチャレンジが足りないとでも思っているのだろうか、イネストロザはさらに高度な挑戦としてテキスタイル製造者がすでに使用している仕上げ用桶を使って、このコーティングを加えたいと考えている。つまり、浪費を抑え新たな投資を必要とせずに、業界にずっと機能度の高い布地を生産する確実な手法を提供するつもりだ。万能仕上げの開発は、テキスタイル会社や化学製品会社などが割くことのできる時間内では到底完成できない。「そこが象牙の塔の素晴らしい部分なのです」と、イネストロザは言う。「私たちは大変難しく、簡単には解決できないような課題に取り組んでいます。もし、そういった問題に単純な解決法があったとしたら、とっくの昔に解決しているはずです」

研究が成功したあかつきには、その副産物の一部分はあまりに従来の慣習とは食い違うために人々には受け入れ難いかもしれないと、彼は想像する。細菌を殺し油を寄せ付けないようなテキスタイルは、おそらく表面のゴミをブラシでおとすことくらいしか必要としないだろう。時折〈積荷〉を補充しなければいけないこともあるだろうが、二度と洗濯する必要はなくなる。「汚れをはじき、外部の結合物を吸収しないのだから、洗う必要はないのです。でも、多分心理的に一度も洗濯をしていない服を延々と着たい人がどれほどいるでしょうか」[*23]

グレッグ・アルトマンとレベッカ〔ベック〕・ラコートゥアーはテキスタイルのことなど考えていたわけではなかった。ただ偶然に〔研究を〕シルクで始めたにすぎない。最初の出会いはラコートゥアーがタフツ大学に入学し、アルトマンが大学院生助手として教えていたバイオエンジニアリングのクラスでだった。彼女はアルトマンが行っている研究——怪我などで損傷した膝の靭帯の代用として使えるような絹の基質を開発すること——に深く興味をひかれ、ラボの助手となって研究に参加する。彼女自身が博士号を習得したのちは、彼が率いるスタートアップ会社、セリカ・テクノロジーズに入った。

セリカはアルトマンの博士論文の研究を適用し、切開手術中または手術後に〔人体の細胞〕組織を支える網目構造を作成する会社だ。とくに乳房再建の際に有益なものである。その構造部分は絹でできている。絹といっても、純粋に精製されてセリシンという粘っこいタンパク質——蚕の繭を固める物質で時にはアレルギー源でもある——をすっかり取り除いて、フィブロインという絹独特の頑丈さとその艶やかさを形成する物質だけにしたものだ。フィブロインもタンパク質だが、体内で拒絶反応を起こさず、その上アミノ酸に分解して、破損した組織が回復したあかつきには身体に自然と吸収されてしまう。

二〇一〇年に、セリカは大手医療会社のアラガンに買収される。ボトックスが目玉商品の会社だ。[*24] アルトマンもラコートゥアーも数年ほど留まるが、その後また新たな絹化学を用いる会社を立ち上げる。今度は、使用範囲の狭い医療製品ではなく、もっとインパクトの大きい製品を作ろうという目的を掲げた。おそらくスキンケア製品などが、理想的なのではないか。

大学院を出て三年目、二七歳の時、ラコートゥアーは卵巣ガンの診断を受ける。最終的に彼女は回復に至るが、化学療法は辛かった。その経験を通して彼女は、免疫が低下している時に日常生活で普通に使われている様々な品のなかに健康を害する可能性が高いものがいかに多くあるかを痛感する。担当のガン専門医は生活全般にわたる強硬な治療プランを始めるあたって「化粧品の棚を一掃しなさい」と、彼女に告げた。[*25] その時から彼女の頭には絹、いや正確にはフィブロインこそ合成のスキンケア製品の原料として有益な代替品にならないだろうかというアイデアが浮かぶ。このタンパク質は扱いやすく、結晶構造は光を反射し、クリーム状だが油っぽくなく、生体的に無害である。食べても全く問題ない。[*26]

フィブロインをモイスチャライザーや美容液などに混ぜ入れる段にたどり着くよりも前の段階で、アルトマンたちはこの物質が水に溶けたままでいられるよう工夫しなければいけなかった。研究者たちは少しの間だけなら溶解状態を保つ手段を見つけ出したのだが、時間が経つとフィブロインは固まってゼリー状になってしまう。アルトマンたちのラボでも同じだった。「最初の試練は絹のゼリーを作って、それを粉砕することでした」と、ラコートゥアーは語る。

アルトマンは大学時代、タフツのフットボールチームのキャプテンだった。アメフト用語の「ブロック&タックル」と呼ぶ手段とおなじ要領［つまり同じ過程を繰り返すこと］で、彼らはこの問題に対処する。つまり、「過程をコントロールし、結果を測定する。過程をコントロールし、結果を測定する」その繰り返しが一年続いた。その果てに解決法が浮かび上がる。ほんの微少量であっても不純物が溶液のなかにあると、フィブロインは不純物に結合して液から別離してしまうという特性だ。「市の上水道の水に含まれている塩基物などでも、絹タンパクの組み立てに影響を与えるのです」溶解させる水から一切の不純物を取り除くことが、成功の鍵だった。

二年後、彼らのスキンケア新製品が市場に出る。しかし、それまでにアルトマンとラコートゥアーはスキンケア業に関わっていてはだめだと思い始めていた——もしくは、スキンケアだけでは足りないという自覚を持ち始めたのだ。

「二人が作り上げたスキンケア分野で培った化学的な土台は、実は素晴らしく価値のあるものなのだという認識に至ったのです」と、会社のラボを案内しながらCFO（最高財務責任者）であるスコット・パッカードは言う。そこでは何千という廃棄された繭が、「活性絹」という名称で会社が特許をとった製品に精製されつつあった。スキンケア商品は単に「会社が扱っている絹の」ひとつの応用物だ。「この化学的土台を駆使して、いろいろな種類のテキスタイルに応用できる様々な応用法を生み出すことができるでしょう。以前は単にクールな商品を製造する会社だったのが、今は業界の先駆者となったのです」

フィブロインは特異な化学的性質を有している。タンパク質配列のある部分は水と結合しやすく、別の部分は水を跳ね返す配列となっているのだ。親水性の部分のおかげで少なくとも一時的には水に溶け、伸張性をもたらす。が、疎水性の部分は互いにつながりあって、繊維の堅固さをもたらす。「絹タンパクの一部分が水に交わることを完全に拒絶し、水に触れようものなら疎水性の部分だけでひっついてしまうのです、ほぼ永久に」と、アルトマンは説明する。だがそうさせる「水に触れさせる」必要はない。他の物質にひっついてもいいではないか。例えば水のなかの不純物にだけとか。もともとこれがゼリーを生じさせたわけだから。しかし、これはアルトマンたちにとってのビジネスにつながるひらめきの瞬間だった。

水の塩基と結合するのだったら、ナイロン、ウール、カシミア、皮革など——防護のための層や柔らかさを加えるものや何らかの表面改善のために必要なものなんでもいい、そういうものと結合させられるのではないか。フィブロインポリマーを異なるサイズに切り離し、あるものは親水性の部分だけ、あるものは疎水性の部分だけというようにわけて、他の物質と結合させることで新たな構造や特徴をもつ材質を作ることができるだろう。安物の皮の硬い部分をカバーしたり、ナイロンに耐水性や通気性を加えたり、ウールやカシミアの縮みや毛玉の傾向を減らしたりできる。合成スキンケアの原料を入れ替えたように、絹で現存のテキスタイル仕上げに新しい選択肢を加えることができるというわけだ。

スキンケア商品は、ある一定の消費者グループにのみ届く。だが、テキスタイルは誰にでも届くものだ。

もちろんこの会社は市場の全てを独占するつもりでいるわけではない。「エヴォルヴド・バイ・ネイチャー」という新しい名前で、この事業は今の文化的トレンド、つまり消費者の化学工業製品に対する嫌悪感に賭けている。テキスタイル業界での絹をベースとした仕上げ素材や皮革業界での代用商品を求める業者を主なターゲットとしている。「ビジネスの観点から言って、サステイナビリティを会社の使命の一環と考えなければ、その会社にはビジネス倫理や道徳性が存在しないのも同然です。それは消費者に供給するものがないということです。私たちができることは全て、合成化学の技術ですでにできるようになっているのだから」と、アルトマンは認めている。

アルトマンの辛辣な口調が示すように、この会社は改革運動に臨んでいると言えよう。ファッション業界そのものが、現時点で公害に加担したり使い捨て消費の一環となっていることから改悛し自己改革しようと努力を始め、社会の肯定的な注目を集める運動に乗り出している。二〇一九年の六月、シャネル社はこの会社の資本の一部を買い取ることで、自社の環境保護活動にとりくむイメージをぐんと高めた。[*27] しかし、会社の創立者たちは実務的なビジネスマンで、革命を求めることが商品を動かしたり業界の常識を変えたりするわけではないと十分認識している。それに富裕層の顧客のみを対象にビジネスをしようとも思っていない。「テスラになりたくはありません。わたしたちはトヨタハイブリッドになりたいのです。プリウスがぴったりだ。あんな風になりたいのです」と、アルトマンは言う。

市場範囲を最大限に広げるために、エヴォルヴド・バイ・ネイチャーの仕上げ工程は新たな装置や異なるプロセスを加える必要がない。作業員たちは指示書に従って、どれだけの量の絹タンパクを使い、どれだけの割合で水に溶かすかに注意を払うだけだ。他の仕上げの工程とまったく変わらない。会社側としては歓迎するものではないが、この仕上げ剤は化繊生地にも適用できる。「私たちは業界に横槍をいれるのではありません。業界を一歩一歩浄化しようとしているのです。」と、パッカードは語る。

▨▨▨▨

白いツーピースを纏った彼女は、どこから見ても時代を超えるファッションの象徴に見える。タイトスカートは膝下ほどの長さで均等に切り揃えられたフリンジがついている。そのキリッとした線は、柔らかなニットのチューブトップと好対照を成している。何気なさそうに首に巻かれたスカーフがこ

バービーのポリエチレンの服はまるで裸でいるかのように涼しい着心地だ（スヴェトラナ・V・ボリスキナ、MIT［psboriskina.mit.edu］）。

のファッションの決め手だ。スカーフの縁の紺色は、彼女の頭上に結い上げられたシニヨンに結ばれたリボンの色にマッチして、おしゃれなセンスを表す。

このバービー人形は、ピンク一辺倒のおもちゃ屋のケースには存在しない。彼女はこの世にただ一体だけ存在するバービーで、MITのかの有名なドームのちかくに位置するオフィス内に据えられている。科学研究者スヴェトラーナ・ボリスキナが研究課題とする未来の衣服のモデルなのだ。

光学材料の専門家であるボリスキナは、ほんの数年前だったら衣服など「旧世代の技術」と見なし、研究対象にも値しないと目も向けなかっただろう。その時は、最新技術を駆使して新しい材質を作ることに集中していた。

そこへアメリカ連邦政府のエネルギー

省から問い合わせが舞い込んだ。「個人用耐熱管理」のための新しいアイデアを請うものだった。明らかに斬新な目の付け所だ。といってももちろん、身を暖かく保つということは、人類の歴史を通してほとんどの場合人間が自分で対処すべきことであった。つまり、衣服を纏うとか毛布で覆うとかが第一で、その次に火を使った暖房が考えられる。冷房はほんの少し前までは考えられもしなかった。現在、私たちはセントラル空調システムにすっかり依存している。この機能はずいぶん過ごしやすくしてくれたが、冷暖房の備わった建物はより多くのエネルギーを消費する。アメリカでは消費されるエネルギー全体の一二パーセントにのぼる。個人個人が［体感温度に合った衣服を選ぶことで］自分にとって心地よい温度で過ごせる環境を保つようなテクノロジーがあれば、炭素排出量を減らすことができるだろうし、また何度もサーモスタット［自動温度調整装置］の設定をいじくる面倒を解消するという利点ももたらすことになるではないか。[*28] ボリスキナは好奇心を煽られた。彼女の光学に関する知識は、この課題に対してユニークなアプローチを提供する。

人間の身体は常に熱を発散している。衣服はその熱を皮膚の上に膜のように捉えている。ちょうど鳥の羽や動物の毛皮のように、衣料は伝導を遮る。伝導、つまり、二つの異なる温度の表面が出会った時に起こるエネルギーの移動だ。温度が高い方の材質の分子は熱のために不安定である。そして温度が低い方のより安定した分子へ、両方のエネルギーレベルが同等になるまでその熱を移す。外側に氷が張り付いたジョッキのビールをカウンターに放っておけば、そのうちビールは室温と同じ温度になる。冬、屋外で手袋を外して携帯でメールを打てば、指先が次第に冷たくなってくるだろう。特定の物質はとくに素早い伝導体であり、ゆえに真夏の灼熱の中、プールに飛び込むと即座に涼しく感じるし、最初に冷たいと感じられた水にもすぐに身体が慣れてしまうわけだ。

暖かい皮膚と冷たい空気を隔てることで、衣服はこの伝導のルートを断っているわけだ。デンマークの自転車通勤者たちが指摘するまでもなく、寒い時でも適正な衣料を纏うことで身体の熱発散をうまく妨げることができる。真の挑戦は——これがボリスキナの想像力を刺激したことだが——その反対の場合、つまり暑さに対処する場合だ。

　解決法は電線も電池も使わない受動的なもの、強いて言えば何もしないものが望ましいと、彼女は考えた。例えば、着るものの質を変えるとか、もしくは何も身につけないで裸のままでいるとか。

　衣服をすっかり脱いでしまえば、伝導のおかげで身体は涼しく感じるはずだ。もちろん、まわりの気温が体温より高くなければの話だが（ラスベガスは、残念ながらこのケースから外れる）。だが、次のプロセス、放熱は気温にかかわらず作動する。太陽がやっていることだ。身体も常に外に向かってエネルギーを放出している。太陽のエネルギーの一部は目に見える光として放たれるが、身体の方はそうではない。人体のエネルギーはより長い赤外線の周波数を有している。暗視スコープや赤外線カメラで闇の中に隠れている人々が見える理由だ。

　人体から発散される熱量の約半分はこの放熱プロセスによるのだが、衣服はそれを妨げているのだ。「衣服は体熱を吸い込んで温まり、そして身体の周りに熱をとじこめるのです」と、彼女は説明する。暑い日には、衣服は熱の層の温度をさらに上げる。

　だが、衣服がそうしなかったらどうか。衣服が赤外線放熱を通過させる素材で作られていたらどうだろう。見た目には色付きでも熱は素通りできる、そういう生地でできていたら。太陽光や、または人の凝視からは守られながら、まるで何も着ていないかのように遮断されることなく熱伝導ができれば、涼しく感じることができるはずだ。ボリスキナはそういう素材が存在するかどうかを見つけ出す研究に取り掛かった。

「まず、アイデア作りから始めました。まったく論理的な発想で進めました。こんな物質があったら、こんな形の繊維に仕上げて、それを糸にして［その布地は］このような機能を持つはずだと。そして、放熱の機能をもっていれば、温度をコントロールできるはずだと」ボリスキナは説明する。その研究の結果見つかったのはいたく簡単なポリマーであった。炭素と水素でできていて、振動し放出を遮る傾向のあるイオン結合が一切含まれない分子だ。そこまでは順調だった。しかし、人々が着用したいと思うものを作るためには、単なる分子作成では不十分だ。「肌触りがよくなくちゃいけません。軽くて、それに安く生産することができなくてはいけません」と、彼女は付け加える。

ところが驚いたことに、この素材はすでに存在するだけでなく、そこらじゅうに応用されているものであることが判明する。機械の部品、パイプ接続部、遊園地の滑り台、シャンプーのボトル、リサイクルゴミのバケツ、槍玉に挙げられるスーパーの使い捨てビニール袋などなど。「世界で最も重要なプラスチック」と謳われ、プラスチック製造の三〇パーセントを占める素材であるそれは、ポリエチレンであった。[*29]

実際、ポリエチレンが使われていない唯一の分野は、テキスタイルであるということが判明する。ボリスキナは実験に使うためのポリエチレンでできている繊維を見つけるのに苦労した。やっとのことで、テネシー州にあるミニファイバーズという会社がポリエチレンを細かく切断して溶かし一種の接着用塗料として再加工していることを発見する。その会社が実験に必要な分の粉砕する前段階の糸状ポリエチレンを分けてくれた。ただしその後、ポリエチレンの生産はポリエステルを生産するのと同じ機械で簡単にできるとわかり、ボリスキナはラボの近くにある研究助成機関である米国陸軍ネイティック軍隊システムセンターで糸を生産するように手配した。糸が作られると、彼女はAFFOAの施設で布地にする。これがバービーのドレスの由来である。

軽くて、柔らかくて、ほとんど何も着ていないように涼しいその布地は、素晴らしいテキスタイルのように聞こえる。とくに暑くてムシムシした気候帯にあってはそうだろう。それならばなぜ、市場に出回っていないのだろうか。この質問にテキスタイル業界のベテランたちは、高すぎること、高温に弱いこと、そして染色できないことという三点をあげた。

大雑把に言うと、この反論の一番目は正しくない。彼らが言及しているポリエチレンは特別に高密度で強靭な、特殊な器具のみに使われる種類のものだ。例えば水に浮く特別に耐久性のある、海洋で使われる鎖など。たいていのポリエチレンは極めて安価だ。だからこそ使い捨てパッケージに使われているわけだ。

二番目の批判は事実であるが、その実あまり大事ではないかもしれない。少なくとも応用するものによっては。密度の低いポリエチレンは摂氏一三〇度あたりで溶ける。ポリエステルだと二六〇度だ。沸騰点近くのお湯につけられると、ポリエチレンは縮んだりなんらかの支障が生じてしまう。というというわけで、同じ条件下では確かにポリエステルの方が上質な布地である。だが、気温が高い地帯では、もとより同じ条件ではない。ポリエチレンの服をぬるま湯で洗い、日に干すか、もしくは低い温度なら乾燥機にいれても大丈夫だ。熱湯につけたり、アイロンをかけたりしさえしなければ、ポリエチレンは大丈夫なのだ。

染色に関してはこれは全くの事実で、バービーの衣装が白っぽいのもそのためである。ポリエチレン分子は、染料が結合できる部分が皆無なのだ。ポリスキナのチームがこの奇跡の布を通常の染料で染めようとしたところ、布地はすっかり真っ黒になってしまった。「それを冷水につけたんです。そしたら、ぱあーっとまた白にもどってしまったんです」と、彼女は説明する。有色ポリエチレン生地を作ろうと思ったら、繊維を作る段階で色素を混ぜなければいけないことが明らかとなる。ということは染色による汚染が減って、環境面では大きなプラスとなるのだが、反面、製造過程の経済面に関する考慮の順番を入れ替えなければいけないということになる。つまり、テキスタイル製造会社は、どの色の需要が生じるかを事前に予測しなければいけないわけだ。沸騰させることができず染めることも難しい布地が、世界を制覇するというのはほぼ不可能であろう。それでも、沸騰させることができず染めることも難しいながらも、身体を涼しくたもつことのできる布地は、アバヤ［イスラム教徒の女性が着る体全体をおおう外着］から下着に至るまで、売れる可能性は高いはずだ。ついには［最近では非常に稀になってしまった］白い運動用Tシャツを復活させることができるかもしれない。

ついでにもうひとつ付け加えるならば、染色しにくいということの裏返しとも言えるが、それはすなわち汚れの分子も引っ付きにくいということだ。洗濯は手早くたやすくできる。長々と洗濯機を回したりわざわざ高い温度のお湯を使うこともない。その分電気の節約になるわけだが、それ以前に洗濯機を持たない人々のことを考えてみるとどうだ。それがさらに高温気候帯だとしたら。ポリエチレンがゴミ廃棄場で分解しがたいのはその抗菌性という特質のせいなのだが、同じ特質のおかげで布地は無臭を保ち、医療機関などではバイ菌が広がるのを防ぐことになるだろう。リサイクルしやすいものだし、そのためのシステムはすでに出来上がっている。古いシャツは新しいボトルになれる。反対も可能だ。「唯一大切なことは、海に投げ捨てないということです」と、ボリスキナは微笑む。残念ながら、彼女は申請したエネルギー省の研究費を獲得するには至らなかった。だが、この新企画は彼女の人生を変えた。ポリエチレン信仰の伝道者になってしまったと言ってもいいくらいだ。

「今日の布地といったら、着るものにしても寝具用にしてもテーブルクロスや車の内装にしても、ほとんど全部が木綿かポリエステルで作られています。この二種の生地が市場全体を独占しているようなものです。ポリエチレンは、木綿とポリエステルのどちらよりもいろいろな面で優れています。しかも、その二種よりも作るのに資金がかかるわけではありません。ということは、木綿やポリエステル、または他の繊維であっても、ポリエチレンが取って代わっても不思議はないと思うのです」と、ポリスキナは熱っぽく語る。彼女は現在ポリエチレンの抗菌性について研究を進めており、またAFFOAからの研究基金を受けて、ポリエチレンの繊維にセンサーや他の電子器具を埋め込むことができるかどうかという課題の実験も行なっている。

ポリスキナの熱意は、一部は環境保護活動家たちに目の敵とされるこの物質が実は地球のために驚くべき貢献をなすことができるはずだという確信から発せられている。ポリエチレンを日常に使うことで、冷房や洗濯に消費される電力を節約でき、また世界中の人々の快適で健康な生活を推進することができると、彼女は深く信じている。「それが、もともとこの研究に足を踏み込んだ理由です。これは私の本来の専門分野ではないのです。でも自分の努力で世界を少しでもよくすることができるかもしれないのだから」と、彼女は言う。[*30] テキスタイル生産にかかわることは、人間社会に広大な変化をもたらす機会を与えてくれる。その変化は人々の気づかぬところで起こるかもしれないが、社会のありとあらゆるところに普及し存在することになるのである。

おわりに　なぜテキスタイルなのか

古きものと新しいものとは今という瞬間の縦糸と緯糸とをなしている
ラルフ・ワルド・エマーソン『引用と独創性』、一八五九

私がテキスタイルについて本を書いていると聞くと、たいていみな同じ質問をする。「なぜテキスタイルについてなのか」と。

彼らの期待に応えるような答えをすることは簡単だ。例えば、「世界の織布の中心地」と謳われる町に生まれ育ったためにテキスタイルというものが私自身の成長期に大きな存在を占めていたという説明など、説得力に富むだろう。だが、事実はそうではない。親がテキスタイル業界に勤めている友だちがいたが、私自身のテキスタイルとの関係といえば時おりアウトレットモールへ安物の服を買いに行くことくらいに限られていた。私の家には五世代にわたってテキスタイルの仕事に関わる者がいたと言っても嘘ではないのだが、多少脚色されている事実だ。父はエンジニアで、私が幼稚園に入る以前に化繊関係の会社からポリエステルの膜を製造する会社に移った。父の叔父はカーペット関係の商売をする人だったが、私が小さいころに亡くなった。そのどちらのケースも、私にテキスタイルについての興味を促すほどの要因ではない。

話としては面白いだろうが、この本は家族の歴史だとか子どもの時の経験だとかに発するものでは

ない。見慣れたことや聞き慣れたことからではなく、反対に不思議だとか不可解だと思われる出来事に関心を引かれたことから生じたものだ。キャラコ布の禁止令やブラジルウッドの輸入、ミノアの粘土板、イタリアの紡糸操業場、鮮やかな紫縞の入った一九世紀のドレス、イースト菌が吐き出す絹の素材などの興味をそそる出来事のせいだ。言い換えれば、私のテキスタイルの世界への探訪は、驚嘆の思いにその端を発する。最初は単に偶然の体験だったが、のちには自分の調査対象として学者や研究者や業界人の言うことを耳にして、テキスタイルにまつわる話を聞けば聞くほど織布という技術がいかに文明のもととなる根本的なテクノロジーであるか、その生産が及ぼした結果がどれほど世界を揺るがすものであったか、その間断なき歴史がなんと驚愕に値するものであるか、再三再四感嘆するに至った。

テキスタイルの世界への探訪のなかで、藍色素の摩訶不思議な化学反応や起こりえないはずの木綿の種の変容などの驚くべき自然現象を学んだ。工芸としてまた事業として、織布業に携わる人が織布に注ぎこんだ刷新性や深い研究心を目のあたりにする恩恵を受けた。ラオスの織り機にかかる蜘蛛の巣のようなナイロン糸のデザイン構図、ロサンゼルスの染色工場から絶えず流れ出てくる何千メートルもの色とりどりの糸。恩恵は私ばかりのものではない。産業革命がもたらした豊富な糸と、そのおかげで終日家事に縛り付けられていた女性たちが少しでも楽になったことは特筆すべきことだ。

イタリア商人たちが郵送システムを創り出したことや、アフリカの同業者たちが細幅の布を貨幣として使うなどの奇抜な冒険的精神には脱帽させられた。トラスカラの評議員たちがコチニールのにわか長者たちに業を煮やす様におもわず笑ってしまい、年若いマキャヴェリが反物に関する文章題に頭をひねる姿を思い浮かべ、アゴスティーノ・バッシーが蚕の病気の原因を突き詰めようと根気強く研究を続けたことに鼓舞され、またウォラス・カロザースの死に心を痛めた。ラマッスィが不平をこぼす様に同情を感じ、巻貝染色の悪臭を想像してもみた。

モンゴルの軍隊が拉致した織り人たちを連れてアジア内陸を行進させたことに身震いする。アメリカでも同じように奴隷たちはミシシッピデルタへ引き連れられて行った。もし一七八七年の北西部条例［アメリカ合衆国独立後の領土に関する条例布告で、オハイオ川以北は奴隷制を認めないという項目を含んでいた］の奴隷制禁止令が当初の一三州外の新たに付け加えられた州にも適用されていたとしたら、歴史は一体どういう流れをとっただろうか。異なる行路を辿っていたならば、木綿は［南部の奴隷州にとって］異なる機会と奴隷解放とを意味していただろうか。

テキスタイルについて学べば学ぶほど、科学、経済、歴史と文化についての理解がより深くなった。つまり「文明」とよばれる現象のことだ。私たちはテキスタイルに関して一種の健忘症にかかっている。それはテキスタイルがあまりに潤沢にいきわたっているからだ。その疾患には値札が付いている。過去から譲り受けた遺産の不可欠な部分を不明瞭にし、私たちがどのようにしてここまで辿り着いたか、私たちが一体だれであるのかということを覆い隠してしまうのだ。

本書のためのリサーチを終えた今、私は布切れの一片一片が数限りない難題の解決策を示しているということを感じずにはいられない。それは大半が技術的あるいは科学的な性質のものだ。白くて毛並みの濃い羊をどのように繁殖させるか、繊維を断ち切らずに十分な張力をかけながら紡ぐにはどうするのが一番いいか、布地の染めが褪せるのをどうやって防ぐことができるか、複雑なパターンを織ることのできる織り機をどのように組み立てればいいかなど。しかし、それだけではない。最も微妙でてこずる問題点は社会的なものである。蚕や木綿の生産でも紡績工場を建てるのにも長距離キャラバンを組むのにも資金が必要だ。それをどうやって準備するか。実際に現金を送らずに、どうやって布地の出荷の代金を払えばいいか。製造したり着用したりしたい布地が違法品となった場合、生産者や消費者はどう対処するべきか。このような問題は人間の普遍的な本質から生じる。人間は危険から身を守る必要やより高い地位への願望や美しく身を飾りたい欲望など、そのような志向をみな持っている。加えて、人間は道具を作り、問題を解決するようにプログラムされている動物であって、社会的、知覚的な生き物だ。布はこれらの全ての人間性を具現化している。

しかし、その普遍性が歴史の中に何らかのかたちで表明されるとしたら、それは特殊な媒介を通してのみ起こり得る。例えば発明家や芸術家や労働者の作り上げたもの、科学者や消費者が探し求めるもの、探検家や起業家が率先して始める独創的活動などを見て、それが初めて認識される。テキスタイルの物語は美と英知とを映し出す。不謹慎な振る舞いや時には残忍な行為もなされた。階級制度も生み出したし、穏便な回避策が成功することもあった。平和裡に交易が栄えたこともあれば、残虐な戦争となったこともある。ありとあらゆる布地のなかに織り込まれているのは、男性であれ女性であれ、その布を作り出した興味深い、才たけた、希望に満ちた者たちの行いであり、地上のあらゆる場所から発せられた過去、現在、既知、未知の出来事の総計なのである。

この先祖伝来の伝統はどの国のものでも、どの民族のものでも、どの文化のものでもない。この物語は、ヨーロッパのものでもアフリカのものでもアジアのものでもアメリカのものでもない。それは全ての国、民族、文化、大陸を統合し、分け合うものだ。私たち人間全ての物語、数かぎりない鮮明なる糸で織り出されたタペストリーなのである。

謝辞

私のテキスタイルの旅は、「二〇一四年に自宅近くのカリフォルニア大学ロサンゼルス校でアメリカテキスタイル協会の半年に一度開かれるシンポジウムがもよおされるから出てみるといい」とデニタ・シーウェルが提案した時に、単なるアイデアから真剣な調査へと転向した。ありがたい限りである。この学会で耳にしたことは実に興味深く、特にマリ＝ルイーズ・ノッシュのテキスタイル考古学についての発表とベヴァリー・レミアーの一八世紀交易についての発表は斬新であった。その場で彼女ら二人、および素晴らしきベッチェン・バーバーを含むあまたのテキスタイル史研究家との会話は知的好奇心をそそった。

出だしから、テキスタイル学者や業界人、工芸家たちのテキスタイルにかける情熱とその知識や情報を惜しみなく提供してくれる寛大さに恩恵を受けた。その恩恵の多くはこの本の中に結実している。彼らの業績について教えてくれたことや貴重な時間を割いてくれたことにここで感謝したい。マリー＝ルイーズ・ノッシュとエヴァ・アンダーソン・ストランドの二人は、何度もコペンハーゲン大学のテキスタイルリサーチセンターへ案内してくれた。またセンターの研究者マグダレーナ・オールマン、ジェーン・マルカム＝デイヴィーズ、スザンヌ・ラーヴァドの三人は、会話のみならず関連事項の紹介や実体験を通してもテキスタイルに関する知識をより深めてくれた。シェリーン・ムンクホルトはこの探求の旅を励ましてばかりでなく、エレン・ハーリズィアス＝クルックの業績を紹介してくれた。

同じくこの機関で出会ったセシル・ミチェルは、古代アッシリアの文献の訳を何ら物惜みすることなく分かち合ってくれ、またそれに関する尽きせぬ質問に答えてくれた。

ジョン・スタイルスは全く運良く偶然にハンティントン図書館で出会ったのだが、紡績および産業革命に関する文献について実に的確な講釈を与えてくれた。彼もまた、数限りない追加の質問メールに寛容に答えてくれた人々の一人である。クローディオ・ザニエルは、フラヴィオ・クリッパを紹介してくれた。クリッパは何度も見学のための案内をしてくれただけでなく、ミラノへの旅を車で送迎してくれた。ヘレン・チャングはシルクロードで絹が貨幣として使われていた史実について教えてくれた人物だ。デブ・マクリントックはラオスの織り機の仕組みを説明してくれた。この本のプロポーザルの書き始めの段階で、スティーヴ・ジャースタッドは関連した経済史の論文の束を送ってくれた。

ダイアン・ファーガン・アフレックとキャレン・ハーボウは、彼女たちの研究課題である一九世紀における木綿染に見られる「ネオン色彩」についての情報を提供してくれ、今は残念なことに廃館となってしまったアメリカテキスタイル史博物館の出版物を見せてくれた。ミシェル・マクヴィッカーは、アニリン染料ができる前と後とのテキスタイルの差を明らかに示すために、ニューヨーク州立造形美術大学の美術館の記録保管室から衣装のサンプルを選んで見せてくれた。

メイアー・コーンは彼の出版前の原稿を見せてくれて、経済機構についての質問にいろいろと答えてくれた。ティムール・クランはなぜテキスタイルがその進化の過程で重要な役割を果たしてきたかについて、何時間にもわたる活発な議論の相手になってくれた。リニング・ヤオは、モーフィングマテリアルズに関する彼女の研究内容を共有してくれた。ティエン・チューは、私のおびただしい数のメールに必ず返事してくれた。

ガブリエル・カルザダは、グアテマラシティーにあるフランシスコ・マロクイン大学に招待してくれて、地元のテキスタイルの視察のためのツアーを組んだり執筆のための時間を設けたりしてくれた。その地に滞在している間パブロ・ヴェラスケス、イザベル・モイノ、リサ・ハンケル、リサ・フィッツパトリックはそれぞれ、素晴らしい歓待をしてくれた。

インドへの旅は友人であるシィカ・ダルミアと義妹であるジェイミー・インマン、および彼らの知り合いたちの助けなしには不可能だったであろう。シィカ・バネルジはニューデリーの中央家内産業エンポリアムのテキスタイル部門を駆け抜けんばかりの勢いで案内してくれた。スレーシュ・マトゥールはスーラトにあるオート大学で私を講演のスピーカーとして招待してくれ、その地のラクシュミパティ・サリー工場でのツアーを提供し、さらに彼の経営する美しいホテルに泊めてくれた。アンジュとギリシュ・セティ夫婦も当地で暖かくもてなしてくれ、買い物に連れて行ってくれたり製造工場に案内してくれたりした。

この研究調査を始めた最初の頃に、織り機で布を織る経験がなければ織り機というものを理解できないだろうと自覚した。トルーディ・ソーニャは、全くの素人の私に卓上織り機を借り、入門レッスンを施し、彼女の様々な美しい織物で私の心を奮い立たせてくれた。カリフォルニア手織職人協会を紹介してくれたのも彼女だ。この協会の人々は私のつたない織物とともに執筆の進展の具合を励ましてくれただけではなく、彼らのおかげで特殊な参考文献や情報を得ることができた。特に感謝すべきは、三〇〇〇からなる図書館を管理するチャンタル・ホールーとエイミー・クラーク、および西アフリカの織布に関する希少な文献を貸してくれたアンナ・ジンズ゠マイスターである。

ポストレル家の「図書館」からアクセスすることができなかった時、ブライアン・フライは出版されていない博士論文や他にも簡単には手に入らない出版物などを見つけ出してくれた。ジョン・パーリー・ホフマンは私が突如として必要となった文献をわざわざカリフォルニア州大学サンタバーバラ校まで出向いてスキャンしてくれた。アレックス・ネルは私のリサーチを援助するエルフで、カリフォルニア大学ロサンゼルス校の図書館から本を借りたり返したりする役目をたえず果たしてくれた。この過去数年の間、多くの友人たちが出版されたテキスタイル関係の本や記事などのリンクを送ってくれた。その中でもコズモ・ウェンマン、デイヴ・バーンスタイン、クリスティン・ウィッティングトンとリチャード・キャンベルは特筆に値する。

以前もインターネットはいろいろな調査の際に便利ではあったが、この本のために調査をすることでネット上の膨大な歴史的または学問的情報の存在をつくづくありがたいと思わずにはいられなかった。Academia.edu や ResearchGate や Google Books など、はかり知れないほど有益である。The Internet Archive は世界でも少数の図書館にしか置いてない古い版の書物が見つけられて、至宝の倉庫である（私はここに寄付をしているが、読者もそうされることを薦める）。拙著内にある画像はこのウェブサイトの内容を反映している。サイト上の画像のほとんどは公開されており、世界中の著名な美術館、博物館の多くに共有されている。

本が形になるるずっと前に、二〇一五年の『エイオン』誌に載った「筋（糸）を失って」という私の記事があった。ソナル・チョクシが紹介してくれたロス・アンダーセンがその記事を絶妙に編集してくれた。その両者に深く恩義をこうむる。そしてその記事を読んだベン・プラットはベーシックブックス社に本としてのプロポーザルを出すよう声をかけてくれた。その時点では私は執筆にとりかかる準備ができていなく、いざ準備完了という時にはベンはすでに出版業界を離れてしまっていた。

しかし、結局のところリア・ステチャーがベーシックブックス社にこの本のプロポーザルを持ち込んでくれて、事態はうまく進展しはじめた。と思うまもなく、今度は彼女もまた出版界を離れてしまう。そういった状況は通常書き手にとっては悪夢なのだが、それが思いもよらず願っても無い幸運、つまりクレア・ポッターとの出会いを引き起こすことになる。彼女は情熱的で深い洞察力を持った編集者であり、また彼女とともにブランドン・プロイアが賢明な第二の編集担当者となる。この波乱にみちた過程を通して、私のエージェントであるサラ・チャルファン、ジェス・フリードマン、アレックス・クリスティーの三人は一点の非もなくプロとしてまたこの本の価値を信じてサポートし続けてくれた。ブリン・ウォーリナーは出版過程の各段階の管理、クリスティナ・パライアは原稿整理、ジュディー・キップは索引の制作を担当してくれた。

エイミー・アルコン、ジョーン・クロン、ジャネット・レヴィ、ジョナサン・ラウチは、前半の章を読んで批評を加えてくれた。レスリー・ワトキンスは、各章を書き終えるや否や次々に読んで感想を述べてくれた。ベチェン・バーバー、リチャード・キャンベル、ディアドラ・マクロスキー、グレース・ペング、レスリー・ローディエーは、完結した原稿を読み通して各々の異なる見解からの意見や感想を述べてくれた。アナベル・ガーウイッチとキャサリン・バワーズは、私が序文を書き直すのに四苦八苦している時に、気分を変えるための通読して手助けしてくれた。キャメロン・テイラー＝ブラウン、デボラ・グラハム、パット・サリヴァンの三人は、最終校正の段階で新しい視点と織り人の知識とをもって目を通してくれた。

リン・スカーレットには、並々ならぬご佑助をいただいた。彼女のサンタバーバラにある家を執筆のための隠れ家として提供してくれたのだ。同じくジョーン・クロンは頻繁なニューヨーク訪問の度に、かけがえのない話し相手となってくれただけでなく彼女の素敵な住まいに泊めてくれた。

デイヴィッド・シプリーに「ブルームバーグ・オピニオン」のコラム欄の担当から一年休みたいと恐る恐る申し出た時、彼は即座に「もちろん」と答えてくれた。彼とこのコラム欄の編集者ジョン・ランズマン、ケイティ・ロバーツ、トービー・ハーショウ、ジェームス・ギブニー、マイク・ニザ、ステイシー・シックとブルック・サンプルに深く感謝する。ブルームバーグの同僚であるアダム・ミンターにも謝意を表したい。彼の古着の国際交易に関する出版のための調査研究は私の調査領域と重なる部分が多かった。今後ともテキスタイルについての活発な議論を続けていきたいものだ。

この本のための調査は、科学・テクノロジー・経済に関する一般の理解を促進する目的のアルフレッド・P・スローン基金からの支援を受けることで可能となった。その選考に値したことは真の栄誉であり、その経済的援助に深謝の念を表したい。ドロン・ウェバーとアリ・チュノヴィックの二人に、その励ましと絶え間ない援助にも、礼を述べたい。

この本は、サムとスー・インマンに捧げる。素晴らしい親であるばかりでなく、この本は二人からの知的影響を反映しているからだ。父の科学と歴史の知識、母の芸術への情熱、そして両者の執筆と「創作」活動、その影響は深く私の中に根付いた。もう一人、スティーブン・ポストレルにも、この本を捧げる。私の最良の友人であり真実の愛の対象である、私の人生のなかで欠くことのできない人物であり、私が書くものをまず最初に読んでくれる人――私という緯糸をつなぐ縦糸。

訳者謝辞

原書を翻訳するにあたって、下記の専門家のご示唆、ご協力をいただいた。簡単ながら、深く感謝の意を捧げたい。エレン・ハモンド氏、ナージャ・アクシャミア氏、トーマス・モーガン氏、ディヴィッド・ウエストモアランド氏、宮崎琢成氏、ソーニャ・サルタン氏、王睿千氏、今井雅巳氏、シンシア・ロックウエル氏、陳穎佳氏、ウェンディ・レイアック氏。英語のニュアンスの叩き台になってくれた伴侶のフィル。さらに、版権に関して並々ならぬ努力を重ねてくださった元青土社の加藤峻氏、コロナ禍にも技術的な挑戦にも、また古臭い語法の日本語訳の原稿にも文句ひとつ言わず辛抱強く編集を担当し、常に前進してくださった前田理沙氏、および製本、デザイン、販売網などの手配を整えてくださったスタッフの皆さま、誠に有難うございました。

用語リスト

あ行

アジア綿 *Gossypium arboreum*：インド亜大陸を原生地とする木綿種で、丈の高い木の木綿。

アジャーク *ajarkh*（シンド語）：パキスタンのシンドで始まりインドへも伝播した古代から行われている木版の布捺染工芸。

アニリン aniline：NH_2。染料、ゴムなどの化学製品、農薬や医薬品製作のための中間物質として使われる。A・W・ホフマンによって有機物質アニリンとして認証される。

アフリカ－アラビア綿 *Gossypiu herbaceum*：旧世界で栽培された二種の木綿のうちの一つで、レヴァント綿とも呼ばれ、現存する最古のアフリカ種の木綿に一番近い種のものである。全ての木綿種はこの種を起源としている。

アフロセントリックファッション Afrocentric fashion：一九世紀末に始まり一九六〇年代の公民権運動後の米国アカデミアでのアフリカ系アメリカ学の充実化に応じ、アフリカ系アメリカ人が自らのアイデンティティをアフリカ起源に求める思想「アフロセントリズム」が高まるにつれて、アフリカの伝統的美術、工芸、音楽、宗教などが注目を浴びるようになる。その流れの中でケンテ布のような伝統的デザインが積極的にファッションに取り入れられるようになった動きを指す。

アメリカアップランド綿 *Gossypium hirsutum*：中南米ユカタン半島原産の木綿種で、現在栽培されている木綿の品種の大半のもととなった。

綾織り twill：斜文織りとも。緯糸が各段ずれて織られるため斜線模様になる。

アリザリン alizarin：$C_{14}H_8O_4$ 植物ベースの赤色素。アカネの根などに含まれる。

アンディエン *indienne*（仏）：英語でいうキャラコ。チンツともいう。インド発祥の木綿地で、無地で軽く柔らかいことで重宝される。多色捺染されたもので人気を博す。

アンテベラム the antebellum：米国史上南北戦争以前の時代の南部を指す。

イカット ikat：絣織。また絞り染めをする糸をも指す。

インディゴ indigo：藍。青い染料のもととなる植物、またその染料のこと。その色素自体はホソバタイセイやタイワンコマツナギなど多数の植物に含まれている。日本では蓼藍が主である。染色するにはアルカリ性の媒染剤を使う。

ウォーターフレーム water frame（水動枠組）：一七六八年イギリスでリチャード・アークライトが特許を取った紡績機械。

エジプト綿 *Gossypium barbadense*：アメリカシーアイランド綿とも。繊維が長くピマ綿として知られている。

筬《おさ》：リード reed ともいう。織り機の一部で、縦糸の正しい順番と織り上げられる布地の幅を保つための綜絖に通された経糸が通る櫛の歯のような部品。緯糸を通す度にこの部分を前に引いて緯糸をまっすぐに打ち込む機能も果たす。経糸の密度に応じて色々なサイズがある。

オルガンジーノ *organzino*（伊）：英語ではオルガンジン、日本語では諸撚糸。繊維をいったん紡いで糸にしたもの二本またはそれ以上を合わせて反対方向に二度目の縒りをかけて巻いた糸。2ply などのように表記される。経糸用に作られた。

か行

ガベラ *gabella*（伊）：一四世紀ごろフィレンツェで禁止された贅沢衣料品を所持する人々に課されたいわゆる衣料税。建前は罰金なのだが、その実年間登録料であった。

かま糸：蚕の繭から繰りとったまま、縒りをかけていない糸。染色の際釜に入れるので釜糸。平糸ともいう。艶があり、主に刺繍に使われる。当初アンデスの伝統衣装の刺繍に使われた。

カルムス kermes：ヨーロッパのカシの木に寄生する虫を乾燥させたもの。グラナとも呼ばれた。のちに新大陸からのコチニールに取って代わられる。

ギニー布 Guinea cloth：インド産の木綿地を元にして生産された薄手のプリント地で、主に奴隷交易のための西アフリカ沿岸地域への輸出用産物として使われた生地を指す。

キャラコ calico：またはキャリコ。もともとはインド製の薄手の白地か捺染された平織り木綿生地のこと。南インドカリカットから輸出されたことでこの命名となる。一二世紀には生産されていたが、その後オスマン帝国を経て一五世紀には西方へ輸出され、一七世紀にはヨーロッパでもてはやされる。チンツ、アンディエンとも。

クチベニレイシ貝 *Stramonita haemastoma*：アクキガイ科の貝。赤紫色の色素を分泌する。

グラナ *grana*（伊）：特定の極小カイガラムシをすり潰してつくる赤染料。ヨーロッパ産のカルミンや新大陸産のコチニールなどを含む。

ケンテ布：西アフリカのガーナやコートジボワール地域を起源とする木綿の細幅織布。経糸表と緯糸表織りが交互するブロックデザインが特徴。細幅のまま使う場合と、縫い合わせて広い布地として使う場合とある。

倹約令 sumptuary laws：節倹令、浪費禁止令などとも。錦織り、絹地、捺染地、刺繍地などの贅沢なテキスタイルの消費を禁止する法令。本書では明朝の中国、江戸時代、一四―一六世紀のイタリアや一八世紀のフランスの例が挙げられている。

腰機《こしばた》 backstrap loom：経糸の一端を木や建物などに固定し、反対側を織人の腰に巻く帯でコントロールする原始的な機織り機。世界各地で独自に発展している（116ページ図版参照）。

コチニール cochineal：カイガラムシまたは臙脂虫。ペルーなどの中南米に生息するウチワサボテンに寄生する。カルミンレッド色素の元で、布地染料、顔料、食品添加物、化粧品、医薬品などにも使われる。ヨーロッパ産のカルミン（染料名はグラナ）より廉価で強力であったため市場を独占してしまう。

コルテ *corte*（西）：マヤの伝統衣装のスカート。床式織り機で織られた長い布地を腰にベルトでしっかり締め付けてはく。

コルレス銀行 correspondent bank：外国送金の際、通貨の中継地点となる銀行。

コンピ *qompi*：インカ帝国時代に生産された高級布地で、木綿やアルパカ、ビクーニャのウールの極細糸を使って綿密に織られた。王族や最上階級者のみが着衣した。

さ行

算術士 abacist：一三世紀来イタリアで算数の塾を開き、ローマ数字ではなくアラビア数字を使い、筆算の仕方を教えた教育者。その数学の実用的訓練は商業活動に大きく貢献した。算術マエストロとも呼ばれた。

社会テクノロジー social technology：道具や機械などとは異なり、思考過程や共通の理解などの無形、また概念的に構成されていて、社会に普及しているシステム。文字、郵送通信手段、通貨、法律など。社会技術とも。

ジャカード織り機 Jacqard loom：一八〇四年にジャカードが発明した工業用織機。ビスタンクラックという擬音語の名称がつけられる。複雑な模様織を自動的に織れるばかりでなく、そのスピード、生産量を飛躍的に増加させた。コンピューターシステムの起源と考えられている。現代ではパンチカードのかわりにコンピュータープログラムで操作される。

繻子織《しゅすおり》：朱子織、サテンとも。経糸緯糸の浮きを多くしてその交錯点が隠れて見えないような織り方で、厚め、滑らかで光沢に富む布地ができる。

シリアツブリボラ *Bolinus brandanus*：ホネガイともいう。アクキガイ科の貝で鰓下腺から赤紫色の色素を抽出する。

靭皮繊維《じんぴせんい》 bast fibers：植物の師部および皮層の繊維組織のこと。長く軟らかいために布、縄などに加工されたり和紙の原料となったりする。亜麻、イラクサ、麻、ジュート、柳など。

スカルセラ *scarsella*（伊）：フィレンツェ商人メッセンジャーサービス。もともとはフィレンツェ商人協会の遠距離商売の通信郵送手段だったが、一四世紀末までにはヨーロッパ各地に広がる。使われた革鞄（スカルセラ）がその名前となった。

ステープル繊維：原料の段階で短い繊維（綿、麻、毛など）を指す。英語でステープルファイバー、それを略してスフとも言う。反対はフィラメント繊維（絹や化繊など）。

ストッキングフレーム stocking frame：一五八九年にイギリスで発明された最初の編み機。靴下を編むのに使われた。

スピニングミュール：一七八八年イギリスのサミュエル・クロンプトンが発明した水力発動の紡績機械。アークライトの水動枠組紡績機とハーグリーヴのスピニングジェニーの複数ボビンの巻き取り器とを合体させた装置。

スピンドル（紡錘車、はずみ車）：糸を手で紡ぐのに使う円盤と棒でできている道具。紀元前二九〇〇年のものから一六、一七世紀に至るまで世界中のいろいろなところで使われている。垂らして使うので、ドロップスピンドルとも言う。

スピンドルウィール（糸紡ぎ機）：中国の絹糸紡糸に導入された車輪とベルトを組み合わせた世界初の紡糸製造機械。その発明の時期は定かではないが、一説では紀元前四—五世紀と言われる。（83ページ図版参照）

スピンドルワール spindle whorl（紡錘輪）：スピンドルの円盤の部分。棒で垂らして回しながら使うことでその重みによって均一な遠心力を生み出す。（71ページ図版参照）

綜絖 heddles：ヘドル。織り機にかけられた経糸がそれぞれ通される針のようなもので、たいてい綜絖枠（シャフト）にはめられている。足踏みペダルや手で引くレバーに繋がっていて、それを作動させることで枠が上下し縦糸の間に緯糸を通すための杼道を作る。針金や糸などで作られる。

綜絖枠 shafts：シャフト。綜絖をコントロールする枠組。二枚から多いものでは三二枚以上備わるものもある。

空引機《そらひきはた》：文様を織りだすための特殊な機織り機。高機《たかばた》、ドロールームとも。織り機の上部に台座を構え、助手が綜絖を上げ下げすることでより複雑なパターンを織り込むことを可能とした織り機。中国が起源とされている。

た行

タイアップ tie-up：織り機で足踏みペダル（二本から何十本もあるものまである）と綜絖枠とをつなぐこと。どのペダルがどの枠と繋がるかによって、特定のデザインが生み出される。

タイワンコマツナギ *Indigofera tinctoria*：南アジアで栽培されてきたマメ科の低木。人工染料ができるまで、重要な藍の原料であった。

多化性昆虫 polyboltine insects：一年に三回以上世代を繰り返すタイプの昆虫。

蓼藍《たであい》 *Persicaria tinctoria/Polygonum tinctorium*：日本藍または染人の藍とも呼ばれる。

経糸《たていと》 warp/woof：布を織る際、織り機に最初から仕掛けてある糸で、上下に動くことで、緯糸を通す。張りがかけられるため、通常強い糸である。

多倍数性 polyploidy：生物の染色体は個体2n の整数倍で、通常体細胞は二倍体だが、植物の場合は三倍や四倍になることが多々ある。そのように同じ染色体ペアが重複している場合を多倍数性という。

タペストリー：絵画的なデザインを生み出すため、横向きの一列を通る緯糸は端から端へ渡されるのではなく、絵柄のみをカバーし残りの背景となる部分は異なる色の緯糸がカバーし、経糸は完全に見えない製織の仕方。絨毯や壁掛けなどに使われる。つづれ織り、またはゴブラン織りともいう。

チェチェ *kyekye*：西アフリカ、コートジボワール地域で作られた青と白の縞模様の木綿地。

チャルカ *charkha*：インドで発明された、世界で最も古い糸紡ぎ機のひとつ。特に木綿糸を紡ぐのに向いていて、手動式としては効率が高い。

苧麻《ちょま》：カラムシとも。イラクサ科の多年生植物で、茎の皮の繊維から麻糸を作る。

ツロツブリボラ *Hexaplex trunculus*：アクキガイ科の貝。鰓下腺から異なる濃度の紫色素を分泌する。

テキスタイル textile：布地、織物一般を指す言葉。他に織布、ファブリック、生地、フェルト、編み物、カーペットなども含む。

ドラフト draft：織物のデザイン、織る手順をしめす図案。

トラヘ *traje*（西）：マヤの伝統衣装。

ドライエクスチェンジ dry exchange：架空為替または追い貸し。為替手形の金額を現金で払い落とすのではなく、別の手形を発行して借りを引き延ばす手段。

トワル・ド・ジュイ *toile de jouy*（仏）：一八世紀フランスのジュイで作られた木綿やリネン地に風景や人物画などの柄をプリントした生地。家具やインテリア用品に使われた。

な行

ナシージュ *nasij*（アラビア語）：金糸をつかった錦織の絹布。イランや中央アジアが発祥地だが、後にモンゴルの統治者たちの多大な庇護のもと、ヨーロッパで「タタール布」と呼ばれるようになる。

ナルバインディング *nålbinding*（デンマーク語）：一本針で糸を綴じるようにして作る網布。短い糸を使って針で縫うように綴じ、糸と次の糸が絡み合う必要があるので、糸は動物性繊維に限られる。世界各地の古代文化で、また現代の未開社会でも行われている。

錦織《にしきお》**り** brocade：金銀糸や色とりどりの糸を主に補足緯糸として挿入し、文様を織り出す多彩で豪華な紋織。デザイン、糸の準備から織りのそれぞれの段階で極端に時間と集中力を要する高級織物。紋織、ブロケードとも言われる。

二重織り double weave：二対の綜絖を使って布地を二重に織

る織り方。特別な色の組み合わせをしたり、厚みをくわえたり、または二倍幅の布地を織ったりできる。

二本撚り throwing：一度リールに巻き取った絹糸を二本撚り合わせて巻き、より頑丈で色艶のある糸にすること。

は行

媒染剤（モーダント）：染料を発色させ繊維に定着させるのに使われる添加物。たいていが金属化合物質で、鉄、アルミニウム（特にミョウバン）、銅が使われる。

白酒酸：ワインを醸造するときにでてくる沈殿物で、染色のために使われる。

バティック batik：インドネシア、マレーシア発祥のろうけつ染の生地。日本では更紗と呼ばれる。アフリカで人気を得て、ワックスプリントの生産に繋がる。

杼《ひ》 shuttle：シャトル。杼に緯糸を巻いた糸棒（ボビン）を入れて、綜絖枠によって上下にあけられた経糸の間（杼口）を左右に通し、布を織りすすめる。

杼口《ひぐち》 shed：シェッド。綜絖枠によって上下にあけられた経糸の開口部のこと。

平織《ひらお》**り** plain weave：経糸緯糸が交互に浮沈して交錯する最も基本的な織り方。

ファクター factor：（歴史的語用）仲買人。製造者から商品を買取り販売者へ卸し、その手数料を課す。その際、手形を出して信用貸しを講じたり、商品の保管、品質管理、需要の予測などのサービスも行うようになる。ミドルマン、ブローカー、仲介人とも。

ファスチアン fustian：中世以前から作られ、もともとは経糸がリネン、緯糸が木綿で織られた生地だが、イギリス産業革命前には「木綿」とみなされていた。後には様々な繊維の組み合わせとなった。厚手で、主に男性の衣料に使用された。

ファハ *faja*：マヤの伝統衣装で、スカートを締め付けるベルトのこと。

フイプル *huipil*（西）：マヤの伝統衣装のブラウス。腰機で補足緯糸を織り込んだ布地で作られるのが伝統だった。

フィニッシュ（仕上げ加工）：織られた布地に何らかの加工をして仕上げる過程。縮みどめ、耐水性、シワ防止、虫食い防止、汚れどめ、色落ち防止、難燃性など。最新ではナノテクノロジーを使って望ましい化学物質の分子を布地に結合させる研究が行われている。

フィラメント繊維 filament：絹や化繊など繊維のひとつひとつが長いもの。反対はステープル繊維。

フェルト felt：動物性繊維を濡らしてこすり合わせることでつくる布地。

ブラジルウッド：ブラジルウッド（*paubrasilia echinata*）という名の木から作られる赤染料。一時人気を独占し、主要生産地はその木の名前をとってブラジルと名付けられた。フェルナンブコともいう。バイオリンの弓材として有名。

ブラックウェルホール **Blackwell-Hall**：ロンドンに中世期から一九世紀まで存在した織布売買市場。

プリクトー Plictho, The：一五四八年ベネチアのジョアンベンチュラ・ロゼッティによって出版された歴史上初の染料配合の手引書。

ペブリン *pebriné*（仏）：微粒子病。寄生する原生動物によって起こされる。一九世紀ヨーロッパの養蚕業に壊滅的な被害を与えた。

紡織 weaving：広義には製糸もふくまれるが、ここでは糸を使って布を織ることを指す。織ることには機《はた》が使われるが、最近では不織布やニット地も含んで製織という呼び方もある。

紡績 spinning：比較的短い繊維（木綿、羊毛、麻、絹のくず糸など）を洗って整えたあとに、撚って糸にすること。製糸ともいう。紡績の道具はスピンドル、糸紡ぎ車、手回しの糸紡ぎ機、水力発動の機械から現代のコンピュータ作動機械へと発展した。

ま行

マイクロファイバー：吸水性、速乾性に富み、また触感の快適性が高くスポーツウェアや下着、寝具などに使われる。繊維断面が鋭角や多角形なので細かいチリを取り込む性能が高く清掃用具にも使われる。

マルデルセニョ *mal del segno*（伊）：マスカルディンとも。硬化病、微生子病、また白きょう病と呼ばれ、糸状菌が寄生して蚕の体液養分で増殖し、宿主を殺してしまう。

ミゾンカルト *mise-en-carte*（仏）：一八世紀、デザイナーのスケッチを方眼紙に経糸緯糸の交錯点として描き写し、錦織りの図案としたもの。

没食子（もっしょくし、またはぼっしょくし）：ブナ科カシ・ナラ類の若枝の付け根にタマバチが卵を産み付けることで生じるコブ状のもの。タンニン成分を多く含み、それを抽出して媒染剤にしたりインクの原料として使う。

や行

ユーザンス usance：手形の支払い猶予期間。

ヤスペ *jaspe*（西）：新しくとりいれられた糸染の糸で織ったグアテマラの絣織の布地。

緯糸《よこいと》 weft：織り機に仕掛けてある経糸が、綜絖枠によって上下する間を左から右へそしてまた左へと交互に渡りながら織り込まれていく糸。

撚糸機《よりいとき》：一七世紀イタリアピエモンテ地域に多く作られた紡績工場に整備された紡績用の機械。二階建ての高さの巨大な仕組みで、水力で動いた。

ら行

ラニタル Lanital：一九三〇年代後半にイタリア国粋主義政府の援助を受けて、SNIAヴィスコサ社が開発したスキムミルクを原料とする人工繊維。第二次世界大戦後は生産が停止した。

ランパス lampas：イラン発祥の複雑な錦織の織り方で、二組の経糸と少なくとも二組の緯糸を組み合わせたもの。

絽：経糸二本を交差させ、そこに緯糸を通し、同じ経糸を元に戻す（からみ織り）。そうすることで、薄い透けるような布地が織り上がる。交差の仕方などで、絽や紗になる。

ロイコインディゴ leuco-indigo：インディゴティンがアルカリ溶液内で無色の水溶性物質となったもの。白藍とも言われる。

ロープメモリー rope memory：コンピューターROM。一九六〇—七〇年代のアポロ計画に使われた。

わ行

ワスモール vaǒmål（アイスランド語）：スカンジナビア諸国で作られたウール生地。アイスランドでは一〇世紀には通貨として使われていた。

ワックスプリント wax print：西アフリカではアンカラ、東アフリカではキテンゲまたはチテンゲと呼ばれる。インドネシアのバティック（ろうけつ染）を真似た染地で、アフリカ市場向けに大胆な色合いや模様を使った。文化的にユニークな名称の模様で人気を博している。

綿繰り機 cotton gin：一七九三年にイーライ・ホイットニーが発明した機械で櫛の歯状のもので綿のタネを繊維から取り除き、手作業より極端に時間を短縮させた。

人名・組織名リスト

※二〇二二年一月時点の情報にもとづく。

あ行

アークライト、リチャード Richard Arkwright（一七三二―一七九二）：イギリスの発明家。ルイス・ポールらの発明をもとに水力起動の木綿紡績機や糸梳機を作り、イギリス産業革命の発端を築いた。

アメリカ先端機能繊維グループ Advanced Functional Fibers of America（AFFOA）：二〇一六年に発足した未来の織布製造革新のための公私共同研究開発団体。https://affoa.org/

アルヴァレズ、マリ＝テール Mari-Tere Álvarez：ポール・ゲッティー美術館の企画専門家。

アンダーソン、クリス Chris Anderson：作家。事業家。専門は経済学。ワイヤード誌の編集長。

イネストロザ、ユアン Juan Hinestroza：コロンビア出身の物質科学者。コーネル大学教授。ナノテクノロジーを応用した未来の布地、特に布地の仕上げ開発研究。

ヴァレンズ、デボラ Deborah Valenze：アメリカ、バーナード大学史学部教授。一七―一九世紀イギリスの社会・文化史を専門とする。

ヴァン・エグモンド、ウォーレン Warren Van Egmond：アメリカ人。数学史学者。特に一七世紀イタリアの算術記録を研究。

ウィンフィールド、レックス Rex Whinfield（一九〇一―一九六六）：イギリス人。化学者。カロザースのナイロン発明にヒントを得て、一九四〇年にポリエステルを発明。

ウェンデル、ジョナサン Jonathan Wendel：アイオワステート大学生物学部、進化生物学者。木綿の進化過程を研究している。

ヴォゲルサング＝イーストウッド、ジリアン Gillian Vogelsang-Eastwood オランダ、ライデンにあるテキスタイル研究所長。中近東の衣裳・テキスタイルの専門家。

エヴォルヴド・バイ・ネイチャー Evolved by Nature：アメリカのバイオテック会社。絹タンパクを専門とするグレッグ・アルトマンとレベッカ・ラコートゥアーが立ち上げた、スキンケアをはじめテキスタイル、合成皮革、医療用品などの合成化学製品をつくる会社。https://www.evolvedbynature.com/

エッシンジャー、ジェームス James Essinger：科学ジャーナリスト。

オールセン、トーマス Thomas Allsen（一九四〇―二〇一〇）：アメリカ人の歴史家。専門はモンゴル史ニュージャージー大学で教鞭をとる。

オルムステッド、アラン Alan L. Olmstead：カリフォルニア大学デイヴィス校経済学部教授。専門は米国の農業開発についての研究。

か行

カーキヤ、ミシェル＝マリー Michel-Marie Carquillat（一八〇三―一八八四）：フランス人。リヨンの織工。ジャカード織り機を使って、絵画と見紛うばかりのジャガードの肖像を織りなす。

ガーフィールド、サイモン Simono Garfeld：イギリス人ジャーナリスト。ノンフィクション作家。

カートリ、カリッド・ウスマン Kahalid Usman Khatri：インド、バンガロールを拠点にアジャークと呼ばれる型染め工芸の製造、伝授、販売に務める。

カルドン、ドミニク Dominique Cardon：フランス人。染色歴史の研究家。

カロザース、ウォーレス Wallace Carothers（一八九六―一九三七）：アメリカの化学者。デュポン社で有機化学ポリマー研究部長を務め、ナイロンを発明。

カング、ロビン Robin Kang：アメリカ人のテキスタイルアーティスト。デジタルジャカード織り機を使って神秘的な織布芸術品を作る。

キーガン、グラハム Graham Keegan：アメリカ人。テキスタイルデザイナー。染色家。

ギル、コンラッド Conrad Gill：歴史家。専門はイギリス近代の商業史。

グティエレズ、ベニタ Benita Gutiérez：ペルー、チンチェロの伝統織の織匠。

クラーマー、マリカ Malika Kraamer：イギリス、レスター大学美術館研究員。アフリカおよび南アジアの芸術、ファッション専門。アフリカとアジアを源とする衣装、テキスタイルの伝統とその交流、影響を研究。

クリッパ、フラヴィオ Flavio Crippa：イタリア人。撚糸機を備えた紡糸工場ファラトイオ・ロッソを再建した元物理学者の産業建築機構保存担当者。他の歴史的産業建築や技術の再建、復元プロジェクトに多く関わる。

グリーンフィールド、エイミー・バトラー Amy Butler Greenfield：アメリカ人。歴史家、作家。講演家。チョコレートからコチニール染色、英国秘密情報部暗号解読など、多岐にわたるテーマについて執筆。

クロスビー、ジリアン Gillian Crosby：イギリス人。ノッティンガムデザイン大学博士課程在籍。ファッションデザイナー。編集者。歴史家。フランス布地プリント禁止令の歴史を研究。

クロンプトン、サミュエル Samuel Crompton（一七五三―一八二七）：イギリスの発明家。ハーグリーヴスのスピニングジェニーを改良してスピニングミュールを発明。

クーン、ディエテル Dieter Kuhn：ドイツ人。ウーズバーグ大学の中国史教授を務めた。

ケクレ、アウグスト August Kekulé（一八二九―一八九六）：ドイツ人化学者。炭素原子の原子価や、原子結合の鎖状化合物などの新説を提唱して、有機化学の分野で重要な業績を打ち立てる。

ゴットマン、フェリシア Felicia Gottmann：イギリス、ノーザンブリア大学教授。一六―一九世紀における国際交易、特に東インド会社、中国とヨーロッパ間の交流を研究。

コレン、ズヴィ Zvi Koren：イスラエル、シェンカー大学化学工学部教授。エデルステイン古代工芸品分析センター所長。

コーン、メイアー Meir Kohn：チェコスロヴァキア出身。ダートマス大学経済学教授。経済成長のパターンの研究者。

さ行

ザイグラー、マルクス Marx Ziegler：一七世紀後半、ドイツのオルム出身の織匠。一七六六年に業界初の紡織に関する詳細な手引書を出版する。

ザニエル、クローディオ Claudio Zanier：イタリア人。東アジアおよび東南アジア経済を専門とする歴史家で、特に絹の歴史を研究している。ローマ大学、ソアーズ（School of Oriental and African Studies, London）、一橋大学などで教鞭をとり、研究を続ける。現在は中国国立絹博物館の短期研究員。

サーリ、カライオピー Kalliope Sarri：コペンハーゲン大学テキスタイル研究所。エーゲ海周辺の古代考古学の専門家。土器、テキスタイル、埋葬文化などを研究。

シェング、アンジェラ・ユユン Angela Yu-Yun Sheng：テキスタイル学専門家。ペンシルベニア大学博士。

ジャカード、ジョゼフ＝マリー Joseph-Marie Jacquard（一七五二―一八三四）：フランスの織人、商人、発明家。一九世紀初頭にパンチカードを使ったジャカード織り機を発明した。

シュタウディンガー、ヘルマン Hermann Staudinger（一八八一―一九六五）：ドイツ人化学者。ポリマーが実在する高分子である説を打ち立て、一九五三年にノーベル賞を受賞する。

島精機製作所：和歌山県に位置するニット機械製造販売メーカー。デジタルデザイン、全自動編み、ホールガーメント横編み機などを扱う。https://www.shimaseiki.co.jp/

スイステックスカリフォルニア社 Swisstex California：ロサンゼルスの一九九六年創立のニット布地染色仕上げ会社。http://www.swisstex-ca.com/Swisstex_Ca/Welcome.html

スタイルス、ジョン John Styles：イギリス人。ハートフォードシアー大学名誉教授。近代イギリス史、特に製造物、製造産業とデザイン史が専門。

スティーン、リン・アーサー Lynn Arthur Steen（一九四一―二〇一五）：アメリカ人。数学者。セントオーロフ大学で教鞭をとった。

ストラット、ジェデダィア Jedediah Strutt（一七二六―一七〇七）：イギリス人。木綿紡績業および靴下商人。ウイリアム・リーの靴下編み機に裏編みの機能を加え、商業的に成功する。

スプリットストザー、ジェフリー Jeffrey Splitstoser：ジョージワシントン大学人類学部研究員。アンデス考古学者。専門はテキスタイル分析。

スプーンフラワー社 Spoonflower：ノースカロライナのダーラムで二〇〇八年に創立したオンーデマンドデジタル印刷布地・壁紙・室内装飾品の会社。https://www.spoonflower.com/

セイズ、マイケル Michael Seiz：編み機のエンジニア。機械のデザインおよびニット作品の販売にも関与した。

セヌック、レイモンド Raymond Senuk：グアテマラのテキスタイル収集家。伝統衣装についての権威。

セリカ・テクノロジーズ社 Serica technologies Inc.：一九九八年にグレッグ・アルトマンが創立したバイオテック会社。組織の整形または再生手術に使われる絹タンパクベース物質の製造。二〇一〇年に大手医療会社アラガンに買い取られる。

た行

ダティニ、フランチェスコ Francesco di Marco Datini（一三三五―一四一〇）：イタリアのプラート出身の商人、銀行家。その膨大な会計記録は一四―一五世紀の金融業および商人の生活の様子を詳細に物語る。

ダルビー、ライザ Dalby Liza：アメリカ人人類学者。作家。日本文化の研究者。特に芸者体験があることで有名。

チェン、ブユン 陳歩云：アメリカスワースモア大学史学部教授。専門は前近代中国の科学、技術、工芸、物質文化の研究、および一七―一九世紀琉球王国の工芸製作史など。

チュー、ティエン Tien Chiu：アメリカ人。テキスタイルアーティスト。染色、織布、デザインの製作および教授に活動する。

ディル、フレデリック・H Fredric H Dill：アメリカ人。ＩＢＭの研究者。

デモイン、アン Anne Des-Moines：アメリカ人手芸家。コジモ・デ・メディチ一世の妻、エレオノーラ・ディ・トレドの亡骸が履いていた靴下を再現した。https://www.ravelry.com/patterns/library/eleonora-di-toledo-stockings-first-edition
デュポン化学 DuPont：一八〇二年にアメリカ、デラウェア州に創立された会社。火薬製造に始まり、二〇世紀に入ってポリマー繊維、建築素材からテフロン、フリオンや塗料など製造。ウォーレス・カロザースを雇ったことでポリマー化学を開拓した。二〇一七年にダウ・ケミカルと合併する。

トリヴェラト、フランチェスカ Francesca Trivellato：イタリア人。近代イタリア史専門の歴史家。主な研究テーマは交易・商業活動の組織と文化的要素について。

な行

中村善右衛門（一八一〇―一八八〇）：福島の養蚕改良家。オランダから輸入された体温計をもとに室温を測る「蚕当計」を制作し、また蚕の飼育法の基準となる『蚕当計秘訣』という冊子も出版した。
ナム、ジョング・クック Jong-Kuk Nam：韓国梨花大学教授。歴史学者。専門は中世後半の地中海域交易の研究。
ナラヤナン、ヴィディヤ Vidya Narayanan：カーネギーメロン大学テキスタイルラボチームの大学院生。スタンフォードバニープロジェクトの主要研究員。
ニューヨーク造形美術大学 the Fashion Institute of Technology：ニューヨーク州立大学の一部で、デザイン、ファッション、芸術、通信、経営の専門分野にわたる教育機関。一九四四年マンハッタンに創立。「ファッション産業のＭＩＴ」と言われる。

は行

ハイユアー・スミス、ミシェル Michèle Hayeur Smith：人類学者。ヴァイキング時代以降の北欧・北米の物質文化、テキスタイル製造と流通を専門とする。

ハウスマン、ジャン＝ミシェル Jean-Michel Haussmann（一八世紀後半）：フランス人。捺染業から染色の化学を独学し実践した。

パーキン、ウィリアム Sir William Parkin（一八三八―一九〇七）：イギリス人化学者、および事業家。アニリンから史上初の人工染料を作ったことで有名。

ハーグリーヴス、ジェームズ James Hargreaves（一七二〇―一七七八）：イギリス人。ランカシャーの織工や大工業を営むが、スピニングジェニーと呼ばれる紡績機を発明したことで有名。

バーソミエール、クレア Claire Berthommier：フランス人。リヨンのテキスタイルミュージアム蒐集責任者。

バックリー、クリス Chris Buckley：オックスフォード大学物理化学で博士号を終了後、中国に在住し、アジアの伝統的織りの技術と織り機の構造の研究を続ける。

バッシー、アゴスティーノ Agostino Bassi（一七七三―一八五六）：イタリアのローディ出身。昆虫学者。蚕の病気が細菌によっておこされていることを発見し、微生物学の先駆をなした。

ハーディー、ブルース Bruce Hardy：オハイオ州ケニオン大学の先史代人類学者。

バーバー、エリザベス・ウェイランド Elizabeth Wayland Barber：テキスタイル史研究家。

バベッジ、チャールズ Charles Babbage（一七〇一—一八七一）：イギリス人。数学者。哲学家。発明家。デジタルプログラミングの概念を打ち立てたことで「コンピューターの父」とも言われる。ジャカード織り機のしくみを応用して解析機関を作った。

ハーリズィアス＝クルック、エレン Ellen Harlizius-Klück：ドイツ人アーティスト、ミュンヘンのドイツ技術科学歴史美術博物館所属の研究者。テキスタイル製作のアルゴリズム、論理、数理の解明を研究テーマとする。

バーリング、ウォルター Walter Burling（一七六二—一八一〇）：アメリカ人。最初は輸入業に関与していたが、一九世紀はじめにミシシッピのナチェスに定住し州の任を帯びてスペイン領メキシコへ旅する。一説に米国南部に適した木綿種をメキシコから持ち帰ったとみなされている。

バルフォア＝ポール、ジェニー Jenny Balfour-Paul：インディゴ染色研究家。染色アーティスト、旅行家、執筆家。

ハーロウ、メアリー Mary Harlow：イギリスの歴史家、考古学者。ローマ帝国の社会史、地中海域でのテキスタイル経済、家族生活、衣料やテキスタイルとその影響が及ぼしたアイデンティティーなどを研究している。

ヒース、フレデリック・G Frederick G Hearth：アメリカ人。コンピューターサイエンティスト

フィボナッチ（ピサのレオナルド） Fibonacci (Leoardo of Pisa)（一一七〇—一二五〇）：イタリア、ピサの数学者。著作『算盤（計算）の書』でインドーアラビア数字をヨーロッパに紹介する。フィボナッチの黄金比で有名。

フィラトイオ・ロッソ Filatoio Rosso：イタリア、カラグリオの町にある紡糸工場。一六七八年に開かれ一九三〇年代まで操業した。現在は再建されて博物館になっている。
https://www.filatoiocaraglio.it/

フィンク、ヨエル Yoel Fink：イスラエル出身の物質科学者。マサチューセッツ工科大学教授。アメリカ先進機能繊維グループ（AFFOA）の創立者。未来の繊維開発を研究。

フェングミクセイ、ブーアカム Bouakham Phengmixay：ラオス人の織匠。ラオスの絹の錦織の伝統を守ると同時に、世界に発信している。

ブードオ、エリク Eric Boudot：パリの研究機関 École pratique des hautes études 研究員。専門は中国のテキスタイルと織り技術。

ブーラークオリティー製糸会社 Buhler Quality Yarns Corp：米国ジョージア州ジェファーソン市にある一九九六年創立の高級製糸会社。https://www.buhleryarn.com/?redirect_bypass=1

フランクモン、エド Ed Franquemont(一九四五—二〇〇三)：ハーバード大でアンデスの考古学を専攻して以来、アンデス民族織布とその文化の研究、保存、普及に従事する。

ブリエー、リチャード Richard Bulliet：コロンビア大学教授、中近東史、特にイスラム教国における社会史、組織史、および技術史の研究を専門とする。

ブレークリー、カイル Kyle Blakely：スポーツ用品メーカーアンダーアーマー社の素材回ハウ部代表取締役。

ブレズィン、キャリー Carrie Brezine：ミシガン大学データアナリスト、人類学者、考古学者。古代アンデス織布の研究。ペルーのキープ解読データベースプロジェクトの主要参加者。

ベインズ、パトリシア Patricia Baines テキスタイル専門家。織物、紡糸、繊維について数多くの専門書を出版しており、その分野の権威とみなされている。

ベルカストロ、セラ＝マリー sarah-marie belcastro：数学者。専門は位相幾何学論学、トポロジカルグラフ論など。連結変形体理論に基づいて毛糸の編み物を作り発表した。

ベルトレー、クロード・ルイ Claude Louis Berthollet（一七四八―一八二二）：フランスの化学者。染色の過程に起こる化学変化について研究し、その研究結果を出版した。

ホスキンス、ナンシー・アーサー Nancy Arthur Hoskins：テキスタイル専門家。古代エジプト、コプト派キリスト教、初期イスラム教のテキスタイル研究者。

ホフマン、アウグスト・ヴィルヘルム August Wilhelm Hofmann（一八一八―一八九二）：ドイツ人化学者。有機化学の分野において多大な業績を上げ、後世に大きな影響を与えた。

ホームズ、ホジン Hodgen Holmes（一七四〇―一八〇〇）：発明家。一七九二年に鋸刃式の綿繰り機を発明したが、イーライ・ホイットニーのローラー式のものが二年早く特許をとっていたために、より性能が高かったにも関わらず知名度は低かった。

ボリスキナ、スヴェトラーナ Svetlana Boriskina：マサチューセッツ工科大学物理学、電気工学、光学、熱交換、物質開発研究員。

ポール、ルイス Lewis Paul（?―一七五九）：フランス出身だが、イギリスで紡績機の設計をし特許を取る。その機械を備えた紡績工場はそれぞれ経営者の死や経営不振や火事のために閉鎖されるが、彼の設計案は最終的にはアークライトのデザインに影響を与えた。

ボルトスレッズ社 Bolt Threads：サンフランシスコベイエアリアにある微生物を使って有機素材を開発している会社。イースト菌が作る絹タンパクで「タンパクポリマーマイクロファイバー」繊維や、きのこの菌糸体をつかって「マイロ」と呼ばれる人工皮革などを作開発している。https://boltthreads.com/

ま行

マーヴェル、カール Carl Marvel（一八九四―一九八八）：アメリカ人。化学者。専門はポリマー化学。デュポン化学研究部でカロザースの同僚だった。その後イリノイ大学で教鞭をとる。

マクロスキー、ディアドラ Deirdre McCloskey：イリノイ大学シカゴ校、経済学部、史学部、英文学部、および情報通信学部の特別教授。研究テーマは現代社会の土台をなしているもの、経済学や科学における統計情報の誤用、資本主義の本質など。

マーストン、マック Mac Marston：アメリカ人。古民族植物学専門の考古学者。カラ・テペで発掘された木綿のタネを確認した。

マッキャン、ジム Jim McCann：カーネギーメロン大学テキスタイルラボの主任。

マッシーニ、ステファノ Stefano Massini：イタリア人。作家、エッセイスト、劇作家。『リーマン三部作』で有名。

マーティンセン、ハナ Hanna Martinsen：ノルウェー出身。一七―一八世紀フランスの織布の技術とその歴史を研究している。

ミンデル、デイヴィッド David Mindell：アメリカ人。マサチューセッツ工科大学教授。専門は科学技術史。

メットキャフ、ジョージ George Metcalf アメリカ人。奴隷貿易を専門とする研究者。

モーア、ジョン・ヘブロン John Hebron Moore（一九二〇—二〇一二）フロリダステート大学教授、専門は農業史、特に米国南部、ミシシッピでの木綿栽培の歴史。

モキィア、ジョエル Joel Mokyr オランダ出身のユダヤ系アメリカ人。ノースウエスタン大学経済学部教授。専門は一八—二〇世紀ヨーロッパの経済史が専門。

モランディ、ベネデット Benedetto Morandi（一四一〇—？）イタリア、ボローニャ出身の人文主義者。

モーリス＝スズキ、テッサ Tessa Morris-Suzuki オーストラリア国立大学アジア・パシフィック学部歴史部教授。専門は日本と朝鮮の歴史。

モンセル、マリー＝エレン Marie-Hélène Moncel パリ先史代人類学博物館の研究者。

や行

ヤング、アーサー Arthur Young（一七四一—一八二〇）：ロンドン出身の農業経済評論家。農業技術の革新や社会統計情報に寄与すると同時に、アイルランドやフランスなどへの旅行記でも有名。

ら行

ラサル、フィリッペ・デ Philippe de Lasalle（一七二三—一八〇四）：一八世紀フランスの最も有名な絹織布デザイナーで、織物の定義を一変した。絵画の専門的訓練を受けた後織布業にはいり、織ることばかりでなく、織り機のしくみに工夫を加えるなど、芸術家、職人、経営者とそれぞれの分野で稀有なる才能を発揮した。

ラーセン、モーゲンス・トロッラ Mogens Trolle Larsen：デンマーク人。コペンハーゲン大学名誉教授。アッシリア古代史の研究者。

ラスチロ、デボラ Deborah Ruscillo：カナダ出身。古代ギリシャの考古学者。セントルイスのワシントン大学考古学部研究員。

ラブレース、エイダ Ada Lovelace（一八一五—一八五二）：イギリス人。数学者で、チャールス・バベッジの解析機関が単なる計算機以上の機能をもつことを提唱したことで有名。父は詩人バイロン。

ラム、ヴェニース Venice Lamb：西アフリカのテキスタイルの研究家、収集家。

リー、ウイリアム William Lee（一五五〇—一六一〇）：イギリス人。一五八九年、ノッティンガムシャーで靴下編み機を発明。

楼璹《ろうとう》：一二世紀後半—一三世紀前半ごろ。南宋時代の官吏。『耕織図』と題される絵画と詩とを含む産業記録の巻物という分野を打ち立てる。その一例である南宋、元時代の復元巻物に養蚕業の詳細な記録が残されている。

ロゼッティ、ジョアンベンチュラ Gioanventura Rosetti（活動期一五三〇—一五四八）：イタリア、ヴェネツィア出身。歴史上初の染色手引書『プリクトー』の著者。

ロード、ポール Paul Rhode：ミシガン大学経済学部教授。専門は経済史、人口学、アメリカ西部史。

ロードアイランドデザイン学院 Rhode Island School of Design：アメリカロードアイランド州にあるデザイン・芸術専門の大学。芸術家や業界専門家のリーダーを生み出している。

ロム、トーマス Thomas Lombe（一六八五—一七三九）：イギリスの絹糸製造者。弟のジョンをイタリアに送って紡績工場の企業秘密を手にいれ、技術刷新して紡績業を振興させた。

レイセオン社 Raytheon Co.：アメリカマサチューセッツ州ウォルサムの企業。テキスタイルや時計製造から事業を始め、現在は情報、防衛産業に関わる。

レイニー、ロナルド Ronald E. Rainey：アメリカ人。イタリア、とくに倹約規制の歴史を専門とする経済史家。

レミアー、ベヴァリー Beverly Lemire：カナダ、アルバータ大学歴史古典学部教授。専門はファッション史、古代交易史、イギリスにおけるジェンダーと物質文化など。

註

序文

＊1　Sylvia L. Horwitz, *The Find of a Lifetime: Sir Arthur Evans and the Discovery of Knossos* (New York: Viking, 1981); Arthur J. Evans, *Scripta Minoa: The Written Documents of Minoan Crete with Special Reference to the Archives of Knossos*, Vol. 1 (Oxford: Clarendon Press, 1909), 195–199; Marie-Louise Nosch, "What's in a Name? What's in a Sign? Writing Wool, Scripting Shirts, Lettering Linen, Wording Wool, Phrasing Pants, Typing Tunics," in *Verbal and Nonverbal Representation in Terminology Proceedings of the TOTh Workshop 2013, Copenhagen—8 November 2013*, ed. Peder Flemestad, Lotte Weilgaard Christensen, and Susanne Lervad (Copenhagen: SAXO, Københavns Universitet, 2016), 93–115; Marie-Louise Nosch, "From Texts to Textiles in the Aegean Bronze Age," in *Kosmos: Jewellery, Adornment and Textiles in the Aegean Bronze Age, Proceedings of the 13th International Aegean Conference/13e Rencontre égéenne internationale, University of Copenhagen, Danish National Research Foundation's Centre for Textile Research, 21–26 April 2010*, ed. Marie-Louise Nosch and Robert Laffineur (Liege: Petters Leuven, 2012), 46.

＊2　クラークの「第三の法」は十分に進化した技術というものは魔術と見間違われかねないと述べている。ウィキペディアのクラークの第三の法（二〇二〇年二月更新）を参照。https://en.wikipedia.org/wiki/Clarke's_three_laws.

＊3　「文明」という観念の基本的概念については Cristian Violatti, "Civilization: Definition," *Ancient History Encyclopedia*, December 4, 2014, www.ancient.eu / civilization/. を参照。ここで引用されている定義は Mordecai M. Kaplan, *Judaism as a Civilization: Toward a Reconstruction of American-Jewish Life* (Philadelphia: Jewish Publication Society of America, 1981), 179. から。

＊4　Jerry Z. Muller, *Adam Smith in His Time and Ours: Designing the Decent Society* (New York: Free Press, 1993), 19.

＊5　Marie-Louise Nosch, "The Loom and the Ship in Ancient Greece: Shared Knowledge, Shared Terminology, Cross-Crafts, or Cognitive Maritime-Textile Archaeology," in *Weben und Gewebe in der Antike. Materialität—Repräsentation—Episteme—Metapoetik*, ed. Henriette Harich-Schwartzbauer (Oxford: Oxbow Books, 2015), 109–132. 組織学とは植物や動物の細胞組織、構造を観察する学問のことで、組織 *tissue* ということばそのものは *texere* から生じる。

＊6　*-teks*, www.etymonline.com/word/*teks-#etymonline_v_52573; Ellen Harlizius-Klück, "Arithmetics and Weaving from Penelope's Loom to Computing," Münchner Wissenschaftstage (poster), October 18–21, 2008; Patricia Marks Greenfield, *Weaving Generations Together: Evolving Creativity in the Maya of Chiapas* (Santa Fe, NM: School of American Research Press, 2004), 151; *sutra*, www.etymonline.com/word/sutra; *tantra*, www.etymonline.com/word/tantra; Cheng Weiji, ed., *History of Textile Technology in Ancient China* (New York: Science

Press, 1992), 2.

＊7　David Hume, "Of Refinement in the Arts," in *Essays, Moral, Political, and Literary*, ed. Eugene F. Miller (Indianapolis: Liberty Fund, 1987), 273, www.econlib.org/library/LFBooks/Hume/hmMPL25.html.〔「デイヴィッド・ヒューム「芸術と学問の生成・発展について」」(1)、(2)、田中敏弘訳、「経済学論究」六一巻二号、六一巻三号、二〇〇七、二〇〇八〕

＊8　太字語彙は用語、または人名／組織名リストに掲載。

第一章

＊1　Elizabeth Wayland Barber, *Women's Work, the First 20,000 Years: Women, Cloth, and Society in Early Times* (New York: W. W. Norton, 1994), 45.〔エリザベス・W・バーバー、中島健訳『女の仕事——織物から見た古代の生活文化』青土社、一九九六〕

＊2　Karen Hardy, "Prehistoric String Theory: How Twisted Fibres Helped Shape the World," *Antiquity* 82, no. 316 (June 2008): 275. 現代のパプアニューギニアの住民は、ビラムと呼ばれる紐で編まれた袋を作る目的で、市販されている糸を使うことが一般的である。その結果、色や素材の種類を広げることができる。Barbara Andersen, "Style and Self-Making: String Bag Production in the Papua New Guinea Highlands," *Anthropology Today* 31, no. 5 (October 2015): 16–20.

＊3　M. L. Ryder, *Sheep & Man* (London: Gerald Duckworth & Co., 1983), 3–85; Melinda A. Zeder, "Domestication and Early Agriculture in the Mediterranean Basin: Origins, Diffusion, and Impact," *Proceedings of the National Academy of Sciences* 105, no. 33 (August 19, 2003): 11597–11604; Marie-Louise Nosch, "The Wool Age: Traditions and Innovations in Textile Production, Consumption and Administration in the Late Bronze Age Aegean" (paper presented at the Textile Society of America 2014 Biennial Symposium: New Directions: Examining the Past, Creating the Future, Los Angeles, CA, September 10–14, 2014).

＊4　今日の一般的な用法では、リンシードオイルとフラックスシードオイル（亜麻仁油）はどちらも同じ亜麻のタネから抽出されているにもかかわらず、抽出過程の違いのために前者は食用することができず、後者は栄養サプリメントとして摂取される。先史時代にはこの差異はなく、現代でも亜麻のタネを絞って抽出した油のことを単にリンシードオイルと呼ぶこともある。

＊5　Ehud Weiss and Daniel Zohary, "The Neolithic Southwest Asian Founder Crops: Their Biology and Archaeobotany," Supplement, *Current Anthropology* 52, no. S4 (October 2011): S237–S254; Robin G. Allaby, Gregory W. Peterson, David Andrew Merriwether, and Yong-Bi Fu, "Evidence of the Domestication History of Flax (*Linum usitatissimum* L.) from Genetic Diversity of the *sad2* Locus," *Theoretical and Applied Genetics* 112, no. 1 (January 2006): 58–65. 植物の品種改良が意識的に行われたことなのかどうかは学者の間で大きく意見の分かれるところである。なぜなら、実証できるのはどのようなタイプの変化が生じたかのみで、当時の人々が何を考えていたかを確証する材料はないからだ。遺伝子分析によって（特定の）品種改良が進んだことが見出されるが、密集している環境では

丈の高い種がより生存しやすかったことは疑いない。

*6　リネンの糸は放射性炭素年代測定の結果、測定年齢は八八五〇年（プラスマイナス九〇年）のものと、九一二〇年（プラスマイナス三〇〇年）であった。丸められて紐で括られた布のサンプルは同じく八五〇〇年（プラスマイナス二二〇年）と八八一〇年（プラスマイナス一二〇年）だった。Tamar Schick, "Cordage, Basketry, and Fabrics," in *Nahal Hemar Cave*, ed. Ofer Bar-Yosef and David Alon (Jerusalem: Israel Department of Antiquities and Museums, 1988), 31–38.

*7　Jonathan Wendel, interviews with the author, September 21, 2017, and September 26, 2017, and email to the author, September 30, 2017; Susan V. Fisk, "Not Your Grandfather's Cotton," Crop Science Society of America, February 3, 2016, www.sciencedaily.com/releases/2016/02/160203150540.htm; Jonathan Wendel, "Phylogenetic History of *Gossypium*," video, www.eeob.iastate.edu/faculty/WendelJ/; J. F. Wendel, "New World Tetraploid Cottons Contain Old World Cytoplasm," *Proceedings of the National Academy of Science USA* 86, no. 11 (June 1989): 4132–4136; Jonathan F. Wendel and Corrinne E. Grover, "Taxonomy and Evolution of the Cotton Genus, Gossypium," in *Cotton*, ed. David D. Fang and Richard G. Percy (Madison, WI: American Society of Agronomy, 2015), 25–44, www.botanicaamazonica.wiki.br/labotam/lib/exe/fetch.php?media=bib:wendel2015.pdf; Jonathan F. Wendel, Paul D. Olson, and James McD. Stewart, "Genetic Diversity, Introgression, and Independent Domestication of Old World Cultivated Cotton," *American Journal of Botany* 76, no. 12 (December 1989): 1795–1806; C. L. Brubaker, F. M. Borland, and J. F. Wendel, "The Origin and Domestication of Cotton," in *Cotton: Origin, History, Technology, and Production*, ed. C. Wayne Smith and J. Tom Cothren (New York: John Wiley, 1999): 3–31.

*8　他の可能性として、早期開花種の木綿は害虫に耐える度合いが高かったようだ。実際、米南部ではサヤゾウムシに対処できた。

*9　Elizabeth Baker Brite and John M. Marston, "Environmental Change, Agricultural Innovation, and the Spread of Cotton Agriculture in the Old World," *Journal of Anthropological Archaeology* 32, no. 1 (March 2013): 39–53; Mac Marston, interview with the author, July 20, 2017; Liz Brite, interview with the author, June 30, 2017; Elizabeth Baker Brite, Gairatdin Khozhaniyazov, John M. Marston, Michelle Negus Cleary, and Fiona J. Kidd, "Kara-tepe, Karakalpakstan: Agropastoralism in a Central Eurasian Oasis in the 4th/5th Century A.D. Transition," *Journal of Field Archaeology* 42 (2017): 514–529, http://dx.doi.org/10.1080/00934690.2017.1365563.

*10　Kim MacQuarrie, *The Last Days of the Incas* (New York: Simon & Schuster, 2007), 27–28, 58, 60; David Tollen, "Pre-Columbian Cotton Armor: Better than Steel," Pints of History, August 10, 2011, https://pintsofhistory.com/2011/08/10/mesoamerican-cotton-armor-better-than-steel/; Frances Berdan and Patricia Rieff Anawalt, *The Essential Codex Mendoza* (Berkeley: University of California Press, 1997), 186.

*11　シーアイランド綿 *G. barbadense* はもともとペルーで育成されたもので、この種は繊維の長いピマコットン（その商標は様々なスピーマ綿を指すものだが）といわゆるエジプト綿も入っている。それよりも一般的なアップランド綿の変種は *G. hirsutum* のタイプで、最初はユカタン半島域に生育した極めて短い繊維の植物だった。だが、現在では世界の商業用木綿栽培の九〇パーセントを占め、残りの一〇パーセントをシーランド綿が占めている。自然によって無目的に進化したものか、特定の属性を強調させるようと意図的に操作された結果か不明だが、同種内の異なる特徴は単に変種による違いでしかない。グレートデーンとプードルがどちらも犬であるのと同じことだ。

*12　Jane Thompson-Stahr, *The Burling Books: Ancestors and Descendants of Edward and Grace Burling, Quakers (1600–2000)* (Baltimore: Gateway Press, 2001), 314–322; Robert Lowry and William H. McCardle, *The History of Mississippi for Use in Schools* (New York: University Publishing Company, 1900), 58–59.

*13　John Hebron Moore, "Cotton Breeding in the Old South," *Agricultural History* 30, no. 3 (July 1956): 95–104; Alan L. Olmstead and Paul W. Rhode, *Creating Abundance: Biological Innovation and American Agricultural Development* (Cambridge: Cambridge University Press, 2008), 98–133; O. L. May and K. E. Lege, "Development of the World Cotton Industry" in *Cotton: Origin, History, Technology, and Production*, ed. C. Wayne Smith and J. Tom Cothren (New York: John Wiley & Sons, 1999), 77–78.

*14　Gavin Wright, *Slavery and American Economic Development* (Baton Rouge: Louisiana State University Press, 2006), 85; Dunbar Rowland, *The Official and Statistical Register of the State of Mississippi 1912* (Nashville, TN: Press of Brandon Printing, 1912), 135–136.

*15　Edward E. Baptist, "'Stol' and Fetched Here': Enslaved Migration, Exslave Narratives, and Vernacular History," in *New Studies in the History of American Slavery*, ed. Edward E. Baptist and Stephanie M. H. Camp (Athens: University of Georgia Press, 2006), 243–274; Federal Writers' Project of the Works Progress Administration, *Slave Narratives: A Folk History of Slavery in the United States from Interviews with Former Slaves*, Vol. IX (Washington, DC: Library of Congress, 1941), 151–156, www.loc.gov/resource/mesn.090/?sp=155.

*16　一八六〇年、南北戦争の前夜、米国は四五六万梱の木綿を産出していた。その量は一八七〇年には四四〇万梱に下がるが、一八八〇年には六六〇万梱に跳ね上がる。一八六〇年と一八七〇年の間に、戦前の大規模プランテーションが解体され土地が売られて、南部の四〇ヘクタール以下の木綿農場の数は五五パーセント増加する。黒人であれ白人であれ、農場主でない限り雇われ小作人（シェアクロッパー）としてともに働くようになった。一八八〇年代になって、肥料や毛玉の大きい新しい木綿種が市場に現れ、収穫高が増す。May and Lege, "Development of the World Cotton Industry," 84–87; David J. Libby, *Slavery and Frontier Mississippi 1720–1835* (Jackson: University Press of Mississippi, 2004), 37–78. 奴隷所有者にとっての収穫効率や利点に関する考察についてはライトの著作を参照。Wright, *Slavery and American Economic Development*, 83–122.

＊17 Cyrus McCormick, *The Century of the Reaper* (New York: Houghton Mifflin, 1931), 1–2, https://archive.org/details/centuryofthereap000250mbp/page/n23; Bonnie V. Winston, "Jo Anderson," *Richmond Times-Dispatch*, February 5, 2013, www.richmond.com /special-section/black-history/jo-anderson/article_277b0072-700a-11e2-bb3d-001a 4bcf6878.html.

＊18 Moore, "Cotton Breeding in the Old South," 99–101; M. W. Philips, "Cotton Seed," *Vicksburg (MS) Weekly Sentinel*, April 28, 1847, 1. For additional background on Philips, see Solon Robinson, *Solon Robinson, Pioneer and Agriculturalist: Selected Writings*, Vol. II, ed. Herbert Anthony Kellar (Indianapolis: Indianapolis Historical Bureau, 1936), 127–131.

＊19 Alan L. Olmstead and Paul W. Rhode, "Productivity Growth and the Regional Dynamics of Antebellum Southern Development" (NBER Working Paper No. 16494, Development of the American Economy, National Bureau of Economic Research, October 2010); Olmsted and Rhode, *Creating Abundance*, 98–133; Edward E. Baptist, *The Half Has Never Been Told: Slavery and the Making of American Capitalism* (New York: Basic Books, 2014), 111–144 ここでエドワード・バティストは生産性の増加は奴隷を酷使し痛めつけることで木綿の採取の効率をあげた結果であると見なしている。しかし、生産量増加はそれだけでは説明がつかないし、また新種のタネの効果も明らかに実証されている。真っ当な解釈としては、農場の管理人たちは奴隷を酷使して生産性の高い新種の木綿を収穫させたということであろう。 John E. Murray, Alan L. Olmstead, Trevor D. Logan, Jonathan B. Pritchett, and Peter L. Rousseau, "Roundtable of Reviews for *The Half Has Never Been Told*," *Journal of Economic History*, September 2015, 919–931; "Baptism by Blood Cotton," Pseudoerasmus, September 12, 2014, https://pseudoerasmus.com/2014/09/12/baptism-by-blood-cotton/, and "The Baptist Question Redux: Emancipation and Cotton Productivity," Pseudoerasmus, November 5, 2015, https://pseudoerasmus.com/2015/11/05 /bapredux/.

＊20 Yuxuan Gong, Li Li, Decai Gong, Hao Yin, and Juzhong Zhang, "Biomolecular Evidence of Silk from 8,500 Years Ago," *PLOS One* 11, no. 12 (December 12, 2016): e0168042, http://journals.plos.org/plosone/article?id=10.1371/journal.pone.0168042; "World's Oldest Silk Fabrics Discovered in Central China," Archaeology News Network, December 5, 2019, https://archaeologynewsnetwork.blogspot.com/2019/12/worlds-oldest-silk-fabrics -discovered.html; Dieter Kuhn, "Tracing a Chinese Legend: In Search of the Identity of the 'First Sericulturalist,'" *T'oung Pao*, nos. 4/5 (1984): 213–245.

＊21 Angela Yu-Yun Sheng, *Textile Use, Technology, and Change in Rural Textile Production in Song, China (960–1279)* (unpublished dissertation, University of Pennsylvania, 1990), 185–186.

＊22 Sheng, *Textile Use, Technology, and Change*, 23–40, 200–209.

＊23 J. R. Porter, "Agostino Bassi Bicentennial (1773–1973)," *Bacteriological Reviews* 37, no. 3 (September 1973): 284–288; Agostino Bassi, *Del Mal del Segno Calcinaccio o*

Moscardino (Lodi: Dalla Tipografia Orcesi, 1835), 1–16, translations by the author; George H. Scherr, *Why Millions Died* (Lanham, MD: University Press of America, 2000), 78–98, 141–152; Seymore S. Block, "Historical Review," in *Disinfection, Sterilization, and Preservation*, 5th ed., ed. Seymour Stanton Block (Philadelphia: Lippincott Williams & Wilkins, 2001), 12.

* 24 Patrice Debré, *Louis Pasteur* (Baltimore: Johns Hopkins University Press, 2000), 177–218; Scherr, *Why Millions Died*, 110.

* 25 "The Cattle Disease in France," *Journal of the Society of the Arts*, March 30, 1866, 347; Omori Minoru, "Some Matters in the Study of von Siebold from the Past to the Present and New Materials Found in Relation to Siebold and His Works," *Historia scientiarum: International Journal of the History of Science Society of Japan*, no. 27 (September 1984): 96.

* 26 Tessa Morris-Suzuki, "Sericulture and the Origins of Japanese Industrialization," *Technology and Culture* 33, no. 1 (January 1992): 101–121.

* 27 Debin Ma, "The Modern Silk Road: The Global Raw-Silk Market, 1850–1930," *Journal of Economic History* 56, no. 2 (June 1996): 330–355, http://personal.lse.ac.uk/mad1 /ma_pdf_files/modern%20silk%20road.pdf; Debin Ma, "Why Japan, Not China, Was the First to Develop in East Asia: Lessons from Sericulture, 1850–1937," *Economic Development and Cultural Change* 52, no. 2 (January 2004): 369–394, http://personal.lse.ac.uk/mad1 /ma_pdf_files/edcc%20sericulture.pdf.

* 28 David Breslauer, Sue Levin, Dan Widmaier, and Ethan Mirsky, interviews with the author, February 19, 2016; Sue Levin, interview with the author, August 10, 2015; Jamie Bainbridge and Dan Widmaier, interviews with the author, February 8, 2017; Dan Widmaier, interviews with the author, March 21, 2018, and May 1, 2018.

* 29 Mary M. Brooks, "'Astonish the World with . . . Your New Fiber Mixture': Producing, Promoting, and Forgetting Man-Made Protein Fibers," in *The Age of Plastic: Ingenuity and Responsibility, Proceedings of the 2012 MCI Symposium*, ed. Odile Madden, A. Elena Charola, Kim Cullen, Cobb, Paula T. DePriest, and Robert J. Koestler (Washington, DC: Smithsonian Institution Scholarly Press, 2017), 36–50, https://smithsonian.figshare.com /articles/The_Age_of_Plastic_Ingenuity_and_Responsibility_Proceedings_of_the_2012 _MCI_Symposium_/9761735; National Dairy Products Corporation, "The Cow, the Milkmaid and the Chemist," www.jumpingfrog.com/images/epm10jun01/era8037b.jpg; British Pathé, "Making Wool from Milk (1937)," YouTube video, 1:24, April 13, 2014, www .youtube.com/watch?v=OyLnKz7uNMQ&feature=youtu.be; Michael Waters, "How Clothing Made from Milk Became the Height of Fashion in Mussolini's Italy," Atlas Obscura, July 28, 2017, www.atlasobscura.com/articles/lanital-milk-dress-qmilch; Maggie Koerth-Baker, "Aralac: The 'Wool' Made from Milk," Boing Boing, October 28, 2012, https://boing boing.net/2012/10/28/aralac-the-wool-made-from.html.

* 30 Dan Widmaier, interview with the author, December 16,

2019.

第二章

＊1　英語で「糸」は yarn, thread, string などがある。意味はほぼ似たり寄ったりで本文中でもたいていの場合同じ意味で使われている。テキスタイル用語で狭義に定義するならば、yarn はふつう織物か編み物に使うための糸のことを指し、thread は縫い物か刺繍に使われる糸を指す。String または cord は何かを結んだり括ったりするために使う紐を指すが、yarn と thread も紐の一種と考えられる。

＊2　Cordula Greve, "Shaping Reality through the Fictive: Images of Women Spinning in the Northern Renaissance," *RACAR: Revue d'art canadienne/Canadian Art Review* 19, nos. 1–2 (1992): 11–12.

＊3　Patricia Baines, *Spinning Wheels, Spinners and Spinning* (London: B. T. Batsford, 1977), 88–89.

＊4　Dominika Maja Kossowska-Janik, "Cotton and Wool: Textile Economy in the Serakhs Oasis during the Late Sasanian Period, the Case of Spindle Whorls from Gurukly Depe (Turkmenistan)," *Ethnobiology Letters* 7, no. 2 (2016): 107–116.

＊5　Elizabeth Barber, interview with the author, October 22, 2016; E. J. W. Barber, *Prehistoric Textiles: The Development of Cloth in the Neolithic and Bronze Ages with Special Reference to the Aegean* (Princeton, NJ: Princeton University Press, 1991), xxii.

＊6　Steven Vogel, *Why the Wheel Is Round: Muscles, Technology, and How We Make Things Move* (Chicago: University of Chicago Press, 2016), 205–208.

＊7　Sally Heaney, "From Spinning Wheels to Inner Peace," *Boston Globe*, May 23, 2004, http://archive.boston.com/news/local/articles/2004/05/23/from_spinning_wheels_to_inner_peace/.

＊8　Giovanni Fanelli, *Firenze: Architettura e città* (Florence: Vallecchi, 1973), 125–126; Celia Fiennes, *Through England on a Side Saddle in the Time of William and Mary* (London: Field & Tuer, 1888), 119; Yvonne Elet, "Seats of Power: The Outdoor Benches of Early Modern Florence," *Journal of the Society of Architectural Historians* 61, no. 4 (December 2002): 451, 466n; Sheilagh Ogilvie, *A Bitter Living: Women, Markets, and Social Capital in Early Modern Germany* (Oxford: Oxford University Press, 2003), 166; Hans Medick, "Village Spinning Bees: Sexual Culture and Free Time among Rural Youth in Early Modern Germany," in *Interest and Emotion: Essays on the Study of Family and Kinship*, ed. Hans Medick and David Warren Sabean (New York: Cambridge University Press, 1984), 317–339.

＊9　Tapan Raychaudhuri, Irfan Habib, and Dharma Kumar, eds., *The Cambridge Economic History of India: Volume 1, c. 1200–c. 1750* (Cambridge: Cambridge University Press, 1982), 78.

＊10　Rachel Rosenzweig, *Worshipping Aphrodite: Art and Cult in Classical Athens* (Ann Arbor: University of Michigan Press, 2004), 69; Marina Fischer, "Hetaira's Kalathos: Prostitutes and the Textile Industry in Ancient Greece," *Ancient History Bulletin*, 2011, 9–28, www.academia.edu/12398486/Hetaira_s_Kalathos_Prostitutes_and_the_Textile _Industry_in_Ancient_Greece.

*11　Linda A. Stone-Ferrier, *Images of Textiles: The Weave of Seventeenth-Century Dutch Art and Society* (Ann Arbor: UMI Research Press, 1985), 83–117; *Incogniti scriptoris nova Poemata, ante hac nunquam edita, Nieuwe Nederduytsche, Gedichten ende Raedtselen*, 1624, trans. Linda A. Stone-Ferrier, https://archive.org/details/ned-kbn-all-00000845-001.

*12　Susan M. Spawn, "Hand Spinning and Cotton in the Aztec Empire, as Revealed by the *Codex Mendoza*," in *Silk Roads, Other Roads: Textile Society of America 8th Biennial Symposium*, September 26–28, 2002, Smith College, Northampton, MA, https:// digitalcommons.unl.edu/tsaconf/550/; Frances F. Berdan and Patricia Rieff Anawalt, *The Essential Codex Mendoza* (Berkeley: University of California Press, 1997), 158–164.

*13　Constance Hoffman Berman, "Women's Work in Family, Village, and Town after 1000 CE: Contributions to Economic Growth?," *Journal of Women's History* 19, no. 3 (Fall 2007): 10–32.

*14　この計算は約六・五平方センチメートルにつき経糸六二本、緯糸四〇本の織りで一・六メートル×一・五二メートルの布地（つまり二・四三平方メートル）を想定したものである。

*15　デニムはふつう重さ一キロで約一一・八キロメートルの長さの糸を経糸に使い、（それより多少厚手の）1キロで九・二キロメートルの糸を緯糸に使う。"Weaving with Denim Yarn," Textile Technology (blog), April 21, 2009, https://textiletechnology.wordpress.com/2009/04/21/weaving-with-denim-yarn/; Cotton Incorporated, "An Iconic Staple," Lifestyle Monitor, August 10, 2016, http://lifestylemonitor.cottoninc.com/an-iconic -staple/; A. S. Bhalla, "Investment Allocation and Technological Choice—a Case of Cotton Spinning Techniques," *Economic Journal* 74, no. 295, (September 1964): 611–622. ここでは、およそ五〇ポンドの糸を三〇〇日で使い切っている。言い換えれば、六日ごとに一ポンドを消費している。

*16　ツインシートは一八二センチメートル×二六〇センチメートル（四・七四平方メートル）スレッドカウントが六・五平方センチメートルにつき二五〇本だとすると、四六・六キロメートルの糸が必要だ。クイーンサイズだと、二三〇センチメートル×二五五センチメートル（約六平方メートル）で五九・五キロメートル必要となる。

*17　R. Patterson, "Wool Manufacture of Halifax," *Quarterly Journal of the Guild of Weavers, Spinners, and Dyers*, March 1958, 18–19. パターソンのリポートは一日一二時間労働で一ポンドのウールを中太の糸に紡ぐスピードを記述している。この記録では、一ポンドが一一〇〇メートルを紡ぎ出すことを想定している。Merrick Posnansky, "Traditional Cloth from the Ewe Heartland," in *History, Design, and Craft in West African Strip-Woven Cloth: Papers Presented at a Symposium Organized by the National Museum of African Art, Smithsonian Institution, February 18–19, 1988* (Washington, DC: National Museum of African Art, 1992), 127–128. ポスナンスキーの記録では、女性用の衣類を織るのに最低一七束必要な場合、一束の木綿を紡ぐのに二日はかかったとある。糸の太さなどは同一でないにしろ、伝統的なエウェの女性用衣服は約一メートル×二メートルのサイズである。

*18 Ed Franquemont, "Andean Spinning . . . Slower by the Hour, Faster by the Week," in *Handspindle Treasury: Spinning Around the World* (Loveland, CO: Interweave Press, 2011), 13–14. フランクモンは「一ポンドの糸を紡ぐのに二〇時間近くかけた」と書いている。つまり、一キログラムだと四四時間ほどかかることになる計算である。

*19 Eva Andersson, Linda Mårtensson, Marie-Louise B. Nosch, and Lorenz Rahmstorf, "New Research on Bronze Age Textile Production," *Bulletin of the Institute of Classical Studies* 51 (2008): 171–174. ここでは、一インチ四方につき六五本の糸数を勘定しているが、デニムの場合の一〇二本よりもずっと粗い織りだ。その密度はここでは計算にいれられていない。このズボンはだいたい三・四平方メートルの布地を必要とする。

*20 Mary Harlow, "Textile Crafts and History," in *Traditional Textile Craft: An Intangible Heritage?*, 2nd ed., ed. Camilla Ebert, Sidsel Frisch, Mary Harlow, Eva Andersson Strand, and Lena Bjerregaard (Copenhagen: Centre for Textile Research, 2018), 133–139.

*21 Eva Andersson Strand, "Segel och segelduksproduktion i arkeologisk kontext," in *Vikingetidens sejl: Festsrift tilegnet Erik Andersen*, ed. Morten Ravn, Lone Gebauer Thomsen, Eva Andersson Strand, and Henriette Lyngstrøm (Copenhagen: Saxo-Instituttet, 2016), 24; Eva Andersson Strand, "Tools and Textiles—Production and Organisation in Birka and Hedeby," in *Viking Settlements and Viking Society: Papers from the Proceedings of the Sixteenth Viking Congress*, ed. Svavar Sigmunddsson (Reykjavík: University of Iceland Press, 2011), 298–308; Lise Bender Jørgensen, "The Introduction of Sails to Scandinavia: Raw Materials, Labour and Land," *N-TAG TEN. Proceedings of the 10th Nordic TAG Conference at Stiklestad, Norway 2009* (Oxford: Archaeopress, 2012); Claire Eamer, "No Wool, No Vikings," *Hakai Magazine*, February 23, 2016, www.hakaimagazine.com/features /no-wool-no-vikings/.

*22 Ragnheidur Bogadóttir, "Fleece: Imperial Metabolism in the Precolumbian Andes," in *Ecology and Power: Struggles over Land and Material Resources in the Past, Present and Future*, ed. Alf Hornborg, Brett Clark, and Kenneth Hermele (New York: Routledge, 2012), 87, 90.

*23 Luca Mola, *The Silk Industry of Renaissance Venice* (Baltimore: Johns Hopkins University Press, 2003), 232–234.

*24 Dieter Kuhn, "The Spindle-Wheel: A Chou Chinese Invention," *Early China* 5 (1979): 14–24, https://doi.org/10.1017/S0362502800006106.

*25 Flavio Crippa, "Garlate e l'Industria Serica," Memorie e Tradizioni, Teleunica, January 28, 2015. Translation by the author based on transcript prepared by Dalila Cataldi, January 25, 2017. Flavio Crippa, interviews with the author, March 27 and 29, 2017; email to the author, May 14, 2018.

*26 Carlo Poni, "The Circular Silk Mill: A Factory Before the Industrial Revolution in Early Modern Europe," in *History of Technology*, Vol. 21, ed. Graham Hollister-Short (London: Bloomsbury Academic, 1999), 65–85; Carlo Poni, "Standards, Trust and Civil Discourse: Measuring the Thickness and Quality of Silk Thread," in *History of*

Technology, Vol. 23, ed. Ian Inkster (London, Bloomsbury Academic, 2001), 1–16; Giuseppe Chicco, "L'innovazione Tecnologica nella Lavorazione della Seta in Piedmonte a Metà Seicento," *Studi Storici*, January–March 1992, 195–215.

*27 Roberto Davini, "A Global Supremacy: The Worldwide Hegemony of the Piedmontese Reeling Technologies, 1720s–1830s," in *History of Technology*, Vol. 32, ed. Ian Inkster (London, Bloomsbury Academic, 2014), 87–103; Claudio Zanier, "Le Donne e il Ciclo della Seta," in *Percorsi di Lavoro e Progetti di Vita Femminili*, ed. Laura Savelli and Alessandra Martinelli (Pisa: Felici Editore), 25–46; Claudio Zanier, emails to the author, November 17 and 29, 2016.

*28 John Styles, interview with the author, May 16, 2018.

*29 Arthur Young, *A Six Months Tour through the North of England*, 2nd ed. (London: W. Strahan, 1771), 3:163–164, 3:187–202; Arthur Young, *A Six Months Tour through the North of England* (London: W. Strahan, 1770), 4:582. 紡ぎ人は個々の製造物ごとに支払いを受け取り、必ずしも一日中紡ぎ続けたわけではなかった。しかし、ヤングはフルタイム勤務で一週間に支払われる額についてのみ調べている。Craig Muldrew, "'Th'ancient Distaff' and 'Whirling Spindle': Measuring the Contribution of Spinning to Household Earning and the National Economy in England, 1550–1770," *Economic History Review* 65, no. 2 (2012): 498–526.

*30 Deborah Valenze, *The First Industrial Woman* (New York: Oxford University Press, 1995), 72–73.

*31 John James, *History of the Worsted Manufacture in England, from the Earliest Times* (London: Longman, Brown, Green, Longmans & Roberts, 1857), 280–281; James Bischoff, *Woollen and Worsted Manufacturers and the Natural and Commercial History of Sheep, from the Earliest Records to the Present Period* (London: Smith, Elder & Co., 1862), 185.

*32 Beverly Lemire, *Cotton* (London: Bloomsbury, 2011), 78–79.

*33 John Styles, "Fashion, Textiles and the Origins of the Industrial Revolution," *East Asian Journal of British History*, no. 5 (March 2016): 161–189; Jeremy Swan, "Derby Silk Mill," *University of Derby Magazine*, November 27, 2016, 32–34, https://issuu .com/university_of_derby/docs/university_of_derby_magazine_-_nove and https://blog . derby.ac.uk/2016/11/derby-silk-mill/; "John Lombe: Silk Weaver," Derby Blue Plaques, http://derbyblueplaques.co.uk/john-lombe/. Financial information from Clive Emsley, Tim Hitchcock, and Robert Shoemaker, "London History—Currency, Coinage and the Cost of Living," Old Bailey Proceedings Online, www.oldbaileyonline.org/static/Coinage .jsp.

*34 Styles, "Fashion, Textiles and the Origins of the Industrial Revolution," and interview with the author, May 16, 2018; R. S. Fitton, *The Arkwrights: Spinners of Fortune* (Manchester, UK: Manchester University Press, 1989), 8–17.

*35 Lemire, *Cotton*, 80–83.

*36 Deirdre Nansen McCloskey, *Bourgeois Equality: How*

Ideas, Not Capital, Transformed the World (Chicago: University of Chicago Press, 2016), 8.

＊37　David Sasso, interviews with the author, May 22–23, 2018. この数値は、1週間につき四ポンドの繊維を紡ぐという計算に基づいている。Jane Humphries and Benjamin Schneider, "Spinning the Industrial Revolution," *Economic History Review* 72, no. 1 (May 23, 2018), https://doi.org/10.1111/ehr.12693.

第三章

＊1　Gillian Vogelsang-Eastwood, Intensive Textile Course, Textile Research Centre, September 15, 2015.

＊2　Kalliope Sarri, "Neolithic Textiles in the Aegean" (presentation at Centre for Textile Research, Copenhagen, September 22, 2015); Kalliope Sarri, "In the Mind of Early Weavers: Perceptions of Geometry, Metrology and Value in the Neolithic Aegean" (workshop abstract, "Textile Workers: Skills, Labour and Status of Textile Craftspeople between Prehistoric Aegean and Ancient Near East," Tenth International Congress on the Archaeology of the Ancient Near East, Vienna, April 25, 2016), https://ku-dk.academia.edu /KalliopeSarri.

＊3　sarah-marie belcastro, "Every Topological Surface Can Be Knit: A Proof," *Journal of Mathematics and the Arts* 3 (June 2009): 67–83; sarah-marie belcastro and Carolyn Yackel, "About Knitting . . . ," *Math Horizons* 14 (November 2006): 24–27, 39.

＊4　Carrie Brezine, "Algorithms and Automation: The Production of Mathematics and Textiles," in *The Oxford Handbook of the History of Mathematics*, ed. Eleanor Robson and Jacqueline Stedall (Oxford: Oxford University Press, 2009), 490.

＊5　Victor H. Mair, "Ancient Mummies of the Tarim Basin," *Expedition*, Fall 2016, 25– 29, www.penn.museum/documents/publications/expedition/PDFs/58-2/tarim_basin.pdf.

＊6　O. Soffer, J. M. Adovasio, and D. C. Hyland, "The 'Venus' figurines: Textiles, Basketry, Gender, and Status in the Upper Paleolithic," *Current Anthropology* 41, no. 4 (August–October 2000): 511–537.

＊7　Jennifer Moore, "Doubleweaving with Jennifer Moore," *Weave* podcast, May 24, 2019, Episode 65, 30:30, www.gistyarn.com/blogs/podcast/episode-65-doubleweaving-with-jennifer-moore.

＊8　技術的に言えば、サテンは経糸が表を占め、サティーンは緯糸が表を占める織り方だが、サテンという名称がどちらの場合にも使われることが普通。織り方の原理は同じ。

＊9　Tien Chiu, interview with the author, July 11, 2018.

＊10　Ada Augusta, Countess of Lovelace, "Notes upon the Memoir by the Translator," in L. F. Menabrea, "Sketch of the Analytical Engine Invented by Charles Babbage," *Bibliothèque Universelle de Genève*, no. 82 (October 1842), www.fourmilab.ch/babbage/sketch .html.

＊11　E. M. Franquemont and C. R. Franquemont, "Tanka, Chongo, Kutij: Structure of the World through Cloth," in *Symmetry Comes of Age: The Role of Pattern in Culture*, ed. Dorothy K. Washburn and Donald W. Crowe (Seattle: University of Washington Press, 2004), 177–214; Edward

Franquemont and Christine Franquemont, "Learning to Weave in Chinchero," *Textile Museum Journal* 26 (1987): 55–78; Ann Peters, "Ed Franquemont (February 17, 1945–March 11, 2003)," *Andean Past* 8 (2007): art. 10, http://digitalcommons .library.umaine.edu/andean_past/vol8/iss1/10.

*12 Lynn Arthur Steen, "The Science of Patterns," *Science* 240, no. 4852 (April 29, 1988): 611–616.

*13 Euclid's *Elements*, https://mathcs.clarku.edu/~djoyce/java/elements/elements.html.

*14 Ellen Harlizius-Klück, interview with the author, August 7, 2018, and emails to the author, August 28, August 29, September 13, 2018; Ellen Harlizius-Klück, "Arithmetics and Weaving: From Penelope's Loom to Computing," Münchner Wissenschaftstage, October 18–21, 2008, www.academia.edu/8483352/Arithmetic_and_Weaving_From _Penelopes_Loom_to_Computing; Ellen Harlizius-Klück and Giovanni Fanfani, "(B)orders in Ancient Weaving and Archaic Greek Poetry," in *Spinning Fates and the Song of the Loom: The Use of Textiles, Clothing and Cloth Production as Metaphor, Symbol and Narrative Device in Greek and Latin Literature*, ed. Giovanni Fanfani, Mary Harlow, and Marie-Louise Nosch (Oxford: Oxbow Books, 2016), 61–99.

*15 おそらく織り機自体ではなくカード織りのテクニックを使って裾模様が織られたのだろう。つまり、縦糸は四角いカード（当時は木か粘土で作られていたが、現在では板紙かプラスチックでできている）にあけられた穴を通って張られる。織り手は縦糸を何らかの杭にきつく結びつけ、複数のカードを選びながら上下させることで綜絖枠の役目を果たし、パターンを描きだす。カードの数が多いほど、複雑なパターンが達成できる。

*16 Jane McIntosh Snyder, "The Web of Song: Weaving Imagery in Homer and the Lyric Poets," *Classical Journal* 76, no. 3 (February/March 1981): 193–196; Plato, *The Being of the Beautiful: Plato's Thaetetus, Sophist, and Statesman*, trans. with commentary by Seth Bernadete (Chicago: University of Chicago Press, 1984), III.31–III.33, III.66–III.67, III.107–III.113.

*17 Sheramy D. Bundrick, "The Fabric of the City: Imaging Textile Production in Classical Athens," *Hesperia: The Journal of the American School of Classical Studies at Athens* 77, no. 2 (April–June 2008): 283–334; Monica Bowen, "Two Panathenaic Peploi: A Robe and a Tapestry," Alberti's Window (blog), June 28, 2017, http://albertis-window.com/2017/06 /two-panathenaic-peploi/; Evy Johanne Håland, "Athena's Peplos: Weaving as a Core Female Activity in Ancient and Modern Greece," *Cosmos* 20 (2004): 155–182, www.academia .edu/2167145/Athena_s_Peplos_Weaving_as_a_Core_Female_Activity_in_Ancient_and _Modern_Greece; E. J. W. Barber, "The Peplos of Athena," in *Goddess and Polis: The Panathenaic Festival in Ancient Athens*, ed. Jenifer Neils (Princeton, NJ: Princeton University Press, 1992), 103–117.

*18 Donald E. Knuth, *Art of Computer Programming, Volume 2: Seminumerical Algorithms* (Boston: Addison-Wesley Professional, 2014), 294.〔『The Art of Computer Programming――日本語版』、有澤誠、和田英一監訳、ド

ワンゴ、二〇一五）

*19 Anthony Tuck, "Singing the Rug: Patterned Textiles and the Origins of Indo-European Metrical Poetry," *American Journal of Archaeology* 110, no. 4 (October 2006): 539–550; John Kimberly Mumford, *Oriental Rugs* (New York: Scribner, 1921), 25. ソビエトの占領下に始まったアフガニスタンの戦争カーペットの例は次を参照。warrug.com. Mimi Kirk, "Rug-of-War," *Smithsonian*, February 4, 2008, www.smithsonianmag.com /arts-culture/rug-of-war-19377583/. カーペット織人が織りのパターンを歌いながら織る様子は次を参照。Roots Revival, "Pattern Singing in Iran—'The Woven Sounds'—Demo Documentary by Mehdi Aminian," YouTube video, 10:00, March 15, 2019, www.youtube.com /watch?v=vhgHJ6xiau8&feature=youtu.be.

*20 Eric Boudot and Chris Buckley, *The Roots of Asian Weaving: The He Haiyan Collection of Textiles and Looms from Southwest China* (Oxford: Oxbow Books, 2015), 165–169.

*21 Malika Kraamer, "Ghanaian Interweaving in the Nineteenth Century: A New Perspective on Ewe and Asante Textile History," *African Arts*, Winter 2006, 44. この項目についてはさらに第六章を参照。

*22 "Ancestral Textile Replicas: Recreating the Past, Weaving the Present, Inspiring the Future" (exhibition, Museum and Catacombs of San Francisco de Asís of the City of Cusco, November 2017).

*23 Nancy Arthur Hoskins, "Woven Patterns on Tutankhamun Textiles," *Journal of the American Research Center in Egypt* 47 (2011): 199–215, www.jstor.org/stable/24555392.

*24 24. Richard Rutt, *A History of Hand Knitting* (London: B. T. Batsford, 1987), 4–5, 8–9, 23, 32–39. 今日のベネズエラ、ギニア、ブラジルにまたがる地域のいわゆる原住民とされる人々は、それぞれ独自の編み物のスタイルを発展させた。ラットによると、編み物を表すことばが出てくるのは近代になってからのことで、世界各国で近隣の国々からの輸入された表現、例えばロシアではフランス語のトリコットや、または異なるテキスタイル工芸に使うことばが応用されたりしている。「〝織〟ということばとの比較は注目に値する」と、彼は書いている。「ほとんどの原語のなかで〝織〟に関しては精緻な、古代からの、細かく定義された表現が存在する。〝織〟は歴史よりも古いのである。編みの明らかに単純なプロセスは、歴史的には新しい発明なのだ」

*25 Anne DesMoines, interview with the author, December 8, 2019; Anne Des-Moines, "Eleanora of Toledo Stockings," www.ravelry.com/patterns/library/eleanora-di-toledo-stockings. デモインが公表した靴下の編み方のパターンは彼女が実際に再現したものよりも簡略化されている。もともとの構造はより複雑な組み立て方になっているとのこと。

*26 布片は現存しているが、スペインの侵略征服後アンデスの織り人たちはそれまで何千年も使ってきた「二重織りピックアップ」と呼ばれる図案織りの伝統を失ってしまった。二〇一二年になって、クスコの伝統織物センターはアメリカ人の二重織り専門家で教師でもあるジェニファー・モーアを呼び、この伝統的織り方を地元の織匠たちに再び

導入するよう依頼した。さらに織匠たちは仲間たちにその輪を広げていった。スペイン語を話さず床式織り機に慣れている彼女は、準備に一年かけてこの任務を果たした。Jennifer Moore, "Teaching in Peru," www .doubleweaver.com/peru.html.

*27 Patricia Hilts, *The Weavers Art Revealed: Facsimile, Translation, and Study of the First Two Published Books on Weaving: Marx Ziegler's Weber Kunst und Bild Buch (1677) and Nathaniel Lumscher's Neu eingerichtetes Weber Kunst und Bild Buch (1708)*, Vol. I (Winnipeg, Canada: Charles Babbage Research Centre, 1990), 9–56, 97–109.

*28 Joel Mokyr, *The Gifts of Athena: Historical Origins of the Knowledge Economy* (Princeton, NJ: Princeton University Press, 2002), 28–77.

*29 Ellen Harlizius-Klück, "Weaving as Binary Art and the Algebra of Patterns," *Textile* 1, no. 2 (April 2017): 176–197.

*30 素地および補足緯糸が同じ色であれば、その織布は即ちダマスクである。

*31 "A World of Looms," での実演。China National Silk Museum, Hangzhou, June 1–4, 2018. 廉価なナイロン糸が使われる前は、細い竹の棒が使われていた。今でも簡単なデザインのものは竹棒を使って行われている。Deb McClintock, "The Lao Khao Tam Huuk, One of the Foundations of Lao Pattern Weaving," Looms of Southeast Asia, January 31, 2017, https://simplelooms.com/2017/01/31/the-lao-khao-tam-huuk-one-of-the-foundations-of-lao -pattern-weaving/; Deb McClintock, interview with the author, October 18, 2018; Wendy Garrity, "Laos: Making a New Pattern Heddle," Textile Trails, https://textiletrails.com .au/2015/05/22/laos-making-a-new-pattern-heddle/.

*32 E. J. W. Barber, *Prehistoric Textiles: The Development of Cloth in the Neolithic and Bronze Ages with Special Reference to the Aegean* (Princeton, NJ: Princeton University Press, 1991), 137–140.

*33 Boudot and Buckley, *The Roots of Asian Weaving*, 180–185, 292–307, 314–327; Chris Buckley, email to the author, October 21, 2018.

*34 Boudot and Buckley, *The Roots of Asian Weaving*, 422–426.

*35 Boudot and Buckley, *The Roots of Asian Weaving*, 40–44.

*36 Claire Berthommier, "The History of Silk Industry in Lyon" (presentation at the Dialogue with Silk between Europe and Asia: History, Technology and Art Conference, Lyon, November 30, 2017).

*37 Daryl M. Hafter, "Philippe de Lasalle: From *Mise-en-carte* to Industrial Design," *Winterthur Portfolio*, 1977, 139–164; Lesley Ellis Miller, "The Marriage of Art and Commerce: Philippe de Lasalle's Success in Silk," *Art History* 28, no. 2 (April 2005): 200–222; Berthommier, "The History of Silk Industry in Lyon"; Rémi Labrusse, "Interview with Jean-Paul Leclercq," trans. Trista Selous, *Perspective*, 2016, https://journals.openedition .org/perspective/6674; Guy Scherrer, "Weaving Figured Textiles: Before the Jacquard Loom and After" (presentation at Conference on World Looms, China National Silk Museum, Hangzhou, May 31, 2018),

YouTube video, 18:27, June 29, 2018, www.youtube.com / watch?v=DLAzP53l-D4; Alfred Barlow, *The History and Principles of Weaving by Hand and by Power* (London: Sampson Low, Marston, Searle, & Rivington, 1878), 128–139.

*38 Metropolitan Museum of Art, "Joseph Marie Jacquard, 1839," www.metmuseum .org/art/collection/search/222531; Charles Babbage, *Passages in the Life of a Philosopher* (London: Longman, Green, Longman, Roberts & Green, 1864), 169–170.

*39 Rev. R. Willis, "On Machinery and Woven Fabrics," in *Report on the Paris Exhibition of 1855*, Part II, 150, quoted in Barlow, *The History and Principles of Weaving by Hand and by Power*, 140–141.

*40 James Payton, "Weaving," in *Encyclopaedia Britannica*, 9th ed., Vol. 24, ed. Spencer Baynes and W. Robertson Smith (Akron: Werner Co., 1905), 491–492, http://bit.ly/2AB1JVU; Victoria and Albert Museum, "How Was It Made? Jacquard Weaving," YouTube video, 3:34, October 8, 2015, www.youtube.com/watch?v=K6NgMNvK52A; T. F. Bell, *Jacquard Looms: Harness Weaving* (Read Books, 2010), Kindle edition reprint of T. F. Bell, *Jacquard Weaving and Designing* (London: Longmans, Green, & Co., 1895).

*41 James Essinger, *Jacquard's Web: How a Hand-Loom Led to the Birth of the Information Age* (Oxford: Oxford University Press, 2007), 35–38; Jeremy Norman, "The Most Famous Image in the Early History of Computing," HistoryofInformation.com, www .historyofinformation.com/expanded.php?id=2245; Yiva Fernaeus, Martin Jonsson, and Jakob Tholander, "Revisiting the Jacquard Loom: Threads of History and Current Patterns in HCI," *CHI '12: Proceedings of the SIGCHI Conference on Human Factors in Computing Systems*, May 5–10, 2012, 1593–1602, https://dl.acm.org/citation.cfm?doid=2207676.220 8280.

*42 Gadagne Musées, "The Jacquard Loom," inv.50.144, Room 21: Social Laboratory— 19th C., www.gadagne.musees.lyon.fr/index.php/history_en/content/download/2939/27413/file/zoom_jacquard_eng.pdf; Barlow, *The History and Principles of Weaving by Hand and by Power*, 144–147; Charles Sabel and Jonathan Zeitlin, "Historical Alternatives to Mass Production: Politics, Markets and Technology in Nineteenth-Century Industrialization," *Past and Present*, no. 108 (August 1985): 133–176; Anna Bezanson, "The Early Use of the Term Industrial Revolution," *Quarterly Journal of Economics* 36, no. 2 (February 1922): 343–349; Ronald Aminzade, "Reinterpreting Capitalist Industrialization: A Study of Nineteenth-Century France," *Social History* 9, no. 3 (October 1984): 329–350. 最終的には許容したが、リオンの労働者たちがこの新しいテクノロジーをおとなしく受け入れたわけではない。一八三一年と一八三四年の絹産業労働者（カヌー）の反乱はフランス労働および政治運動史上画期的な事件であった。

*43 James Burke, "Connections Episode 4: Faith in Numbers," https://archive.org /details/james-burke-connections_s01e04; F. G. Heath, "The Origins of the Binary Code," *Scientific American*, August 1972, 76–83.

*44 Robin Kang, interview with the author, January 9, 2018;

Rolfe Bozier, "How Magnetic Core Memory Works," Rolfe Bozier (blog), August 10, 2015, https://rolfebozier.com /archives/113; Stephen H. Kaisler, *Birthing the Computer: From Drums to Cores* (Newcastle upon Tyne, UK: Cambridge Scholars Publishing, 2017), 73–75; Daniela K. Rosner, Samantha Shorey, Brock R. Craft, and Helen Remick, "Making Core Memory: Design Inquiry into Gendered Legacies of Engineering and Craftwork," *Proceedings of the 2018 CHI Conference on Human Factors in Computing Systems (CHI '18)*, paper 531, https://faculty.washington .edu/dkrosner/files/CHI-2018-Core-Memory.pdf.

*45 コアメモリーはRAM（ランダムアクセスメモリー）、ロープメモリーはROM（リードオンリーメモリー）である。

*46 David A. Mindell, *Digital Apollo: Human and Machine in Spaceflight* (Cambridge, MA: MIT Press, 2008), 154–157; David Mindell interview in *Moon Machines: The Navigation Computer*, YouTube video, Nick Davidson and Christopher Riley (directors), 2008, 44:21, www.youtube.com/watch?v=9YA7X5we8ng; Robert McMillan, "Her Code Got Humans on the Moon—and Invented Software Itself," *Wired*, October 13, 2015, www.wired .com/2015/10/margaret-hamilton-nasa-apollo/.

*47 Frederick Dill, quoted in Rosner et al., "Making Core Memory."

*48 Fiber Year Consulting, *The Fiber Year 2017* (Fiber Year, 2017), www.groz-beckert .com/mm/media/web/9_messen/bilder/veranstaltungen_1/2017_6/the_fabric_year/Fabric _Year_2017_Handout_EN.pdf. 二〇一六年、世界全体での布地の売り上げ（重さ）で織布は三二パーセント、ニットは五七パーセントを占めた。それぞれ、毎年二パーセントと五パーセントずつの売り上げ成長率を成している。

*49 Stanley Chapman, *Hosiery and Knitwear: Four Centuries of Small-Scale Industry in Britain c. 1589–2000* (Oxford: Oxford University Press, 2002), xx–27, 66–67. フレームワーク編み機が栄えたイギリスのミッドランド地域では、高級な銀細工や時計を作る職人ではなく、一般の鍛冶屋たちが編み機の必要な部品を作成するための技術を習得したというチャップマンの説は、実に説得力が高い。地元の鍛冶職人たちは卓越した技術で有名だったし、ほかの職種に言及する資料は残されていない。Pseudoerasmus, "The Calico Acts: Was British Cotton Made Possible by Infant Industry Protection from Indian Competition?" Pseudoerasmus (blog), January 5, 2017, https://pseudoerasmus.com/2017/01/05/ca/. For a video explaining how the stocking frame worked, see https://youtu.be/WdVDoLqg2_c.

*50 Vidya Narayanan and Jim McCann, interviews with the author, August 6, 2019; Vidya Narayanan, interview with the author, December 11, 2019, and email to the author, December 11, 2019; Michael Seiz, interviews with the author, December 10, 2019, and December 11, 2019; Randall Harward, interview with the author, November 12, 2019; Vidya Narayanan, Kui Wu, Cem Yuksel, and James McCann, "Visual Knitting Machine Programming," *ACM Transactions on Graphics* 38, no. 4 (July 2019), https://textiles-lab.github .io/publications/2019-visualknit/.

第四章

＊1 Tom D. Dillehay, "Relevance," in *Where the Land Meets the Sea: Fourteen Millennia of Human History at Huaca Prieta, Peru*, ed. Tom D. Dillehay (Austin: University of Texas Press, 2017), 3–28; Jeffrey Splitstoser, "Twined and Woven Artifacts: Part 1: Textiles," in *Where the Land Meets the Sea*, 458–524; Jeffrey C. Splitstoser, Tom D. Dillehay, Jan Wouters, and Ana Claro, "Early Pre-Hispanic Use of Indigo Blue in Peru," *Science Advances* 2, no. 9 (September 14, 2016), http://advances.sciencemag.org/content/2/9/e1501623.full. In addition to blue, the fragments also have stripes made by plying cotton with the bright-white fibers of a milkweed-like shrub.

＊2 Dominique Cardon, *Natural Dyes: Sources, Tradition Technology and Science*, trans. Caroline Higgett (London: Archetype, 2007), 1, 51, 167–176, 242–250, 360, 409–411.

＊3 Zvi C. Koren, "Modern Chemistry of the Ancient Chemical Processing of Organic Dyes and Pigments," in *Chemical Technology in Antiquity*, ed. Seth C. Rasmussen, ACS Symposium Series (Washington, DC: American Chemical Society, 2015), 197; Cardon, *Natural Dyes*, 51.

＊4 John Marshall, *Singing the Blues: Soulful Dyeing for All Eternity* (Covelo, CA: Saint Titus Press, 2018), 11–12. ホソバタイセイも含め何種かのインディゴ植物は、異なる種類のインドクシル前駆体を保有している。

＊5 植物から摘出された染料は、複数の色素を含んでいるために人工のものよりも色に深みがある。

＊6 Deborah Netburn, "6,000-Year-Old Fabric Reveals Peruvians Were Dyeing Textiles with Indigo Long Before Egyptians," *Los Angeles Times*, September 16, 2016, www.latimes .com/science/sciencenow/la-sci-sn-oldest-indigo-dye-20160915-snap-story.html.

＊7 酸度の強い溶液を使ってもよいのだが、歴史的に藍染はアルカリ性添加物をつかってなされている。 Cardon, *Natural Dyes*, 336–353.

＊8 Jenny Balfour-Paul, *Indigo: Egyptian Mummies to Blue Jeans* (Buffalo, NY: Firefly Books, 2011), 121–122.

＊9 Balfour-Paul, *Indigo*, 41–42.

＊10 Alyssa Harad, "Blue Monday: Adventures in Indigo," Alyssa Harad, November 12, 2012, https://alyssaharad.com/2012/11/blue-monday-adventures-in-indigo/; Cardon, *Natural Dyes*, 369; Graham Keegan workshop, December 14, 2018.

＊11 Balfour-Paul, *Indigo*, 9, 13.

＊12 Cardon, *Natural Dyes*, 51, 336–353.

＊13 Graham Keegan, interview with the author, December 14, 2018.

＊14 Cardon, *Natural Dyes*, 571; Mark Cartwright, "Tyrian Purple," *Ancient History Encyclopedia*, July 21, 2016, www.ancient.eu/Tyrian_Purple; Mark Cartwright, "Melqart," *Ancient History Encyclopedia*, May 6, 2016, www.ancient.eu/Melqart/.

＊15 Cardon, *Natural Dyes*, 551–586; Zvi C. Koren, "New Chemical Insights into the Ancient Molluskan Purple Dyeing Process," in *Archaeological Chemistry VIII*, ed. R. Armitage et al. (Washington, DC: American Chemical Society, 2013), chap. 3, 43–67.

*16 Inge Boesken Kanold, "Dyeing Wool and Sea Silk with Purple Pigment from *Hexaplex trunculus*," in *Treasures from the Sea: Purple Dye and Sea Silk*, ed. Enegren Hedvig Landenius and Meo Francesco (Oxford: Oxbow Books, 2017), 67–72; Cardon, *Natural Dyes*, 559–562; Koren, "New Chemical Insights."

*17 Brendan Burke, *From Minos to Midas: Ancient Cloth Production in the Aegean and in Anatolia* (Oxford: Oxbow Books, 2010), Kindle locations 863–867. 二〇一九年一二月二日の著者への電子メールでバークはさらに説明を加えている。「共食いというトピックは当然出てきます。というのは、これらの貝が水槽なりに閉じ込められて餌を与えられなかったとすれば、お互いを食べ始めるとしても不思議はないでしょう（水槽に入れた者が餌をやることを思いつかないはずはないのにと思うのだけど、思いつかなかったんでしょう）。これが、発掘された紫染料用の貝の殻に開けられている穴についての説明ですが、この現象は大量に廃棄された貝殻の山にだけ見られるものです。小規模の廃棄跡の貝殻にはそれほど見られません。穴があく（共食いする、つまり共死にする）のは問題だから、私の考えでは、大規模操業所では貝の世話をしていた者たちがきちんと餌をあたえていなかったということじゃないかと思います」

*18 Cardon, *Natural Dyes*, 559–562; Koren, "New Chemical Insights"; Zvi C. Koren, "Chromatographic Investigations of Purple Archaeological Bio-Material Pigments Used as Biblical Dyes," *MRS Proceedings* 1374 (January 2012): 29–47, https://doi.org/10.1557 /opl.2012.1376.

*19 ここでのテクニカラーは映像現象上の厳密な意味ではない。当時の映画技術では異なる彩色法を使っていた。

*20 Meyer Reinhold, *History of Purple as a Status Symbol in Antiquity* (Brussels: Revue d'Études Latines, 1970), 17; Pliny, *Natural History*, Vol. III, Book IX, sec. 50, trans. Harris Rackham, Loeb Classical Library (Cambridge, MA: Harvard University Press, 1947), 247–259,〔『プリニウスの博物誌』中野定雄ほか訳、雄山閣出版、一九八六〕 https://archive.org/stream/naturalhistory03plinuoft#page/n7/mode/2up ; Cassiodorus, "King Theodoric to Theon, Vir Sublimis," *The Letters of Cassiodorus*, Book I, trans. Thomas Hodgkin (London: Henry Frowde, 1886), 143–144, www.gutenberg.org /files/18590/18590-h/18590-h.htm; Martial, "On the Stolen Cloak of Crispinus," in *Epigrams*, Book 8, Bohn's Classical Library, 1897, adapted by Roger Pearse, 2008, www .tertullian.org/fathers/martial_epigrams_book08.htm; Martial, "To Bassa," in *Epigrams*, Book 4, www.tertullian.org/fathers/martial_epigrams_book04.htm; and Martial, "On Philaenis," in *Epigrams*, Book 9, www.tertullian.org/fathers/martial_epigrams_book09.htm. 想像に反して、古代社会においてのティリアンパープルの着用は王侯貴族に限られたものではなかった。そのようになったのは後期ビザンティン帝国時代になってからである。

*21 Strabo, *Geography*, Vol. VII, Book XVI, sec. 23, trans Horace Leonard Jones, Loeb Classical Library (Cambridge, MA: Harvard University Press, 1954), 269, archive.org /details/in.gov.ignca.2919/page/n279/mode/2up.

*22 水素イオン指数ｐＨは対数尺度である。つまりｐＨ８の溶液はｐＨ７の溶液の一〇倍のアルカリ性度をもつという

意味である。

*23 Deborah Ruscillo, "Reconstructing Murex Royal Purple and Biblical Blue in the Aegean," in *Archaeomalacology: Molluscs in Former Environments of Human Behaviour*, ed. Daniella E. Bar-Yosef Mayer (Oxford: Oxbow Books, 2005), 99–106, www.academia .edu/373048/Reconstructing_Murex_Royal_Purple_and_Biblical_Blue_in_the_Aegean; Deborah Ruscillo Cosmopoulos, interview with the author, January 12, 2019.

*24 Gioanventura Rosetti, *The Plictho: Instructions in the Art of the Dyers which Teaches the Dyeing of Woolen Cloths, Linens, Cottons, and Silk by the Great Art as Well as by the Common*, trans. Sidney M. Edelstein and Hector C. Borghetty (Cambridge, MA: MIT Press, 1969), 89, 91, 109–110. この本の翻訳者の解釈では、本の奇妙な題名は現代イタリア語の *plico*（封筒、包み）に関連しており、「レシピもしくは有意義なノートの収集」を意味している。

*25 Cardon, *Natural Dyes*, 107–108; Zvi C. Koren (Kornblum), "Analysis of the Masada Textile Dyes," in *Masada IV. The Yigael Yadin Excavations 1963–1965. Final Reports*, ed. Joseph Aviram, Gideon Foerster, and Ehud Netzer (Jerusalem: Israel Exploration Society, 1994), 257–264.

*26 Drea Leed, "Bran Water," July 2, 2003, www.elizabethancostume.net/dyes/lyteldye book/branwater.html and "How Did They Dye Red in the Renaissance," www.elizabethan costume.net/dyes/university/renaissance_red_ingredients.pdf.

*27 Koren, "Modern Chemistry of the Ancient Chemical Processing," 200–204

*28 Cardon, *Natural Dyes*, 39.

*29 Cardon, *Natural Dyes*, 20–24; Charles Singer, *The Earliest Chemical Industry: An Essay in the Historical Relations of Economics and Technology Illustrated from the Alum Trade* (London: Folio Society, 1948), 114, 203–206. The quote is from Vannoccio Biringuccio in his landmark 1540 book on metalworking, *De la Pirotechnia*.

*30 Rosetti, *The Plictho*, 115.

*31 Mari-Tere Álvarez, "New World *Palo de Tintes* and the Renaissance Realm of Painted Cloths, Pageantry and Parade" (paper presented at From Earthly Pleasures to Princely Glories in the Medieval and Renaissance Worlds conference, UCLA Center for Medieval and Renaissance Studies, May 17, 2013); Elena Phipps, "Global Colors: Dyes and the Dye Trade," in *Interwoven Globe: The Worldwide Textile Trade, 1500–1800*, ed. Amelia Peck (New Haven, CT: Yale University Press, 2013), 128–130.

*32 Sidney M. Edelstein and Hector C. Borghetty, "Introduction," in Gioanventura Rosetti, *The Plictho*, xviii. エデルスタインは著名な産業化学者であると同時に実業家でもあり、染色の歴史に深い興味を持っていた。染色に関する歴史的資料を集めたり化学史や歴史的染料の研究の援助金を出したりしている。Anthony S. Travis, "Sidney Milton Edelstein, 1912–1994," Edelstein Center for the Analysis of Ancient Artifacts, https://edelsteincenter.wordpress.com/about/the-edelstein-center /dr-edelsteins-biography/; Drea Leed, interview with the author, January 25, 2019.

*33 一五七〇年代までには、カルミンはコチニールによってほぼ完全に駆逐されている。だがプリクトーが出版された時点ではまだ両方とも使われていた。

*34 Amy Butler Greenfield, *A Perfect Red: Empire, Espionage, and the Quest for the Color of Desire* (New York: HarperCollins, 2005), 76.〔『完璧な赤――「欲望の色」をめぐる帝国と密偵と大航海の物語』、佐藤桂訳、早川書房、二〇〇六〕

*35 "The Evils of Cochineal, Tlaxcala, Mexico (1553)," in *Colonial Latin America: A Documentary History*, ed. Kenneth Mills, William B. Taylor, and Sandra Lauderdale Graham (Lanham, MD: Rowman & Littlefield, 2002), 113–116.

*36 Raymond L. Lee, "Cochineal Production and Trade in New Spain to 1600," *The Americas* 4, no. 4 (April 1948): 449–473; Raymond L. Lee, "American Cochineal in European Commerce, 1526–1625," *Journal of Modern History* 23, no. 3 (September 1951): 205– 224; John H. Munro, "The Medieval Scarlet and the Economics of Sartorial Splendour," in *Cloth and Clothing in Medieval Europe*, ed. N. B. Harte and K. G. Ponting (London: Heinemann Educational Books, 1983), 63–64.

*37 Edward McLean Test, *Sacred Seeds: New World Plants in Early Modern Literature* (Lincoln: University of Nebraska Press, 2019), 48; Marcus Gheeraerts the Younger, *Robert Devereux, 2nd Earl of Essex*, National Portrait Gallery, www.npg.org.uk/collections/search /portrait/mw02133/Robert-Devereux-2nd-Earl-of-Essex.

*38 Lynda Shaffer, "Southernization," *Journal of World History* 5 (Spring 1994): 1–21, https://roosevelt.ucsd.edu/_files/mmw/mmw12/SouthernizationArgumentAnalysis2014 .pdf; Beverly Lemire and Giorgio Riello, "East & West: Textiles and Fashion in Early Modern Europe," *Journal of Social History* 41, no. 4 (Summer 2008): 887–916, http://wrap .warwick.ac.uk/190/1/WRAP_Riello_Final_Article.pdf; John Ovington, *A Voyage to Suratt: In the Year 1689* (London: Tonson, 1696), 282. 最終的には、インド産の布地はヨーロッパ諸国の現地産業に対してあまりに甚大な損害を与えると見なされて、ヨーロッパ各国の政府はオランダをのぞいてみなインドからの輸入を禁止することとなった。第六章参照。

*39 John J. Beer, "Eighteenth-Century Theories on the Process of Dyeing," *Isis* 51, no. 1 (March 1960): 21–30.

*40 Jeanne-Marie Roland de La Platière, *Lettres de madame Roland*, 1780–1793, ed. Claude Perroud (Paris: Imprimerie Nationale, 1900), 375, https://gallica.bnf.fr/ark:/12148 / bpt6k46924q/f468.item, translation by the author.

*41 Société d'histoire naturelle et d'ethnographie de Colmar, *Bulletin de la Société d'histoire naturelle de Colmar: Nouvelle Série 1, 1889–1890* (Colmar: Imprimerie Decker, 1891), 282–286, https://gallica.bnf.fr/ark:/12148/bpt6k9691979j/f2.item.r=haussmann, translation by the author; Hanna Elisabeth Helvig Martinsen, *Fashionable Chemistry: The History of Printing Cotton in France in the Second Half of the Eighteenth and First Decades of the Nineteenth Century* (PhD thesis, University of Toronto, 2015), 91–97, https://tspace.library .utoronto.ca/bitstream/1807/82430/1/Martinsen_Hanna_2015_PhD_thesis.pdf.

*42 American Chemical Society, "The Chemical Revolution

of Antoine-Laurent Lavoisier," June 8, 1999, www.acs.org/content/acs/en/education/whatischemistry/landmarks /lavoisier.html.

＊43 Martinsen, *Fashionable Chemistry*, 64.

＊44 Charles Coulston Gillispie, *Science and Polity in France at the End of the Old Regime* (Princeton, NJ: Princeton University Press, 1980), 409–413.

＊45 Claude-Louis Berthollet and Amedée B. Berthollet, *Elements of the Art of Dyeing and Bleaching*, trans. Andrew Are (London: Thomas Tegg, 1841), 284.

＊46 *Demorest's Family Magazine*, November 1890, 47, 49, April 1891, 381, 383, and January 1891, 185, www.google.com/books/edition/Demorest_s_Family_Magazine/dRQ7A QAAMAAJ?hl=en&gbpv=0; Diane Fagan Affleck and Karen Herbaugh, "Bright Blacks, Neon Accents: Fabrics of the 1890s," Costume Colloquium, November 2014.

＊47 John W. Servos, "The Industrialization of Chemistry," *Science* 264, no. 5161 (May 13, 1994): 993–994.

＊48 Catherine M. Jackson, "Synthetical Experiments and Alkaloid Analogues: Liebig, Hofmann, and the Origins of Organic Synthesis," *Historical Studies in the Natural Sciences* 44, no. 4 (September 2014): 319–363; Augustus William Hofmann, "A Chemical Investigation of the Organic Bases contained in Coal-Gas," *London, Edinburgh, and Dublin Philosophical Magazine and Journal of Science*, February 1884, 115–127; W. H. Perkin, "The Origin of the Coal-Tar Colour Industry, and the Contributions of Hofmann and His Pupils," *Journal of the Chemical Society*, 1896, 596–637.

＊49 Sir F. A. Abel, "The History of the Royal College of Chemistry and Reminiscences of Hofmann's Professorship," *Journal of the Chemical Society*, 1896, 580–596.

＊50 Anthony S. Travis, "Science's Powerful Companion: A. W. Hofmann's Investigation of Aniline Red and Its Derivatives," *British Journal for the History of Science* 25, no. 1 (March 1992): 27–44; Edward J. Hallock, "Sketch of August Wilhelm Hofmann," *Popular Science Monthly*, April 1884, 831–835; Lord Playfair, "Personal Reminiscences of Hofmann and of the Conditions which Led to the Establishment of the Royal College of Chemistry and His Appointment as Its Professor," *Journal of the Chemical Society*, 1896, 575–579; Anthony S. Travis, *The Rainbow Makers: The Origins of the Synthetic Dyestuffs Industry in Western Europe* (Bethlehem, NY: Lehigh University Press, 1993), 31–81, 220–227.

＊51 Simon Garfield, *Mauve: How One Man Invented a Colour That Changed the World* (London: Faber & Faber, 2000), 69.

＊52 Travis, *The Rainbow Makers*, 31–81, 220–227; Perkin, "The Origin of the Coal-Tar Colour Industry."

＊53 Robert Chenciner, *Madder Red: A History of Luxury and Trade* (London: Routledge Curzon, 2000), Kindle locations 5323–5325; J. E. O'Conor, *Review of the Trade of India, 1900–1901* (Calcutta: Office of the Superintendent of Government Printing, 1901), 28–29; Asiaticus, "The Rise and Fall of the Indigo Industry in India," *Economic Journal*, June 1912, 237–247.

＊54 ソマイヤ・カラ・ヴィディヤ学院は、経験を積んだ工芸

家のデザインスキルの向上とマーケティングのトレーニングプログラムを提供する場である。同時に著者が二〇一九年の二月二七日から三月一〇日まで参加したような初心者のためのワークショップも行っている。 www.somaiya-kalavidya.org/about.html.

＊55　厳密には四つの別個の会社が存在する。もともとの染色会社であるスイステックス・カリフォルニア社。糸を購入し編み地を外注するスイステックス・ディレクト社。海外での染色会社であるスイステックス・エルサルバドル社。そして同じくエルサルバドルで操業する織布会社、ユニーク社。ロサンゼルスでは染色が中心だが、衣服が組み立てられるエルサルバドルでは織布そのものがより事業の中心となる。四社は同じ四人の経営者によって同等に運営されている。ダートレーはスイステックスディレクト社の社長だ。

＊56　Badri Chatterjee, "Why Are Dogs Turning Blue in This Mumbai Suburb? Kasadi River May Hold Answers," *Hindustan Times*, August 11, 2017, www.hindustantimes.com/mumbai-news/industrial-waste-in-navi-mumbai-s-kasadi-river-is-turning-dogs-blue/story-FcG0fUpioHGWUY1zv98HuN.html; Badri Chatterjee, "Mumbai's Blue Dogs: Pollution Board Shuts Down Dye Industry After HT Report," *Hindustan Times*, August 20, 2017, www.hindustantimes.com/mumbai-news/mumbai-s-blue-dogs-pollution-board -shuts-down-dye-industry-after-ht-report/story-uhgaiSeIk7UbxV93WLniaN.html.

＊57　Keith Dartley, interviews with the author, September 16, 2019, and September 26, 2019, and email to the author, September 27, 2019; Swisstex California, "Environment," www.swisstex-ca.com/Swisstex_Ca/Environment.html. Swisstex is certified by Bluesign, an environmental standard-setting and monitoring company based in Switzerland: www .bluesign.com/en.

第五章

＊1　Cécile Michel, *Correspondance des marchands de Kaniš au début du IIe millénaire avant J.-C.* (Paris: Les Éditions du Cerf, 2001), 427–431 (translation from French by the author); Cécile Michel, "The Old Assyrian Trade in the Light of Recent Kültepe Archives," *Journal of the Canadian Society for Mesopotamian Studies*, 2008, 71–82, https://halshs.archives -ouvertes.fr/halshs-00642827/document; Cécile Michel, "Assyrian Women's Contribution to International Trade with Anatolia," *Carnet de REFEMA*, November 12, 2013, https:// refema.hypotheses.org/850; Cécile Michel, "Economic and Social Aspects of the Old Assyrian Loan Contract," in *L'economia dell'antica Mesopotamia (III-I millennio a.C.) Per un dialogo interdisciplinare*, ed. Franco D'Agostino (Rome: Edizioni Nuova Cultura, 2013), 41–56, https://halshs.archives-ouvertes.fr/halshs-01426527/document; Mogens Trolle Larsen, *Ancient Kanesh: A Merchant Colony in Bronze Age Anatolia* (Cambridge: University of Cambridge Press, 2015), 1–3, 112, 152–158, 174, 196–201; Klaas R. Veenhof, "'Modern' Features in Old Assyrian Trade," *Journal of the Economic and Social History of the Orient* 40, no. 4 (January 1997): 336–366.

＊2　On social technology, see Richard R. Nelson, "Physical

and Social Technologies, and Their Evolution" (LEM Working Paper Series, Scuola Superiore Sant'Anna, Laboratory of Economics and Management [LEM], Pisa, Italy, June 2003), http://hdl.handle .net/10419/89537.

＊3　Larsen, *Ancient Kanesh*, 54–57.

＊4　Larsen, *Ancient Kanesh*, 181–182.

＊5　Jessica L. Goldberg, *Trade and Institutions in the Medieval Mediterranean: The Geniza Merchants and Their Business World* (Cambridge: Cambridge University Press, 2012), 65.

＊6　ソグド人は中央アジア民族で、中心都市は現ウズベキスタンのサマルカンドとバハラだった。この二都市は当時中国とイランとの交易中継点として重要であった。

＊7　Valerie Hansen and Xinjiang Rong, "How the Residents of Turfan Used Textiles as Money, 273–796 CE," *Journal of the Royal Asiatic Society* 23, no. 2 (April 2013): 281–305, https://history.yale.edu/sites/default/files/files/VALERIE%20HANSEN%20and%20XIN JIANG%20RONG.pdf.

＊8　Chang Xu and Helen Wang (trans.), "Managing a Multicurrency System in Tang China: The View from the Centre," *Journal of the Royal Asiatic Society* 23, no. 2 (April 2013): 242.

＊9　このような逸話は古ノルド語で「糸、筋」という意味の *páttr* と名称で呼ばれる。

＊10　William Ian Miller, *Audun and the Polar Bear: Luck, Law, and Largesse in a Medieval Tale of Risky Business* (Leiden: Brill, 2008), 7, 22–25.

＊11　交換の単位として、当時の法制は基準サイズのワスモールは一オンス（二八・三グラム）の銀に値するとしている。

＊12　Michèle Hayeur Smith, "*Vaðmál* and Cloth Currency in Viking and Medieval Iceland," in *Silver, Butter, Cloth: Monetary and Social Economies in the Viking Age*, ed. Jane Kershaw and Gareth Williams (Oxford: Oxford University Press, 2019), 251–277; Michèle Hayeur Smith, "Thorir's Bargain: Gender, *Vaðmál* and the Law," *World Archaeology* 45, no. 5 (2013): 730–746, https://doi.org/10.1080/00438243.2013.860272; Michèle Hayeur Smith, "Weaving Wealth: Cloth and Trade in Viking Age and Medieval Iceland," in *Textiles and the Medieval Economy: Production, Trade, and Consumption of Textiles, 8th–16th Centuries*, ed. Angela Ling Huang and Carsten Jahnke (Oxford: Oxbow Books, 2014), 23–40, www.researchgate.net/publication/272818539_Weaving_Wealth_Cloth_and _Trade_in_Viking_Age_and_Medieval_Iceland. 銀は往々にして交換単位と見なされたが、「影の通貨」とも渾名され実際に使用される頻度は布地よりずっと低かった。通貨の経済的機能の基本的特徴については次を参照。Federal Reserve Bank of St. Louis, "Functions of Money," Economic Lowdown Podcast Series, Episode 9, www.stlouisfed.org/education/economic-lowdown-podcast-series/episode-9-functions-of -money.

＊13　Marion Johnson, "Cloth as Money: The Cloth Strip Currencies of Africa," *Textile History* 11, no. 1 (1980): 193–202.

＊14　Peter Spufford, *Power and Profit: The Merchant in Medieval Europe* (London: Thames & Hudson, 2002), 134–136, 143–152.

*15 Alessandra Macinghi degli Strozzi, *Lettere di una Gentildonna Fiorentina del Secolo XV ai Figliuoli Esuli*, ed. Cesare Guasti (Firenze: G. C. Sansone, 1877), 27–30. (Translation by the author.)

*16 Spufford, *Power and Profit*, 25–29.

*17 Jong Kuk Nam, "The *Scarsella* between the Mediterranean and the Atlantic in the 1400s," *Mediterranean Review*, June 2016, 53–75.

*18 Telesforo Bini, "Lettere mercantili del 1375 di Venezia a Giusfredo Cenami setaiolo," appendix to *Su I lucchesi a Venezia: Memorie dei Secoli XII e XIV*, Part 2, in *Atti dell'Accademia Lucchese di Scienze, Lettere ed Arti* (Lucca, Italy: Tipografia di Giuseppe Giusti, 1857), 150–155, www.google.com/books/edition/_/OLwAAAAAYAAJ?hl=en.

*19 Spufford, *Power and Profit*, 28–29.

*20 Warren Van Egmond, *The Commercial Revolution and the Beginnings of Western Mathematics in Renaissance Florence, 1300–1500* (unpublished dissertation, History and Philosophy of Science, Indiana University, 1976), 74–75, 106. 後述の内容の多くはヴァン・エグモンドの研究内容から引かれている。ここでは引用文といくつかの特定の事実に限って典拠のページ番号を示す。

*21 Van Egmond, *The Commercial Revolution*, 14, 172, 186–187, 196–197, 251.

*22 L. E. Sigler, *Fibonacci's Liber Abaci: A Translation into Modern English of Leonardo Pisano's Book of Calculation* (New York: Springer-Verlag, 2002), 4, 15–16.

*23 Paul F. Grendler, *Schooling in Renaissance Italy: Literacy and Learning, 1300–1600* (Baltimore: Johns Hopkins University Press, 1989), 77, 306–329; Margaret Spufford, "Literacy, Trade, and Religion in the Commercial Centers of Europe," in *A Miracle Mirrored: The Dutch Republic in European Perspective*, ed. Karel A. Davids and Jan Lucassen (Cambridge: Cambridge University Press, 1995), 229–283. Paul F. Grendler, "What Piero Learned in School: Fifteenth-Century Vernacular Education," *Studies in the History of Art* (Symposium Papers XXVIII: Piero della Francesca and His Legacy, 1995), 160–174; Frank J. Swetz, *Capitalism and Arithmetic: The New Math of the 15th Century, Including the Full Text of the Treviso Arithmetic of 1478*, trans. David Eugene Smith (La Salle, IL: Open Court, 1987).

*24 Edwin S. Hunt and James Murray, *A History of Business in Medieval Europe, 1200– 1550* (Cambridge: Cambridge University Press, 1999), 57–63.

*25 Van Egmond, *The Commercial Revolution*, 17–18, 173.

*26 今日のアパレル業では「ファクター」ということばは業界専門用語として、製造側の現状の納品／支払い請求書にもとづいた信用貸し額を指す。だが、テキスタイル史を通して言えば、このことばは通常、仲買人や代理人を意味した。

*27 James Stevens Rogers, *The Early History of the Law of Bills and Notes: A Study of the Origins of Anglo-American Commercial Law* (Cambridge: Cambridge University Press, 1995), 104–106.〔『イギリスにおける商事法の発展——手形が紙幣になるまで』、川分圭子訳、弘文堂、二〇一一〕

*28 Hunt and Murray, *A History of Business in Medieval*

Europe, 64.

＊29　Francesca Trivellato, *The Promise and Peril of Credit: What a Forgotten Legend About Jews and Finance Tells Us About the Making of European Commercial Society* (Princeton, NJ: Princeton University Press, 2019), 2. 為替手形はもともとイタリアで始められたにもかかわらず、一四九二年ユダヤ人がスペインから追放された際に彼らがスペインの国富を流出させるためにこの手段を考えついたという伝説が生みだされる。トリヴェラトはその著書でこのデマの元と持続性について調査している。

＊30　Spufford, *Power and Profit*, 37. 為替手形はその機能が徐々に変貌し交渉性を増すにつれて、経済学者がマネーサプライ（社会に流通する通貨量）と見なす領域に含まれるようになる。

＊31　Meir Kohn, "Bills of Exchange and the Money Market to 1600" (Department of Economics Working Paper No. 99-04, Dartmouth College, Hanover, NH, February 1999), 21, cpb-us-e1.wpmucdn.com/sites.dartmouth.edu/dist/6/1163/files/2017/03/99-04.pdf; Peter Spufford, *Handbook of Medieval Exchange* (London: Royal Historical Society, 1986), xxxvii.

＊32　Spufford, *Handbook of Medieval Exchange*, 316, 321.

＊33　Kohn, "Bills of Exchange and the Money Market," 3, 7–9; Trivellato, *The Promise and Peril of Credit*, 29–30. See also Raymond de Roover, "What Is Dry Exchange: A Contribution to the Study of English Mercantilism," in *Business, Banking, and Economic Thought in Late Medieval and Early Modern Europe: Selected Studies of Raymond de Roover*, ed. Julius Kirshner (Chicago: University of Chicago Press, 1974), 183–199.

＊34　Iris Origo, *The Merchant of Prato: Daily Life in a Medieval City* (New York: Penguin, 1963), 146–149.〔『プラートの商人——中世イタリアの日常生活　新装復刊』、篠田綾子訳、白水社、二〇〇八〕

＊35　Hunt and Murray, *A History of Business in Medieval Europe*, 222–225; K. S. Mathew, *Indo-Portuguese Trade and the Fuggers of Germany: Sixteenth Century* (New Delhi: Manohar, 1997), 101–147.

＊36　Kohn, "Bills of Exchange and the Money Market," 28.

＊37　Alfred Wadsworth and Julia de Lacy Mann, *The Cotton Trade and Industrial Lancashire 1600–1780* (Manchester, UK: Manchester University Press, 1931), 91–95.

＊38　Wadsworth and Mann, *The Cotton Trade and Industrial Lancashire*, 91–95; T. S. Ashton, "The Bill of Exchange and Private Banks in Lancashire, 1790–1830," *Economic History Review* a15, nos. 1–2 (1945): 27.

＊39　Trivellato, *The Promise and Peril of Credit*, 13–14.

＊40　John Graham, "History of Printworks in the Manchester District from 1760 to 1846," quoted in J. K. Horsefield, "Gibson and Johnson: A Forgotten Cause Célèbre," *Economica*, August 1943, 233–237.

＊41　Trivellato, *The Promise and Peril of Credit*, 32–34; Kohn, "Bills of Exchange and the Money Market," 24–28; Lewis Loyd testimony, May 4, 1826, in House of Commons, *Report from the Select Committee on Promissory Notes in Scotland and Ireland* (London: Great Britain Parliament, May 26, 1826), 186.

＊42　Alexander Blair testimony, March 21, 1826, in House of

Commons, *Report from the Select Committee on Promissory Notes in Scotland and Ireland* (London: Great Britain Parliament, May 26, 1826), 41; Lloyds Banking Group, "British Linen Bank (1746–1999)," www.lloydsbankinggroup.com/Our-Group/our-heritage/our-history2/bank-of-scotland /british-linen-bank/.

*43 Carl J. Griffin, *Protest, Politics and Work in Rural England, 1700–1850* (London: Palgrave Macmillan, 2013), 24; Adrian Randall, *Riotous Assemblies: Popular Protest in Hanoverian England* (Oxford: Oxford University Press, 2006), 141–143; David Rollison, *The Local Origins of Modern Society: Gloucestershire 1500–1800* (London: Routledge, 2005), 226 –227.

*44 ここでいうウール業界の「ウール」は湿気と擦りを使って表面をフェルト化させる厚めのウール地で、ウーレンと呼ばれる。短めの繊維を［たわし状の］ブラシで梳いて紡いだ柔らかい糸を使い、フェルト加工されたあとで表面は軽く削がれてなめらかになる。ウーステッドというのは、薄手のウール地でフェルト化されず、よりきつく紡がれた糸で織られる。また、紡ぐ前に繊維はブラシで梳くのではなく櫛でけずられる。ブラシで梳かられた繊維はふわふわになるが、櫛けずられた繊維は同方向にならぶためまとまりやすい。

*45 "An Essay on Riots; Their Causes and Cure," *Gentleman's Magazine*, January 1739, 7–10. See also, "A Letter on the Woollen Manufacturer," *Gentleman's Magazine*, February 1739, 84–86; A Manufacturer in Wiltshire, "Remarks on the Essay on Riots," *Gentleman's Magazine*, March 1739, 123–126; Trowbridge, "Conclusion," *Gentleman's Magazine*, 126; "Case between the Clothiers and Weavers," *Gentleman's Magazine*, April 1739, 205–206; "The Late Improvements of Our Trade, Navigation, and Manufactures," *Gentleman's Magazine*, September 1739, 478–480.

*46 Trowbridge, untitled essay, *Gentleman's Magazine*, February 1739, 89–90. Trowbridge, "Conclusion," *Gentleman's Magazine*, 126.

*47 Ray Bert Westerfield, *The Middleman in English Business* (New Haven, CT: Yale University Press, 1914), 296, archive.org/details/middlemeninengli00west. その人数は法律で制定されたというわけではなかったが、ファクターの職務や登録義務などを制定した法には人数制限があった可能性があり、もしそうだとしたらその時点でファクターだった者たちに大きく経済的優位をもたらしたことになる。

*48 Luca Molà, *The Silk Industry of Renaissance Venice* (Baltimore: Johns Hopkins University Press, 2000), 365n11.

*49 Conrad Gill, "Blackwell Hall Factors, 1795–1799," *Economic History Review*, August 1954, 268–281; Westerfield, *The Middleman in English Business*, 273–304.

*50 Trowbridge, "Conclusion," *Gentleman's Magazine*, 126.

*51 ここで引用されているセリフは二〇一九年四月四日、ニューヨーク市パークアベニューアーモリーにて上演された『リーマン三部作』からの転写である。

*52 Harold D. Woodman, "The Decline of Cotton Factorage After the Civil War," *American Historical Review* 71, no. 4 (July 1966): 1219–1236; Harold D. Woodman, *King Cotton and His Retainers: Financing and Marketing the Cotton Crop* *of the South, 1800–1925* (Lexington: University of Kentucky Press, 1968). ウッドマンの説では南部における木綿業のファクターの存在は少なくとも1800年に遡る。

＊53 Italian Playwrights Project, "Stefano Massini's SOMETHING ABOUT THE LEHMANS," YouTube video, 1:34:04, December 5, 2016, www.youtube.com/watch?time _continue=112&v=gETKm6El85o.

＊54 Ben Brantley, "'The Lehman Trilogy' Is a Transfixing Epic of Riches and Ruin," *New York Times*, July 13, 2018, C5, www.nytimes.com/2018/07/13/theater/lehman-trilogy-review-national-theater-london.html; Richard Cohen, "The Hole at the Heart of 'The Lehman Trilogy,'" *Washington Post*, April 8, 2019, www.washingtonpost.com/opinions /the-hole-at-the-heart-of-the-lehman-trilogy/2019/04/08/51f6ed8c-5a3e-11e9-842d-7d3ed7eb3957_story.html?utm_term=.257ef2349d55; Jonathan Mandell, "The Lehman Trilogy Review: 164 Years of One Capitalist Family Minus the Dark Parts," *New York Theater*, April 7, 2019, https://newyorktheater.me/2019/04/07/the-lehman-trilogy-review-164 -years-of-one-capitalist-family-minus-the-dark-parts/; Nicole Gelinas, "The Lehman Elegy," *City Journal*, April 12, 2019, www.city-journal.org/the-lehman-trilogy.

第六章

＊1 Angela Yu-Yun Sheng, "Textile Use, Technology, and Change in Rural Textile Production in Song, China (960–1279)" (unpublished dissertation, University of Pennsylvania, 1990), 53, 68–113.

＊2 Roslyn Lee Hammers, *Pictures of Tilling and Weaving: Art, Labor, and Technology in Song and Yuan China* (Hong Kong: Hong Kong University Press, 2011), 1–7, 87–98, 210, 211. ここで引用されている部分はハマーズの翻訳を彼女の寛容なる許可を得て使わせていただいている。

＊3 宋は九六〇年から一二七九年まで続いた。途中、一一二七年に金に首都開封を含めて華北を奪われ、その後は南宋時代となる。南宋は臨安（現在の杭州）を首都とし揚子江以南を治めた。人口、政治、文化の南遷はその後の中国経済地理を大幅に変化させることとなった。

＊4 William Guanglin Liu, *The Chinese Market Economy 1000–1500* (Albany: State University of New York Press, 2015), 273–275; Richard von Glahn, *The Economic History of China: From Antiquity to the Nineteenth Century* (Cambridge: Cambridge University Press, 2016), 462.〔『中国経済史——古代から一九世紀まで』、山岡由美訳、みすず書房、二〇一九〕

＊5 Liu, *The Chinese Market Economy*, 273–278; Sheng, "Textile Use, Technology, and Change," 174.

＊6 Thomas T. Allsen, *Commodity and Exchange in the Mongol Empire: A Cultural History of Islamic Textiles* (Cambridge: Cambridge University Press, 1997), 28; Sheila S. Blair, "East Meets West Under the Mongols," *Silk Road* 3, no. 2 (December 2005): 27–33, www .silkroadfoundation.org/newsletter/vol3num2/6_blair.php.

＊7 タタール人はチンギス・ハーンが最初に征服した民族のひとつで、「フェルト壁の民族」と彼が名付けた新しいモンゴルのアイデンティティに吸収された。Jack Weatherford, *Genghis Khan and the Making of the Modern*

World (New York: Crown, 2004), 53–54.〔『パックス・モンゴリカ――チンギス・ハンがつくった新世界』、星川淳監訳、横堀富佐子訳、日本放送出版協会、二〇〇六〕

＊8 Joyce Denney, "Textiles in the Mongol and Yuan Periods," and James C. Y. Watt, "Introduction," in James C. Y. Watt, *The World of Khubilai Khan: Chinese Art in the Yuan Dynasty* (New York: Metropolitan Museum of Art, 2010), 243–267, 7–10.

＊9 Peter Jackson, *The Mongols and the Islamic World* (New Haven, CT: Yale University Press, 2017), 225; Allsen, *Commodity and Exchange in the Mongol Empire*, 38–45, 101; Denney, "Textiles in the Mongol and Yuan Periods."

＊10 Helen Persson, "Chinese Silks in Mamluk Egypt," in *Global Textile Encounters*, ed. Marie-Louise Nosch, Zhao Feng, and Lotika Varadarajan (Oxford: Oxbow Books, 2014), 118.

＊11 James C. Y. Watt and Anne E. Wardwell, *When Silk Was Gold: Central Asian and Chinese Textiles* (New York: Metropolitan Museum of Art, 1997), 132.

＊12 Allsen, *Commodity and Exchange in the Mongol Empire*, 29. チンギス・ハーンは商人が自分の商品について知識を深めるように、モンゴル軍の司令官に息子たちが戦の技能について研鑽を積むよう奨励している。

＊13 Yuan Zujie, "Dressing the State, Dressing the Society: Ritual, Morality, and Conspicuous Consumption in Ming Dynasty China" (unpublished dissertation, University of Minnesota, 2002), 51.

＊14 Craig Clunas, *Superfluous Things: Material Culture and Social Status in Early Modern China* (Urbana: University of Illinois Press, 1991), 150; Zujie, "Dressing the State, Dressing the Society," 93.

＊15 政令の主要な変更は一五二八年に行われ、政府官吏の業務外での服装規定を定めるものだった。

＊16 BuYun Chen, "Wearing the Hat of Loyalty: Imperial Power and Dress Reform in Ming Dynasty China," in *The Right to Dress: Sumptuary Laws in a Global Perspective, c. 1200–1800*, ed. Giorgio Riello and Ulinka Rublack (Cambridge: Cambridge University Press, 2019), 418.

＊17 Zujie, "Dressing the State, Dressing the Society," 94–96, 189–191.

＊18 Ulinka Rublack, "The Right to Dress: Sartorial Politics in Germany, c. 1300–1750," in *The Right to Dress*, 45; Chen, "Wearing the Hat of Loyalty," 430–431.

＊19 Liza Crihfield Darby, *Kimono: Fashioning Culture* (Seattle: University of Washington Press, 2001), 52–54; Katsuya Hirano, "Regulating Excess: The Cultural Politics of Consumption in Tokugawa Japan," in *The Right to Dress*, 435–460; Howard Hibbett, *The Floating World in Japanese Fiction* (Boston: Tuttle Publishing, [1959] 2001).

＊20 Catherine Kovesi, "Defending the Right to Dress: Two Sumptuary Law Protests in Sixteenth-Century Milan," in *The Right to Dress*, 186; Luca Molà and Giorgio Riello, "Against the Law: Sumptuary Prosecutions in Sixteenth- and Seventeenth-Century Padova," in *The Right to Dress*, 216; Maria Giuseppina Muzzarelli, "Sumptuary Laws in Italy: Financial Resource and Instrument of Rule," in *The Right to Dress*, 171, 176; Alan Hunt, *Governance of the Consuming Passions: A History of Sumptuary Law* (New

York: St. Martin's Press, 1996), 73; Ronald E. Rainey, "Sumptuary Legislation in Renaissance Florence" (unpublished diss., Columbia University, 1985), 62.

＊21 Rainey, "Sumptuary Legislation in Renaissance Florence," 54, 468–470, 198.

＊22 Rainey, "Sumptuary Legislation in Renaissance Florence," 52–53, 72, 98, 147, 442– 443. "*sciamito*"ということばは特別に"*samite*"（中世に使われた金銀の糸を織り込んだ絹地）のみを指していたのかもしれないが、両面を使えるブロケード織はふんだんに金糸銀糸を織り入れていた。しかし、レイニーによるとこのことばはそれほど厳密には使われてはいなかったらしい。

＊23 Carole Collier Frick, *Dressing Renaissance Florence: Families, Fortunes, and Fine Clothing* (Baltimore: Johns Hopkins University Press, 2005), Kindle edition.

＊24 Rainey, "Sumptuary Legislation in Renaissance Florence," 231–234; Franco Sacchetti, *Tales from Sacchetti*, trans. by Mary G. Steegman (London: J. M. Dent, 1908), 117– 119; Franco Sacchetti, *Delle Novelle di Franco Sacchetti* (Florence: n.p., 1724), 227. The original phrase is "Ciò che vuole dunna [*sic*], vuol signò; e ciò vuol signò, Tirli in Birli."

＊25 Muzzarelli, "Sumptuary Laws in Italy," 175, 185.

＊26 Rainey, "Sumptuary Legislation in Renaissance Florence," 200–205, 217; William Caferro, "Florentine Wages at the Time of the Black Death" (unpublished ms., Vanderbilt University), https://economics.yale.edu/sites/default/files/florence_wages-caferro.pdf.

＊27 Kovesi, "Defending the Right to Dress," 199–200.

＊28 Felicia Gottmann, *Global Trade, Smuggling, and the Making of Economic Liberalism: Asian Textiles in France 1680–1760* (Basingstoke, UK: Palgrave Macmillan, 2016), 91. この部分の古いバージョンは筆者の前作に使われている。Virginia Postrel, "Before Drug Prohibition, There Was the War on Calico," *Reason*, July 2018, 14–15, https://reason.com/2018/06/25 /before-drug-prohibition-there/.

＊29 Michael Kwass, *Contraband: Louis Mandrin and the Making of a Global Underground* (Cambridge, MA: Harvard University Press, 2014), 218–220; Gillian Crosby, *First Impressions: The Prohibition on Printed Calicoes in France, 1686–1759* (unpublished dissertation, Nottingham Trent University, 2015), 143–144.

＊30 Kwass, *Contraband*, 56.

＊31 イギリスキャラコ令に関する歴史の概要については次を参照。"The Calico Acts: Was British Cotton Made Possible by Infant Industry Protection from Indian Competition?" Pseudoerasmus, January 5, 2017, https:// pseudoerasmus.com/2017/01/05/ca/.

＊32 Giorgio Riello, *Cotton: The Fabric That Made the Modern World* (Cambridge: Cambridge University Press, 2013), 100; Kwass, *Contraband*, 33.

＊33 Gottmann, *Global Trade, Smuggling*, 7; Kwass, *Contraband*, 37–39.

＊34 Gottmann, *Global Trade, Smuggling*, 41.

＊35 Gottmann, *Global Trade, Smuggling*, 153.

＊36 Kwass, *Contraband*, 294.

＊37 Julie Gibbons, "The History of Surface Design: Toile de Jouy," Pattern Observer, https://patternobserver.

com/2014/09/23/history-surface-design-toile-de-jouy/.

*38 George Metcalf, "A Microcosm of Why Africans Sold Slaves: Akan Consumption Patterns in the 1770s," *Journal of African History* 28, no. 3 (November 1987): 377–394. The popularity of textiles is confirmed in data compiled in Stanley B. Alpern, "What Africans Got for Their Slaves: A Master List of European Trade Goods," *History in Africa* 22 (January 1995): 5–43.

*39 この時期、西アフリカで捕らえられた者たちはそのほとんどが西インド諸島のサトウキビ園に送られた。

*40 Chambon, *Le commerce de l'Amérique par Marseille*. Michael Kwass, *Contraband*, 20 に翻訳引用された部分を使っている。原文は次を参照。https://gallica.bnf.fr/ark:/12148 /bpt6k1041911g/f417.item.zoom. Venice Lamb, *West African Weaving* (London: Duckworth, 1975), 104.

*41 Colleen E. Kriger, "'Guinea Cloth': Production and Consumption of Cotton Textiles in West Africa before and during the Atlantic Slave Trade," in *The Spinning World: A Global History of Cotton Textiles, 1200–1850*, ed. Giorgio Riello and Prasannan Parthasarathi (Oxford: Oxford University Press, 2009), 105–126; Colleen E. Kriger, *Cloth in West African History* (Lanham, MD: Altamira Press, 2006), 35–36.

*42 Suzanne Gott and Kristyne S. Loughran, "Introducing African-Print Fashion," in *African-Print Fashion Now! A Story of Taste, Globalization, and Style*, ed. Suzanne Gott, Kristyne S. Loughran, Betsy D. Smith, and Leslie W. Rabine (Los Angeles: Fowler Museum UCLA, 2017), 22–49; Helen Elanda, "Dutch Wax Classics: The Designs Introduced by Ebenezer Brown Fleming circa 1890–1912 and Their Legacy," in *African-Print Fashion Now!*, 52–61; Alisa LaGamma, "The Poetics of Cloth," in *The Essential Art of African Textiles: Design Without End*, ed. Alisa LaGamma and Christine Giuntini (New Haven, CT: Yale University Press, 2008), 9–23, www.metmuseum.org/art/metpublications /the_essential_art_of_african_textiles_design_without_end.

*43 Kathleen Bickford Berzock, "African Prints/African Ownership: On Naming, Value, and Classics," in *African-Print Fashion Now!*, 71–79. (Berzock is the art historian quoted.) Susan Domowitz, "Wearing Proverbs: Anyi Names for Printed Factory Cloth," *African Arts*, July 1992, 82–87, 104; Paulette Young, "Ghanaian Woman and Dutch Wax Prints: The Counter-appropriation of the Foreign and the Local Creating a New Visual Voice of Creative Expression," *Journal of Asian and African Studies* 51, no. 3 (January 10, 2016), https://doi.org/10.1177/0021909615623811. (Young is the curator quoted.) Michelle Gilbert, "Names, Cloth and Identity: A Case from West Africa," in *Media and Identity in Africa*, ed. John Middleton and Kimani Njogu (Bloomington: Indiana University Press, 2010), 226–244.

*44 Tunde M. Akinwumi, "The 'African Print' Hoax: Machine Produced Textiles Jeopardize African Print Authenticity," *Journal of Pan African Studies* 2, no. 5 (July 2008): 179–192; Victoria L. Rovine, "Cloth, Dress, and Drama," in *African-Print Fashion Now!*, 274 – 277.

*45 このサンプルはコリーン・クリガーによってケンテ布と描写されているが、その先駆をなすものと考えた方が妥当かもしれない。Malika Kraamer, "Ghanaian Interweaving in the Nineteenth Century: A New Perspective on Ewe and Asante Textile History," *African Arts*, Winter 2006, 36–53, 93–95.

*46 縦模様・横模様のパターンが最も一般的だが、デザインはどのように緯糸がはめ込まれるかによってそれだけにかぎられているわけではない。「まったく頭がこんがらがってしまうようなことだが、もちろん二色の緯糸を交互に使って、緯表織りの部分に縦縞模様を織ることは可能です。片方の色の糸は経糸の一ユニットの下にすっかり隠されて、次のユニットでは上に出すという具合に色を交互に変えるわけです」と、テキスタイル学者のジョン・ピクトンとジョン・マックは説明する。John Picton and John Mack, *African Textiles* (New York: Harper & Row, 1989), 117.

*47 Malika Kraamer, "Challenged Pasts and the Museum: The Case of Ghanaian *Kente*," in *The Thing about Museums: Objects and Experience, Representation and Contestation*, ed. Sandra Dudley, Amy Jane Barnes, Jennifer Binnie, Julia Petrov, Jennifer Walklate (Abingdon, UK: Routledge, 2011), 282–296.

*48 Lamb, *West African Weaving*, 141.

*49 Lamb, *West African Weaving*, 22; Doran H. Ross, "Introduction: Fine Weaves and Tangled Webs" and "Kente and Its Image Outside Ghana," in *Wrapped in Pride: Ghanaian Kente and African American Identity*, ed. Doran H. Ross (Los Angeles: UCLA Fowler Museum of Cultural History, 1998), 21, 160–176; James Padilioni Jr., "The History and Significance of Kente Cloth in the Black Diaspora," Black Perspectives, May 22, 2017, www .aaihs.org/the-history-and-significance-of-kente-cloth-in-the-black-diaspora/; Betsy D. Quick, "Pride and Dignity: African American Perspective on Kente," in *Wrapped in Pride*, 202–268. ケンテは魅惑的ファッション表現とも見られる。Virginia Postrel, *The Power of Glamour: Longing and the Art of Visual Persuasion* (New York: Simon & Schuster, 2013).

*50 Anita M. Samuels, "African Textiles: Making the Transition from Cultural Statement to Macy's," *New York Times*, July 26, 1992, sec. 3, 10, www.nytimes.com/1992/07/26 /business/all-about-african-textiles-making-transition-cultural-statement-macy-s.html. この翻訳者もしくはリポーターはケンテとワックスプリントとを同一視してしまったのであろう。後者は布地の両面に捺染される。

*51 Ross, *Wrapped in Pride*, 273–289.

*52 Kwesi Yankah, "Around the World in Kente Cloth," *Uburu*, May 1990, 15–17, quoted in Ross, *Wrapped in Pride*, 276; John Picton, "Tradition, Technology, and Lurex: Some Comments on Textile History and Design in West Africa," in *History, Design, and Craft in West African Strip-Woven Cloth: Papers Presented at a Symposium Organized by the National Museum of African Art, Smithsonian Institution, February 18–19, 1988* (Washington, DC: Smithsonian Institution, 1992), 46. ケンテヨガパンツについては次を参照。 www.etsy.com /market/kente_leggings. オーセンティシティー（もともとの意図的純粋性／信憑性）に関するさ

らに深い考察については次を参照。Virginia Postrel, *The Substance of Style: How the Rise of Aesthetic Value Is Remaking Culture, Commerce, and Consciousness* (New York: HarperCollins, 2003), 95–117.

＊53　アメリカ製のテキスタイルのサンプルに関しては次を参照。Virginia Postrel, "Making History Modern," *Reason*, December 2017, 10–11, https://vpostrel.com/articles/making-history-modern. メキシコ製のサンプルは Virginia Postrel, "How Ponchos Got More Authentic After Commerce Came to Chiapas," *Reason*, April 2018, 10–11, https://vpostrel.com/articles /how-ponchos-got-more-authentic-after-commerce-came-to-chiapas.

＊54　Raymond Senuk, interview with the author, August 31, 2018, and email August 2, 2019; Lisa Fitzpatrick, interview with the author, August 24, 2018; Barbara Knoke de Arathoon and Rosario Miralbés de Polanco, *Huipiles Mayas de Guatemala/Maya Huipiles of Guatemala* (Guatemala City: Museo Ixchel del Traje Indigene, 2011); Raymond E. Senuk, *Maya Traje: A Tradition in Transition* (Princeton, NJ: Friends of the Ixchel Museum, 2019); Rosario Miralbés de Polanco, *The Magic and Mystery of Jaspe: Knots Revealing Designs* (Guatemala City: Museo Ixchel del Traje Indigena, 2005). On Instagram, see www.instagram .com/explore/tags/chicasdecorte/.

＊55　Chris Anderson, *The Long Tail: Why the Future of Business Is Selling Less of More* (New York: Hachette Books, 2008), 52.

＊56　56. Gart Davis, interview with the author, May 11, 2016, and email to the author, August 2, 2019; Alex Craig email to the author, September 23, 2019; Jonna Hayden, Facebook messages with the author, May 10, 2016, and August 3, 2019.

第七章

＊1　Sharon Bertsch McGrayne, *Prometheans in the Lab: Chemistry and the Making of the Modern World* (New York: McGraw-Hill, 2001), 114. 後述の内容のものは次を参照。Virginia Postrel, "The iPhone of 1939 Helped Liberate Europe. And Women," Bloomberg Opinion, October 25, 2019, www.bloomberg.com/opinion/articles/2019-10-25 / nylon-history-how-stockings-helped-liberate-women.

＊2　Yasu Furukawa, *Inventing Polymer Science: Staudinger, Carothers, and the Emergence of Macromolecular Chemistry* (Philadelphia: University of Pennsylvania Press, 1998), 103–111; Joel Mokyr, *The Gifts of Athena: Historical Origins of the Knowledge Economy* (Princeton, NJ: Princeton University Press, 2002), 28–77.

＊3　Herman F. Mark, "The Early Days of Polymer Science," in *Contemporary Topics in Polymer Science*, Vol. 5, ed. E.J. Vandenberg, Proceedings of the Eleventh Biennial Polymer Symposium of the Division of Polymer Chemistry on High Performance Polymers, November 20–24, 1982 (New York: Plenum Press, 1984), 10–11.

＊4　McGrayne, *Prometheans in the Lab*, 120–128; Matthew E. Hermes, *Enough for One Lifetime: Wallace Carothers, Inventor of Nylon* (Washington, DC: American Chemical Society and Chemical Heritage Foundation, 1996), 115.

＊5　"Chemists Produce Synthetic 'Silk,'" *New York Times*,

September 2, 1931, 23.

*6 Hermes, *Enough for One Lifetime*, 183.

*7 McGrayne, *Prometheans in the Lab*, 139–142; Hermes, *Enough for One Lifetime*, 185–189.

*8 "The New Dr. West's Miracle Tuft" ad, *Saturday Evening Post*, October 29, 1938, 44–45, https://archive.org/details/the-saturday-evening-post-1938-10-29/page/n43; "DuPont Discloses New Yarn Details," *New York Times*, October 28, 1938, 38; "Du Pont Calls Fair American Symbol," *New York Times*, April 25, 1939, 2; "First Offering of Nylon Hosiery Sold Out," *New York Times*, October 25, 1939, 38; "Stine Says Nylon Claims Tend to Overoptimism," *New York Times*, January 13, 1940, 18.

*9 Kimbra Cutlip, "How 75 Years Ago Nylon Stockings Changed the World," *Smithsonian*, May 11, 2015, www.smithsonianmag.com/smithsonian-institution/how-75-years-ago-nylon-stockings-changed-world-180955219/.

*10 David Brunnschweiler, "Rex Whinfield and James Dickson at the Broad Oak Print Works," in *Polyester: 50 Years of Achievement*, ed. David Brunnschweiler and John Hearle (Manchester, UK: Textile Institute, 1993), 34–37; J. R. Whinfield, "The Development of Terylene," *Textile Research Journal*, May 1953, 289–293, https://doi .org/10.1177/004051755302300503; J. R. Whinfield, "Textiles and the Inventive Spirit" (Emsley Lecture), in *Journal of the Textile Institute Proceedings*, October 1955, 5–11; IHS Markit, "Polyester Fibers," *Chemical Economics Handbook*, June 2018, https://ihsmarkit .com/products/polyester-fibers-chemical-economics-handbook.html.

*11 Hermes, *Enough for One Lifetime*, 291.

*12 "Vogue Presents Fashions of the Future," *Vogue*, February 1, 1939, 71–81, 137–146; "Clothing of the Future—Clothing in the Year 2000," Pathetone Weekly, YouTube video, 1:26, www.youtube.com/watch?v=U9eAiy0IGBI.

*13 Regina Lee Blaszczyk, "Styling Synthetics: DuPont's Marketing of Fabrics and Fashions in Postwar America," *Business History Review*, Autumn 2006, 485–528; Ronald Alsop, "Du Pont Acts to Iron Out the Wrinkles in Polyester's Image," *Wall Street Journal*, March 2, 1982, 1.

*14 Jean E. Palmieri, "Under Armour Scores $1 Billion in Sales through Laser Focus on Athletes," *WWD*, December 1, 2011, https://wwd.com/wwd-publications/wwd-special-report/2011-12-01-2104533/; Jean E. Palmieri, "Innovating the Under Armour Way," *WWD*, August 10, 2016, 11–12; Kelefa Sanneh, "Skin in the Game," *New Yorker*, March 24, 2014, www.newyorker.com/magazine/2014/03/24/skin-in-the-game.

*15 Phil Brown, interview with the author, March 4, 2015; Virginia Postrel, "How the Easter Bunny Got So Soft," Bloomberg Opinion, April 2, 2015, https://vpostrel.com / articles/how-the-easter-bunny-got-so-soft.

*16 Brian K. McFarlin, Andrea L. Henning, and Adam S. Venable, "Clothing Woven with Titanium Dioxide-Infused Yarn: Potential to Increase Exercise Capacity in a Hot, Humid Environment?" *Journal of the Textile Institute* 108 (July 2017): 1259–1263, https://doi .org/10.1080/

00405000.2016.1239329.

*17 Elizabeth Miller, "Is DWR Yucking Up the Planet?" SNEWS, May 12, 2017, www.snewsnet.com/news/is-dwr-yucking-up-the-planet; John Mowbray, "Gore PFC Challenge Tougher than Expected," *EcoTextile News*, February 20, 2019, www.ecotextile .com/2019022024078/dyes-chemicals-news/gore-pfc-challenge-tougher-than-expected .html. この化合物が実際に害を及ぼすかどうかは未だに結論が出ていない。だが、消費者向けの商品としてアンダーアーマーは商品を青にするか赤にするかと同じ理由で裁断を下すに至る。つまり消費者の望むものを作るということだ。

*18 Kyle Blakely, interview with the author, July 31, 2019.

*19 Christian Holland, "MassDevice Q&A: OmniGuide Chairman Yoel Fink," MassDevice, June 1, 2010, www.massdevice.com/massdevice-qa-omniguide-chairman-yoel-fink/; Bruce Schechter, "M.I.T. Scientists Turn Simple Idea Into 'Perfect Mirror,'" *New York Times*, December 15, 1998, sec. F, 2, www.nytimes.com/1998/12/15/science/mit -scientists-turn-simple-idea-into-perfect-mirror.html.

*20 Yoel Fink, interviews with the author, July 28, 2019, and August 16, 2019; Bob D'Amelio and Tosha Hays, interviews with the author, July 29, 2019, and August 28, 2019; Jonathon Keats, "This Materials Scientist Is on a Quest to Create Functional Fibers That Could Change the Future of Fabric," *Discover*, April 2018, http://discovermagazine .com/2018/apr/future-wear; David L. Chandler, "AFFOA Launches State-of-the-Art Facility for Prototyping Advanced Fabrics," MIT News Office, June 19, 2017, https://news .mit.edu/2017/affoa-launches-state-art-facility-protoyping-advanced-fabrics-0619. フィンクとヘイズは二〇一九年の暮れにAFFOAを辞したが、彼らが始めたMITのグループは機能的繊維のリサーチを今でも継続している。

*21 フィンクは米国生まれだが、彼が二歳のとき家族は移住している。

*22 Hiroyasu Furukawa, Kyle E. Cordova, Michael O'Keeffe, and Omar M. Yaghi, "The Chemistry and Applications of Metal-Organic Frameworks," *Science* 341, no. 6149 (August 30, 2013): 974.

*23 Juan Hinestroza, interviews with the author, August 23, 2019, August 30, 2019, and September 3, 2019, and emails to the author September 2, 2019, September 5, 2019, and September 25, 2019; College of Textiles, NC State University, "Researchers Develop High-Tech, Chemical-Resistant Textile Layers," *Wolftext*, Summer 2005, 2, https://sites .textiles.ncsu.edu/wolftext-alumni-newsletter/wp-content/uploads/sites/53/2012/07 / wolftextsummer2005.pdf; Ali K. Yetisen, Hang Qu, Amir Manbachi, Haider Butt, Mehmet R. Dokmeci, Juan P. Hinestroza, Maksim Skorobogatiy, Ali Khademhosseini, and SeokHyun Yun, "Nanotechnology in Textiles," *ACS Nano*, March 22, 2016, 3042–3068.

*24 二〇一六年に、アラガンはタフツ大学の医学部から派生した別のシルクベース会社であるソフレゲンメディカル社に専門技術を売り渡した。Sarah Faulkner, "Sofregen Buys Allergan's Seri Surgical Scaffold," MassDevice, November

14, 2016, www.massdevice.com/sofregen-buys-allergans-seri-surgical-scaffold/.

* 25 Rachel Brown, "Science in a Clean Skincare Direction," *Beauty Independent*, December 6, 2017, www.beautyindependent.com/silk-therapeutics/.

* 26 Benedetto Marelli, Mark A. Brenckle, and David L. Kaplan, "Silk Fibroin as Edible Coating for Perishable Food Preservation," *Science Reports* 6 (May 6, 2016): art. 25263, www.nature.com/articles/srep25263.

* 27 Kim Bhasin, "Chanel Bets on Liquid Silk for Planet-Friendly Luxury," Bloomberg, June 11, 2019, www.bloomberg.com/news/articles/2019-06-11/luxury-house-chanel -takes-a-minority-stake-green-silk-maker.

* 28 Department of Energy Advanced Research Projects Agency (ARPA-E), "Personal Thermal Management to Reduce Energy Consumption Workshop," https://arpa-e.energy .gov/?q=events/personal-thermal-management-reduce-building-energy-consumption -workshop.

* 29 Centre for Industry Education Collaboration, University of York, "Poly(ethene) (Polyethylene)," *Essential Chemical Industry (ECI)—Online*, www.essentialchemicalindustry .org/polymers/polyethene.html; Svetlana V. Boriskina, "An Ode to Polyethylene," *MRS Energy & Sustainability* 6 (September 19, 2019), https://doi.org/10.1557/mre.2019.15.

* 30 Svetlana Boriskina, interview with the author, July 30, 2019, and emails to the author, August 15, 2019, and September 2, 2019.

索引

さ行

た行

な行

は行

ま行

や行

ら行

わ行

英数字

［著者］**ヴァージニア・ポストレル（Virginia Postrel）**
ジャーナリスト、独立研究者。ロサンゼルス在住。『ブルームバーグオピニオン』のコラムニスト。過去に『ウォール・ストリート・ジャーナル』、『ニューヨーク・タイムズ』、『フォーブス』のコラムニストを務める。著書にThe Substance of Style、The Power of Glamour、The Future and Its Enemies（いずれも未邦訳）がある。

［訳者］**ワゴナー理恵子（Rieko Wagoner）**
翻訳家。翻訳書に『ブラック・ライヴズ・マター回想録』（青土社）、編訳書に、The Stories Clothes Tell: Voices of Working-Class Japan（Tatsuichi Horikiri著）がある。米国コネチカット州在住。

織物の文明史

2022年11月20日 第1刷印刷
2022年12月 9 日 第1刷発行

著者――ヴァージニア・ポストレル
訳者――ワゴナー理恵子

発行者――清水一人
発行所――青土社

〒101-0051 東京都千代田区神田神保町1-29 市瀬ビル
［電話］03-3291-9831（編集） 03-3294-7829（営業）
［振替］00190-7-192955

組版――フレックスアート
印刷・製本――ディグ

ISBN978-4-7917-7522-4
Printed in Japan